SI 基本単位の記号と定義

基本物理量	記号	SI 基本単位名	記号	定　義
長　さ(length)	l	メートル　meter	m	真空中で光が 1s に進む距離の 1/299792458
質　量(mass)	m	キログラム　kilogram	kg	国際キログラム原器に等しい質量
時　間(time)	t	秒　second	s	^{133}Cs 原子の基底状態に属する 2 つの超微細準位間の遷移に対応する光の振動周期の 9192631770 倍の時間
電　流(electric current)	I	アンペア　ampere	A	真空中に 1m の距離で平行に張られた導線間に 1m 当たり 2×10^{-7} m kg s^{-2} の力が働くときの電流の大きさ
熱力学温度(thermodynamic temperature)	T	ケルビン　kelvin	K	水の三重点を表す熱力学的温度の 1/273.16
物質量(amount of substance)	n	モル　mole	mol	0.012kg の ^{12}C に含まれる炭素原子の数と同数の単位粒子を含む物質量
光　度(luminous intensity)	I_v	カンデラ　candela	cd	540×10^{12}Hz の振動数の単色光が 1sr(ステラジアン) 当たり 1/683W の放射光密度を示すときの光度

基本分析化学

(社)日本分析化学会［編］

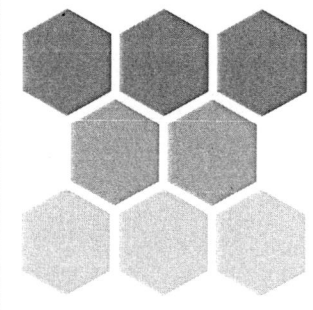

朝倉書店

編集委員会

委員長

赤 岩 英 夫　　前 群馬大学学長

委員

合 志 陽 一　　国立環境研究所理事長
伊 藤 尚 美　　(社)日本計量機器工業連合会専務理事
楠　　文 代　　東京薬科大学薬学部教授
中 村　　洋　　東京理科大学薬学部教授
小 熊 幸 一　　千葉大学工学部教授
角 田 欣 一　　群馬大学工学部教授
梅 澤 喜 夫　　東京大学大学院理学系研究科教授
矢 野 良 子　　東京工業高等専門学校教授

顧問

伊 豆 津 公 佑　　信州大学名誉教授
熊 丸 尚 宏　　広島大学名誉教授
松 井 正 和　　京都大学名誉教授
美 濃 部 正 夫　　(株)住化分析センター特別研究員
澤 田 嗣 郎　　東京農工大学教授
高 木　　誠　　九州大学名誉教授
柘 植　　新　　名古屋大学名誉教授
渡 辺 寛 人　　北海道大学名誉教授
四 ツ 柳 隆 夫　　宮城工業高等専門学校長

執　筆　者（執筆順）

柘　植　　　新	名古屋大学名誉教授，愛知工業大学客員教授
松　本　　　健	金沢大学理学部化学科助教授
日　置　昭　治	産業技術総合研究所計測標準研究部門
古　谷　圭　一	恵泉女学園大学人文学部人間環境学科教授
矢　野　良　子	東京工業高等専門学校物質工学科教授
今　任　稔　彦	九州大学大学院工学研究院応用化学部門教授
本　水　昌　二	岡山大学理学部化学科教授
酒　井　忠　雄	愛知工業大学工学部応用化学科教授
大　関　邦　夫	弘前大学理工学部物質理工学科教授
井　村　久　則	茨城大学理学部地球生命環境科学科教授
田　口　　　茂	富山大学理学部生物圏環境科学科教授
小　熊　幸　一	千葉大学工学部共生応用化学科教授
竹　内　豊　英	岐阜大学工学部応用化学科教授
保　母　敏　行	東京都立大学名誉教授
馬　場　嘉　信	徳島大学大学院ヘルスバイオサイエンス研究部教授
二　瓶　好　正	東京理科大学理工学部工業化学科教授
平　出　正　孝	名古屋大学大学院工学研究科物質制御工学専攻教授
田　中　智　一	福井工業大学環境・生命未来工学科助教授
藤　原　祺多夫	東京薬科大学生命科学部環境生命科学科教授
中　井　　　泉	東京理科大学理学部応用化学科教授
野々瀬菜穂子	産業技術総合研究所計測標準研究部門
角　田　欣　一	群馬大学工学部応用化学科教授
長谷川　　　健	日本大学生産工学部応用分子化学科助教授
大　久　保　明	前　東京大学大学院農学生命科学研究科教授
田　中　龍　彦	東京理科大学工学部工業化学科教授
菅　原　正　雄	日本大学文理学部化学科教授
渋　川　雅　美	日本大学生産工学部応用分子化学科教授
早　川　慎二郎	広島大学大学院工学研究科物質化学システム専攻助教授
脇　田　久　伸	福岡大学理学部化学科教授
高　木　　　誠	九州大学名誉教授
中　村　成　夫	共立薬科大学薬学部薬学科助教授
寺　部　　　茂	兵庫県立大学大学院物質理学研究科教授

まえがき

　20世紀後半の科学技術の著しい発展に呼応して，分析化学も長足の進歩を遂げた．ことに，1990年初頭以来の分析機器の発展はまことに目覚ましいものがある．このような状況の下で新しい分析化学教育の必要性を求める声があがったのはむしろ当然のことといえよう．1990年代に入って，FECS（欧州化学会連合）の分析化学教育部会，IUPAC（国際純正および応用化学会議）の分析化学部会などでこの問題が活発に議論され，1998年にKellner教授らFECS部会の人たちの編集になる新しい教科書"Analytical Chemistry"が出版された．わが国からも，Kellner教科書の著者の一人でもある不破敬一郎教授がFECS部会の，赤岩がIUPAC部会の議論に参加した．日本分析化学会も1995年に小熊幸一教授を委員長とする「分析学教育検討委員会」を設置し，わが国の大学理系学部における分析化学教育の現状把握と，新時代にふさわしい分析化学教育のあり方の検討を開始した．委員会の検討内容は，2001年の環太平洋化学会議でChristian，小熊両教授が主催した「分析化学教育シンポジウム」でも議論されている．本書はこの委員会の活動の一環として企画され，その内容に関しては本学会機関誌「ぶんせき」を通して会員各位の意見を伺って，ここに刊行をみたものである．

　分析化学は理・工・農・医・歯・薬学などさまざまな分野に関連するが，これら全領域に共通する分析化学の教科書を作成するのは困難であるので，本書は理工系を対象とすることとし，『基本分析化学』の題名のもと，高専や大学における「分析化学」教育のガイドラインとなることを目標にした．

　本書は，1.分析化学の基礎，2.化学分析，3.機器分析，4.生物学的分析，5.分析化学の将来展望，の5章からなっている．執筆に当たっては，それぞれの分野の専門家にできるだけやさしい表現をお願いし，内容の理解を助けるため可能な限り演習問題とその解答を付した．

　本書の内容で特筆すべきことは，分析法だけでなく「化学分析の目的」，「分析に従事するものの倫理」および「分析化学の将来展望」を取り上げたことである．近年，科学技術のさまざまな分野で分析値が重要な役割を果たすことが多くなり，分析値の社会的影響がいかに大きいかはマスメディアでしばしば見聞きするところである．分析値を求め，解析する立場にある分析者には大きな責任があり，それにふさわしい倫理観が求められていることに配慮して1項を設けた．また，化学分析の目的と将来展望に関する記述によって，読者に分析化学を学ぶ目標と夢を与えることができれば幸いである．

　なお，限られた紙数の中に多くの項目を盛り込んだことによる説明不足，執筆者が多数にわたったことによる記述の不統一があるとすれば編者が責を負わねばならない．

　終わりに，本書制作の中心になった千葉大学小熊幸一教授をはじめ編集委員と執筆者の方々，そして出版に当たりたいへんお世話になった朝倉書店編集部に深謝するものである．

　2004年8月

編集委員長　赤岩英夫

目　次

1. 分析化学の基礎 …………………………………………………………… 1
1.1 化学分析の目的 ……………………………………〔柘植　新〕…… 1
1.1.1 近代化学の幕開けと分析化学 …………………………………… 1
1.1.2 分析法の基本的な評価指標 ……………………………………… 1
1.1.3 分析化学の使命と諸課題 ………………………………………… 3
1.1.4 複合化，知能化，自動化が進む分析化学 ……………………… 6
1.2 分析操作の流れ ……………………………………〔松本　健〕…… 7
1.2.1 分析の問題を明らかにすること ………………………………… 7
1.2.2 代表する試料を得ること ………………………………………… 7
1.2.3 サンプリングの重要性 …………………………………………… 7
1.2.4 サンプリングの実際 ……………………………………………… 8
1.2.5 分析用試料の調製 ………………………………………………… 11
1.3 分析成分の検出と測定 ……………………………〔松本　健〕…… 13
1.3.1 分析成分の検出 …………………………………………………… 13
1.3.2 定量のための測定 ………………………………………………… 14
1.3.3 結果の計算とデータの報告 ……………………………………… 14
1.4 分析データの評価 …………………………………〔日置昭治〕…… 15
1.4.1 真度と精度 ………………………………………………………… 15
1.4.2 精度と標準偏差 …………………………………………………… 16
1.4.3 はずれ値の取り扱い ……………………………………………… 17
1.4.4 不確かさ …………………………………………………………… 17
1.4.5 不確かさの伝播の公式 …………………………………………… 18
1.4.6 トレーサビリティと標準物質 …………………………………… 19
1.5 分析に従事する者の倫理 …………………………〔古谷圭一〕…… 21
1.5.1 自然研究は社会的責任に関わるものである …………………… 21
1.5.2 計測作業の意味 …………………………………………………… 21
1.5.3 科学データにおける背信 ………………………………………… 22
1.5.4 職業人としての倫理 ……………………………………………… 23

2. 化学分析 ……………………………………………………………………… 25
2.1 容量分析 ……………………………………………………………… 25
2.1.0 容量分析に利用する化学反応とその平衡定数 ………〔矢野良子〕…… 25
2.1.1 酸塩基滴定 ……………………………………………〔矢野良子〕…… 26
2.1.2 酸化還元滴定 …………………………………………〔今任稔彦〕…… 32

2.1.3 キレート滴定 …………………………………〔本水昌二〕…39
2.1.4 沈殿滴定 ……………………………………〔酒井忠雄〕…45
2.2 分離と濃縮 …………………………………………………49
2.2.1 分離分析とは …………………………………〔大関邦夫〕…49
2.2.2 溶媒溶出 ………………………………………〔井村久則〕…51
2.2.3 固相抽出と超臨界流体抽出 ……………………〔田口　茂〕…58
2.2.4 イオン交換 ……………………………………〔小熊幸一〕…62
2.2.5 その他の分離 …………………………………〔大関邦夫〕…67
2.3 クロマトグラフィーと電気泳動 ……………………………74
2.3.1 クロマトグラフィー …………………………〔竹内豊英〕…74
1) 液体クロマトグラフィー ………………………〔竹内豊英〕…74
2) ガスクロマトグラフィー ………………………〔保母敏行〕…84
2.3.2 電気泳動 ………………………………………〔馬場嘉信〕…92

3. 機器分析 ……………………………………………………………100
3.1 概論 ………………………………………………〔二瓶好正〕…100
3.2 元素分析法 ―― 原子スペクトル分析法 ―― ……………106
3.2.1 原子発光法 ……………………………〔平出正孝・田中智一〕…106
3.2.2 原子吸光法 ……………………………………〔藤原祺多夫〕…113
3.2.3 蛍光X線分析法 …………………………………〔中井　泉〕…119
3.2.4 無機質量分析 …………………………………〔野々瀬菜穂子〕…124
3.3 元素分析法 ―― 分子スペクトル分析法 ―― ……………129
3.3.1 概論 ……………………………………………〔角田欣一〕…129
3.3.2 紫外-可視吸光・蛍光・化学発光法 ……………〔角田欣一〕…129
3.3.3 赤外・ラマン分光法 ……………………………〔長谷川　健〕…136
3.3.4 核磁気共鳴 ……………………………………〔大久保　明〕…140
3.3.5 有機質量分析法 …………………………………〔大久保　明〕…147
3.4 電気化学分析法 ………………………………………………153
3.4.1 コンダクトメトリー ……………………………〔田中龍彦〕…153
3.4.2 ポテンシオメトリー ……………………………〔菅原正雄〕…154
3.4.3 クーロメトリー …………………………………〔田中龍彦〕…156
3.4.4 ボルタンメトリー ………………………………〔田中龍彦〕…159
3.4.5 化学センサー ……………………………………〔菅原正雄〕…163
3.5 熱分析法 ………………………………………〔渋川雅美〕…167
3.5.1 熱重量分析法 ……………………………………………168
3.5.2 示差熱分析法と示差走査熱量測定法 ……………………169
3.6 局所分析 ―― 顕微分析・表面分析 ―― ………〔早川慎二郎〕…172
3.6.1 走査型電子顕微鏡 ………………………………………174
3.6.2 X線光電子分光 …………………………………………175

3.6.3　そ の 他 ……………………………………………………… *176*
　3.7　構造分析法 ……………………………………………〔脇田久伸〕… *177*
　　　3.7.1　X線回折法 ………………………………………………… *177*
　　　3.7.2　中性子回折法 ……………………………………………… *182*
　　　3.7.3　電子線回折法 ……………………………………………… *183*

4. 生物学的分析法 …………………………………〔高木　誠・中村成夫〕… *184*
　4.1　バイオアッセイ ……………………………………………………… *184*
　　　4.1.1　バイオアッセイとは ……………………………………… *184*
　　　4.1.2　バイオアッセイで用いられる指標 ……………………… *184*
　　　4.1.3　エームス試験 ……………………………………………… *184*
　　　4.1.4　内分泌かく乱物質のバイオアッセイ …………………… *185*
　4.2　酵素学的分析法 ……………………………………………………… *185*
　　　4.2.1　酵素反応の特長 …………………………………………… *185*
　　　4.2.2　酵素反応の速度論 ………………………………………… *185*
　　　4.2.3　酵素を用いる分析法 ……………………………………… *186*
　4.3　イムノアッセイ ……………………………………………………… *187*
　　　4.3.1　抗　　体 …………………………………………………… *187*
　　　4.3.2　ラジオイムノアッセイ …………………………………… *187*
　　　4.3.3　エンザイムイムノアッセイ ……………………………… *187*
　4.4　バイオセンサー ……………………………………………………… *188*
　　　4.4.1　バイオセンサーとは ……………………………………… *188*
　　　4.4.2　酵素センサー ……………………………………………… *188*
　　　4.4.3　微生物センサー …………………………………………… *189*

5. 分析化学の将来展望 ……………………………………………〔寺部　茂〕… *190*
　5.1　分析化学の限界に挑む ……………………………………………… *190*
　　　5.1.1　高感度分析 ………………………………………………… *190*
　　　5.1.2　微量分析 …………………………………………………… *191*
　　　5.1.3　高速分析 …………………………………………………… *192*
　5.2　新しい分析法の展開 ………………………………………………… *194*
　　　5.2.1　μ-TAS …………………………………………………… *194*
　　　5.2.2　界面の化学 ………………………………………………… *195*
　　　5.2.3　超分子化学 ………………………………………………… *195*
　　　5.2.4　分析化学の社会への貢献 ………………………………… *195*

演習問題解答 ………………………………………………………………… *197*
付　　表 ……………………………………………………………………… *203*
索　　引 ……………………………………………………………………… *207*

1. 分析化学の基礎

1.1 化学分析の目的

1.1.1 近代化学の幕開けと分析化学

　分析化学は化学史的にみれば最も古く，用いる手法と解析対象からみれば最も新しい化学の1分野であり，無機化学，有機化学および物理化学と並んで化学を支える4本の柱の1つである．化学の近代化は，18世紀のラボアジエ(Lavoisier)による化学天秤の発明と燃焼理論の解明に端を発しているといわれている．それらは，それ以降の物理化学の諸法則や化学量論の確立を促し，それらに基づいて発展した分析化学，無機化学や有機化学などは相互に影響を及ぼしながら不断の発展を遂げてきた．たとえば，酸化・還元，沈殿生成や錯形成などの基礎的な化学反応や関連する化学平衡論などは，いち早くその時代の化学分析法に取り入れられ，それらの多くは現在でも活用されている．また，近代の分析化学で一世を風靡した吸光光度法(比色分析)と呼ばれている分析法の進歩は，有機合成化学の成果を活用した各種の高感度な発色試薬の開発に負うところが大きい．

　分析化学が諸科学の基礎的な発展と深い関わりをもっていることは，その関連するノーベル(Nobel)賞をみても明らかである．表1.1に，20世紀初頭から今日までに授与されたノーベル賞の中から，諸分析法と直接・間接に関連する代表的なものを年代順に示した．1901年のレントゲン(Röntogen)の「X線の発見」に始まるこの年表を概観しただけでも，今日われわれがその恩恵に浴している少なからぬ分析手法の開発や原理の発見などがノーベル賞受賞の栄に輝いていることが分かる．もちろん，ノーベル賞の設置以前の19世紀後半に開発された諸分析手法や，20世紀に入ってから大きく発展した幾多の優れた分析手法でも，ノーベル賞を受賞する機会を逸したものが数多くあること，およびこの表には取り上げなかった他のノーベル賞でも，分析化学の進歩に大きな影響を与えたものがあることも忘れてはならない．

1.1.2 分析法の基本的な評価指標

　ノダック(Noddack)が1934年に提唱した「元素普存の法則」は，古典的な化学分析法しか利用できなかった当時の多くの化学者にとっては，奇想天外な「空論」として受けとめられたかもしれない．しかしながら，その後の分析法の進歩，とりわけ高感度化はまさに，この法則の「正しさ」を証明しつつあるといっても過言ではない．もっとも，分析法の性能・特徴は感度だけではなく，選択性，精度および正確さという，少なくとも4次元の指標によって総合的に評価されなければならない．次に，それらの基本的な指標を，まず概観してみることにしよう．

　①感度と検出限界：この2つの指標についてはさまざまな議論があり，厳密に論ずることは他の章に譲るが，一般的な解釈として，感度(sensitivity)とは物質量の変化に対する信号の変化の割合，すなわち検量線の傾きであり，検出限界(detection limit)とは，どの

表 1.1 分析化学の進歩と関連するノーベル賞

年	ノーベル賞受賞者名・研究名	関連する分析法・分析技術
1901	W. C. Röntogen：X 線の発見(物)	X 線分析(回折，蛍光)
1902	H. A. Lorentz, P. Zeeman：放射に対する磁場の影響の研究(物)	ゼーマン効果の応用［NMR，ESR，原子吸光分析（AA）］
1903	H. A. Becquel：放射能の発見(物) P. Curie, M. Curie：放射能の研究(物)	放射能利用分析(放射化分析など)
1906	J. J. Thomson：気体の電気伝導に関する理論および実験的研究(物)	質量分析法(MS)
1907	A. A. Michelson：干渉計の考案とそれによる分光学とメートル原器に関する研究(物)	変調光源分光法，FT-IR
1908	E. Rutherford：元素の崩壊と放射性物質の化学に関する研究(化)	放射能利用分析(放射化分析など)
1913	H. K. Onnes：液体ヘリウムの製造に関する低温現象の研究(物)	超伝導 NMR
1914	M. von Laue：結晶による X 線回折現象の研究(物) T. W. Richard：多数の元素の原子量の精密測定(化)	X 線回折法 原子量測定
1915	W. H. Bragg, W. L. Bragg：X 線による結晶構造解析に関する研究(物)	X 線回折法
1917	C. G. Barkla：元素の特性 X 線の発見(物)	蛍光 X 線分析
1921	A. Einstein：理論物理学の諸研究とくに光電効果に関する研究(物)	光電スペクトル分析法など
1923	F. Pregl：有機物質の微量分析法の開発(化)	有機微量分析
1924	M. Siegbahn：X 線分光学における発見と研究(物)	X 線分光学
1930	C. V. Raman：光の散乱に関する研究とラマン効果の発見(物)	ラマン分光学
1935	J. Chadwick：中性子の発見(物)	中性子放射化分析
1938	E. Fermi：中性子衝撃による新放射性元素の研究と熱中性子による原子核反応の発見(物)	中性子放射化分析
1943	G. Hevesy：化学反応におけるトレーサーとしての同位体の利用に関する研究(化)	放射性トレーサー分析
1948	A. W. Tiselius：電気泳動と吸着分析についての研究，とくに血清タンパク質の複合性に関する研究(化)	電気泳動，キャピラリー電気泳動
1952	F. Bloch, E. M. Purcell：核磁気共鳴吸収による原子核の磁気モーメントの測定(物)	NMR
	J. P. Martin, R. L. M. Synge：分配クロマトグラフィーの開発と物質の分離・分析への応用(化)	諸クロマトグラフィー(GC，LC，SFC)
1959	J. Heylovsky：ポーラログラフィーの理論およびポーラログラフの発明(化)	ポーラログラフィー，電気化学分析
1961	R. Mössbauer：γ 線共鳴吸収に関する研究とメスバウアー効果の発見(物)	メスバウアースペクトル分光法
1964	C. H. Towns, N. G. Basov, A. M. Prokhorov：メーザー・レーザーの発明と量子エレクトロニクスの基礎研究(物)	諸レーザー分光学
	D. C. Hodgkin：X 線回折法による生体物質の分子構造の研究(化)	X 線回折による結晶構造解析
1972	J. Bardeen, L. N. Cooper, J. R. Schrieffer：超伝導現象の理論的解明(物)	超伝導 NMR など
1977	R. Yalow：ラジオイムノアッセイ法の研究(生)	ラジオイムノアッセイ
1981	N. Boembergen, A. L. Schawlow：レーザー分光学への寄与(物)	レーザー分光学
	K. Siegbahn：高分解能光電子分光法の開発(物)	光電子分光法(ESCA，XPS など)
1986	G. Binnig, H. Rohrer：走査型トンネル顕微鏡の開発	走査型トンネル顕微鏡
1989	N. F. Ramsey, H. G. Delmlt, W. Paul：高精度原子分光法の開発(物)	高精度原子分光法
1991	R. Ernst：高感度・高分解能磁気共鳴法の開発と実用化(化)	高感度・高分解能 NMR

(物)は物理学賞，(化)は化学賞，(生)は生理学医学賞を表す．略語はそれぞれ，NMR(核磁気共鳴)，ESR(電子スピン共鳴)，FT-IR(フーリエ変換赤外分光法)，GC(ガスクロマトグラフィー)，LC(液体クロマトグラフィー)，SFC(超臨界流体クロマトグラフィー)，ESCA(electron spectroscopy for chemical analysis)，XPS(X 線光電子分光法)を示す．

程度微量な対象にまで定量が可能かという目安である．古典的な分析法である容量分析や重量分析では，分析能力は化学天秤の検出限界(10^{-4} g)に規定されていたが，現在の主流を占めている機器分析法は一般にけた違いに高い感度を有するものが多い．超高感度分析法である中性子放射化分析や最近の発光分析法などの感度は，場合によっては重量分析や容量分析の100万倍にまで達することもある．

② 選択性：この指標は，多元素(あるいは多成分)が共存する試料中のある目的元素(あるいは成分)のみを定量しようとする場合の用いる分析法の識別能力を表す尺度である．分析法の選択性(selectivity)を向上させるためには，特異な沈殿生成，錯形成あるいは発色などを伴う種々の化学反応を利用したり，さまざまな物理化学的な現象が活用されている．しかし一般に，前述の感度と選択性の両方を同時に満足させる分析法は少なく，これが分析化学者を研究に駆り立てる動機の1つになっているともいえよう．

③ 精度：この指標は分析操作を何度か繰り返して得られた分析値のばらつきの度合いを示すもので，最も一般的には繰り返し測定に対する相対標準偏差が用いられる．精度(precision)は感度とはしばしば相反する側面をもっており，どの分析法でも，その定量限界近くの高感度領域で用いれば精度は低下するが，低感度領域で用いれば精度は向上する傾向をもっている．

④ 正確さ：この指標は一口にいえば測定値が「真の値」からどの程度離れているかを示す尺度である．正確さ(accuracy)は分析法の根幹を支える重要な指標であるが，実際の分析での正確さの厳密な評価は，一般にそれほど容易ではなく，一次標準物質(純粋な物質)を用いた標定や検量を行ったり，ある共通した標準物質について，原理の異なった複数の測定法によって得られる「保証値」との対比によってなされることが多い．

以上みてきた4つの評価指標に加えて，分析の時間的因子である迅速性やどれくらい短い瞬間的事象を解析対象としうるかという時間分解能，あるいは空間的因子である対象物質の全体に対する，表面ないしは界面などの局所的な微小空間や，試料表面からの深さ方向などに対する目的成分の分布といった，高度な評価指標も近年の実際分析では問題となっている．また，分析目的と使用頻度などによっては，分析装置の搬送性や物理的な占有場所の制約などと関連した，装置の大きさ・重さや，経済性なども重要な評価指標に含めるべきであろう．

1.1.3 分析化学の使命と諸課題

今日の分析化学は，天然物であれ人工物であれ，物質を対象とする化学の諸分野はもちろんのこと，物理学，生物学，地学そして薬学，医学，農学などを含む自然科学全体の中で，それぞれの分野での多様な分析的ニーズにつねに応えるために広く日常的に活用されている．分析化学がこのように広範囲な分野で，不可欠でしかも先導的な役割をつねに演じていることと関係して，分析化学の新しい方法論や装置の開発などにもっぱら携わる分析化学者は別として，他の分野の多くの科学者にとって，分析化学はあまりにも基本的に不可分な分野であり，ときには「空気や水」と同じような当然の存在であるとさえ考えられている場合がある．しかしながら，分析化学はこれまでもそうであったように，今後も，それを必要としている諸分野の最先端での新しいニーズに応えていく使命をもっており，諸科学のその時点での到達点をフルに活用して改革が続けられ，諸科学者の協力を得ながら分析化学者の手によって新たな体系化がなされていくことであろう．

表1.2 分析化学の分類

a. 分析目的により：
    (1) 定性分析(qualitative analysis) ┐
    (2) 定量分析(quantitative analysis) ├ キャラクタリゼーション (characterization)
    (3) 状態分析(state analysis) ┘
b. 対象物により：
    (1) 無機分析(inorganic analysis)
    (2) 有機分析(organic analysis)
c. 試料の絶対量により[*1]：
    (1) 常量分析(macro analysis)　　　　　　0.1〜数 g
    (2) 半微量分析(semi-micro analysis)　　　10〜100 mg
    (3) 微量分析(micro analysis)　　　　　　1〜10 mg
    (4) 超微量分析(ultra-micro analysis)　　1 mg 以下
d. 目的成分の相対量により[*2]：
    (1) 常量成分分析(macro determination)　　　　　　　　100 ppm〜100 %
        主成分分析(major constituent determination)　　　1〜100 %
        少量成分分析(minor constituent determination)　　0.01〜1 %
    (2) 微量成分分析(micro/trace determination)　　　　　100 ppm 以下
e. 分析手法により：
    (1) 物理分析(機器分析)(instrumental analysis)
    (2) 化学分析(chemical analysis)
f. 試料が受ける変化により：
    (1) 非破壊分析(non-destructive analysis)
    (2) 破壊分析(destructive analysis)
g. 目的成分の分離の有無により：
    (1) 分離分析(separation analysis)
    (2) 共存分析(non-separation analysis)

[*1] 絶対量は g, mg(10^{-3} g), μg(10^{-6} g), ng(10^{-9} g), pg(10^{-12} g), fg(10^{-15} g), ag(10^{-18} g), zg(10^{-21} g).

[*2] 相対量は %(10^{-2}), ppm(10^{-6}), ppb(10^{-9}), ppt(10^{-12}).

表1.2に，今日まで発展を遂げてきた分析化学を目的，対象物，試料量や分析手法などにより分類して示した．ここに示した諸課題をめぐって，分析化学の発展の方向を概観してみることにしよう．

1) 分析目的

従来からの定性・定量に加えて，状態分析の重要性が年々増しつつあるといえよう．そこでは，試料の局所(微小領域，表面，界面，深さ方向など)の構成成分の分布状態，およびそれらの時間変化に関する情報も測定対象となってきている．X 線分析法や電子分光分析法などにおける各種マイクロビーム法，顕微フーリエ変換赤外分光 FT-IR(またはラマン)法や走査トンネル電子顕微鏡などは，状態分析の有力な手法として活用され始めている．

2) 対 象 物

分析化学が歴史的には無機化学とともに発展してきたことと関係して，初期にはもっぱら，元素および無機化合物が対象とされてきた．有機化合物中の C, H, N および O などの構成元素の分析も有機分析というよりは，「元素分析」として，むしろ無機分析の延長

線上に位置していた．しかしながら，20世紀後半になって，石油化学や生化学などの進歩に伴い，分析化学の対象は次第に，天然および合成の有機化合物や高分子などにも拡張されてきた．臨床分析，食品分析や高分子分析などでは，かなり複雑な有機化合物や高分子化合物が分析対象となってきている．

3) 分析試料の絶対量

分析法の高感度化による微量成分の分析と分析試料の微量化は，これまでも不断に追究されてきた．たとえば，臨床分析で用いられる血液などの体液試料では，試料の微量化がつねに求められている．また前述した状態分析での化学種の分布状態の解析には，分解能向上のために，測定対象とする局所は可能な限り微小化することが追究される．こうしたことから，分析に用いられる試料の絶対量もgオーダーを取り扱う常量分析から，分野によってはサブmgの試料を対象とする超微量分析へと次第にシフトする傾向もみられる．さらに，分析化学の究極的なターゲットでもある，1原子あるいは1分子の検出・定量についても，最近の論文ではそれらに肉薄するfg(10^{-15} g)やag(10^{-18} g)，あるいはzmol(10^{-21} mol)やymol(10^{-24} mol)といった単位が用いられる超微量成分の分析例も報告され始めている．

4) 分析成分の相対量

試料中の分析対象となる成分の相対量については，％オーダーが中心であった常量成分分析からμg/g(ppm)のオーダーが問題となる微量成分分析が，全領域をカバーしていた時期もあった．しかしながら，最近では微量成分分析がさらに深化し，昨今の半導体や電子部品中の不純物については，ng/g(ppb)からpg/g(ppt)レベルが問題となっている．また，環境大気中のフロン分析などでは数十〜数百ppt，そして焼却炉から排出される飛灰(fly ash)中に含まれている猛毒物質のダイオキシン類やいわゆる「環境ホルモン類」などについては，pg/g(ppt)レベルを下回る特定成分の高精度な定量分析が求められている．

5) 分析手法

従来からの容量分析や重量分析に代表される古典的な化学分析法に比べて，物理分析法(機器分析法)の占める比重が年とともに増大しており，後者では不断に新手法が開発されている．したがって，諸科学の実際現場では，圧倒的な頻度で機器分析法が活用されている．しかしながら，機器分析法がいかに発達しようとも，分析化学の基礎は化学全体の基礎とも関係している古典的な化学分析に根ざしていることを強調しておきたい．各種の機器分析法の中では，ファラデー(Faraday)の法則を利用した電量滴定などを例外とすれば，ある成分の定量分析に際しては，然るべき標準試料との比較測定を行うことがむしろ一般的である．

6) 分析試料が受ける変化

実際の分析では非破壊分析が理想であり，*in situ*(その場所で)あるいは，生体関連では*in vivo*(生体中にあるがままで)といった要求に応える分析法の開発が求められている．蛍光X線分析法，透過法や全反射法での赤外線(IR)測定あるいはX線や核磁気共鳴(NMR)によるイメージングなどは非破壊分析法の範疇に入るものであろう．しかしながら，今日活用されている分析手法では，分析試料の調製段階や測定中に，試料が何らかの物理的あるいは化学的な変化(破壊)を受けることの方が依然として一般的でさえある．

7) 目的成分の分離の有無

複雑な混合試料中の特定成分の分析に際しては，共存成分(マトリックス)が目的成分の測定にそれほど大きな影響を及ぼさなければ非分離のままで分析することも可能であるが，もし影響がある場合には，通常は試料の調製段階で目的成分あるいは妨害成分に対し

て，特異な沈殿反応などを利用したり，溶媒抽出やクロマトグラフィーなどを適用して前分離を行い，マトリックスの影響を除去する必要がある．また，混合試料中の特定化学種を選択的に共存分析するために，選択的な発色反応を引き起こす試薬や共存する妨害成分の関与を隠蔽するマスキング剤を用いたり，イオン選択性電極や特定化学種のみに応答するバイオセンサーやガスセンサーなどがしばしば活用されている．

1.1.4 複合化，知能化，自動化が進む分析化学

以上みてきたように，分析化学は多岐にわたった視点から，不断の進歩が図られてきたが，機器分析法全体に共通した最近の動向として，① 複数の機器の複合化，② コンピュータ化による測定装置のシステム化と高度なデータ処理，および ③ 分析情報のデータベース化，などが指摘されよう．たとえば，今日広く普及して活用されている，ICP-MS や GC-MS 直結分析システムなどは，複数の分析手法をハイフン結合（hyphenated）して1つの分析システムを構成し，それぞれの手法の短所を補い，同時に両者の長所を相乗的に活用することに成功している．こうした複合測定システムでは測定操作やデータ処理などにも，専用のコンピュータが組み込まれており，さらに内蔵する既知化合物についての標準的なデータベースと，未知試料についての測定データの対比による自動検索なども可能になってきている．

こうした，複合化・知能化・自動化が進む分析化学の10年先を正確に予測することは難しいが，これからも不断に最先端の諸科学技術を取り入れて，永遠の進歩を続けていく

ことは，最も古くて最も新しい分析化学の属性でもあろう．しかしながら，こうした属性をもって高度な発展を続ける分析化学は，ともすると初心者をスポイルしたり，大きな落し穴に落としたりする危険性をもっていることを指摘しておかなければならない．コンピュータによって測定操作からデータ処理，情報検索に至るまでシステム化されている分析装置は，原理とそのシステムの特性を十分理解していない初心者にとっては，「ブラックボックス」に近いものである．そのシステムのマニュアル（指針）におおよそ従って，試料をセットしてシステムを作動させ，しばらくすればもっともらしい測定結果が出力されてくる．そして，測定者さえ十分理解していない測定結果が，吟味されることなくひとり歩きを始め，それに対する予期しない反響によって，測定者が周章狼狽する．後になって，試料物質の溶媒への溶解度や，その pH 依存性などについての基礎知識の欠如や，システムのモード選択が不適正であったことが原因であることが判明する，といったことが容易に起こりうる．

あらゆる学問に王道はない．急がば回れである．試料の前処理や標準試料の調製が適正であるのか，その分析法がどのような原理に基づいたものであり，その長所と短所を含めた特徴はどうなっているのか，それらが各種分析法の中でどのような位置づけにあるのか，測定条件の諸パラメータの設定は適性になっているのか，予想される測定結果は通常どのような範囲に入っているべきか，などをつねに念頭に置き，そのための調査や準備を十分しておくことが，高度な分析システムを利用する場合にはとくに必要であろう．

1.2 分析操作の流れ

　分析は明らかな目的をもって行われるが，分析の問題を解決するための最良の方法は必ずしも存在しないので，個々の問題に対して最適と判断される方法が選ばれる．分析操作はいくつかの処理段階と手順から成り立っており，その流れは次のような各段階から構成されている．すなわち，①分析の目的を明らかにすること，②①にふさわしい試料を得ること，③分析のための試料を調製すること，④必要な化学分離を行うこと，⑤測定すること，⑥結果を計算し，データを報告すること，である．どのような分析方法を使用する場合でも，これらの各段階は正しく実行されなければならない．

1.2.1 分析の問題を明らかにすること

　ある分析を計画し実行する前に，どのような種類の試料を分析すべきなのか，またどのような情報が必要なのかを把握し，分析の正確さと精度はどの程度要求されるのかを正しく認識すれば，どのようにして試料を取るべきか，どれ位の量が必要なのか，方法の感度はどれ位で，妨害を取り除くためにどのような分離が必要なのかが分かる．さらに，利用できる設備や装置・機器は必要な感度と精度を有するのか，予算経費と分析時間はどれ位まで使えるのか，分析者の熟練度は十分か，などの条件を基に，さまざまな手法と機器とを組み合わせて，使用すべき分析方法が決まることになる．また，分析過程における分析成分の損失(loss)と汚染(contamination)は，誤差(error)の原因となるので細心の注意と防止対策が必要である．

　分析方法の選択は，分析上の問題を解決する決定的なステップであるため，分析を行う上での問題点が明らかになるまでは，適切な方法を選択できない．

1.2.2 代表する試料を得ること

　分析対象物の試料は固体，液体，気体であり，それらの組成は均一であったり，不均一であったりする．試料の組成が均一な場合，無作為に単純に取り出した試料の一部分でも分析試料として十分であるが，組成が不均一な場合，試料の部分によって組成が異なるので，複数の分析試料が必要である．

　サンプリング(試料採取：sampling)とは，問題とする対象物から分析のための試料を採取し，これを分析に適する形に整える過程をいう．試料の一部分を用いた分析結果から，大きな対象物全体の平均化学組成あるいは特定成分の平均濃度をできる限り正確に推定するためには，正しいサンプリングが必要であり，信頼性のある分析を行う上で最も重要な過程である．

1.2.3 サンプリングの重要性

　試料の履歴(サンプリング過程，試料の保管，前処理など)は，分析結果に密接に関係する．したがって，真に分析対象物を代表する試料をいつ，どこで，どのようにして取り出すかは，分析する者が決定することが望ましい．すなわち，①具体的に試料採取計画を組み立て，②その計画に従って試料を採取することが大切である．

　ある分析対象物から試料を n 個取り出して分析する場合，分析値の不偏分散の大きさは1回に取り出す試料(インクリメント：increment)の量に影響される．インクリメント全部をそのまま分析することはまれであり，その一部を取り分けて分析試料とする場合には，インクリメントの均一性が問われる．

1) ランダムサンプリング

　不均質な大きな対象物の平均組成を求める場合，あるいは対象物の均質性を確かめる場

合，分析対象物から取り出す試料数は多いほどよいが，分析できる試料数には制限がある．したがって，人為的な影響が少ない方法で試料を選び出すために，対象試料を分割して番号をつけた後，乱数表から番号を拾い出し，その番号のものを試料とする．このような方法を，ランダムサンプリング（random sampling）という．

2) 系統サンプリング

河川水のように，流動し，時間的に組成が変動する対象物について平均組成を求める場合，目的により1時間に1回，10時間に1回，1日に1回あるいは1週間に1回の割合で採取するような方法を系統サンプリング（systematic sampling）という．

3) 試料数の決定

ある分析対象物からn個の試料を採取し，ある成分濃度を測定して得られた平均濃度を$\bar{C}$とする．このとき，nの値を大きくするほど，$\bar{C}$は真の平均（母平均）に近くなる．一般に，$n=5$とすれば偶然誤差（random error）による影響をほとんど受けない．データの分布が正規分布に従うとき，母平均はある確率で

$$\bar{C} \pm \Delta\bar{C}$$

の範囲に入る．ここで，$\Delta\bar{C}$はn個の測定値のばらつきを与える尺度（不偏分散）の平方根σ（標準偏差）とtの値との積$t\sigma$である．tは母平均が何%の確率で$\bar{C} \pm \Delta\bar{C}$の範囲に入るかにより異なり，$t$の値は表で与えられる（表1.3）．

不偏分散はnが大きくなるほど減少するが，$n>5$ではその減少はわずかである．tの値はnが大きくなると減少し，$n>10$になると事実上一定になる．いま，$\Delta\bar{C}=t\sigma$であるから，$\Delta\bar{C}$はσの大きさに依存する．nを大きくすると，$\bar{C}$に対する$\Delta\bar{C}$の比率は小さくなる．

真の平均をμとすると，式(1.1)の関係がある．

$$\mu = \bar{C} \pm \frac{t\sigma}{\sqrt{n}} \quad (1.1)$$

$\mu - \bar{C} = t\sigma/\sqrt{n}$ となり，$E = \mu - \bar{C}$とすれば，

$$E = \frac{t\sigma}{\sqrt{n}} \quad (1.2)$$

式(1.2)は成分の平均濃度値と真の値との差（誤差）を表す．それゆえ，次式から採取すべき試料数nが求められる．

$$n = \left(\frac{t\sigma}{E}\right)^2 \quad (1.3)$$

サンプリングの誤差のおもな原因はインクリメントの採り方にある．サンプリングの方法は分析成分の化学的性質により異なり，気化しやすい成分，酸化されやすい成分，微生物による分解を受ける成分などを含む場合は，サンプリング法と試料の保存に注意する．また，水試料では溶存成分と容器壁との相互作用が必ず起こるので，酸を加えたり，冷暗所で冷蔵・冷凍保存する．また，サンプリングとその後の試料処理について，詳しく記録を取る習慣を身に付けることが大切である．サンプリング後，できる限り迅速に分析を行い，分析データが揃い，分析の目的が達成されたことを確認されたときに，サンプリングが終了したといえる．

1.2.4 サンプリングの実際

1) 固体試料

対象物は金属，岩石，底質，土壌，プラスチック類，セラミックス，セメント，鉱物など，それらの形態もさまざまであり，サンプリング法は一様ではない．

試料は対象物（bulk material）を代表するものでなければならないが，経済的な理由から必要以上に大きなものは採取しない．試料の大きさは要求される分析精度，対象物の不均一さ，および粒子サイズによって決める．図1.1はサンプリング手順を示す．まず，大

表 1.3 t 分布

自由度 $n-1$	信頼水準 (%)						
	$t_{90.0}$	$t_{95.0}$	$t_{97.5}$	$t_{99.0}$	$t_{99.5}$	$t_{99.90}$	$t_{99.95}$
1	3.078	6.314	12.706	31.821	63.657	318.31	636.62
2	1.886	2.920	4.303	6.965	9.925	22.326	31.598
3	1.638	2.353	3.182	4.541	5.841	10.231	12.924
4	1.533	2.132	2.776	3.747	4.604	7.173	8.610
5	1.476	2.015	2.571	3.365	4.032	5.893	6.869
6	1.440	1.943	2.447	3.143	3.707	5.208	5.959
7	1.415	1.895	2.365	2.998	3.499	4.785	5.408
8	1.397	1.860	2.306	2.896	3.355	4.501	5.041
9	1.383	1.833	2.262	2.821	3.250	4.297	4.781
10	1.372	1.812	2.228	2.764	3.169	4.144	4.587
11	1.363	1.796	2.201	2.718	3.106	4.025	4.437
12	1.356	1.782	2.179	2.681	3.055	3.930	4.318
13	1.350	1.771	2.160	2.650	3.012	3.852	4.221
14	1.345	1.761	2.145	2.624	2.977	3.787	4.140
15	1.341	1.753	2.131	2.602	2.947	3.733	4.073
16	1.337	1.746	2.120	2.583	2.921	3.686	4.015
17	1.333	1.740	2.110	2.567	2.898	3.646	3.965
18	1.330	1.734	2.101	2.552	2.878	3.610	3.922
19	1.328	1.729	2.093	2.539	2.861	3.579	3.883
20	1.325	1.725	2.086	2.528	2.845	3.552	3.850
21	1.323	1.721	2.080	2.518	2.831	3.527	3.819
22	1.321	1.717	2.074	2.508	2.819	3.505	3.792
23	1.319	1.714	2.069	2.500	2.807	3.485	3.767
24	1.318	1.711	2.064	2.492	2.797	3.467	3.745
25	1.316	1.708	2.060	2.485	2.787	3.450	3.725
26	1.315	1.706	2.056	2.479	2.779	3.435	3.707
27	1.314	1.703	2.052	2.473	2.771	3.421	3.690
28	1.313	1.701	2.048	2.467	2.763	3.408	3.674
29	1.311	1.699	2.045	2.462	2.756	3.396	3.659
30	1.310	1.697	2.042	2.457	2.750	3.385	3.646
40	1.303	1.684	2.021	2.423	2.704	3.307	3.551
60	1.296	1.671	2.000	2.390	2.660	3.232	3.460
120	1.289	1.658	1.980	2.358	2.617	3.160	3.373
∞	1.282	1.645	1.960	2.326	2.576	3.090	3.291

口試料 (gross sample) を得るために対象物から少量の試料を数回に分けて取り出す．ここで取り出す試料をインクリメントという．対象物の粒子サイズが大きい場合，大口試料の量をより大きくする必要がある．数 g から数十 g の実験室試料 (sub sample) を得るために，大口試料のサイズを段階的に小さくし，実験室試料の数 g から数 mg 量 (分析試料：test sample または analysis sample) を分析に用いる．試料の分割と混合を数回繰り返し，

試料のサイズを減らす操作を，試料の縮分 (sample reduction) という．分析用の均一な粉末試料を得るために，円錐四分法 (quartering) やV型混合機などを用いて縮分を繰り返し，粉砕 (grinding) とふるい分け (sieving) を同時に行う．試料を粉砕する場合，摩擦熱により試料中の揮発性成分が揮散したり，微細粒子が空気に触れて酸化され，試料中の元素の酸化数が変化することがある（たとえば，Fe(II) のFe(III)への酸化）．また，保存中に大気や光によって試料が汚染したり変質したりするので，気密な容器を使用し，大気や光から試料を保護する．

2) 水および気体試料

水試料は地下水，温泉水，河川水，湖沼水，海水，工業用水・工場排水などが対象であり，一般に水試料は均一な状態のものが多く，または容易に均一化できる．しかしながら，試料中の微量成分が容器の壁に吸着して失われたり，試料が採水，保存の過程で汚染される危険性が大きく，不用意なサンプリングが行われると，分析値を出すこと自体が無意味となる．採水道具，保存容器の選択と予備洗浄に細心の注意を払い，適切なサンプリング法を用いる．

気体試料は無機および有機のガス状物質，浮遊粒子状物質，降下煤塵，自動車排気ガスなどである．分析対象物質の濃度は ppm から ppb ときわめて低いため，気体そのものを採取し，直接測定することは少ない．通常，ガス状物質はいろいろな方法で吸収・吸着捕集し，浮遊粒子状物質はエアーサンプラーで粒子サイズごとに分けて捕集する．少量の試料を簡単に取り扱えるが，サンプリングに小さな容器を使用するとその容積に対して大きな容器壁表面積をもつために，容器壁による吸着損失が相対的に大きくなる．したがって，容器は分析する液体あるいは気体試料で十分洗浄し，試料と容器壁とを平衡にしたものを使用する．

3) 生体および植物試料

人および動物の生体試料は，血液，毛髪，臓器，筋肉など幅広いものが対象となる．生もので変質しやすく，感染源となる可能性があり，全く同じ試料は二度と得られないこと，多量には得られないことに注意する．専門的な知識が要求される場合が多く，分析目的を明確にした上でサンプリングを専門家に依頼するとよい．植物試料は葉，根，および全体が試料対象となるが，単一種の生育段階の同じ個体を採取すべきである．植物の生長は季節や気象条件に大きく影響されるため，植物体中に取り込まれる成分および濃度に大きな差があることを考慮に入れてサンプリングする．

4) その他の試料

食品，肥料，燃料，農薬，薬剤などいろいろな試料が分析の対象となり，それぞれの目的に応じた適切なサンプリング法が用いられる．

試料容器には対象物の起源，サンプリングの日時，分析成分などの情報を明記したラベルを貼付する．なお，サンプリングはしばしば非常に危険な作業になる場合があるので，特別なサンプリング計画案については検討を重ねて，十分に安全な方法を採用する．

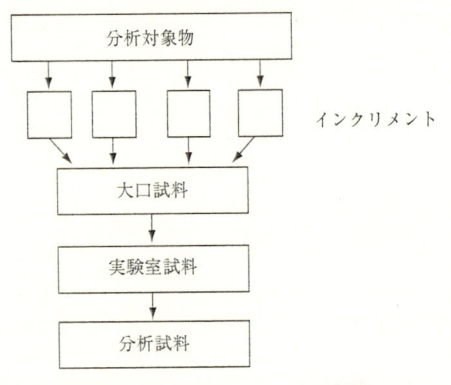

図1.1　サンプリングの手順

1.2.5 分析用試料の調製

1) 試料のはかり取り

分析に用いる試料(容積あるいは質量)のはかり取り(weighing)は,分析測定値から成分濃度を計算するために不可欠な基本操作である.試料量が正しく測定されないと,分析がいかに正確に行われても,求めた成分濃度は正しい値に対して偏りをもつことになる.試料は一般に混合物であるから,① 極端に少ない量をはかり取ることは禁物で,試料の均質性が保証できる量をはかり取ること,② 試料が汚染しないようにはかり取ることが大切である.

固体試料は乾燥状態で分析することが多いので,試料の種類および分析目的成分により,天日乾燥,風乾,加熱乾燥,真空乾燥,凍結乾燥,デシケータ(desiccator)乾燥などの方法により,前もって試料を乾燥して恒量(constant weight)とする.たとえば,試料が加熱温度で安定ならば,電気乾燥器を用いて110~120℃で1~2時間乾燥した後,デシケータに入れて放冷する.はかり取る試料量は分析成分の濃度によって,また分離や測定にどれだけの試料量が必要かによって決まる.試料のはかり取りには加法と減法が用いられる.加法は,まず空容器の質量 w_1 をはかり,空容器に試料を加えた質量 w_2 をはかり,両者の差 w_1-w_2 を試料のはかり取り質量とする.減法は,空容器に試料を入れて質量 w_3 をはかった後,試料の一部または全部を他の容器に移し,残った試料と容器の質量 w_4 をはかり,両者の差 w_3-w_4 を試料のはかり取り質量とする方法がある.試料の質量測定には,一般に 0.1 mg の感度の分析天秤(chemical balance)が用いられる.

液体試料は体積をはかり取る方法が便利であり,各種のピペット(pipette)が用いられる.特に温度による液体試料の密度変化や,蒸発による濃度変化に注意する.また,粘性の大きい液体はピペットによる正確なはかり取りが困難であり,質量測定が便利である.

2) 試料の前処理

分析試料を分解しないでそのまま測定する場合(非破壊分析)があるが,多くの場合は試料を測定に都合のよい状態(気体,液体,固体)にする.図 1.2 は試料処理の過程と得られる試料の状態を示している.すなわち,溶解,分解,分離,濃縮などの処理操作によって得られる試料(気体,液体あるいは固体)が測定用試料となる.気体および液体試料は簡単な前処理(pretreatment)だけで分析できる場合が多いが,一般に固体試料は溶解したり分解しなければならない.無機物質は水またはいろいろな酸(塩酸,硝酸,硫酸,フッ化水素酸,王水など)に室温や加熱条件下で溶解あるいは分解できる.酸の溶解力を効率よく作用させ,汚染と揮発成分の損失を防ぐために,テフロン製密閉容器を使用する加圧酸分解法およびマイクロ波照射による加熱分解法は難溶解性物質の分解に有効である.また,難溶解性物質は磁器,ニッケル,白金製るつぼ中で酸性や塩基性の融剤(flux)と混ぜ合わせ,高温で加熱融解(fusion)した後,融成物(melt)を希酸あるいは水に溶解して溶液とする.たとえば,典型的な難溶解性化合物の硫酸バリウムは,炭酸ナトリウムを用いて融解すると酸に溶解する炭酸塩になる.

有機物質に含まれる微量の無機成分を分析する場合,乾式灰化(dry ashing)あるいは湿式灰化(wet ashing)が用いられる.乾式灰化

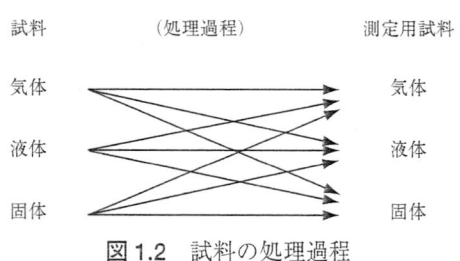

図 1.2 試料の処理過程

は電気炉を用い400～700℃で有機成分を加熱分解した後，残留物となる無機成分を希酸に溶解する．また，湿式灰化では酸化性の酸を用いて加熱すると有機成分が分解し，無機成分は酸に溶解する．一般には硝酸と硫酸の混酸が用いられるが，硝酸と過塩素酸の混酸もまた有効である（注意：有機物質の分解に過塩素酸を単独で使用すると爆発の危険がある．必ず硝酸との混酸として使用すること）．生物体液は直接分析する場合もあるが，しばしばタンパク質が妨害するので分析の前に除タンパク処理をする．有機成分を分析する場合は，抽出や透析により試料から分析成分を溶出するか，適当な溶媒に試料を溶解する．

その後，得られた試料溶液を次の分析段階（分離や測定）に適した状態に調整する．たとえば，試料溶液に適切な試薬を加えて分析成分を呈色化学物に変えたり，測定時に妨害となる成分をマスクする試薬(masking agent)を加えたりする．また，分析成分の化学種を一定にするために，溶液のpHを調節したり，酸化剤や還元剤を加えることもある．

3) 分析成分の前濃縮と分離

前濃縮(preconcentration)は分析成分の濃度を増大させ，マトリックス（母体成分：matrix)に対する微量成分の質量比を増大させる操作である．定量すべき微量成分の濃度があまりにも低く，採用できる定量法では測定が不可能なとき，濃縮法がつねに必要となる．絶対濃縮法(absolute enrichment)とは，多量の試料溶液中の微量成分を少量の第2の相に移すやり方であり，相対濃縮法(relative enrichment)とは，相移動なしにマトリックスを部分的に除去して濃度を増大させる方法である（たとえば，溶液を加熱して水を蒸発除去する）．定量すべき微量成分をマトリックスから選択的に分離すると同時に別の相に濃縮する方法を，選択的濃縮法(selective enrichment)という．

相転換（液体-気体-液体）による濃縮分離過程として蒸留(distillation)がある．たとえば，試料溶液に水酸化ナトリウムを加えて加熱すれば，アンモニウムイオンはアンモニアガスとして揮発し，分離濃縮できる．別の相転換（液体-液体）として液液抽出法(liquid-liquid extraction)が広く使用されている．水試料中の微量の重金属は，ジチオカルバミン酸塩のようなキレート剤(chelating agent)を添加すると金属錯体(metal complex)を形成し，水と混合しない有機相中に抽出できる．このとき，試料に対して有機溶媒の体積が小さければ微量金属は濃縮される．抽出後，有機溶媒を蒸発させ，残留物を少量の液体に溶解すれば，さらに濃縮した試料溶液が得られる．

液相-固相の相変換として，水試料中の微量成分を鉄(III)やアルミニウムの水酸化物に吸着濃縮させる共沈殿(coprecipitation)法がある．この方法は沈殿を大容量溶液中で生成させ，沈殿物(precipitate)をろ過(filtration)あるいは遠心分離(centrifugation)した後，少量の塩酸に溶解して濃縮溶液とする．イオン交換(ion exchange)による濃縮（吸着）は共沈殿のように液相から固相への移動を利用している．さらに液相から固相へ変換する濃縮手段として電気分解法(electrolysis)がある．また，吸着剤を詰めたカラムによる濃縮法は，試料溶液中の微量成分を吸着濃縮した後，カラムから微量成分を溶離して分析装置に導入できる利点があるので，水試料に広く応用できる．

試料調製には分解や濃縮に加えて，マトリックスから分析成分を分離する操作が含まれる．適切な分離方法は定量分析を簡単にし，正確な結果を得るために有効な手段である．蒸留，昇華，溶解，沈殿，抽出，浮選，電解，クロマトグラフィーなどの多くの分離方法が目的に応じて活用できる．使用した方法につ

いて分析成分の回収率(recovery)と分析値の再現精度(reproducibility)や繰り返し精度(repeatability)を求めることは，分析方法の質(quality of an analytical procedure)を評価するための目安になる重要なデータである．

　試料の調製に用いる水(蒸留水，イオン交換水，超純水)と溶媒および試薬(精密分析級，特級，一級，サブボイル，特殊用途など)は，高純度のものでなければならない．溶媒や試薬には微量の分析成分が不純物として含まれるので，分析に用いた同量のすべての試薬からブランク試料を調製し，全く同じ分析操作を実施する．この操作は空試験(blank test)といわれ，得られたブランク値を分析値から差し引くと，より正確な分析結果が求められる．ブランク値が大きい場合は，その分析を無効にするという判断がなされる．

1.3　分析成分の検出と測定

　試料中にどのような成分が存在するのか分からないままに，いきなり分析操作を行うと，マトリックスによる思わぬ妨害のために，全く間違った結果を得ることがある．したがって，分析を実施するに当たって最初に行うことは，試料中に存在する目的成分とマトリックスの種類を知るための検出操作である．

1.3.1　分析成分の検出

　分析に先立って，五感によってまず試料を観察する．固体試料については，形状，色，におい，磁性および潮解性の有無などを鑑定し，液体および気体試料では透明度，色，におい，浮遊物の有無などを調べる．次に，試料の物理的および化学的性質に基づき，試料中の分析成分の存在を確認する．偏光顕微鏡や光学顕微鏡による観察は，簡単な化合物の結晶や鉱物，岩石，堆積物などの化学組成分析(chemical composition analysis)に有効である．固体試料を直接加熱し，色の変化，水分およびガスの発生，昇華物の生成などを調べる．また，試料の溶解性(solubility)を，水，酸(塩酸や硝酸など)，簡単な有機溶媒を用いて試験する．その溶解性を順次観察した後，試料溶液について白金線を使って炎色反応(flame reaction)を行う．これらの観察結果から，試料の状態や性質，および存在する特定成分を確認する．

　さらに試料中に存在する陽イオン(cation)および陰イオン(anion)は，化学反応を使用した定性分析(qualitative analysis)によって確認できる．試料溶液に分属試薬(group reagents(硫化水素や硫化アンモニウム，炭酸アンモニウムなど))あるいは有機沈殿剤(organic precipitant)などを加え，反応による沈殿生成と溶解，色変化，ガス発生などを

基本にして，陽イオンあるいは陰イオンを系統的に分離し確認する．個々のイオンは特異反応(specific reaction)を利用して選択的に検出することも可能である．目的によってはいろいろな簡易試験法(pH試験紙，イオン試験紙，ガス検知管，パックテストなど)が使用できる．

赤外分光法，蛍光X線分析法，発光分光法，走査電子顕微鏡などの機器分析法を使用すれば，試料の主成分から微量成分までを同時に確認できる．

1.3.2 定量のための測定
1) 分析法の選択

分析成分を定量的に分析するための方法は，要求される精度や正確さ，存在する分析成分量によって決まる．

重量分析法(gravimetric analysis)は分析成分を選択的に沈殿分離した後，沈殿物の質量を測定する．容量分析法(volumetric analysis)は分析物を既知濃度の試薬と反応させ，溶液の電位や電流変化，色の変化，沈殿の生成などから，その試薬溶液の容積を測定する滴定分析法(titrimetric analysis)である．重量分析法や容量分析法は，0.1%オーダーの精度で正確な結果が得られるため，基準分析法(definitive methods)となっている．

試料の物理的性質を測定する機器分析(instrumental analysis)には，吸光光度分析法(紫外，可視)，蛍光光度分析法，赤外吸収分析法，原子分光法(吸収，フレーム，発光)，磁気共鳴分析(核磁気共鳴(NMR)，電子スピン共鳴(ESR))，X線分析法，電気分析法(電位差，ポーラログラフ，電解，電量，電導度)，質量分析法，クロマトグラフィー(ガス，イオン，液体)，熱分析法，放射能分析法などがある．機器分析法は一般に高感度(ppmからppb，あるいはpptレベル)であり，高い選択性をもつが，測定精度は1%オーダーである．機器分析法は迅速で自動的に行え，測定値がコンピュータ処理され，多成分を同時に測定することもできる．特にクロマトグラフィーは分析成分の分離と測定が同時に行えるので，複雑な混合物に対して有効である．

2) 定　　量

定量操作では，すべての成分を分析する全分析(total analysis)と，一部の目的成分を分析する方法があり，分析方法は絶対法または相対法に分類できる．重量分析法は絶対法であり，化学組成の分かった沈殿物の質量を測定し，計算に基本的定数の原子量を使用する．一方，滴定分析法は相対法であり，正確な濃度の試薬溶液を使用すれば，簡単な計算から分析物の量が求められる．

物理的特性に関係した信号を測定する多くの機器分析法は相対的な方法である．測定やデータ処理はコンピュータ制御されているため，迅速に再現性よく操作できるが，使用した方法の正確さを確かめるためには，いろいろな種類の保証値つき標準物質(certified reference materials；CRM)を分析し，分析値が保証値の統計的範囲で一致するかどうか検証する必要がある．

1.3.3 結果の計算とデータの報告

測定した分析成分濃度の結果から原試料中の分析成分量を計算し，絶対量あるいは相対量として報告する．通常は，%やppmなどの相対的な組成濃度が求められる．このとき，含有量の計算に用いた試料の質量あるいは体積は，分析試料の状態(たとえば，固体試料は生なのか，乾燥あるいは灰化したものか)によって大きく異なるので，その試料状態を明記する．また，繰り返し分析が行われたならば，相対標準偏差(relative standard deviation；RSD)あるいは変動係数(coefficient of variation；CV)を計算し，分析の精度を数値として付記する．得られた結果が正当であ

るかどうかを評価し，分析結果に基づいた正しい結論を報告することが大切である．

演習問題

[1] 銅鉱石中の銅含有量を評価するために，15回の測定を行った結果，測定値の標準偏差は±1.2％であった．サンプリング誤差（信頼水準95％）を0.5％以下にするには，採取するインクリメント試料の数をどれだけにすればよいか．

[2] 固体試料をはかり取る場合の加法と減法の違いを述べよ．また，塩酸に溶解する微粉末試料を正確にはかり取る場合，いずれの方法を用いればよいか，その理由を述べよ．

1.4 分析データの評価

　何らかの分析データが得られたとき，どう扱うことになるであろうか．順番に並べる，グラフに図示する，平均値（mean）を計算するといったことをするかもしれない．同一条件での繰り返し測定の場合のほか，結果が複数の量の関数関係の場合もある．扱い方を理解していれば，よりよい分析データの取得が可能になる．分析データの取り扱い，評価のための基礎的概念について述べ，近年その見積もりが不可欠になってきた不確かさについても説明する．

1.4.1 真度と精度

　図1.3に真度（trueness），精度（precision）の概念を図示する．同一条件での繰り返し測定の結果を直線上に黒丸で示したとき，たとえば図の下方のA〜Dのようなことが考えられる．右ほど値が大きく，A，Bの中心の縦線のところが真の値（または採択された参照値）とする．AやBでは真の値の近くに測定値が分布しており，真度が高い（またはよい）という．逆に，CやDでは真度が低い（または悪い）という．一方，測定値の繰り返しの善し悪しに着目すると，AやCでは精度が高い（またはよい），BやDでは精度が低い（または悪い）という．

　測定値の数が限りなく増えたときを考えると，図の上側の曲線のように各値の確率密度（全体の積分で確率1）を示すことができる．ここでは，正規分布を仮定して示す．A〜Dの確率密度の関数は，図の下方の直線上の分布の拡がりに対応していると考えてよい．なお，誤差（error）は1つ1つの測定値の真の値との差であり，正負の記号をもつ値である．C，Dの分布の中心の真の値との差が偏り（bias）あるいは系統誤差（systematic error)であり，A，Bの分布は系統誤差がない場合である．一方，分布の中心からの個々の値のずれは偶然誤差(random error)であり，誤差は系統誤差と偶然誤差を合わせたものである．

真度のことを正確さ(accuracy)ということがあるし，個々の測定値について真の値との一致の程度を精確さと表すことがあるが，正確さ，精確さという用語の使用については現在いくらか混乱があるので注意が必要である．今後は，後述の不確かさの使用が望まれる．

1.4.2 精度と標準偏差

精度(precision)とは，繰り返し性(繰り返し精度：repeatability)と再現性(reproducibility)の総称である．通常単に精度と呼ばれるものは，繰り返し性と同じである．「同じ測定条件で同一の(測定)量を連続して測定した場合の，測定の結果の間の一致の程度」と定義される．なお，再現性とは，「測定の条件を変えて同一の測定量を測定した場合の，測定の結果の間の一致の程度」のことであり，繰り返し性のことを再現性と呼ぶのは避けるべきである．繰り返し性は，結果のばらつきの度合いによって定量的に表すことができる．ばらつきの度合いは，(実験)標準偏差((experimental) standard deviation)sによって示され，同一(測定)量の一連のn回測定$(m_1, m_2, \cdots, m_n)$に対して(mは$m_1, m_2, \cdots, m_n$の平均値)，

$$s^2 = \left(\frac{1}{n-1}\right)\sum_{k=1}^{n}(m_k - m)^2 \qquad (1.4)$$

の正の平方根で与えられる(s^2は分散と呼ばれる)．これは，無限回測定したときのすべての測定値の分布(母集団分布)の拡がりσ(母集団分布の標準偏差)の推定に相当し(系統的な偏りの有無と無関係)，単一測定に対する(実験)標準偏差と呼ばれることもある．

改めてn回の測定を繰り返したとき，平均値は違う値が得られるかもしれない．これを繰り返したとき，同一の正規分布からの互いに独立なn回の測定値の平均値は，図1.4 ①のように標準偏差$\sigma/\sqrt{n}$の正規分布となり，もとの分布よりも狭くなる．互いに独立なn回の測定値の和・差は，図1.4 ②のように標準偏差$\sigma/\sqrt{n}$の分布となる．①の場合，分布の幅は狭くなるが，偏りは小さくも大きくもならない．

母集団分布が正規分布のとき$s/\sqrt{n}$は，平均値の分布の標準偏差$\sigma/\sqrt{n}$の推定値であり，平均値の(実験)標準偏差と呼ばれる．母集団分布が正規分布かどうか不明のときでも正規分布を仮定することはよく行われ，$s/\sqrt{n}$を求めて繰り返し性に由来する平均値の分布の拡がりを表現する場合が多い．なお，標準偏差を相対値で示したものは相対標準偏差(relative standard deviation；RSD)と呼ばれ，たとえば$(s/m)\cdot 100\%$となる．正規分布では，中心から$\pm\sigma$の範囲が68.3%，$\pm 2\sigma$の範囲が95.4%，$\pm 3\sigma$の範囲が99.7%の確率となる．

母集団分布が正規分布であると仮定することができ，母集団分布の平均値(母平均)μと母集団分布の分散(母分散)σ^2が未知のとき，$t = (m-\mu)/(s/\sqrt{n})$という量，すなわちn

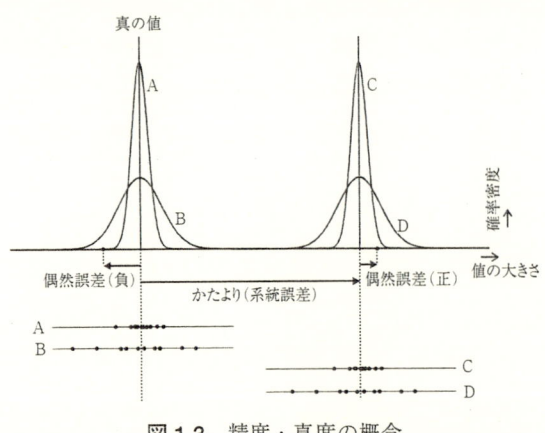

図1.3 精度・真度の概念

個の測定値の平均値 m と母平均 μ との差を平均値の実験標準偏差で規格化すると，t は $t=0$ を中心としたある分布を示すことになる．t は自由度 $\nu=n-1$ の t 分布と呼ばれるものになり，$|t|$ がある値 ($t_{\alpha/2}$) 以上である確率が α となる $t_{\alpha/2}$ を示した表が，t 分布表 (表1.4) である．逆に言えば，実験的に得られた m と s から母平均 μ の存在範囲 (信頼区間) を推定できるということで，$|t| \leq t_{\alpha/2}$ の範囲を考えると，$m - t_{\alpha/2}(s/\sqrt{n}) \leq \mu \leq m + t_{\alpha/2}(s/\sqrt{n})$ であり，信頼係数 $1-\alpha$ (または $100(1-\alpha)\%$，信頼率，信頼水準ともいう) での μ の信頼区間は，$\mu = m \pm t_{\alpha/2}(s/\sqrt{n})$ で示される．μ がこの範囲にある確率が $100(1-\alpha)\%$ である．たとえば，$n=10$，信頼係数 95% ならば，$t_{\alpha/2}=2.262$ となる．

1.4.3 はずれ値の取り扱い

注意深く分析を行っても，同じ測定を繰り返して得られた値の中に，他から大きく離れたはずれ値 (outlier) が入ることがある．すべてをやり直すことは簡単ではないかもしれない．理由は不明でも偶発的な誤りなどのためにはずれ値が混入した疑いがある場合に，目的からみて測定をやり直すほどではないときの処理法があり，その 1 つに Grubbs の方法がある．実験標準偏差を判断基準としてはずれ値かどうかを決定する方法である．関心のある人は JIS Z 8402-2 : 1999 などを参照してほしい．

1.4.4 不確かさ

不確かさ (uncertainty) は，「測定の結果に付随した，合理的に測定量に結びつけられうる値のばらつきを特徴づけるパラメーター」と定義されており，標準偏差 (またはそのある倍数) や，ある信頼水準での信頼区間の半分として表現される．一般に測定結果は，不確かさが与えられて完全なものとなる．

不確かさは，除きうる系統誤差の成分を除いた後の値がどの位真の値に近いかの程度を示すもので，真の値を知ることなく，精度と考えうる誤差の要因から真の値の存在範囲を推定したものである点が，真の値に基づく概念の真度や正確さ (精確さ) と異なる．不確かさは，誤差とは異なり個々の測定値に対するものではなく，求めたい測定量 (一連の測定値から得られる測定結果) に対するもので，正の値で表される．最終的な分析結果は，不確かさをもつ複数の測定量の組み合わせから得られることが普通であり，分析結果の不確かさは，複数の不確かさ要因から成り立っている．

不確かさの要因に対して標準偏差で表したものが標準不確かさ (standard uncertainty) で，通常 u で表される．標準不確かさを後述の不確かさの伝播の公式に従って合成したものが合成標準不確かさ (combined standard uncertainty) で，通常 u_c で表される．それに包含係数 (拡張係数，範囲係数: coverage factor) k を掛けた拡張不確かさ (expanded uncertainty) U が，最終的な不確かさ $U = k \cdot u_c$ となる．$k=2$ の場合が多い．k はある存在確率の区間 (信頼区間) を与えるように自由度に応じて t 分布表から決めることもある (詳細は参考文献[3] などを参照)．不確かさ

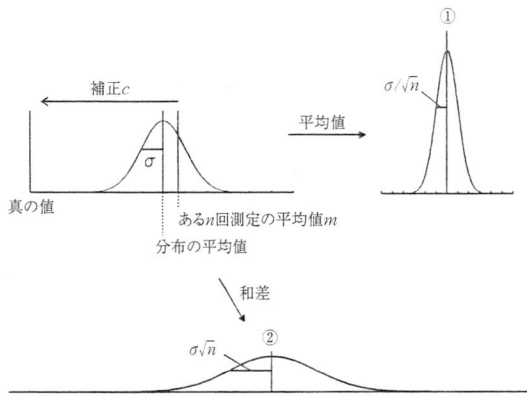

図1.4　平均値の標準偏差や和差の標準偏差

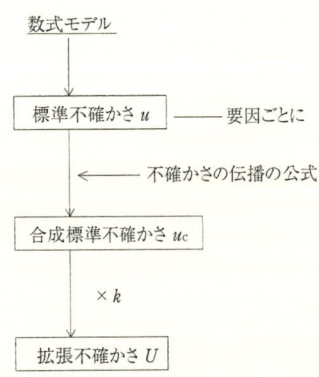

図 1.5 不確かさの見積もりの流れ

の見積もりの流れは図 1.5 の通りで，数式モデルは，測定結果 Y が直接測定できる単一の要因 X そのもの ($Y=X$) の場合から，複雑な式の場合までさまざまである．標準不確かさはもとをたどれば何らかの合成による場合もある．標準不確かさの評価は，一連の繰り返し測定に対する統計的な評価 (A タイプ評価) と統計的以外の方法による評価 (B タイプ評価：以前の測定データ，物理定数の不確かさの利用，校正証明書のデータなど) がある．

表 1.4 t 分布表

v	$\alpha=0.10$	$\alpha=0.05$	$\alpha=0.01$
1	6.314	12.706	63.657
2	2.920	4.303	9.925
3	2.353	3.182	5.841
4	2.132	2.776	4.604
5	2.015	2.571	4.032
6	1.943	2.447	3.707
7	1.895	2.365	3.499
8	1.860	2.306	3.355
9	1.833	2.262	3.250
10	1.812	2.228	3.169
15	1.753	2.131	2.947
20	1.725	2.086	2.845
25	1.708	2.060	2.787
30	1.697	2.042	2.750
120	1.658	1.980	2.617
∞	1.645	1.960	2.576

ある n 回測定を行ったときの実際の平均値 m は，本来の分布の平均値からずれているかもしれない．図 1.4 のように，偏りを補正するとき，不確かさのある m に対して補正することになるし，補正量自身が不確かさを有する．偏りを補正せずに，そのまま不確かさに加える場合もある．m は標準偏差 $\sigma/\sqrt{n}$ ($s/\sqrt{n}$ で推定) の拡がりに含まれ，偏りの見積もりの不確かさとの両者から m の不確かさが見積もられる．分析結果は通常 m のようないくつかの量の関数である．

不確かさの具体例を示す．未知濃度の塩酸 10 mL を全量ピペットでとり，ビュレットを用いて 0.5 mol/L の水酸化ナトリウム滴定液で滴定し，当量点までの体積から塩酸濃度を求めるとする．体積は，体積計が完全には正確でないことと，使う人の技量やくせに依存して，表示値から幾分ずれを生じる．したがって，滴定液の濃度が仮に正確でも，得られた塩酸濃度はいくぶんあいまいさを有する．滴定液濃度も測定から決められるので，ある程度のあいまいさを有する．すなわち，体積や滴定液の濃度は，不確かさをもっており，それらに応じて，塩酸濃度も不確かさをもつことになる．

1.4.5 不確かさの伝播の公式

求める分析結果を y，その算出に関わる量 (入力推定値) を x_1, x_2, $\cdots$, x_n としたとき，y の不確かさ $u_c(y)$ は入力推定値の標準不確かさの合成から得られる ($y=f(x_1, x_2, \cdots, x_n)$)．入力量 x_1, x_2, $\cdots$, x_n が独立で相関のないときには，不確かさの伝播の公式 (law of propagation of uncertainty) は，

$$u_c^2(y)=\sum_{i=1}^{n}\left(\frac{\partial f}{\partial x_i}\right)^2 \cdot u^2(x_i) \quad (1.5)$$

である．

簡単にいえばこの公式は，測定結果の不確かさに対する要因別の寄与の 2 乗和を求めた

もので，広く適用できる．入力量に相関のある場合には少し複雑になる．$(\partial f/\partial x_i)^2$ の部分を偏微分しないで計算することも可能であるが，詳しくは参考文献[1]を参照してほしい．

不確かさの伝播の公式から，A, B, C の間に相関がなければ，

① $Y=A+B-C$ のとき，
$$u_c^2(Y)=u^2(A)+u^2(B)+u^2(C) \quad (1.6)$$
② $Y=\alpha AB/C$（α は定数）のとき，
$$\left[\frac{u_c(Y)}{Y}\right]^2=\left[\frac{u(A)}{A}\right]^2+\left[\frac{u(B)}{B}\right]^2+\left[\frac{u(C)}{C}\right]^2$$

の関係が導かれる（導出は演習問題を参照）．

前述の塩酸の滴定を例として考える．c_1 mol/L の塩酸 10 mL (v_1) を 0.5 mol/L (c_2) の水酸化ナトリウム水溶液で滴定したときの当量点の体積が 20.10 mL (v_2) とすると，$c_1(=c_2v_2/v_1=1.005$ mol/L) の不確かさはどうなるか．$u(c_2)=0.0001$ mol/L, $u(v_2)=0.05$ mL, $u(v_1)=0.02$ mL とすると（これらの標準不確かさの見積もりは，たとえば参考文献[1]を参照），c_2, v_2, v_1 間に相関はないので，$u_c^2(c_1)=\{[u(c_2)/c_2]^2+[u(v_2)/v_2]^2+[u(v_1)/v_1]^2\}\cdot c_1^2=\{[0.0001/0.5]^2+[0.05/20.10]^2+[0.02/10]^2\}\cdot 1.005^2$ であり，$u_c(c_1)=0.0032$ mol/L である．相対値で示せば 0.32 % となる．

1.4.6 トレーサビリティと標準物質

信頼性のある分析値を得るためにはトレーサビリティ(traceability)が重要である．トレーサビリティは，「不確かさがすべて表記された，切れ目のない比較の連鎖（トレーサビリティ連鎖）を通じて，通常は国家標準または国際標準である決められた標準に関連づけられうる測定結果または標準の値の性質」と定義される．トレーサビリティのあることを形容詞的にトレーサブルということもある．トレーサビリティ連鎖のつながりは，分析値の不確かさの見積もりによって保証される．可能な量では究極的には SI（国際単位系：International System of Units)へのつながりが求められる．原理的に SI にトレーサブルでなかったり，まだ SI にトレーサブルになっていなくても，国際的基準のあるものはそれらに対してのトレーサビリティが必要である．

標準物質(reference material)とは，「測定装置の校正，測定方法の評価または材料に値を付与することに用いるために，1つ以上の特性値（たとえば，ある成分についての濃度や純度）が適切に確定されている十分に均一な材料または物質」である．標準物質のうち，「認証書(certificate)」がついており，1つ以上の特性値について適切な基準に対するトレーサビリティが確保されているものであり，認証値に不確かさがついているもの」が，認証標準物質(certified reference material; CRM)である．通常，分析には装置校正などのために何らかの標準物質が必要である．

分析対象成分が複雑なマトリックス（主要構成成分）中にあり，サンプリング，溶解，分離等の処理が必要な場合，損失，汚染，測定時の共存成分の干渉などを考えるとトレーサビリティの確保は簡単ではない．適切な CRM の利用が可能ならば，それはトレーサビリティの確保のための 1 つの道である．またそれだけではなく，分析のあらゆる段階に対して不確かさの視点をもつことも重要である．

計量法の下の標準物質（標準液，標準ガス）を含む標準全般の校正制度が計量法校正事業者認定制度(Japan Calibration Service System; JCSS)であり，SI へのトレーサビリティを意識して運用されている．平成 13 年 11 月現在，JCSS で指定されている標準液は pH が 6 種，無機物質が 33 種，有機物質が 24 種あり，標準ガスは 19 種ある．標準物質全般では参考文献[2]などが参考になる．

以上，分析データの評価法を理解し適切に不確かさを見積もる重要性を述べた．商取引

や環境問題のグローバル化に伴い，今後トレーサビリティの確保された分析データの重要性が高まっていく．不確かさは参考文献[3]が基本文書（通称 GUM）で，本項の分析データの評価に関連する用語は参考文献[4,5]などに詳述されている．

参考文献

1) 日置昭治：ぶんせき，114-119(2001)；348-353(2001).
2) 久保田正明(編)：標準物質——分析・計測の信頼性確保のために——，化学工業日報社(1998).
3) 飯塚幸三(監修)：ISO 国際文書——計測における不確かさの表現のガイド，日本規格協会(1996).
4) 日本分析化学会(編)：分離分析化学事典，朝倉書店(2001).
5) 日本分析化学会(編)：分析化学実験の単位操作法，朝倉書店(2004).

演習問題

[3] 合金中の金含有量（mg/g 単位）をある分析法で 10 回測定した結果を，10.02, 10.00, 10.03, 10.04, 9.99, 10.01, 10.05, 10.01, 10.07, 9.98 とする．平均値，実験標準偏差，平均値に対する標準偏差を求めよ．また，平均値の信頼率 95％ の信頼区間を示せ．測定値は正規分布に従うと仮定する．

[4] ① $Y = A + B - C$ のとき，$u_c^2(Y) = u^2(A) + u^2(B) + u^2(C)$，および② $Y = \alpha A^a B^b / C^c$ （α は定数）のとき（本文中は $a = b = c = 1$），$u_c^2(Y)/Y^2 = [a \cdot u(A)/A]^2 + [b \cdot u(B)/B]^2 + [c \cdot u(C)/C]^2$ を示せ．A, B, C の間に相関はないとする．

[5] ①硫酸バリウム $BaSO_4$ の式量の合成標準不確かさを計算せよ．$M(X)$ は X の原子量または式量を表すとすると，$M(Ba) = 137.327$, $M(S) = 32.065$, $M(O) = 15.9994$ である．それらの標準不確かさは $u(M(Ba)) = 0.004$, $u(M(S)) = 0.003$, $u(M(O)) = 0.0002$ とする．②ある試料中のバリウムを $BaSO_4$ として沈殿分離して秤量すると，浮力補正後にその質量 q_m は 1.0100 g（標準不確かさは 0.0005 g とする）であった．質量および原子量の不確かさを考慮して，試料中のバリウム含有量 r とその合成標準不確かさ $u_c(r)$ を示せ．バリウムの $BaSO_4$ としての回収は完全とする．

1.5 分析に従事する者の倫理

分析技術者の倫理をここに書くのに私が本当に適しているかどうかわからない．なぜなら，私はこの点において他の人に傷を負わせた人間であるからだ．それは私にとって盲点のようなものであった．私にはその意識がなかったのである．親しい友人に指摘を受け，説明を受けてはじめて気がついたのである．

分析化学の教科書である本書に，倫理に関する章を置く理由は2つある．1つは筆者のこの経験である．通常かなり堅苦しい問題に関心をもっていたはずの筆者ですらも問題を起こしてしまった．私たちは自分の盲点に気づくべきである．それが第1の理由である．次に，私たちは過去10年の間に生じた数多くのナンセンスと思える事故を知っている．その蔭には，技術の表面的な成果のみを追求し，その運用に当たっての科学者，技術者としての責任をおろそかにしてきた結果でもあることを知る必要がある．現在進行中の日本技術者教育認定機構（Japan Accrediation Board for Engineering Education；JABEE）の技術者教育認定制度における技術者教育システムにおいて「技術の社会および自然に及ぼす影響，効果に関する理解力や責任など，技術者として社会に対する責任を自覚する能力＝『技術者倫理』」を欠くことができないものとしてそのはじめにおいているのはこれに対する反省の現れである．

1.5.1 自然研究は社会的責任に関わるものである

自然科学の基本は，人間によらなくとも本来存在しているはずの自然の状態を合理と実証によって客観的に明らかにすることである．客観的ということは，原則的には，そのデータは他者による検証が可能ということである．そして，その活動は，これに携わる人間の創意による工夫が必要であると同時に，その知識に基づいてさらに人類の知識を発展するための公表とその個人の優先権の尊重が保証され，これによる悪用や誤用を防ぐことによって成り立っている．その中で，分析化学という学問は物質の物性を化学的な側面から客観的な用語でもって正しく描き出すこと，または，描き出すようにする操作を作り出すことである．難しい言い方になったが，要するに，分析をする人間は，装置や操作が出してくれる分析値が本当の値と思ってはならず，その裏に本当の値が隠れていることを意識しているということである．

もし，あなたが出した分析の値が真の値ではなかったとしたら，それに基づいて試料の由来が推定され，理論が作られたり，合成が行われ，製品が作られたり，技術的決定がなされ，場合によっては（環境基準などのように）社会的に決定がなされることになるのである．その点では，分析を行う作業は，単に個人的なものでも，化学だけのことでもなく，社会的な責任，真実に係わることである．

1.5.2 計測作業の意味

「分析化学とは，物質の物性を化学的な側面から客観的数量的な用語でもって正しく描き出すこと，または，描き出す操作を作り出すこと」は，言い換えると，化学という学問の中で，対象となる物質を人間が操作可能な物質情報に変換し，それによりその物質に目的とする操作を加えてフィードバックすることが分析化学の重要な役割であることになる．このためには，①何のために，どのような状態の試料を対象としなければいけないのか，②それを客観化するためには，どのような信号を必要とするのか，③どのような正しさをもつものさしで数値化しなければならないか，④その数値は統計的にどの程度の確度

をもつのかに責任をもたなければならない．

　私はかつて，分析はオーディオ技術と似ていると述べたことがある[1]．その本の中で本当の音はマイクで拾われ，アンプで増幅され，電波となって運ばれて，受信器に入り，再びアンプで増幅されてスピーカーから音となって再現される．本当の音は決してスピーカーから出てくる音そのものではない．変形したり，雑音が入ったものを本当らしいとして私たちは聞いている．本当の音に近づけるためには，音のひずみや雑音を可能な限り小さくする注意が必要である．分析も，物質の中に存在する分析対象の量と状態を，私たちは方法や装置を使って測り出そうとしているにすぎないので，そこには，わたしたち分析化学者はあくまでも正しい本当の値を探し求めて，よい測定結果を出さなければならない科学的使命があると述べた．

　ことに，分析化学において気をつけなければならない 2 つの問題点がある．それは，「分析データは，数字のひとり歩きをする」ということと，「分析には試料が必要である」ということである．

　「分析データは，数字のひとり歩きをする」——物性の客観化としての分析の結果，その物質は分析値という名前がつけられる．いったん名前がつけられてしまうと，その物質の由来，状況に関係なく，そのデータが第三者に利用され，伝えられることになる．誤って解釈されてしまった場合には，それを訂正すること自体も意図的と誤解される危険性も出てきてしまう．ことに，利用者が先入観をもってその数字に期待している場合，不用意な結果のみの報告が意外な結果となる場合が多い．そのためには，このデータの利用者に誤解を与えない注意とコメントをつける責任が分析には必要である．

　「分析には試料が必要である」——このことは，物質を取り扱う分析作業においては全くの当然であるが，往々にして，分析者はその試料にこめられている学問的側面を無視しがちである．たとえば，その試料を作成するために払われている試料作成者の学問的創意，試料調製者の努力を捨象してしまって，われわれだけの分析化学的報告書を作成してしまうことがある．その数値によって客観化される合成，採集，調製の努力は，むしろ，これらの人びととの共同の学問的成果なのである．

1.5.3　科学データにおける背信

　大学に入ってはじめて行う学生実験において繰り返し測定の結果が隣の友人の結果と違うために，さらにもう一度測定を追加し，都合のよい値のみを利用してレポートをつくった経験はおそらく誰にもあるに違いない．明らかに，これは意図的なデータの捏造である．自然科学を学ぶ者としてしだいにこれがマナー違反であることを知ってくるが，これまで研究室において徒弟制度的に教えられてきたことである．しかし，実際の社会において，その数字が大きな会社の損失につながったり，自己や組織の責任問題となる場合には，これらは小さなマナー違反として通用するだろうか．宇井純は水俣病事件における科学的背信行為を挙げている[2]．それらは，データセレクション，データクッキング（関数変換，評価関数，ばらつき評価の意図的選択），参考文献の意図的偏り，非現場主義，推論によるデータ解釈と結論のあいまい化，アイデアやデータの盗用，データの捏造，などである．データセレクションは上記の学生実験の例であり，会社の責任となる測定データは抹消して知らなかったことにするなどが行われる．データクッキングは，これよりも手が込んでいて，たとえば，ばらつきの大きなデータは対数-対数方眼紙に書き込んでばらつきを目立たなくするとか，統計的処理を恣意的に行

うとか，強引に直線近似をしたり，測定範囲を意図的に制限してしまう，などがこれに当たるであろう．参考文献の意図的偏りとは，自己の測定結果を支持する参考文献のみを挙げ，これに明らかに反する参考文献を示さないで客観性を装うものである．このうち，有名なデータ捏造の例は，1954年に問題となった日本分析化学研究所原潜放射能測定捏造事件である[3]．この事件では，当時官公庁から多量に測定依頼のあった環境放射能測定のデータ報告の能率をあげるために，同一のγ線スペクトルを測定していない試料の測定結果として用いて報告していた．

1.5.4 職業人としての倫理

分析化学を学ぶことは，その専門的知識を身につけ，それを職業としての自分の能力に加えようとすることである．その意味では，私たちは分析化学に関連して職業人としての責任も負っている．専門的知識の習得とその行使は，あくまでも自分の意思で選んだものであるが，同時に，その人は，医師や弁護士と同様に，その専門的能力の行使についての責任を社会から委託されているのである．ことに，現代の高度技術社会においては技術者が取り扱う物質，操作，装置，設備などはそのままでは人体に危険なものが数多くあり，また，環境や自然に対しても影響を及ぼす可能性をもつものも少なくない．自分自身の安全を保つだけでなく，それは同僚にも，さらに周囲にいる人びと，その処理に当たる人びと，未知の不特定の人びとに対しての安全をも考えるのが職業人としての化学者の最低のマナーであろう．

現代社会における分析化学者の責任はこれのみにとどまらない．ひとりの職業的社会人として生きるにはこのような個人的倫理のみではなく組織の中，人間地球社会の中での責任が問われるようになっている．研究テーマの選択に関しても，新しい問題が生じている．『科学者をめざす君たちへ——科学者の責任ある行動とは』[4]，ニュートンの『サイエンスエシックス——科学者のジレンマと選択』[5]やブロードとウェードの『背信の科学者たち』[6]は科学者が直面する研究上の倫理的ジレンマやそのようになる社会的状況が描かれている．

多くの学協会で制定されている倫理綱領は，これに所属する専門職業人の目標とすべき倫理基準を制定したものである．たとえば，1999年に制定された日本機械学会倫理綱領[7]をみてみると，「会員は，真理の探求，未踏分野の開拓，社会と人との活動を支え，産業と文明の発展，人類の安全と健康，福祉の向上・増進と環境の保全のためにその専門的能力，技芸を最大限に発揮することを目指」しているとあり，その中心的項目として，自己の研鑽と向上の責務，社会に対する責務，情報の公開，契約の遵守，他者との関係，公平性の確保が挙げられている．ことに最近では，国内外の諸学協会では，被雇用者としての契約義務と顧客に対する契約義務とともに一般市民の生活，安全，健康に対する最高の配慮と環境や未来世代に対する責任が重視されるようになりつつある．

本項ではたいへん限られた紙数で急激に変化する社会の中での科学技術者の倫理的あり方について簡単にまとめたため，内容が取っつきにくくなった．以下に最近，手に入れやすくなったテキストの例を掲げておく[8～14]．

参 考 文 献

1) 古谷圭一，ほか(編著)：100万人の分析化学，アグネ(1982)．
2) 宇井　純：公害原論 I，亜紀書房(1971)．
3) 浅見善吉：日本分析化学研究所 データ捏造事件の経過と背景，現代化学，4, 62-67(1974)．
4) 米国科学アカデミー(編)：科学者をめざす君

たちへ——科学者の責任ある行動とは，化学同人(1996).
5) D. E. ニュートン：サイエンスエシックス，化学同人(1990).
6) W. ブロード, N. ウェード：背信の科学者たち，化学同人(1988).
7) 日本機械学会：日本機械学会倫理綱領，日本機械学会(1999).
8) 渕上高義：〈ぶんせきいちろうの聴講ノート〉1・2 環境計量の倫理(1)・(2)；環境と計測技術, **27**(8), 81-89；(9), 113-120(2000) [福岡県環境計量証明事業協会主催「環境計量士部会研修会」における筆者の講義をまとめたもので，本項のより詳しい解説である].
9) A. S. ガン, P. A. ヴェジリンド：環境倫理——価値のはざまの技術者たち，内田老鶴圃(1992) [この新版は，P. A. ヴェジリンド, A. S. ガン：環境と科学技術者の倫理，丸善(2000)となっているが，前書には，日本の事例を載せてある].
10) 斉藤了文，坂下浩司：はじめての工学倫理，昭和堂(2001).
11) 飯野弘之：新 技術者になること——これからの社会と技術者，雄松堂(2000).
12) C. ウィットベック：技術倫理Ⅰ・Ⅱ，みすず書房(2000).
13) 大貫　徹，ほか：工学倫理の条件，晃洋書房(2002).
14) R. シンチンガー, M. W. マーチン：工学倫理入門，丸善(2002).

2. 化学分析

2.1 容量分析

2.1.0 容量分析に利用する化学反応とその平衡定数

容量分析(volumetric analysis)では特別の例外を除いて，水溶液中の化学反応を利用する．物質量が溶液のモル濃度と体積の積で表せるので，反応の化学量論的関係を利用すれば，未知の物質量は反応に消費された標準溶液の正確なモル濃度(molarity)と体積から求められる．標準溶液をビュレットから滴下する操作およびこの分析法を滴定(titration)と呼ぶ．物質が濃度未知の溶液として存在するならば，正確な体積を採取して滴定すればよい．滴定で判明した濃度と採取体積から未知の物質量が定まる．

滴定に利用する化学反応を仮に，物質量未知のAと濃度既知のBの反応，

$$aA + bB \longrightarrow cC + dD \quad (2.1)$$

であると考える．反応(2.1)が滴定に利用できるためには，① 平衡定数(equilibrium constant)が十分大きい，② 反応速度が十分速い，③ AとBが定量的に反応した点(当量点と呼ぶ)を知る手段がある，ことが必須である．この条件を満たす化学反応の種類により，酸塩基滴定(2.1.1項)，酸化還元滴定(2.1.2項)，キレート滴定(2.1.3項)，沈殿滴定(2.1.4項)，などと呼ばれる．

ここで，本節における平衡定数と濃度との関係，および，濃度と活量(activity)の取り扱いについて整理をしておく．

式(2.1)で表される反応の平衡定数Kは無限に希釈された希薄溶液では

コラム①　　　　　　　　　　　　　　　活量と熱力学的平衡定数

溶質Xの活量a_Xと濃度$[X]$の関係は一般に

$$a_X = \gamma [X]$$

と表され，γ ($0 < \gamma < 1$)を活量係数という．γの大きさは溶液中のイオン総濃度に依存して変化する．これはイオン間の相互作用の影響で溶液内のXの振る舞いがXの濃度に見合うものより低く抑えられることを意味している．溶液のイオン総濃度がきわめて低い(無限希釈)ときには$\gamma = 1$と近似できる．

化学反応

$$aA + bB \longrightarrow cC + dD$$

の平衡定数を活量で表すと，

$$K° = \frac{a_C^c \, a_D^d}{a_A^a \, a_B^b} = \frac{\gamma_C^c [C]^c \, \gamma_D^d [D]^d}{\gamma_A^a [A]^a \, \gamma_B^b [B]^b}$$

$$= \frac{\gamma_C^c \, \gamma_D^d}{\gamma_A^a \, \gamma_B^b} \frac{[C]^c [D]^d}{[A]^a [B]^b}$$

$$= \frac{\gamma_C^c \, \gamma_D^d}{\gamma_A^a \, \gamma_B^b} K$$

となる．熱力学的平衡定数と呼ばれる$K°$は温度一定なら反応の種類ごとに厳密に一定値をとる．また，上式より活量係数が一定とみなせる範囲内でKは一定である．

$$K = \frac{[C]^c [D]^d}{[A]^a [B]^b} \quad (2.2)$$

と表され，温度が一定なら一定値をとる．[A]，[B]，…，は平衡状態における化学種 A, B, …，のモル濃度を示す．無限に希釈された場合を除くと平衡定数が厳密に一定といえるためには，コラム 1 の説明にあるように，モル濃度の代わりに活量 a_A, a_B, …，を用いる必要がある．実際，滴定ではおよそ 0.01～0.1 mol/L の標準溶液が利用され，決して無限希釈溶液とはいえない．しかし，2.1.1～2.1.4 項では滴定の原理を理解する目的で平衡を取り扱うので，厳密性を犠牲にすることは許されると考え，式(2.2)のように平衡定数をモル濃度を用いて表す[*1]．

2.1.1 酸塩基滴定
1) 酸と塩基の定義

中和反応を利用する滴定において標準溶液が酸であれば酸滴定，塩基(アルカリ)であれば塩基(アルカリ)滴定である．酸(acid)と塩基(base)の定義は時代とともに発展してきた．アレニウス(Arrhenius)による古い定義では水に溶解して H^+ を放出すれば酸，OH^- を放出すれば塩基であった．しかし，水溶液中の遊離 H^+ の存在は否定され[*2]，また，アンモニアやアミン類は化学式だけから塩基であることがわかりにくいなどの難点がある．

ブレンステッド(Brønsted)とローリー(Lowry)は，「プロトン(H^+)を供与する性質があれば酸，受容する性質があれば塩基」と定義した．この定義は水溶液で行われる酸塩基滴定を理解するためには最も適している．この定義の大きな特徴は，「水 H_2O は酸でもあり，塩基でもある」ということである．酢酸とアンモニアを，それぞれ水に溶解すると次のような反応が起きる．

$$CH_3COOH + H_2O \longrightarrow CH_3COO^- + H_3O^+ \quad (2.3)$$

$$NH_3 + H_2O \longrightarrow NH_4^+ + OH^- \quad (2.4)$$

反応式(2.3)では酢酸から供与された H^+ を受容する水が塩基であり，反応式(2.4)では水が H^+ を NH_3 へ供与し，酸としての性質を示している．

2) 酸・塩基の解離定数と酸・塩基の強さ

プロトン(H^+)を供与する能力が高いほど強い酸である．水溶液中で複数の酸の強さを比較するためには H^+ を受容する共通の塩基として水を選ぶ．すなわち，一般に酸 HA の強さは次の反応の平衡定数 K_a^* として示せる．この反応を酸の解離反応(dissociation)という．

$$HA + H_2O \rightleftharpoons A^- + H_3O^+ \quad (2.5)$$

$$K_a^* = \frac{[A^-][H_3O^+]}{[HA][H_2O]} \quad (2.6)$$

ここで，溶媒の水は他の化学種と比べて圧倒的に高濃度であり，$[H_2O]$ はつねに一定とみなせるので実際には次の K_a の値が酸の強さを示す．K_a を酸解離定数と呼ぶ．

$$K_a = \frac{[A^-][H_3O^+]}{[HA]} \quad (2.7)$$

強酸の場合，式(2.5)の解離反応で表される平衡は完全に右に傾き，[HA]は事実上 0 となるので K_a の値は定まらない．一般に強酸として知られている塩酸(HCl)，硝酸(HNO_3)，硫酸(H_2SO_4)などの水溶液中での酸としての性質はいずれも完全解離で生じた H_3O^+ によるものであり，その強さは同じとなる．この現象を強酸の水による水平化効果(leveling effect)という．

塩基についても酸と同様に考えられる．塩基 B の解離反応と解離定数 K_b は次のように示すことができる．

[*1] モル濃度を用いれば平衡定数は mol/L を含む単位をもつが，反応ごとに次元が異なり複雑なので省略する．

[*2] 実際は $H(H_2O)_n^+$ である．化学式では代表例として H_3O^+ を使用する．

$$B + H_2O \longrightarrow BH^+ + OH^- \quad (2.8)$$

$$K_b = \frac{[BH^+][OH^-]}{[B]} \quad (2.9)$$

水酸化ナトリウム(NaOH),水酸化カリウム(KOH),水酸化バリウム(BaOH),などの強塩基が,完全解離で生じたOH^-により水平化効果を受けることも同様である.

3) 水のイオン積

水の場合,酸としての解離反応と塩基としての解離反応は共通である.

$$H_2O + H_2O \rightleftarrows H_3O^+ + OH^- \quad (2.10)$$

$$K_a{}^* = K_b{}^* = \frac{[H_3O^+][OH^-]}{[H_2O]^2} \quad (2.11)$$

$[H_2O]$が一定値をとるとみなして他の酸,塩基の場合と同様にK_a,K_bを定義するが,水の場合は特別にK_wで表し「水の自己解離定数」あるいは「水のイオン積」と呼ぶ.純水中の$[H_3O^+]$($=[OH^-]$)は25℃において1.0×10^{-7} mol/Lである.すなわち,

$$K_{a,水} = K_{b,水} = K_w = [H_3O^+]\cdot[OH^-] = 1.0 \times 10^{-14} \quad (2.12)$$

式(2.10)の反応は水の解離反応または自己解離反応(autoprotolysis)と呼ばれる.

4) 共役酸・共役塩基とその強さ

すでにみてきた酸・塩基の解離反応の生成物について考えてみると,実はそれらもプロトン(H^+)を受容したり供与したりする性質があり,塩基や酸である.反応式(2.3)で示される酢酸の解離反応の生成物CH_3COO^-は,反応式(2.13)によりH^+を受容する塩基であり,酸CH_3COOHとの間で互いに共役塩基(conjugated base),共役酸(conjugated acid)と呼び合う.

$$CH_3COO^- + H_2O \rightleftarrows CH_3COOH + OH^- \quad (2.13)$$

この共役塩基の強さは一般の塩基と同じくK_bで表現でき,その大きさは共役酸のK_aと次式のような関係がある.

$$K_b = \frac{[CH_3COOH][OH^-]}{[CH_3COO^-]}$$

$$= \frac{[H_3O^+][OH^-]}{K_a}$$

$$= \frac{K_w}{K_a} \quad (2.14)$$

この関係はK_a,K_bがある一定値をとる酸や塩基,言い換えれば,弱酸や弱塩基についてつねに成り立つ.すなわち,1組の共役な酸・塩基の解離定数を,$K_{a,conj.}$,$K_{b,conj.}$で表せば,

$$K_{a,conj.} K_{b,conj.} = K_w \quad (2.15)$$

である.巻末付表のpK_aやpK_bから共役塩基・酸の解離定数も算出できる.

強酸,強塩基では解離反応が完全に進行するので水溶液中に共役塩基や共役酸は存在しない.

5) 滴定に利用する中和反応の平衡定数

滴定用測容器に起因する誤差は通常0.1%程度である.したがって,滴定に利用する中和反応は当量点において未反応の酸や塩基が滴定開始時の0.1%以下になるような平衡定数が必要である.初濃度0.1 mol/Lの一価の酸と一価の塩基が反応するような簡単な系について,酸と塩基の強弱のさまざまの組み合わせについて検討してみよう.

a. 強酸と強塩基の中和反応 強酸,強塩基の中和反応とその平衡定数は次のように示される.

$$H_3O^+ + OH^- \rightleftarrows 2H_2O \quad (2.16)$$

$$K = \frac{[H_2O]^2}{[H_3O^+][OH^-]} > 1.0 \times 10^{14} \quad (2.17)$$

ここで,このKは十分大きな値である.当量点において$[H_3O^+] = [OH^-] = 1.0 \times 10^{-7}$ mol/Lであるから,未反応の酸と塩基は滴定開始時の0.0002%にすぎない.

b. 強酸と弱塩基,弱酸と強塩基の中和反応 強酸と弱塩基の中和反応とその平衡定

数は次のように示される．

$$H_3O^+ + B \rightleftharpoons HB^+ + H_2O \quad (2.18)$$

$$K = \frac{[HB^+]}{[H_3O^+][B]} = \frac{1}{[H_3O^+]}\frac{K_b}{[OH^-]} = \frac{K_b}{K_w} \quad (2.19)$$

当量点で体積が2倍になっていることを考慮して，$[HB^+] \geqq 0.05 \times 0.999$ mol/L，水の自己解離反応を無視して，$[B] = [H_3O^+] \leqq 0.05 \times 0.001$ mol/L，とすれば

$$K = \frac{K_b}{K_w} \geqq 2.00 \times 10^7 \quad (2.20)$$

$K_b \geqq 2.00 \times 10^{-7}$，すなわち，弱塩基の K_b は 10^{-6} 以上であることが要求される．

弱酸と強塩基の中和反応も同様の考察により，弱酸の K_a が 10^{-6} 程度以上で定量的な滴定ができる．

c. 弱酸と弱塩基の中和反応　　弱酸と弱塩基の中和反応とその平衡定数は次のように示される．

$$HA + B \rightleftharpoons HB^+ + A^- \quad (2.21)$$

$$K = \frac{[A^-][HB^+]}{[HA][B]} = \frac{K_a}{[H_3O^+]}\frac{K_b}{[OH^-]}$$

$$= \frac{K_a K_b}{K_w} \quad (2.22)$$

当量点で $[A^-] = [HB^+] \geqq 0.05 \times 0.999$ mol/L，$[HA] = [B] \leqq 0.05 \times 0.001$ mol/L，とすれば，

$$K = \frac{K_a K_b}{K_w} \geqq 9.98 \times 10^5 \quad (2.23)$$

したがって，K_a と K_b の積が 10^{-8} 程度以上でなければ中和反応の平衡定数は滴定に利用できない．弱酸あるいは弱塩基のはずの水が中和反応に関与しない理由はここにある．

6) 滴定曲線と当量点の検出

酸塩基のどのような組み合わせについても，滴定の進行に伴って変化する共通の指標は水素イオン濃度，正確にいえばオキソニウムイオン濃度 $[H_3O^+]$，あるいはこれと式 (2.12) で関係づけられる $[OH^-]$ である．横軸に標準溶液の滴下体積，または，当量点を 100% とする滴定率 t をとり，縦軸に pH = $-\log[H_3O^+]$ をプロットすると酸塩基滴定曲線を描くことができる．計算による滴定曲線 (titration curve) をあらかじめ描くことによって滴定全体の見通しがよくなり，実験操作としての滴定の終点 (end point) と反応の当量点 (equivalence point) を一致させる方法などの考察が容易になる．ここでは考え方の理解が目的なので，初濃度が等しい一価の酸と一価の塩基だけを仮定する．また，弱塩基や弱酸の標準溶液で弱酸や弱塩基を滴定することは一般には行わないので省略する．

a. 強酸または強塩基標準溶液による強塩基または強酸の滴定　　強酸や強塩基の共役塩基，共役酸は存在しないので pH は溶液中の強酸や強塩基の濃度だけで決まる．

たとえば，強塩基試料溶液の初濃度を C_{B0} とすると滴定開始時の pH は，$C_{B0} = [OH^-]$ より次のように計算される．

$$pH = -\log[H_3O^+] = -\log\frac{K_w}{[OH^-]}$$

$$= -\log\frac{K_w}{C_{B0}} \quad (2.24)$$

強酸による滴定が始まると滴下した強酸 (初濃度 $C_{A0} = C_{B0}$) と当量の強塩基は中和反応によってともに失われる．したがって，pH は未反応の強塩基により決まる．滴定の進行に伴う液量の増加も考慮に入れると，滴定率 t% の pH は次のように計算される．

$$pH = -\log\frac{K_w(100+t)}{C_{B0}(100-t)} \quad (2.25)$$

当量点では酸も塩基も存在せず pH = 7 である．当量点後の pH は過剰な強酸の濃度で決まる．液量の増加も考えて次式が得られる．

$$pH = -\log\frac{C_{A0}(t-100)}{(t+100)} \quad (2.26)$$

強塩基標準溶液による強酸の滴定も酸と塩基の立場を入れ替えて全く同様に pH の計算をすることができる．

図 2.1 に滴定曲線の例を示す．滴定率 99.9％と100.1％は，強塩基50 mLを滴定している場合ならば当量点を挟んでちょうど1滴 (0.05 mL) 不足あるいは過剰な点である．この間のpH値の大きな飛躍を検出すれば，滴定の終点は当量点にきわめて近くなる．

b. 強塩基または強酸標準溶液による弱酸または弱塩基の滴定 K_a や K_b がすでに述べたように 10^{-6} mol/L 以上であるはずなので，水の解離から生ずる H_3O^+ や OH^- を無視する．式(2.7)，(2.9)において $[H_3O^+]=[A^-]=x$，$[HA]=C_{A0}-x$，$[OH^-]=[BH^+]=y$，$[B]=C_{B0}-y$，と置くと滴定開始点の弱酸や弱塩基のpHが計算できる．

$$x^2 + K_a x - K_a C_{A0} = 0 \quad (2.27)$$
$$y^2 + K_b y - K_b C_{B0} = 0 \quad (2.28)$$

多くの場合，$(C_{A0}-x) \fallingdotseq C_{A0}$，$(C_{B0}-y) \fallingdotseq C_{B0}$ が成り立つので計算は簡単になる．

滴定が始まると次の反応，

$$HA + OH^- \rightleftarrows H_2O + A^- \quad (2.29)$$

や (2.18) の反応などが進むので溶液は未反応の弱酸とその共役塩基の混合物，あるいは未反応の弱塩基とその共役酸の混合物になる．弱酸や弱塩基の濃度は滴下された強塩基または強酸と反応した分だけ減少し，その分が共役塩基や共役酸の濃度となる．

(2.29) の反応が進む弱酸の強塩基による滴定の場合で考えてみると，次の関係が成り立つ．

$$[A^-]_t = \frac{C_{A0} t}{100+t} \quad (2.30)$$

$$[HA]_t = \frac{C_{A0}(100-t)}{100+t} \quad (2.31)$$

K_a を定義する式 (2.7) に代入すると，

$$[H_3O^+]_t = \frac{K_a(100-t)}{t} \quad (2.32)$$

となる．式(2.32)は2つの重要な内容を含んでいる．第1は，$[H_3O^+]_t$ が C_{A0} と関係なく t だけに依存すること，第2は，$t=50\%$ のとき $[H_3O^+]$ を知ることによって未知の K_a を決定できることである．

$$pH_{t=50} = pK_a \quad (2.33)$$

当量点では，共役塩基だけの溶液となる．その解離定数は式(2.15)により明らかであり，pHの計算法は液量の増加を除けば滴定開始時点のpHの求め方と全く同様である．当量点後のpHは強塩基標準溶液の過剰分で決まると考えてよい．

弱塩基の強酸による滴定も同様に考えればよい．求めた $[OH^-]_t$ と式(2.12)を使ってpHが計算できる．

以上の結果を利用して作成した滴定曲線を図2.2に示した．すでに述べたように，当量点まで滴定率の広い範囲において初濃度と無関係に，弱酸とその共役塩基との濃度比，あるいは弱塩基とその共役酸との濃度比だけで決まる滴定曲線が1本だけみられることに注目してほしい．互いに共役な弱酸と弱塩基の混合溶液がpH緩衝液 (buffer solution) であることがよく分かる．これと比較して強酸と強塩基の混合溶液(図2.1)は水による希釈でpH値が大きく影響を受け，緩衝作用をもたない．

なお，滴定率が〜0％では未反応の弱酸あ

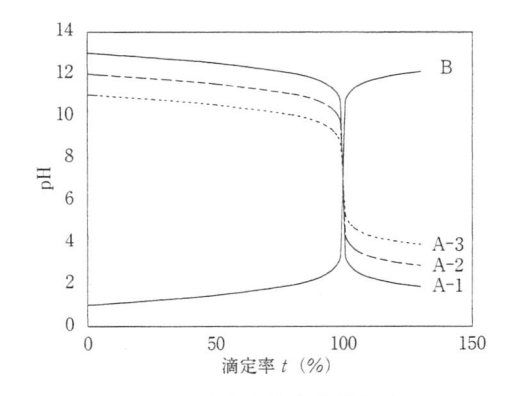

図 2.1 酸塩基滴定曲線 (1)
A-1：0.1 mol/L 強塩基の 0.1 mol/L 強酸による滴定，A-2：0.01 mol/L 強塩基の 0.01 mol/L 強酸による滴定，A-3：0.001 mol/L 強塩基の 0.001 mol/L 強酸による滴定，B：0.1 mol/L 強酸の 0.1 mol/L 強塩基による滴定．

るいは弱塩基の解離で生じる共役塩基あるいは共役酸の濃度が，中和反応の進行によって生成する濃度に対して無視できない．一方，～100％のときは共役塩基・共役酸の解離が無視できない．これらの場合は，水溶液内での物質収支バランス，電荷バランス，弱酸あるいは弱塩基の解離平衡，水のイオン積，のすべてを厳密に考慮した連立方程式を解く必要がある（コラム2参照）．ここでは，その計算結果を図2.2に含めたことを述べるにとどめる．

c. 当量点の検出法と酸塩基指示薬

図2.1, 2.2の滴定曲線をみて分かるとおり，当量点前後のpH飛躍は2以上ある．これを検出して滴定の終点とするにはどうしたらよいだろうか．pHメータでpHを追跡しながら滴定すれば得られた滴定曲線あるいはその微分曲線から終点は一目瞭然である．しかし，手軽さや時間の節約を考慮するならば，このpH飛躍を目視で検出できる方が便利である．そのために利用されるのが指示薬（indicator）である．酸塩基滴定の指示薬は，①pHによって色が異なること，②被験液の酸塩基反応の平衡を乱さないこと，が必須である．指示薬自体が弱酸または弱塩基であって，pH変化で生じる共役塩基あるいは共役酸がもとと異なる色をもてば①の条件を満たす．また，同時に指示薬が色素であるなら試験対象の酸塩基に比べて無視できる程度のごく微量の物質量の添加で色が確認できるので，②

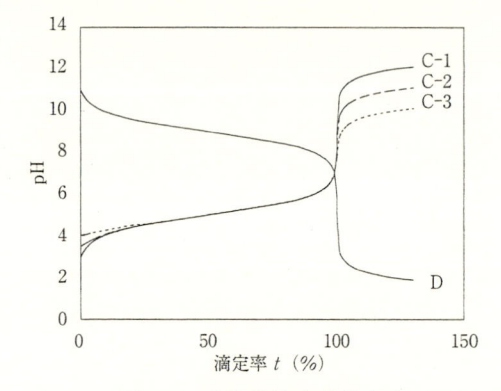

図2.2 酸塩基滴定曲線（2）
C-1：0.1 mol/L 弱酸の 0.1 mol/L 強塩基による滴定，C-2：0.01 mol/L 弱酸の 0.01 mol/L 強塩基による滴定，C-3：0.001 mol/L 弱酸の 0.001 mol/L 強塩基による滴定，D：0.1 mol/L 弱塩基の 0.1 mol/L 強酸による滴定．弱酸と弱塩基の解離定数はどちらも 1×10^{-5} である．

コラム2　溶液内全化学種濃度の間に成り立つ関係

たとえば，酸解離定数 K_a の弱酸 HA のモル濃度が C_A，強塩基 MOH のモル濃度が $C_B (<C_A)$ であるような混合溶液を考えてみよう．中和反応のため MOH は実際には M^+ イオンしか残っていない．水溶液内にはこのほかに，中和反応で生成した A^-，未反応の HA，水の自己解離反応で生じた H_3O^+，OH^- も共存している．溶液内でいつも厳密に成り立っている次の3種類のルールをこの混合溶液内にも適用すると，以下のような濃度関係が得られる．

① 物質収支のバランスがとれている．
$$C_A = [HA] + [A^-]$$
$$C_B = [M^+]$$

② 電荷バランスがとれている．
$$[M^+] + [H_3O^+] = [A^-] + [OH^-]$$

③ 平衡定数はつねに一定である．
$$K_a = \frac{[A^-][H_3O^+]}{[HA]}$$
$$K_w = [H_3O^+][OH^-] = 1.0 \times 10^{-14}$$

これらの関係を同時に満足させる解として全化学種濃度が記述できる．この連立方程式を解くのは容易とは限らないが，本文で述べたように多くの場合，濃度の大小関係を考察すれば意味のある近似解を求めることができる．

の条件も満足する．酸塩基滴定で実際に利用される酸塩基指示薬を表2.1に示す．

指示薬弱酸 HInd について，次のような解離平衡を考えることができる．

$$\text{HInd} + \text{H}_2\text{O} \rightleftharpoons \text{H}_3\text{O}^+ + \text{Ind}^- \quad (2.34)$$

$$K_{a,\text{HInd}} = \frac{[\text{Ind}^-][\text{H}_3\text{O}^+]}{[\text{HInd}]} \quad (2.35)$$

通常，酸型と共役塩基型の濃度が10倍以上異なると目視で色の変化を確認できる．したがって，$0.1 < [\text{Ind}^-]/[\text{HInd}] < 10$ の関係を代入すると $0.1 < K_{a,\text{HInd}}/[\text{H}_3\text{O}^+] < 10$ となり，変形してp関数で表示すれば目で変色を確認できるpH領域（変色域）が求まる．

$$pK_{a,\text{HInd}} - 1 < \text{pH} < pK_{a,\text{HInd}} + 1 \quad (2.36)$$

式(2.36)は，滴定終点で起きるpH飛躍を変色域に含むように，適切な $K_{a,\text{HInd}}$ の指示薬を選択する必要性を示している．メチルオレンジは図2.3に示すような化学構造の指示薬で酸型のとき赤色を示し，共役塩基では黄色になる．図2.2の滴定曲線をみると分かるように，弱塩基を強酸標準溶液で滴定する場合に利用できるが，弱酸を強塩基で滴定する場合には利用できない．この表と図2.1の滴定曲線から，多くの酸塩基指示薬は強酸-強塩基の組み合わせなら広範囲に使えることが理解される．

7) 二価以上の酸あるいは塩基の滴定

二価以上の酸あるいは塩基の滴定の例として，リン酸の強塩基による滴定について実験で得られた滴定曲線（図2.4）をみながら考えてみる．リン酸の酸解離反応式と解離定数は次の通りである．

$$\text{H}_3\text{PO}_4 + \text{H}_2\text{O} \rightleftharpoons \text{H}_3\text{O}^+ + \text{H}_2\text{PO}_4^-,$$
$$K_{a1} = 7.6 \times 10^{-3} \quad (2.37)$$

表2.1 酸塩基指示薬

名称	pK_a	酸性色	変色域*	塩基性色
チモールブルー（酸性側）	1.65	赤	1.2～2.8	黄
ブロモフェノールブルー	3.85	黄	3.0～4.6	青紫
メチルオレンジ	3.46	赤	3.1～4.4	橙黄
ブロモクレゾールグリーン	4.66	黄	3.8～5.4	青
メチルレッド	5.00	赤	4.2～6.3	黄
ブロモチモールブルー	7.30	黄	6.0～7.6	青
フェノールレッド	7.81	黄	6.8～8.4	赤
チモールブルー（塩基性側）	8.90	黄	8.0～9.6	青
フェノールフタレイン	8.7	無	8.3～10.0	紅
チモールフタレイン	9.2	無	9.3～10.5	青

* 変色域は式(2.36)から計算したものではなく，実際に人間の目で判断したもの．

$$\text{H}_2\text{PO}_4^- + \text{H}_2\text{O} \rightleftharpoons \text{H}_3\text{O}^+ + \text{HPO}_4^{2-},$$
$$K_{a2} = 6.2 \times 10^{-8} \quad (2.38)$$

$$\text{HPO}_4^{2-} + \text{H}_2\text{O} \rightleftharpoons \text{H}_3\text{O}^+ + \text{PO}_4^{3-},$$
$$K_{a3} = 4.8 \times 10^{-13} \quad (2.39)$$

各段階の解離定数は 10^{-5} ずつ小さくなるので，滴定開始点のpHは事実上 H_3PO_4 の解離だけで決まる．第1段階の中和反応で H_3PO_4 が消費されて H_2PO_4^- が生成するが，第1当量点（$t = 100\%$）のごく近くまで酸解離で生ずるその他のイオン種を考慮しなくてよいことも分かる．実際，すでに解説した通り，$[\text{H}_3\text{PO}_4]/[\text{H}_2\text{PO}_4^-]$ 比と K_{a1} だけでpHが決まる緩衝溶液になっており，また，$t = 50\%$ のpH値は pK_{a1} に等しくなっている．

第1当量点のpHを計算で近似的に求めるには，次に示す H_2PO_4^- の不均化反応が，酸解離反応（$K_{a2} = 6.2 \times 10^{-8}$）や共役塩基として

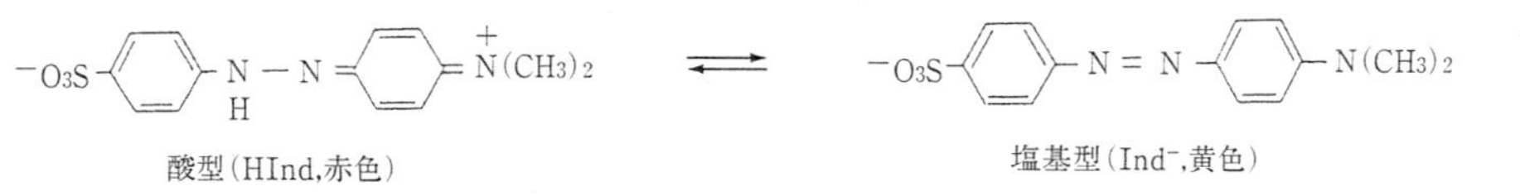

酸型 (HInd, 赤色) ⇌ 塩基型 (Ind$^-$, 黄色)

図2.3 メチルオレンジ

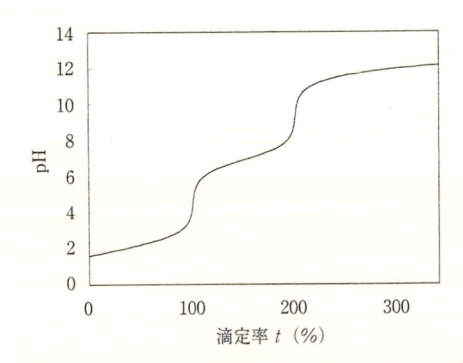

図2.4 0.1 mol/L 強酸による 0.1 mol/L リン酸の滴定曲線

の解離反応 ($K_{b1}=K_w/K_{a2}=1.3\times10^{-12}$) より優先的に起きることを利用する．

$$H_2PO_4^- + H_2PO_4^- \rightleftharpoons H_3PO_4 + HPO_4^{2-},$$
$$K = K_{a2}/K_{a1} = 8.2\times10^{-6} \quad (2.40)$$

この反応により，第1当量点で $[H_3PO_4]\fallingdotseq[HPO_4^{2-}]$ とみなすと次のように計算される．

$$K_{a1}\times K_{a2} = \frac{[H_3O^+]^2\times[HPO_4^{2-}]}{[H_3PO_4]} = 4.7\times10^{-10}$$

$$pH(t=100) = \frac{pK_{a1}+pK_{a2}}{2} = 4.66$$

第2当量点 ($t=200\%$) までについても $H_2PO_4^-$ と HPO_4^{2-} だけを考慮して同様に考えられる．しかし，第3段階の中和反応は K_{a3} が小さすぎて定量的に進行できない．中和で生成する PO_4^{3-} が共役塩基として大きな解離定数 ($K_{b3}=K_w/K_{a3}=2.0\times10^{-2}$) をもつため，第3当量点までに pH は充分に高くなり，終点の pH 飛躍は観察できない．リン酸の定量では第1当量点を終点とすればよい．

弱塩基としての炭酸イオン (CO_3^{2-}) の強酸による滴定も，酸と塩基を入れ替えて，リン酸の場合と同様に考えることができる．この滴定は，炭酸塩と強塩基が共存する試料の分別定量を行う場合など実用的な方法 (Warder 法) に利用される．

演習問題

[1] 酢酸 (CH_3COOH) の酸解離定数を 1.7×10^{-5} として，以下の計算をしなさい．

① 30 mL の 0.2M CH_3COONa と 30 mL の 0.2M CH_3COOH を混合して調製した pH 緩衝液の pH．
② ①で調製した緩衝液に 5.0 mL の 0.3M NaOH を添加したときの pH．
③ ①で調製した緩衝液に 5.0 mL の 0.3M HCl を添加したときの pH．

[2] 0.1M NH_3 を 0.1M HCl で滴定した．
① 当量点の pH を計算しなさい．ただし，NH_3 の塩基解離定数は 1.8×10^{-5} である．
② この滴定において終点の判定に適する指示薬を選びなさい．

2.1.2 酸化還元滴定

酸化還元滴定は，酸化還元反応を利用して酸化性あるいは還元性の試料を定量する容量分析の1つである．すなわち，酸化性試料あるいは還元反応性試料と定量的に還元反応あるいは酸化反応する標準溶液（滴定剤）を用い，反応の当量点までに要した滴定剤の容積とその濃度から試料の濃度を決定する方法である．ここでは，酸化還元滴定の基礎と適用例を述べる．

1) 酸化と還元

試料の鉄(II)溶液を，セリウム(IV)標準溶液を滴定剤として滴定する場合を考える．このとき両者の間で起こる酸化還元反応は式(2.41)で表される．

$$Fe(II) + Ce(IV) \longrightarrow Fe(III) + Ce(III) \quad (2.41)$$

この反応は，次のように酸化反応と還元反応の半反応に分けて考えることができる．

$$Fe(II) \longrightarrow Fe(III) + e^- \quad (2.42)$$
$$Ce(IV) + e^- \longrightarrow Ce(III) \quad (2.43)$$

式(2.42)の半反応は鉄(II)が電子を放出して酸化される反応で，鉄の酸化数が2から3に増加する．

式(2.43)の半反応はセリウム(IV)が電子を獲得して還元される反応で，セリウムの酸化数が4から3に減少する．したがって，式

(2.42)と(2.43)の半反応に関与する電子数を考慮すると,式(2.41)の反応は式(2.42),(2.43)の半反応の和となる.セリウム(IV)が鉄(II)から電子を獲得し,鉄(II)は鉄(III)へ,セリウム(IV)はセリウム(III)へそれぞれ酸化および還元される.すなわち,溶液内では酸化と還元が同時に起こる.言い換えると,鉄(II)からセリウム(IV)へ電子移動が起こる.式(2.41)の反応の平衡は大きく右に偏っているので(平衡定数は約10^{13}),この反応は完全に右向きに進行する.さらに,この反応は,式(2.41)の化学量論係数から分かるように,1 mol の鉄(II)に対して 1 mol のセリウム(IV)が定量的に反応するので,当量点までに要したセリウム(IV)標準溶液の容積から鉄(II)の濃度が決定できる.当量点の検出については後述する.

2) 酸化還元力の強さと酸化還元電位

上記の式(2.41)の反応が定量的に右へ進むのは,セリウム(IV)の酸化力のほうが鉄(III)のそれよりも強いからである.酸化還元力の強さは,酸化還元電位によって定量的に説明することができる.

図2.5のように,ビーカー A には鉄(II)の硫酸酸性溶液を,ビーカー B にはセリウム(IV)の硫酸酸性溶液を入れ,それぞれの溶液に白金電極を浸す.2つのビーカーの間に塩橋を差し渡し,溶液間を電気化学的に接続する.これにより1つの化学電池が構成される.ここで,2つの白金電極の端子を電流計に接続する(閉回路状態とする)と電流が流れることが分かる.このとき,ビーカー A に浸された白金電極上では式(2.42)の酸化反応が起こり,その際白金電極が鉄(II)から獲得した電子は電流計を通ってビーカー B に浸された白金電極へ移動する.ビーカー B ではセリウム(IV)が白金電極から電子を受け取り,式(2.41)の還元反応が起こる.すなわち,白金電極上で式(2.43)の反応が起こる.この場合も溶液中での鉄(II)とセリウム(IV)の反応と同様に,2つの白金電極上で酸化反応と還元反応が同時に起こる.

次に,2つの白金電極の端子を電流計の代わりに高入力抵抗をもつ電位差計に接続すると,両電極間に約1Vの電位差が生じていることが分かる.この電位差が図2.5の化学電池内に電子移動を起こさせる駆動力になっている.実質上電流が流れていない状態(開回路状態)で測定された2つの電極間の電位差を電池の起電力という.この起電力の大きさが酸化還元反応の進みやすさを表している.すなわち,起電力が大きいほど反応は容易に進行する.起電力は,構成された電池の右側の(還元反応が起こる)電極が左側の(酸化反応が起こる)電極に対して示す電位として定義されるので,この場合,ビーカー B に浸された電極の電極電位からビーカー A に浸された電極の電極電位を差し引いた値が起電力である.2つの電極でのそれぞれの半反応の電極電位が分かれば,起電力が求められ,その大きさから酸化還元力の強さが分かる.しかし,半反応の電極電位は測定できないので,基準となる電極を用いて化学電池を構成し,その電位差として測定される.この基準となる電極が標準水素電極である(図2.6).この電極での電極反応は次式で表され,水素の圧力が1気圧(atm)で,水素イオンの

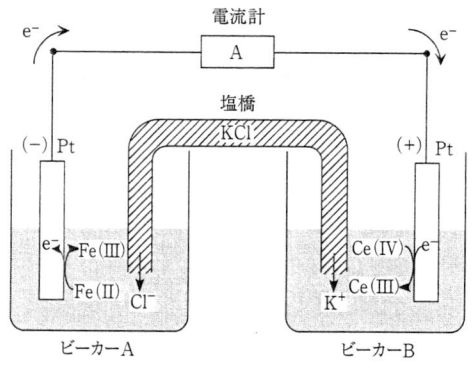

図2.5 化学電池

表 2.2 酸化還元反応の標準酸化還元電位

試薬	化学式	酸化還元反応	$E°/V$
硫酸セリウム(IV)	$Ce(SO_4)_2$	$Ce^{4+} + e^- \rightleftarrows Ce^{3+}$	1.72
過マンガン酸カリウム	$KMnO_4$	$MnO_4^- + 8H^+ + 5e^- \rightleftarrows Mn^{2+} + 4H_2O$	1.51
二クロム酸カリウム	$K_2Cr_2O_7$	$Cr_2O_7^{2-} + 14H^+ + 6e^- \rightleftarrows 2Cr^{3+} + 7H_2O$	1.36
ヨウ素酸カリウム	KIO_3	$2IO_3^- + 12H^+ + 10e^- \rightleftarrows I_2 + 6H_2O$	1.20
塩化鉄	$FeCl_3$	$Fe^{3+} + e^- \rightleftarrows Fe^{2+}$	0.771
過酸化水素	H_2O_2	$O_2 + 2H^+ + 2e^- \rightleftarrows H_2O_2$	0.695
亜ヒ酸	H_3AsO_4	$H_3AsO_4 + 2H^+ + 2e^- \rightleftarrows HAsO_2 + 2H_2O$	0.60
ヨウ素	I_2	$I_3^- + 2e^- \rightleftarrows 3I^-$	0.536
塩化スズ	$SnCl_2$	$Sn^{4+} + 2e^- \rightleftarrows Sn^{2+}$	0.15
チオ硫酸ナトリウム	$Na_2S_2O_3$	$S_4O_6^{2-} + 2e^- \rightleftarrows 2S_2O_3^{2-}$	0.09
シュウ酸	$(COOH)_2$	$2CO_2 + 2H^+ + 2e^- \rightleftarrows H_2C_2O_4$	-0.475

活量が1であるときの電極電位を0.0 Vと定義する．

$$2H^+ + 2e^- \rightleftarrows H_2, \quad E° = 0.0 \text{ V}$$

この標準水素電極を基準にして測定された起電力が半反応の標準電極電位と呼ばれている．たとえば，式(2.43)の半反応の標準電極電位は，標準水素電極を左側において，次のように構成した電池の起電力である．

$(-)$Pt/H_2(1 atm)/H^+($a=1$)//Ce(IV), Ce(III)/Pt$(+)$

ここで，/は電極-溶液界面あるいは気-液界面を，//は塩橋のような液-液界面(液絡)を表す．

表2.2に種々の半反応とそれに対応する標準電極電位を示す．国際純正および応用化学連合(International Union of Pure and Applied Chemistry；IUPAC)の規約により，半反応は還元反応で表記され，標準電極電位は還元電位として示される．還元電位は，この値が大きいほど，半反応の酸化体の酸化力が大きく，この値が小さいほど，半反応の還元体の還元力が大きいことを意味している．表2.2からセリウム(IV)/セリウム(III)系の還元電位は1.72 Vであり，鉄(III)/鉄(II)系のそれは0.771 Vであるので，セリウム(IV)の方が鉄(III)より酸化力が大きいことと対応している．

3) 酸化還元電極とネルンスト式

酸化還元滴定の当量点を電位差により決定する場合，白金電極のような不活性電極を用いる．この種の電極は，溶液中に存在する1対の酸化還元系の電子授受を介するもので，酸化還元電極と呼ばれる．白金電極のほか，金電極やグラッシーカーボン電極などがある．酸化還元電極の電極電位Eは，式(2.44)の電極反応に対して溶液中の酸化体(Ox)および還元体(Red)の活量aを用いて式(2.45)で表される．これをネルンスト(Nernst)式と呼ぶ．

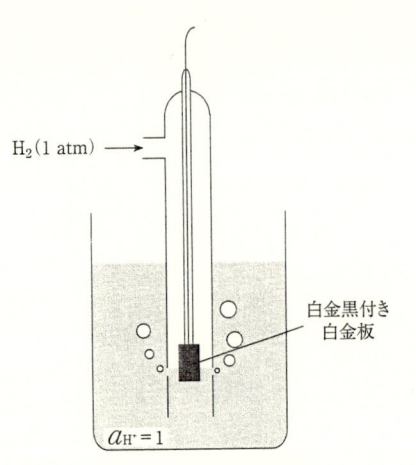

図 2.6 標準水素電極

$$\text{Ox}(\text{酸化体}) + ne^- = \text{Red}(\text{還元体}) \quad (2.44)$$

$$E = E^\circ_{\text{Ox/Red}} + \frac{RT}{nF} \ln \frac{a_{\text{Ox}}}{a_{\text{Red}}} \quad (2.45)$$

ここで，$E^\circ_{\text{Ox/Red}}$ は標準電極電位で，酸化体と還元体の活量が1のときの電極電位である．また，R，T および F はそれぞれ気体定数，絶対温度およびファラデー（Faraday）定数であり，n は電極反応に関与する電子数である．25℃において，電極電位をV単位で表すと，式(2.45)は式(2.46)のように書き直せる．

$$E = E^\circ_{\text{Ox/Red}} + \frac{0.059}{n} \log \frac{a_{\text{Ox}}}{a_{\text{Red}}} \quad (25℃, \text{V})$$
$$(2.46)$$

さらに，酸化体および還元体の活量をモル濃度（[Ox]および[Red]）で表すと，次のように書き直せる．

$$E = E^{\circ\prime}_{\text{Ox/Red}} + \frac{0.059}{n} \log \frac{[\text{Ox}]}{[\text{Red}]} \quad (2.47)$$

ここで，$E^{\circ\prime}_{\text{Ox/Red}}$ は式量電位と呼ばれ，溶液のイオン強度や酸化体および還元体の種類や濃度に依存する．表2.3にいくつかの電極反応における式量電位の値を示す．1種の酸化還元対が定まり，溶液中の酸化体と還元体の濃度が分かれば，酸化還元電極の電極電位は表2.3と式(2.47)から算出できる．

4）酸化還元滴定曲線

酸化還元電極を指示電極として滴定曲線を得るには，簡便性のために標準水素電極より

表2.3 式量電位

酸化還元対	$E^\circ_{\text{Ox/Red}}/V$	$E^{\circ\prime}_{\text{Ox/Red}}/V$	溶液
$Ce^{4+} + e^- \rightleftharpoons Ce^{3+}$	1.72	1.23	1 M HCl
		1.44	0.5 M H_2SO_4
$Fe^{3+} + e^- \rightleftharpoons Fe^{2+}$	0.771	0.68	0.5 M H_2SO_4
		0.70	1 M HCl
		0.735	1 M $HClO_4$
$Cr_2O_7^{2-} + 14H^+ + 6e^-$	1.36	1.00	1 M HCl
$\rightleftharpoons 2Cr^{3+} + 7H_2O$		1.08	3 M HCl
		1.08	0.5 M H_2SO_4
		1.025	1 M $HClO_4$

は飽和カロメル（甘コウ）電極や銀–塩化銀電極が参照電極として用いられる．ここでは，計算の容易さから標準水素電極を用いた場合の滴定曲線を描いてみる．一例として，0.05 M の鉄(II)溶液 100 mL を 0.1 M セリウム(IV)溶液で滴定するときの滴定曲線を考える．溶液中の硫酸濃度を 0.5 M とする．

a. 滴定前の電位 鉄(III)および鉄(II)をそれぞれ[Fe(III)]および[Fe(II)]の濃度で含む溶液中での酸化還元電極の電極電位は，式(2.47)を用いて次式で与えられる．

$$E = E^{\circ\prime}_{\text{Fe(III)/Fe(II)}} + 0.059 \log \frac{[\text{Fe(III)}]}{[\text{Fe(II)}]}$$
$$(2.48)$$

滴定前の溶液は鉄(II)のみであると考えられるが，実際には空気酸化などでわずかに鉄(III)が存在する．この場合，鉄(II)の0.1％がFe(III)として存在していたとすると，0.5 M 硫酸酸性中の鉄(III)/鉄(II)系の式量電位は表2.3より 0.68 V であるので，酸化還元電極の電極電位は次のようになる．

$$E = 0.68 + 0.059 \log \frac{0.05 \times 10^{-3}}{0.05}$$
$$= 0.503 \text{ (V)}$$

b. セリウム(IV)溶液を10mL添加したときの電位 式(2.41)の反応が完全に進み，添加されたセリウム(IV)は鉄(II)によってすべてセリウム(III)に還元されるので，鉄(III)と鉄(II)の濃度はそれぞれ次のようになる．

$$[\text{Fe(II)}] = \frac{0.05 \times 100 - 0.1 \times 10}{100 + 10} \text{ (M)}$$

$$[\text{Fe(III)}] = \frac{0.1 \times 10}{100 + 10} \text{ (M)}$$

これらの値を式(2.48)に代入すると，酸化還元電極の電極電位は，次のようになる．

$$E = 0.68 + 0.059 \log \frac{\frac{1}{110}}{\frac{4}{110}}$$
$$= 0.644 \text{ (V)}$$

もちろん，この溶液中には鉄(II)により還元されたセリウム(III)が鉄(III)と等しい濃度存在し，セリウム(IV)もきわめて低い濃度ではあるが，この溶液中に存在する．したがって，次式で与えられるセリウム(IV)/セリウム(III)系酸化還元電極の電極電位も 0.644 V でなければならない．

$$E = E°_{Ce(IV)/Ce(III)} + 0.059 \log \frac{[Ce(IV)]}{[Ce(III)]} \quad (2.49)$$

$1.44 + 0.059 \log \{[Ce(IV)]/(4/110)\} = 0.644$ (V) を計算すると，$[Ce(IV)] = 1.3 \times 10^{-15}$ (M) となる．

c. 当量点(セリウム(IV)溶液を 50 mL 添加)**の電位**　当量点では，セリウム(IV)により酸化されて生成した鉄(III)の濃度と鉄(II)により還元されて生成したセリウム(III)の濃度は等しく，また，鉄(II)とセリウム(IV)の濃度も等しいので，次式が成り立つ．

$$[Fe(II)] = [Ce(IV)] = x \text{ (M)},$$

$$[Fe(III)] = [Ce(III)] = \frac{0.05 \times 100}{100 + 50} - x \text{ (M)}$$

ただし，x は溶液中に存在する鉄(II)とセリウム(IV)のモル濃度である．

一方，式(2.48)と式(2.49)を加えると，

$$2E = 2.12 + 0.059 \log \frac{[Fe(III)][Ce(IV)]}{[Fe(II)][Ce(III)]} \quad (2.50)$$

となり，当量点では $[Fe(II)] = [Ce(IV)]$ および $[Fe(III)] = [Ce(III)]$ が成り立つので，この関係を上式に代入すると，当量点での電極電位 E_{eq} は次のようになる．

$$E_{eq} = \frac{2.12}{2} = 1.06 \text{ (V)}$$

d. セリウム(IV)溶液を 60 mL 添加したときの電位　当量点後の鉄(II)の濃度はきわめて低くなる．これを xM と置くと，他のイオンの濃度は次のようになる．

$$[Fe(II)] = x \text{ (M)}$$

$$[Fe(III)] = [Ce(III)] = \frac{0.05 \times 100}{100 + 60} - x$$

$$\approx \frac{5}{160} \text{ (M)}$$

$$[Ce(IV)] = \frac{0.1 \times 60 - 0.05 \times 100}{100 + 60} + x$$

$$\approx \frac{1}{160} \text{ (M)}$$

x は未知であり，かつ非常に小さいので，この場合の酸化還元電極の電極電位はセリウム(IV)/セリウム(III)系の電位を表す式(2.49)を用いて計算される．

$$E = 1.44 + 0.059 \log \frac{\frac{1}{160}}{\frac{5}{160}} = 1.40 \text{ (V)}$$

このときの鉄(II)の濃度は式(2.48)を用いて，

$$1.40 = 0.68 + 0.059 \log \frac{\frac{5}{160}}{x}$$

から 3.2×10^{-14} (M) と計算される．このようにして描いた滴定曲線を図 2.7 に示す．当量点において大きな電位のジャンプがあることが分かる．

5) 酸化還元指示薬

図 2.7 に示すように，酸化還元滴定の当量

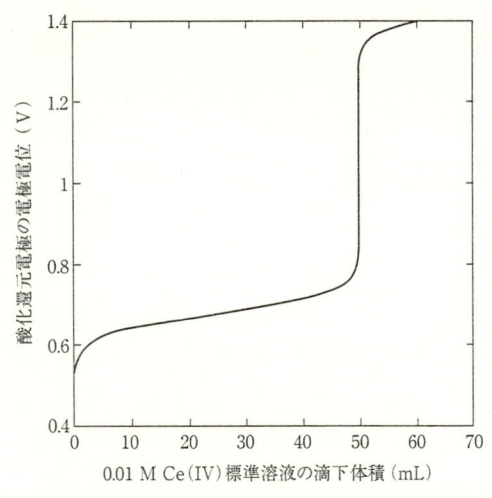

図 2.7　Ce(IV)による Fe(II)の滴定曲線

表 2.4 酸化還元指示薬

指示薬	還元体の色	酸化体の色	変位電位(V)	条件
インジゴテトラスルホン酸	無色	青色	0.36	1 M 酸
メチレンブルー	無色	青色	0.53	1 M 酸
ジフェニルアミン	無色	すみれ色	0.76	1 M H_2SO_4
ジフェニルベンジジン	無色	すみれ色	0.76	1 M H_2SO_4
ジフェニルアミンスルホン酸	無色	赤紫	0.85	希酸
フェロイン	赤色	淡青色	1.25	1 M H_2SO_4

点においてみられる大きな電位変化を，適当な変色指示薬を用いて検出できる．このような酸化還元滴定の終点決定に用いられる指示薬を酸化還元指示薬という．指示薬の変色の機構について考える．

指示薬は1つの酸化還元対であり，その半反応は次のように表される．

$$In_{Ox} + ne^- \rightleftarrows In_{Red}$$

ここで，In_{Ox} は指示薬の酸化形を，In_{Red} は還元形を表す．

酸化還元電極の電極電位がある電位 $E(V)$ を示す溶液中にこの指示薬が存在する場合，指示薬の酸化体と還元体の濃度 $[In_{Ox}]$，$[In_{Red}]$ と電位の関係は式(2.47)のネルンスト式に従って，次式で表される．

$$E = E°_{In_{Ox}/In_{Red}} + \frac{0.059}{n} \log \frac{[In_{Ox}]}{[In_{Red}]} \quad (2.51)$$

ただし，$E°_{In_{Ox}/In_{Red}}$ は指示薬の変色電位(式(2.47)の式量電位に相当)である．

指示薬の色調はその酸化体と還元体の濃度比 $[In_{Ox}]/[In_{Red}]$ が10以上になると酸化体の色として，また1/10以下になると還元体の色として感じ取られる．式(2.51)から $E°_{In_{Ox}/In_{Red}} \pm (0.059/n)$ V が変色電位領域となる．これは指示薬の変色電位を中心にして幅 $(0.12/n)$ V の電位である．したがって，指示薬としては目的とする滴定の当量点での電位が変色電位領域にある指示薬を選択する必要がある．酸化還元指示薬の例を表2.4に示す．たとえば，フェロインの変色電位は1.25 V であり，還元形では赤色を示し，酸化形では淡青色を示す．この指示薬は鉄(II)をセリウム(IV)で滴定する場合に適用できる．それは前項で計算したように，この滴定の当量点である 1.06 V が指示薬の変色電位 1.25 V とほぼ等しいからである．溶液の色が赤色から淡青色に変色するので，容易に終点を決定できる．終点と当量点の電位が近いほど滴定の誤差が小さくなる．

6) 各種酸化還元滴定

酸化還元滴定の応用範囲はきわめて広い．試料に適した滴定剤と終点検出法を選択する．標定する必要のない一次標準物質を滴定剤として使用できるものもあるが，一次標準物質を用いてあらかじめ標定すべきものもある．容量分析ではいずれの滴定においても，反応の当量関係を十分理解しておく必要がある．また，酸化還元反応の中には中和滴定に比べて反応が遅い場合もあるので，注意が必要である．以下に代表的な酸化還元滴定の例を示す．

a. 過マンガン酸カリウムによる滴定

過マンガン酸イオンは，酸性溶液中で次の対応する半反応による強い酸化力をもつ滴定剤として種々の還元性成分の滴定に利用されている．

$$MnO_4^- + 8H^+ + 5e^- \longrightarrow Mn^{2+} + 4H_2O$$
$$(E° = 1.51 \text{ V})$$

この滴定剤はやや不安定で，水中の有機物で還元されたり，光や熱で分解するので，一次標準物質にはならない．あらかじめシュウ酸ナトリウムなどの一次標準物質を用いて標定

する．半反応式から分かるように，過マンガン酸カリウム 1 mol が 5 mol 個の電子を放出する．一方，シュウ酸ナトリウムの半反応式は表 2.2 に示すとおりである．したがって，2 mol の過マンガン酸カリウムは 5 mol のシュウ酸と反応することが分かる．反応は式のように表される．なお，反応が遅いので反応速度を促進するためにシュウ酸溶液の温度を 70～80 ℃に保って滴定を行う．

$$5Na_2C_2O_4 + 2KMnO_4 + 8H_2SO_4$$
$$\longrightarrow K_2SO_4 + 2MnSO_4 + 5Na_2SO_4$$
$$+ 10CO_2 + 8H_2O$$

この滴定は，Fe^{2+}，Ca^{2+}，過酸化水素，亜ヒ酸などの定量に応用される．たとえば，亜ヒ酸や過酸化水素との反応は次式で表される．

$$5AsO_2^- + 2MnO_4^- + 2H_2O$$
$$\longrightarrow 5AsO_4^{3-} + 2Mn^{2+} + 4H^+$$
$$5H_2O_2 + 2MnO_4^- + 6H^+$$
$$\longrightarrow 5O_2 + 2Mn^{2+} + 8H_2O$$

過マンガン酸イオンは赤色を呈しているのでこの滴定の終点は赤色の消失が遅くなり，わずかにピンク色を呈している点である．

b．ヨウ素滴定 ヨウ素滴定には，ヨウ素の酸化力を利用するヨウ素酸化滴定と，ヨウ化物イオンの還元力を利用するヨウ素還元滴定がある．いずれも次の半反応に基づく．

$$I_2 + 2e^- \longrightarrow 2I^- \quad (E° = 0.536 \text{ V})$$

ヨウ素酸化滴定の例としては，チオ硫酸ナトリウム溶液の標定がある．反応式は下記のようである．

$$I_2 + 2S_2O_3^- \longrightarrow 2I^- + S_4O_6^{2-}$$

ヨウ素は昇華により精製することができるので一次標準物質として扱うことができる．ヨウ素の水に対する溶解度は低いので，過剰のヨウ化カリウム溶液に溶解して用いる．ヨウ素溶液中のヨウ素は次の平衡にある．

$$I_2 + I^- \rightleftharpoons I_3^-$$

また，終点検出の指示薬にはデンプンが用いられ，ヨウ素‐デンプン複合体の青紫色の消失する点を終点とする．

一方，ヨウ素還元滴定の例としては，次の反応を利用した銅(II)の定量がある．

$$2Cu^{2+} + 5I^- \longrightarrow Cu_2I_2\downarrow + I_3^-$$

その際，生成した I_3^- をチオ硫酸ナトリウムで滴定する．また，この滴定は水中の溶存酸素の定量にも利用される．水（試料）に $MnSO_4$ を加え，強塩基性にして $Mn(OH)_2$ の沈殿を生じさせる．溶存酸素はこれに反応して MnO_2 となる．これを HCl で酸性として KI を添加し I_3^- を遊離させる．反応は次式で表される．

$$MnO_2 + 4H^+ + 2Cl^- \longrightarrow Mn^{2+} + Cl_2 + 2H_2O$$
$$Cl_2 + 3I^- \longrightarrow I_3^- + 2Cl^-$$

また，カール・フィッシャー滴定（水分定量）もヨウ素滴定の応用である．滴定剤にヨウ素，二酸化硫黄およびピリジンを含む無水メタノールを用いる．水と I_2 が反応する．

$$I_2 + SO_2 + H_2O + CH_3OH + 3Py$$
$$\longrightarrow 2PyH^+I^- + PyH^+CH_3SO_4^-$$

ここで，Py はピリジンを示す．その他，二クロム酸カリウム滴定やセリウム(IV)を滴定剤とするセリメトリーなどがある．

演習問題

[3] 2.1.2 項 4) のセリウム(IV)による滴定において，セリウム(IV)標準溶液を 25 mL 添加したときの電極電位を求めよ．

[4] 一般に，
$$Ox_1 + me^- \longrightarrow Red_1 \quad E_1°$$
$$Ox_2 + ne^- \longrightarrow Red_2 \quad E_2°$$
の両酸化還元対間で滴定反応が行われるときの当量点での電位は次式で表されることを示せ．

$$E_{eq} = \frac{mE_1° + nE_2°}{m+n}$$

[5] 次の電池について次の問に答えよ．
$(-)$ $Zn/Zn^{2+}(a=0.10)//Cu^{2+}(a=1.0\times10^{-2})/Cu(+)$
① 電池反応式を示せ．
② 起電力を求めよ．

2.1.3 キレート滴定

金属イオン(M^{m+})は溶液中では裸の状態で存在することはできず，その溶液中に存在する配位子(ligand；L)と結合し，金属錯体(metal complex；ML_nなど，電荷省略)となっている．特別な配位子が存在しない場合でも，たとえば水中では水からの配位子 H_2O，OH^-，O^{2-} などが配位子として働く．分析化学では，金属錯体生成反応は金属イオンの発色反応や発蛍光反応，錯(キレート)滴定(compleximetric titration, chelatometric titration)，沈殿(precipitation)分離，溶媒抽出(solvent extraction)分離などに幅広く利用されている．また，生体内で金属錯体は触媒(catalyst)，物質輸送などの役割を担い，重要な生命現象に関与している．

1) 金属の配位数と配位子の分類

金属イオンが受け取ることができる電子対の数は配位数(coordination number)といわれる．金属イオンは特有の配位数をもち，また生成した錯体は特有の空間配置を示す．しかし，配位数と空間配置はある金属に1種類とは限らず，配位子の種類や反応条件により変わりうる．表2.5には金属イオンの代表的配位数と錯体の構造(空間的配置)を示してある．

ある1つの配位子から金属イオンに供与できる電子対の数，すなわち配位できる原子の数により，配位子は単座(一座：monodentate)，二座(bidentate)，三座(terdentate)

表 2.5 おもな金属の配位数と錯体の構造

配位数	立体配置(形状)	形状の名称	おもな実例
2		直線 (linear)	$[Ag(NH_3)_2]^+$, $[HgCl_2]$, $[Ag(CN)_2]^-$
4		正方形 (square plane)	$[Ni(CN)_4]^{2-}$, $[Cu(en)_2]^{2+}$, $[Pt(NH_3)_4]^{2+}$, $[AuCl_4]^-$
4		正四面体 (tetrahedron)	$[CoCl_4]^{2-}$, $[Cd(CN)_4]^{2-}$, $[Ni(CO)_4]$
6		正八面体 (octahedron)	$[Co(NH_3)_6]^{3+}$, $[Zn(en)_3]^{2+}$, $[Cr(H_2O)_4]^{3+}$, $[Fe(bpy)_3]^{3+}$, $[Fe(CN)_6]^{4-}$, $[Ti(H_2O)_6]^{3+}$, $[PtCl_6]^{2-}$

●は金属イオン，○は配位子を表す．
enはエチレンジアミン，bpyは2,2′-ビピリジン．

表 2.6 配位子の分類

配位子の種類	配位子の実例
単座(一座)配位子 (monodentate ligand)	NH_3, OH_2, OH^-, Cl^- など
二座配位子 (bidentate ligand)	エチレンジアミン，ジメチルグリオキシム，1,10-フェナントロリン，サリチル酸など
三座配位子 (terdentate ligand)	ジエチレントリアミン $(H_2N-CH_2CH_2)_2NH$，イミノ二酢酸 $HN(CH_2COOH)_2$ など
四座配位子 (quadridentate ligand)	ニトリロトリ酢酸 $N(CH_2COOH)_3$ など
五座配位子 (quinquedentate ligand)	テトラエチレンペンタアミン $(H_2NCH_2CH_2NHCH_2CH_2)_2NH$ など
六座配位子 (sexidentate ligand)	エチレンジアミン四酢酸(EDTA) $(HOOC-CH_2)_2N-CH_2-CH_2-N(CH_2-COOH)_2$ など
その他	大環状配位子(クラウンエーテル，クリプタンドなど)

18-クラウン-6　クリプタンド[2.2.2]

配位子(ligand)などのように分類できる(表2.6).これらの配位子のうち,二座以上の配位子を多座配位子(multidentate ligand)という.多座配位子はキレート試薬(chelating agent)ともいわれ,生成した金属錯体をキレート(chelate)という.

2) 錯体の安定性

キレート試薬が金属に配位すると金属を含む環(キレート環:chelate ring)を形成する.最も小さい環は三員環であるが,原子価角に大きなひずみが生じるため,三員環キレートは現実には存在しない.四員環をもつキレートとしては原子半径の大きい原子(Sなど)を含む試薬 $R-C(=S)SH(R=C_2H_5O$,エチルキサントゲン酸)がある(図2.8(a)).

最も安定なキレート環は五員環であり,次に六員環である.図2.8(c)はNi-dmg(H_2dmg:ジメチルグリオキシム)キレートで,水素結合を含む六員環も存在し,キレートの安定化に寄与している.キレート試薬の中で多くの金属イオンと安定なキレートを生成する六座配位子(sexidentate ligand)のエチレンジアミン四酢酸(EDTA:H_4Y)は正八面体錯体(octahedral complex)を形成する.金属に配位すると,図2.8(d)に示すように,多数のキレート環が形成される.一般にキレート環が多いほど,キレートの安定性が増す.このようなキレート環形成による安定化をキレート効果(chelate effect)あるいはエントロピー効果(entropy effect)という.

3) 金属錯体生成反応の速度

水和金属イオン(アクア錯体:aquo complex;$M(H_2O)_n^{m+}$またはM^{m+}と略記)と配位子Lから錯体ML(電荷省略)が生成する反応の速度は金属イオンの種類により大きく異なる.

Mが六配位金属イオンでは$M(H_2O)_6^{m+}$からH_2Oが解離する速度が,錯体ML生成反応の速度を決める.すなわち錯体生成の速度は,配位子Lの種類によらず,金属からH_2O

(a)

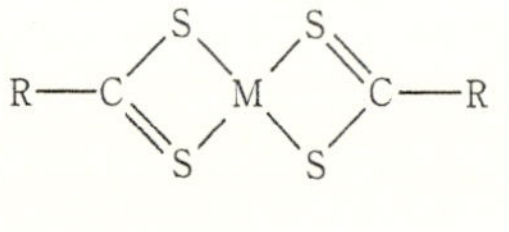

(四員環をもつキレート)

(b)

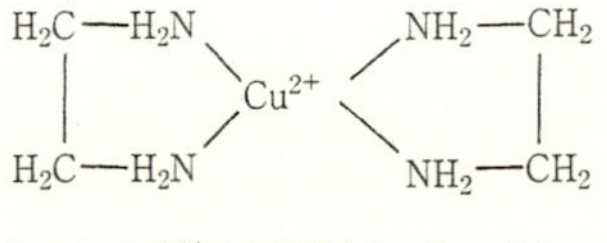

$[Cu(en)_2]^{2+}$(五員環をもつキレート)
en:エチレンジアミン

(c)

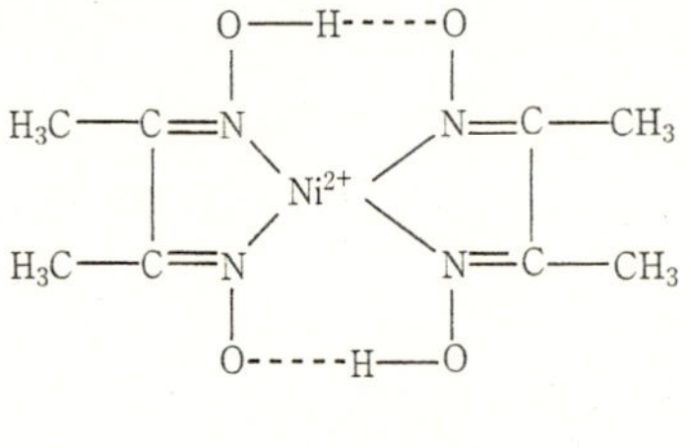

Ni(H dmg)$_2$(五員環と六員環をもつキレート)
H_2 dmg:ジメチルグリオキシム

(d)

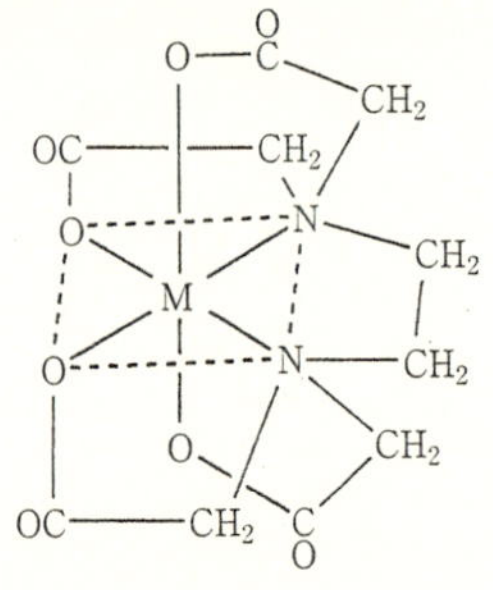

(5個の五員環をもつM^{m+}キレート)
H_4Y:EDTA(エチレンジアミン四酢酸)

図2.8 キレートおよびキレート環の例

が解離する速度に依存し，金属イオンに特徴的なものである．キレート生成反応(chelate formation reaction)を利用する分析法，たとえばキレート滴定では，多価の金属イオン(Cr^{3+}, Al^{3+}, Fe^{3+})ほど反応速度は一般に遅いことを念頭に，分析操作を行わなければならない．

4) 錯体生成反応の平衡

逐次生成定数と全生成定数 銅(II)イオンはアンモニアと反応し，アンミン銅(II)錯体 $Cu(NH_3)_n^{2+}$ を段階的に生成する．

$$Cu^{2+} + NH_3 \rightleftharpoons Cu(NH_3)^{2+},$$

$$K_1 = \frac{[Cu(NH_3)^{2+}]}{[Cu^{2+}][NH_3]} = 10^{4.13} \quad (2.52)$$

$$Cu(NH_3)^{2+} + NH_3 \rightleftharpoons Cu(NH_3)_2^{2+},$$

$$K_2 = \frac{[Cu(NH_3)_2^{2+}]}{[Cu(NH_3)^{2+}][NH_3]} = 10^{3.48} \quad (2.53)$$

$$Cu(NH_3)_2^{2+} + NH_3 \rightleftharpoons Cu(NH_3)_3^{2+},$$

$$K_3 = \frac{[Cu(NH_3)_3^{2+}]}{[Cu(NH_3)_2^{2+}][NH_3]} = 10^{2.87} \quad (2.54)$$

$$Cu(NH_3)_3^{2+} + NH_3 \rightleftharpoons Cu(NH_3)_4^{2+},$$

$$K_4 = \frac{[Cu(NH_3)_4^{2+}]}{[Cu(NH_3)_3^{2+}][NH_3]} = 10^{2.11} \quad (2.55)$$

式(2.52)～(2.55)の段階的反応に対応する平衡定数 $K_1 \sim K_4$ を逐次生成定数(stepwise formation constant)と呼ぶ．一般に，錯体の逐次生成定数は，

$$K_1 > K_2 > K_3 > \cdots > K_n$$

となる．また，次式で示す全生成定数(overall formation constant) β_n を定義することもできる．

$$Cu^{2+} + nNH_3 \rightleftharpoons Cu(NH_3)_n^{2+},$$

$$\beta_n = \frac{[Cu(NH_3)_n^{2+}]}{[Cu^{2+}][NH_3]^n} \quad (2.56)$$

逐次生成定数と全生成定数の関係は次式となる．

$$\beta_n = K_1 \cdot K_2 \cdot K_3 \cdots K_n$$

5) 条件生成定数と副反応係数

鉄(III)イオンはチオシアン酸イオン(SCN^-)と反応し，赤橙色の $FeSCN^{2+}$ を生成する．

$$Fe^{3+} + SCN^- \rightleftharpoons FeSCN^{2+},$$

$$K_{Fe, SCN}^{FeSCN} = \frac{[FeSCN^{2+}]}{[Fe^{3+}][SCN^-]} = 10^{2.3} \quad (2.57)$$

pH<2では 10^{-2} M 以下の鉄(III)イオンはほとんどすべて Fe^{3+} (水和分子は省略)の形で存在し，また HSCN は強酸のためほとんどすべて SCN^- の形で存在している．したがって，式(2.57)の平衡定数から，反応種，生成種の濃度関係を容易に予測することができる．しかし，2よりも高い pH では，鉄(III)イオンはヒドロキソ錯体(hydroxo complex) $Fe(OH)^{2+}$, $Fe(OH)_2^+$ などを生成するので，式(2.57)の生成定数のみでは反応の予測はもはや不可能となる．

なお，式(2.57)のように，K の下付きに反応種を書き，上付きに生成種を書くことにする．ただし，混乱しない場合には，簡単のため下付き，上付きあるいは両方とも省略してもよい．

銅(II)イオンとエチレンジアミン四酢酸(EDTA：表2.6参照，H_4Y と略記)の場合では，平衡反応および対応する生成定数は次式で示される．

$$Cu^{2+} + Y^{4-} \rightleftharpoons CuY^{2-},$$

$$K_{Cu, Y}^{CuY} = \frac{[CuY^{2-}]}{[Cu^{2+}][Y^{4-}]} = 10^{18.8} \quad (2.58)$$

EDTA がほとんどすべて(99.9%以上) Y^{4-} の形で存在する pH 領域(pH>13.3)では，Cu^{2+} は OH^- と錯体を生成している．また，銅(II)イオンが Cu^{2+} として存在するような pH では，Y^{4-} は水素イオンと結合した H_4Y, H_3Y^-, H_2Y^{2-} などとなっている．銅(II)イオンと EDTA の反応のように，一般に反応種および生成種が，生成定数の中で示されているイオン種(分子種)の形でのみ存在していることはきわめてまれで，共存する別の種

と副次的な反応をしている．

式(2.57), (2.58)で示されるような着目している反応を主反応(main reaction)と呼ぶ．また，主反応に含まれない副次的反応を，副反応(side reaction)という．

いま，主反応の金属イオンをM，配位子をL，生成した錯体をMLとする(電荷は省略)．L以外の配位子，たとえばOH^-とMの副反応，LとH^+，MLとOH^-との副反応が起こると考えると，主反応，副反応の関係は次のように示される．

主反応	M	+	L	⇌	ML
	+		+		+
	OH		H^+		OH^-
	⇅		⇅		⇅
副反応	$M(OH), M(OH)_2\cdots$		$HL, H_2L\cdots$		$ML(OH)\cdots$
全反応	M′	+	L′	⇌	(ML)′

ここで，副反応をしている種もすべて含めた形の反応種，生成種をプライム(′)をつけて表すことにすると，副反応種も含んだ条件反応式および対応する生成定数は次式で示される．

$$M' + L' \rightleftharpoons (ML)',$$

$$K' = K_{M',L'}^{(ML)'} = \frac{[(ML)']}{[M'][L']} \quad (2.59)$$

ここで，[M′], [L′], [(ML)′]を条件濃度(conditional concentration)といい，次のように表される．

$$[M'] = [M] + [M(OH)] + [M(OH)_2] + \cdots$$
$$[L'] = [L] + [HL] + [H_2L] + \cdots$$
$$[(ML)'] = [ML] + [ML(OH)] + \cdots$$

また，$K_{M',L'}^{(ML)'}$ (あるいは簡単化のために省略したK')を条件生成定数(conditional formation constant)といい，ある一定の条件下では定数となる．

主反応における反応種，生成種が副反応している程度を副反応係数(side reaction coefficient)といい，αで表すことにする．金属イオンM，配位子L，錯体MLの副反応係数$\alpha_M, \alpha_L, \alpha_{ML}$はそれぞれ次のようになる．

$$\alpha_{M(OH)} = \frac{[M']}{[M]}$$

$$= \frac{[M] + [M(OH)] + [M(OH)_2] + \cdots}{[M]},$$

$$\alpha_{L(H)} = \frac{[L']}{[L]} = \frac{[L] + [HL] + [H_2L] + \cdots}{[L]},$$

$$\alpha_{ML(OH)} = \frac{[ML']}{[ML]} = \frac{[ML] + [M(OH)] + \cdots}{[ML]}$$
$$\quad (2.60)$$

ここで，副反応の相手はαの下付きの( )内に記すこととする．

たとえば，式(2.57)で示される銅(II)イオンとEDTAのキレート生成を主反応とするとき，それに相当する条件反応式および条件生成定数は次のように表すことができる．

$$Cu' + Y' \rightleftharpoons (CuY)' \quad (2.61)$$

$$K' = \frac{[(CuY)']}{[Cu'][Y']} = \frac{[CuY^{2-}]}{[Cu^{2+}][Y^{4-}]} \times \frac{\alpha_{CuY}}{\alpha_{Cu} \cdot \alpha_Y}$$

$$= K_{Cu,Y}^{CuY} \times \frac{\alpha_{CuY}}{\alpha_{Cu} \cdot \alpha_Y} \quad (2.62)$$

したがって，条件濃度と副反応係数の関係は次のように表される．

$$\alpha_{CuY(H,OH,\cdots)} = \frac{[(CuY)']}{[CuY^{2-}]}$$

$$= \frac{[CuY^{2-}] + [CuHY^-] + [Cu(OH)Y^{3-}] + \cdots}{[CuY^{2-}]}$$

$$= \frac{[CuY^{2-}] + [CuHY^-]}{[CuY^{2-}]}$$

$$+ \frac{[CuY^{2-}] + [Cu(OH)Y^{3-}]}{[CuY^{2-}]} + \cdots$$

$$- (n-1)\frac{[CuY^{2-}]}{[CuY^{2-}]}$$

$$= 1 + [H^+]K_{CuY,H}^{CuHY} + [OH^-]K_{CuY,OH}^{CuY(OH)} + \cdots$$

$$= \alpha_{CuY(H)} + \alpha_{CuY(OH)} + \cdots - (n-1) \quad (2.63)$$

$$\alpha_{Cu(OH,X,\cdots)} = \frac{[(Cu)']}{[Cu^{2+}]}$$

$$\begin{aligned}
&= \frac{[Cu^{2+}]+[CuOH^+]+\cdots+[CuX]+[CuX_2]+\cdots}{[Cu^{2+}]} \\
&= 1+[OH]K_{Cu,OH}^{CuOH}+\cdots+[X]K_{Cu,X}^{CuX} \\
&\quad +[X]^2 K_{Cu,X}^{CuX} \cdot K_{CuX,X}^{CuX_2} +\cdots \\
&= \alpha_{Cu(OH)} + \alpha_{Cu(X)} + \cdots - (n-1) \quad (2.64)
\end{aligned}$$

$$\begin{aligned}
\alpha_{Y(H,N,\cdots)} &= \frac{[Y']}{[Y^{4-}]} \\
&= \frac{[Y^{4-}]+[HY^{3-}]+[H_2Y^{2-}]+[H_3Y^-]+[H_4Y]+[NY]+\cdots}{[Y^{4-}]} \\
&= \left(1+\frac{[H^+]}{K_{a_4}}+\frac{[H^+]^2}{K_{a_4}\cdot K_{a_3}}+\frac{[H^+]^3}{K_{a_4}\cdot K_{a_3}\cdot K_{a_2}}\right. \\
&\quad \left.+\frac{[H^+]^4}{K_{a_4}\cdot K_{a_3}\cdot K_{a_2}\cdot K_{a_1}}\right)+[N]K_{N,Y}^{NY}+\cdots \\
&= \alpha_{Y(H)} + \alpha_{Y(N)} + \cdots - (n-1) \quad (2.65)
\end{aligned}$$

副反応する相手が1つ($n=1$)のときには右辺の α 係数は1つのみとなるが，n 個のときには n 個の α 係数の和となり($n-1$)を差し引いておく必要がある．

式(2.63)〜(2.65)から分かるように，副反応係数は副反応する相手の濃度とその副反応の平衡定数が分かれば計算できる．また，ある条件下の条件定数 K' はおのおのの副反応の α 値さえ分かれば式(2.62)により求めることができ，K' から反応率 P も計算できる．Cu^{2+}−EDTAの場合の P は次式より計算できる．

$$P = \frac{[(CuY)']}{[Cu']} = K_{Cu',Y'}^{(CuY)'}[Y'] \quad (2.66)$$

定量的(99.9%)に反応させるためには，次式の関係を満足しなければならない．

$$\frac{[(CuY)']}{[Cu']} = K_{Cu',Y'}^{(CuY)'}[Y'] > 10^3 \quad (2.67)$$

式(2.67)から次式が得られる．

$$P^2 = \frac{[(CuY)']}{[Cu']} \times K_{Cu',Y'}^{(CuY)'}[Y'] > 10^6 \quad (2.68)$$

当量点では $[Cu']=[Y']$ であるので

$$P^2 = [(CuY)']K_{Cu',Y'}^{(CuY)'} \approx C_{Cu}K_{Cu',Y'}^{(CuY)'} > 10^6 \quad (2.69)$$

キレート滴定を可能にするためには，式(2.69)から銅イオンの初濃度(全濃度)C_{Cu} と条件定数の積が 10^6 以上であればよいことが分かる．

6) キレート滴定

錯体生成反応に基づく滴定法を一般に錯滴定という．古くは単座配位子も用いられたが，現在ではもっぱらキレート試薬が用いられる．なかでも多くの金属イオンと安定な1：1キレートを生成するEDTAおよびその類縁試薬のアミノポリカルボン酸類がよく用いられる．

EDTAのようなキレート試薬を滴定剤に用いる金属イオンの滴定は，キレート滴定といわれる．EDTAの滴定剤としてのおもな特徴は次の通りである．

① 六座配位子として働く．

② ほとんどの金属イオンと(1：1)のモル比で反応する．

③ EDTAおよびキレートは，水溶性である．

④ EDTAの水溶液および大部分のキレートは無色である(着色キレートはCo(赤色)，Cu(青色)，Ni(青色)，Pd(黄色)など)．

⑤ 高純度のEDTA(またはその塩)が容易に入手でき，それらは室温で化学的に安定である．

7) 当量点の決定

当量点の決定は，有色指示薬を用いる指示薬法，あるいは電流や電位変化を測定する電気化学的検出法などにより行われる．

a. 電気化学的検出法 キレート滴定法では，当量点(equivalent point)近傍で起こる金属イオン濃度の急激な変化を利用して終点(end point)を決定する．金属イオンに応答するさまざまなイオン選択性電極(ion selective electrode)や金属電極を用いる電位差滴定(potentiometric titration)，ORP(酸化還元電位)電極を用いる電位測定法などが用

いられる．たとえば，銅イオンの滴定で銅イオン選択性電極を用いれば，図 2.9 のような滴定曲線（titration curve）が得られる．滴定曲線は，金属イオンの初濃度（C_M），副反応係数およびキレート生成定数により異なる．信頼できる滴定結果を得るためには，当量点近傍における濃度（あるいは電位等）の急激なジャンプが得られるような滴定条件を設定しなければならない．理想的には，たとえば図 2.9 の $A=3, B=11$ の組み合わせがよい．

金属イオン濃度と比例関係にある拡散電流の変化を利用する方法，電気伝導度（conductivity）の変化を利用する方法なども終点決定に利用できる．

b. 指示薬法 指示薬（indicator）と金属キレートとの色調変化を利用する金属指示薬（metallochromic indicator）法，酸化還元電位の変化により変色する酸化還元指示薬（redox indicator）法がある．金属指示薬はキレート試薬の一種であり，金属イオンとキレートを生成することにより変色する．たとえばエリオクロームブラック T（BT または EBT）は図 2.10 に示すようにナフトール性水酸基（$-OH$）を 2 個，スルホン酸基（$-SO_3H$）を 1 個もっている三塩基酸（H_3I）である．

BT（H_3I）を指示薬とし，pH10 付近で Mg^{2+} を EDTA で滴定すれば，当量点では Mg^{2+} と EDTA は定量的（99.9％以上）に反応し，しかも，当量点近傍では次式の反応が起こり，MgI の赤色から HI^{2-} の青色への変色が起こるので，この変色点を当量点決定に利用できる．

$$MgI^- + Y^{4-} + H^+ \rightleftharpoons MgY^{2-} + HI^{2-}$$
（赤色）　　　　　　　　（青色）

(2.70)

8）マスキングとデマスキング

分析目的とする金属イオン M の他に共存する他の金属イオン，たとえば N が，主反応のキレート試薬あるいは指示薬と反応することにより，主反応を妨害し，定量の妨げとなる場合がある．このような場合に，ある適当な錯形成剤，たとえば X を加え，妨害となる金属イオン N を安定な錯体（NX, NX$_2$, …）とし，目的とする反応に関与しない，あるいは定量を妨害しないようにすることができる．このような操作を N の X によるマスキング（masking）といい，この目的に用いる錯形成剤をマスキング剤（masking agent）という．また，マスキングの条件，たとえば pH などを変えることにより，マスクされた金属イオン NX, NX$_2$, … を遊離の形に戻すことをデマスキング（demasking）という．たとえば，河川水中に共存するカルシウムイオ

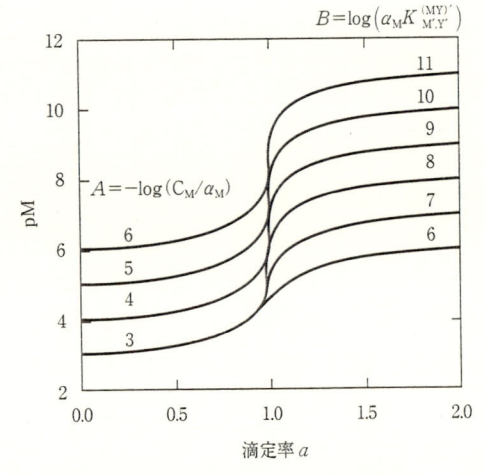

図 2.9 金属イオンの滴定曲線
図の曲線は $C_M K_{M',Y'}^{(MY)'} > 10^6$ のときを示す．$0 < a < 1$ のとき曲線の形は $A = -\log(C_M/\alpha_M)$ によって決まり，$pM = A - \log(1-a)$ で表される．$1 < a$ のとき曲線は $B = \log(\alpha_M K_{M',Y'}^{(MY)'})$ によって決まり，$pM = B + \log(a-1)$ で表される．当量点（$a=1$）のとき $pM = (A+B)/2$．

図 2.10 エリオクロームブラック T

ンとマグネシウムイオンのEDTA滴定では，これらの合量を求めたいときには，pH10で滴定し，カルシウムイオン濃度のみを求めたいときには，水酸化カリウムを加え，マグネシウムイオンをヒドロキソ錯体としてマスクして滴定する．

このほかにも多数のマスキング剤，マスキング反応が知られており，おもに金属イオンの定量における選択性向上を目的として分析化学でしばしば用いられる．

演習問題

[6] 10^{-3}M Fe^{3+} と 10^{-1}M SCN$^-$ を含むpH2の水溶液について次の問いに答えよ．ただし，生成する錯体は $FeSCN^{2+}$ のみとし，$K_{Fe, SCN} = 10^{2.0}$ とする．

①この溶液中に存在する主要な化学種の濃度を計算せよ．

②この溶液を10倍に希釈した．生成した $FeSCN^{2+}$ の反応率を求めよ．

[7] 2×10^{-3}M $CuSO_4$ 水溶液 10 mL と 2×10^{-3}M Na_3HY (H_4Y はEDTA) 水溶液 10 mL を混合した．この混合溶液のpH, pCu ($=-\log[Cu^{2+}]$) および $[Y^{4-}]$ を計算せよ．ただし，$K_{Cu, Y}^{CuY} = 10^{18.8}$ とする．EDTAの酸解離定数 (pK_a 値) は，2.07, 2.75, 6.24 および 10.34 である．

2.1.4 沈殿滴定

1) 沈殿反応と溶解度

中和反応は $H^+ + OH^- \rightleftarrows H_2O$ の反応によりほとんど解離が起こらない水分子を生成するが，沈殿反応も $Ag^+ + Cl^- \rightleftarrows AgCl\downarrow$ のように難溶性化合物を生成する反応である．すなわち，Cl^- に Ag^+ を加えていくと AgCl が生成し，Cl^- が減少する．最終的には Cl^- はすべて AgCl となり，この終点を何らかの方法で求め，存在している Cl^- の量を知ることができる．これが沈殿滴定(precipitation titration)である．ハロゲン化物イオンを $AgNO_3$ 標準溶液で滴定する方法が一般的によく用いられるが，他にも $Ag^+ + SCN^- \rightleftarrows AgSCN\downarrow$, $SO_4^{2-} + Ba^{2+} \rightleftarrows BaSO_4\downarrow$ の反応がある．

これら難溶性化合物を水に飽和させたとき，難溶性塩(固体)と溶液中のイオンとは平衡状態にあると考えることができる．すなわち，

$$AgCl \rightleftarrows AgCl \rightleftarrows Ag^+ + Cl^-$$
(固体)　　(溶液)　　(溶液)
(2.71)

と考えることができ，この平衡においては溶解と沈殿の反応の速度は等しく，質量作用の法則により，次のように示すことができる．

$$K = \frac{[Ag^+][Cl^-]}{[AgCl]} \quad (2.72)$$

K は平衡定数を，[ ]はモル濃度を示す．Ag^+ と Cl^- の濃度は AgCl の溶解度に依存する．一定温度において[AgCl]＝一定であり，それゆえに $[Ag^+][Cl^-]$＝一定である．したがって，

$$K[AgCl] = [Ag^+][Cl^-] \quad (2.73)$$

となり，難溶性塩の飽和溶液では生成されるイオンの濃度の積は一定温度において一定であり，新しく定義することができる．これを溶解度積(solubility product)と呼び，ここでは K_{sp} の記号で表す．

$$K_{sp} = [Ag^+][Cl^-] \quad (2.74)$$

一般に，共存するイオン濃度の積が溶解度積より大きいか小さいかで溶液の性質に影響を与える．たとえば，あるイオン A^+ と B^- との反応において $[A^+][B^-] > K_{sp}$ であれば $A^+ + B^- \longrightarrow AB$ の反応が進行する．また，$[A^+][B^-] < K_{sp}$ であれば AB の沈殿は溶解するか，あるいは沈殿生成が起こらない．10^{-6}M KI 溶液に 10^{-5}M $AgNO_3$ 溶液を加えると沈殿が生成するかどうかを考えてみよう．ただし，$K_{sp, AgI} = 8.3 \times 10^{-17}$ とする．$[Ag^+][I^-] = 10^{-5} \times 10^{-6} = 10^{-11} > K_{sp, AgI}$ であり，

沈殿が生成する．

一方，多価イオンとの沈殿生成はどのように考えればよいだろう．CrO_4^{2-} と Ag^+ について考えると次の反応が起こる．

$$2Ag^+ + CrO_4^{2-} \rightleftarrows Ag_2CrO_4 \quad (2.75)$$

$$K_{sp, Ag_2CrO_4} = [Ag^+][Ag^+][CrO_4^{2-}]$$
$$= [Ag^+]^2[CrO_4^{2-}] \quad (2.76)$$

したがって，塩の組成が1：1でない場合は上の式に適用して沈殿の生成の可否を考えればよい．

溶解度積から飽和溶液のイオン濃度を求めることができる．硫化ニッケルの溶解度積を 1.4×10^{-24} とすると，この飽和溶液における S^{2-} の濃度は次のように求めることができる．

$$1.4 \times 10^{-24} = [Ni^{2+}][S^{2-}] = [S^{2-}]^2 \quad (2.77)$$
$$[S^{2-}]^2 = 1.4 \times 10^{-24} \quad (2.78)$$
$$[S^{2-}] = 1.2 \times 10^{-12} \quad (2.79)$$

また，溶解度から溶解度積を求めることもできる．ある温度における Ag_2CrO_4 の溶解度を仮に (8×10^{-5}) M とすると，

$$K_{sp, Ag_2CrO_4} = [Ag^+]^2[CrO_4^{2-}]$$
$$= (8 \times 10^{-5} \times 2)^2 (8 \times 10^{-5})$$
$$= 2 \times 10^{-12} \quad (2.80)$$

となる．

このように溶解度積が小さい難溶性塩は沈殿の生成が容易であり，大きい場合は沈殿が生成しにくい．また，AgCl と $PbCl_2$ の沈殿を分離するために，共存する両沈殿に温水を注ぐ．これは室温付近での $K_{sp, AgCl} = 1.8 \times 10^{-10}$ に対して $K_{sp, PbCl_2}$ は 1.6×10^{-5} と大きく，また，温度が上がると $PbCl_2$ の溶解度が大きくなり，$PbCl_2$ が溶解することに基づいている．

2) 分別沈殿

Cl^- と I^- が共存しているとき，Ag^+ を加えると，AgCl と AgI の沈殿が生成する．しかし，これらのイオンが沈殿を生成するにはそれぞれのイオン積が $K_{sp, AgCl}$，$K_{sp, AgI}$ より大きくなければならない．

$$K_{sp, AgCl} = [Ag^+][Cl^-] = 1.8 \times 10^{-10} \quad (2.81)$$
$$K_{sp, AgI} = [Ag^+][I^-] = 8.3 \times 10^{-17} \quad (2.82)$$

2つの沈殿が生成するように Ag^+ が加えられたとき，上の式より

$$[Ag^+] = \frac{K_{sp, AgCl}}{[Cl^-]} = \frac{K_{sp, AgI}}{[I^-]} \quad (2.83)$$

となり，

$$\frac{[Cl^-]}{[I^-]} = \frac{K_{sp, AgCl}}{K_{sp, AgI}} = \frac{1.8 \times 10^{-10}}{8.3 \times 10^{-17}} \quad (2.84)$$

となる．この結果，$[Cl^-]$ が $[I^-]$ より 10^6 倍より小さいときは沈殿せず，AgI のみが先に沈殿する．したがって，理論的には Cl^- と I^- が共存する溶液に $AgNO_3$ 溶液を加え，まず AgI を沈殿させ，ろ過した後 $AgNO_3$ 溶液を加えれば AgCl の沈殿が得られる．

3) 滴定曲線

沈殿滴定の代表的なものにハロゲン化物イオン（X^-）を Ag^+ を用いて滴定するものと Ag^+ をチオシアン酸塩で滴定するものがある．いずれも $AgNO_3$ 溶液を標準溶液として用いることから，銀滴定（agentimetry）とも呼ばれる．

たとえば，0.1M NaX（X はハロゲン化物イオン）溶液 25 mL を 0.1M $AgNO_3$ 標準溶液（$f = 1.000$，ただし f は濃度係数）で滴定するときの滴定曲線は，次のように考えることができる．

滴定開始前は $[X^-] = 0.1$M なので，pX $= -\log(10^{-1}) = 1$ となる．当量点までは AgX が生成される．0.1M $AgNO_3$ 標準溶液を A mL 加えると，残っている $[X^-]$ は $|(25-A) \times 0.1|$ M となる．溶液全体の体積は $(25+A)$ mL となり，

$$[X^-] = \frac{(25-A) \times 0.1}{25+A} \text{ (M)} \quad (2.85)$$

で $[X^-]$ の変化の様子を計算することができる．5 mL の 0.1M $AgNO_3$ 標準溶液を加えたときは

$$[X^-] = \frac{(25-5) \times 0.1}{25+5} \text{ (M)} \quad (2.86)$$

で計算され，$[X^-] = 0.067$ M となる．したがって pX = 1.2 が得られる．

当量点，すなわち，25 mL 加えたときは $[X^-] = [Ag^+]$ となり，

$$[X^-] = [Ag^+] = \sqrt{K_{sp, AgX}} \quad (2.87)$$

となる．
当量点後は過剰に加えた $AgNO_3$ 溶液の体積を B mL とすると，

$$[Ag^+] = \frac{B \times 0.1}{B+25} \text{ (M)} \quad (2.88)$$

となり，$[Ag^+]$ の変化量が分かる．たとえば，0.1M $AgNO_3$ 標準溶液を当量点後 1 mL 加えたとすると，$[Ag^+] = 0.004$ M，$[X^-] = 1 \times 10^{-10}/0.004 = 4.5 \times 10^{-8}$ M，pX = 7.6 が得られる．ただし $K_{sp, AgX} = 1 \times 10^{-10}$ とする．このように滴定値に対して pX をプロットすると，pH 滴定曲線と同様に沈殿滴定曲線を作成することができる．0.1M NaCl 溶液 25 mL を 0.1M $AgNO_3$ で滴定したときの理論曲線を図 2.11 に示す．

4) 終点の決定

a. モール法（Mohr's method）　指示薬としてクロム酸カリウム（K_2CrO_4）溶液を用い，$AgNO_3$ 標準溶液で塩化物イオン Cl^- や臭化物イオン Br^- を滴定する方法である．

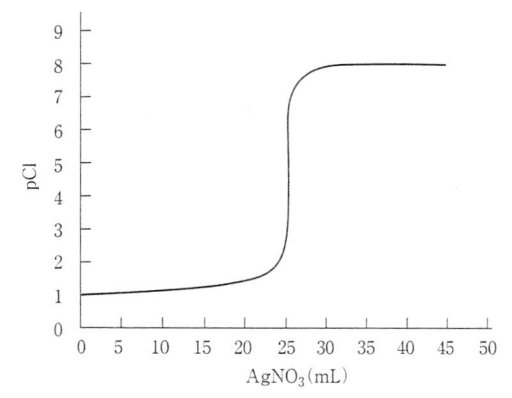

図 2.11　0.1M NaCl 25 mL を 0.1M $AgNO_3$ で滴定したときの滴定曲線

Cl^- または Br^- を含む溶液に $AgNO_3$ 溶液を滴下すると，

$$Cl^- + AgNO_3 \longrightarrow AgCl\downarrow$$
$$Br^- + AgNO_3 \longrightarrow AgBr\downarrow$$

の沈殿を生成する．$AgNO_3$ 標準溶液がわずかに過剰に加えられると，

$$2Ag^+ + CrO_4^{2-} \longrightarrow Ag_2CrO_4 \text{（赤色）}\downarrow$$

の沈殿が生成し，終点を示す．

この滴定では Cl^- が優先的に Ag^+ と反応し，AgCl の沈殿が生成する．これはなぜかを考えてみよう．$K_{sp, AgCl} = 1.8 \times 10^{-10}$，$K_{sp, Ag_2CrO_4} = 4.1 \times 10^{-12}$ とし，$[Cl^-]$，$[CrO_4^{2-}]$ がともに (1×10^{-3}) M であると仮定すると，沈殿生成に必要な $[Ag^+]$ の濃度は次のように算出できる．

$$[Ag^+] = \frac{K_{sp, AgCl}}{[Cl^-]} = \frac{1.8 \times 10^{-10}}{1 \times 10^{-3}} = 1.8 \times 10^{-7} \text{ (M)}$$
$$(2.89)$$

$$[Ag^+] = \sqrt{\frac{K_{sp, Ag_2CrO_4}}{[CrO_4^{2-}]}} = \sqrt{\frac{4.1 \times 10^{-12}}{1 \times 10^{-3}}}$$
$$= 6.3 \times 10^{-5} \text{ (M)} \quad (2.90)$$

となり，$[Ag^+]$ が小さくても AgCl の沈殿が生成し，後に Ag_2CrO_4 の沈殿が生成する．すなわちこの滴定においては

$$[Ag^+]^2[CrO_4^{2-}] > K_{sp, Ag_2CrO_4}$$

の条件が満たされたとき，Ag_2CrO_4 の沈殿が生成する．沈殿生成には $[CrO_4^{2-}]$ が大きい方がよいということになる．しかし，$[CrO_4^{2-}]$ が大きくなると，イオン色の黄色が強くなり，赤色沈殿の確認が難しくなる．通常 100 mL の滴定液に対して 10% K_2CrO_4 溶液 1 mL を用いるが，これは 0.5M に相当し，最終濃度は (5×10^{-3}) M となる．したがって，

$$[Ag^+] = \sqrt{\frac{4.1 \times 10^{-12}}{5 \times 10^{-3}}} = 2.9 \times 10^{-5} \text{ (M)}$$
$$(2.91)$$

となり，当量点の $[Ag^+]$ 濃度にほぼ対応し，$[CrO_4^{2-}]$ の濃度として (5×10^{-3}) M 付近が好ましいことが分かる．また，終点の決定にお

図2.12 フルオレセインの構造

いてごくわずかの[Ag^+]が過剰に加えられるが，この誤差は空試験により補正すればよい．この滴定を酸性で行うと，

$$2CrO_4^{2-} + 2H_3O^+ \rightleftharpoons 2HCrO_4^- + 2H_2O$$
$$\rightleftharpoons Cr_2O_7^{2-} + 3H_2O \quad (2.92)$$

となり，平衡が右にずれる．$AgHCrO_4$ や $Ag_2Cr_2O_7$ の溶解度が Ag_2CrO_4 のそれよりも大きいため，滴下する Ag^+ の量を誤って増やすことになる．また，アルカリ性が強くなると，Ag_2O の沈殿が生成し，滴定できなくなる．このような理由によりモール法ではpHを7〜10に保つ必要がある．

b. ファヤンス法 (Fajans' method)

この方法はファヤンス(Fajans)により提案されたもので，指示薬として酸性染料であるフルオレセイン(図2.12)を用いる．この染料はpH7〜10の領域において−1価のイオンとして存在し，黄緑色の蛍光を発する．Cl^- を $AgNO_3$ 溶液で滴定すると，当量点前までは AgCl の沈殿が生成するが，この沈殿のまわりは図2.13(a)のように過剰の Cl^- に取り囲まれている．したがって，沈殿粒子とフルオレセインイオンは相互作用せず，色素の蛍光性は維持される．しかし，当量点を過ぎると沈殿粒子のまわりを Ag^+ が取り囲むため，沈殿粒子はプラスの電荷を帯びる(図2.13(b))．その結果，陰イオンのフルオレセインは AgCl 沈殿の表面に吸着され，蛍光を失って赤色に変色する．この当量点でも Ag^+ がわずかに過剰に加えられることになるが，その量は無視できるほど小さい．このように沈殿粒子に染料が吸着することから，このような指示薬を吸着指示薬と呼ぶ．他にはジクロロフルオレセインやエオシンが用いられる．なお，Cl^- を用いて Ag^+ を滴定する場合は終点で沈殿粒子がマイナスに帯電するので，ローダミン6G(酸性領域)などの陽イオン染料が用いられる．

c. フォルハルト法 (Volhard's method)

Ag^+ を NH_4SCN 標準溶液で滴定し，Fe^{3+} を指示薬として終点を決定する方法でフォルハルト(Volhard)が提案した．Ag^+ を硝酸酸性にし，Fe^{3+} を加え，NH_4SCN 標準溶液で滴定すると次の反応が起こる．

$$Ag^+ + SCN^- \longrightarrow AgSCN \downarrow$$

当量点を過ぎると加えられていた Fe^{3+} と SCN^- が錯イオンを形成し，赤橙色となる．

$$Fe^{3+} + SCN^- \longrightarrow Fe(SCN^-)^{2+}$$
$$(赤橙色) \quad (2.93)$$

この反応は通常の滴定法であるが，Cl^- や Br^- も定量できる．たとえば，Cl^- を含む溶液を硝酸酸性(アルカリ性では Fe^{3+} が加水分解する)にし，これに過剰量の $AgNO_3$ 標準溶液を加えると，AgCl の沈殿が生成する．残った Ag^+ を上記と同様に操作し，濃度を求める．これを逆滴定(back titration)という．AgBr，AgI に対しては容易にこの滴定が適用できるが，AgCl は AgSCN より溶解度が大きいため，NH_4SCN 溶液を加えると，

$$AgCl + SCN^- \longrightarrow AgSCN + Cl^-$$
$$(2.94)$$

の反応が起こる．これを防ぐため，ニトロベンゼンを数mL加えよく振り混ぜ，AgCl の沈殿の表面をニトロベンゼンで被覆保護する

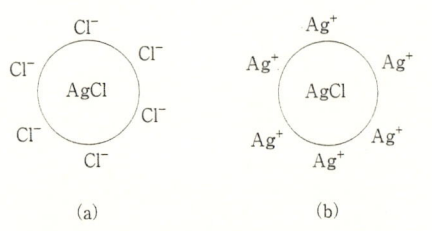

図2.13 AgCl の沈殿のまわりの状況 当量点前(a)と当量点後(b)．

必要がある．

参考文献
1) 分析化学研究会(編著)：分析化学の理論と計算，廣川書店(1992).
2) 小熊幸一，渋川雅美，酒井忠雄，石田宏二，二宮修二，山根 兵：基礎分析化学，朝倉書店(1997).
3) 黒田六郎，杉谷嘉則，渋川雅美：分析化学，裳華房(1990).
4) 奥谷忠雄，河嶌拓治，保母敏行，本水昌二：基礎教育分析化学，東京教学社(1998).

2.2 分離と濃縮

2.2.1 分離分析とは

　分離の目的は，鉱物，原油，海水などの天然資源やさまざまな合成物質からの目的成分の分取と濃縮，物質の高純度化，類似物質の識別，有害物質の除去など多岐にわたっている．

　元素発見の歴史を振り返ると，物質分離がいかに重要な役割を果たしてきたかを理解できる．たとえば，キュリー夫人(M.Curie)は，ウラン鉱石のウラン抽出残滓を4年間にわたって処理し，およそ10000回の分別結晶を行った末に，0.1gの塩化ラジウムを得て，ラジウムの原子量を測定した．さらに，塩化ラジウムを電気分解し，金属ラジウムをアマルガムとして析出させたのち，そのアマルガムを鉄の容器に入れ，水素気流中で加熱して水銀を除き，銀白色の金属を得た．分別結晶，電解析出，蒸発はそれぞれ分離の異なる形態であり，これらが組み合わされてラジウムが取り出されたのである．

　近代工業においては，天然鉱石から精錬により抽出された物質はさらに高純度化され，さまざまな用途に利用されている．たとえば，半導体製造に用いられる超高純度シリコンは，パーセント水準の不純物を含む金属ケイ素を揮発性化合物に変換して蒸留により精製したのち，さらに浮遊帯溶融法で精製して製造される．また，半導体製造において必要とされる高純度の水は，紫外線による有機物の分解とイオン交換樹脂，逆浸透膜および限外ろ過膜による一連の分離プロセスにより調製されている．

　さらに，気相や液相中の有害成分の除去には，活性炭をはじめとしてさまざまな吸着剤が用いられている．

　分離分析法は物質の分離とそれに引き続い

て行われる検出・定量法を有機的に結合した方法である．分析化学における有害成分は，分析化学反応および検出・定量機能を妨害する物質のことであり，目的物質の濃縮と妨害成分の除去は同時に行われる場合が多い．また，類似物質の識別には各種クロマトグラフィーが汎用されている．分離と検出を一体化したクロマトグラフィーは分離分析法の中できわめて重要な位置を占めている．

1) 各種の分離法

分離法を分離の要素によって分類したものを，表 2.7 に示す．

分離分析に用いられる手法は，クロマトグラフィーをはじめとして，2相間の物質移動に基づくものが多い．固相，液相，気相の各2相間の分離の形式には，8つの形態がありうるが，分離分析においては，液相から気相，液相から固相，液相から液相，気相から液相，気相から固相の5つの形態が特に重要である．たとえば，水道水中の揮発性有機化合物のガスクロマトグラフィーによる分析において，試料水をパージ管に入れ，窒素などの不活性ガスを通じて揮発性有機化合物を追い出し，適当な吸着剤に捕集したのち，吸着剤を加熱して揮発性成分を脱着させ，カラムに導入する方法はパージアンドトラップ法と呼ばれている．パージアンドトラップ法においては，水中の揮発性成分は，液相→気相→固相→気相へと分離され，カラム内では，連続して気-液分配を繰り返すことにより相互に分離される．

一般に，2相間での物質移動に基づく分離においては，目的物質を適当な化学反応により，分離に適した形態に変換することが必要である．

2) 分析化学における分離と濃縮

上水試験方法に規定されているフッ素の定量，すなわち水中に溶存しているフッ化物の定量法を表 2.8 に示す．分析法として，イオンクロマトグラフィー，ランタン-アリザリンコンプレキソン吸光光度法およびイオン電極法の3つが採用されている．

イオンクロマトグラフィーは，上水中のフッ化物，塩化物，臭化物，硫酸，リン酸，亜硝酸，硝酸の各イオンを一斉分析できる方法である．試料中の粒子状物質は，分離カラムの汚染や目詰まりの原因となるので，メンブランフィルターでろ過した試料水が分析に用いられる．ランタン-アリザリンコンプレキソン吸光光度法においては，アルミニウムやリン酸イオンなどが妨害するので，これらの妨害イオンが許容量を超えて共存することが予想される場合には，フッ素化合物をあらかじめヘキサフルオロケイ酸 (H_2SiF_6) に変換し，水蒸気蒸留して得られた試料水を用いて，フッ化物イオンが定量される．イオン電極法においては，フッ化物イオンと安定な錯体をつくる鉄(III)イオンやアルミニウムイオンが

表 2.7 分離法の分類

分離の要素	分離法
化学種のサイズ	ろ過，透析，サイズ排除クロマトグラフィー
質量	遠心分離
静電場	電気泳動
化学変化	マスキング
2相間分配	
液-液	液液抽出，液液分配クロマトグラフィー
液-固	分別結晶，沈澱分離，共沈分離，再結晶，電着分離，吸着分離，浮選 (気泡分離)，陽極溶解，帯域融解，イオン交換クロマトグラフィー，吸着クロマトグラフィー，固相抽出，ソックスレー抽出，アフィニティークロマトグラフィー，侵出
気-液	気体吸収，気体凝縮，蒸発，蒸留，気体発生，気-液クロマトグラフィー
気-固	気体吸着，昇華，凍結乾燥，有機物の乾式灰化，超臨界流体抽出，気-固クロマトグラフィー

表 2.8 上水試験方法によるフッ素の定量

分析法	定量下限	試料の前処理
イオンクロマトグラフィー	0.05 mg/L	メンブランフィルターによるろ過
ランタン-アリザリンコンプレキソン吸光光度法	0.05 mg/L	試料水1L中にリン酸イオン3mg以上またはアルミニウム1mg以上含む場合には，フッ化物イオンを蒸留分離し，留出液を捕集する
イオン電極法	0.1 mg/L	塩化ナトリウム，1,2-シクロヘキサンジアミン四酢酸を含むpH5.2の酢酸塩緩衝溶液を加える

妨害するので，弱酸性において，1,2-シクロヘキサンジアミン四酢酸を加えて，これらの金属イオンをマスクする．マスキングは，妨害イオンの活量（濃度）を減少させることにより，分析反応から妨害イオンを排除する方法である．同様に，環境試料中の痕跡有害元素を原子吸光法やICP発光法で定量する場合には，目的元素のマトリックス元素からの分離が必要である．たとえば，ナトリウム，カリウム，マグネシウム，カルシウムの濃度が高い海水試料中の，低濃度の銅，鉛，カドミウムなどの定量においては，目的元素をキレート試薬を用いて疎水性化合物に変換したのち，溶媒抽出や固相抽出によりマトリックス元素から分離・濃縮する方法が広く用いられている．

このように分析化学における分離・濃縮は，検出・定量機能を十分に発揮させるために必要であり，分析目的物質を妨害物質から分離し濃縮することにより定量法の精度と感度を向上させることができる．

参考文献

1) C. E. Meloan: Chemical Separations ── Principles, Techniques, and Experiments, John Wiley & Sons (1999).
2) 日本水道協会：上水試験方法・解説 1993年版，日本水道協会 (1994).

演習問題

[8] 次の各操作を分離の観点から説明せよ．
① 海水から食塩を採る．
② 海水から真水をつくる．
③ 急須でお茶を入れる．

[9] 工場排水試験方法 JIS K 0102 - 1998 を調査して，次の各分析法における分離操作について説明せよ．
① アンモニウムイオン
② シアン化合物
③ カドミウム

2.2.2 溶媒抽出

溶媒抽出（solvent extraction）は，互いに混ざり合わない2つの液相間に溶質が分配する現象を利用した分離法であり，液液分配（liquid-liquid distribution）とも呼ばれる．この方法は簡単な操作によって，超微量からマクロ量までの物質の分離・精製に適用でき，化学分析における利用はもとより湿式冶金や資源回収，核燃料再処理などの応用分野において広く用いられている．また，その化学平衡（分配平衡）の考え方は，固相抽出やクロマトグラフィーなど物質の2相間分配に基づいた分離法の基礎となっている．

1) 2相間分配に基づく分離と濃縮

図2.14は，物質AとBを含む水相にヘキサンやオクタノールなどの水と混ざり合わない有機溶媒を加えて激しく振り混ぜ，静置後再び2相に分かれたときの様子を示してい

る．AとBはそれぞれある割合で水相と有機相の2相間に分配し，その結果，大部分のAが有機相に抽出され，Bは一部しか抽出されず両者が分離されている．物質の2相間分配の程度は，両相中の物質の全濃度の比によって表すことができる．これを分配比(distribution ratio)Dという．抽出後の水相および有機相中の目的物質の全濃度がそれぞれ C_{aq}，C_{org} のとき，分配比は

$$D = \frac{C_{org}}{C_{aq}} \quad (2.95)$$

となる．この値が大きいほど，その物質は有機相によく抽出されることになる．後で示すように，分配比は抽出の化学反応と直接関連づけられる．

抽出の程度を表すのに抽出率%E(percent extraction)も用いられる．これは目的物質の何%が有機相に抽出されたかを表すもので，分かりやすく実用的である．はじめに水溶液中にあった W_{tot} g のうち，W_{org} g が抽出されたとすると

$$\%E = \frac{100 W_{org}}{W_{tot}}$$

$$= \frac{100 C_{org} V_{org}}{C_{aq} V_{aq} + C_{org} V_{org}} \quad (2.96)$$

と表される．ここで，V_{aq} と V_{org} は，それぞれ水相と有機相の体積である．式(2.95)，(2.96)より，抽出率と分配比の関係，

$$\%E = \frac{100 D}{D + \frac{V_{aq}}{V_{org}}} \quad (2.97)$$

が得られる．

図2.15に式(2.97)の%EとDの関係を示す．分配比が一定であっても，両相の体積比(V_{aq}/V_{org})が変わると抽出率が変化する．したがって，多量の水相から少量の有機相に物質を抽出して濃縮しようとするときには，分配比が十分に高くなるように抽出条件を整える必要がある．

分配比が低いために1回の抽出操作で十分な抽出率が得られなくても，同じ水相から抽出を繰り返すことによって目的を達成することができる．式(2.97)より，抽出をn回繰り返すと水相に残る物質の割合は，

$$\left(\frac{\frac{V_{aq}}{V_{org}}}{D + \frac{V_{aq}}{V_{org}}} \right)^n \times 100 \ (\%) \quad (2.98)$$

となる．たとえば，$V_{aq}/V_{org} = 10$，$D = 25$ のとき，1回の抽出では抽出率は71%であるが4回繰り返せば99%以上を抽出することができる．

一方，有機相に抽出された物質を，条件を変えて水相に抽出する操作を逆抽出(back extraction)という．逆抽出を利用して分離，濃縮を行うことも可能である．

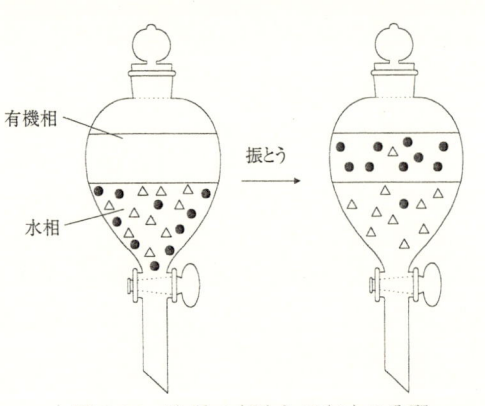

図 2.14 物質 A(●)と B(△)の分配

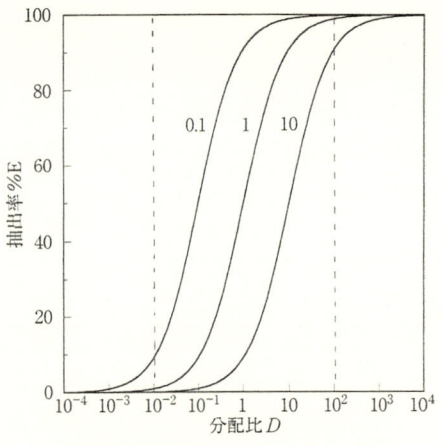

図 2.15 抽出率と分配比の関係
図中の数値は V_{aq}/V_{org} を表す．

AとBの分離の程度を表すのに，それぞれの分配比の比で定義される分離係数(separation factor) α が使われる．

$$\alpha = \frac{D_A}{D_B} \quad (2.99)$$

AとBの定量的な分離の目安として，Aの抽出率が99%のときにBの抽出率が1%とすると，$V_{aq}=V_{org}$ のとき，それぞれ $D_A=10^2$，$D_B=10^{-2}$ に対応し，α が 10^4 以上ならAとBは分離できることになる(図 2.15 参照)．

2) 基本的な抽出系と分離の仕組み

a. 非電解質の抽出 溶質Aが水相および有機相中で解離や重合などの化学変化を起こさず，同一の化学種として存在する場合，その分配平衡は次のように書ける．

$$A_{aq} \rightleftharpoons A_{org} \quad (2.100)$$

ここで，添字 aq, org は，Aがそれぞれ水相，有機相中に存在することを示す．式(2.100)の平衡定数

$$K_D = \frac{[A]_{org}}{[A]_{aq}} \quad (2.101)$$

は，分配定数(distribution constant)あるいは分配係数(partition coefficient)と呼ばれる重要な定数であり，溶質，温度，有機相と水相の組成が決まれば，溶質の濃度とは無関係に固有の値をとる．分配定数は本質的には，その溶質の水相と有機相へのモル溶解度の比に等しく，高い溶解度を与える有機溶媒ほど，K_D 値は高くなる．

分配定数は，溶質の大きさ(分子容，分子直径など)と溶質-溶媒間の相互作用によって支配される．有機化合物の分配定数に関しては，官能基も含めた置換基による加成性が成り立つことが知られている[1]．

b. 酸・塩基の抽出 酢酸やフェノールのような弱酸HAの抽出平衡を図2.16(a)に示す．ここで A^- は酸解離によって生じた陰イオンである．電気的中性の原理から，イオンが単独で有機相に分配することはなく，必ず対イオンを伴う．ここでは H^+ がその役割を果たしている．分配比は有機相と水相の物質の全濃度の比であることから，

$$D = \frac{[HA]_{org}}{[HA]_{aq} + [A^-]_{aq}} \quad (2.102)$$

と書ける．図2.16(a)より水相の H^+ 濃度の低下につれて，水相中でのHAの解離が進み分配比が低下するはずである．このような分配比の変化は，次のように定量的に予測することができる．図にもあるように，両相中のHAは，その分配定数($K_{D,HA}=[HA]_{org}/[HA]_{aq}$)に従って2相間に分配している．$K_{D,HA}$ と酸解離定数 K_{HA} を式(2.102)に代入すると，

$$D = \frac{K_{D,HA}}{1+K_{HA}[H^+]^{-1}} \quad (2.103)$$

が得られる．H^+ の濃度が高くて $[H^+] \gg K_{HA}$ のとき，$1+K_{HA}[H^+]^{-1} \approx 1$ と近似でき，$D=K_{D,HA}$ となる．逆に $[H^+] \ll K_{HA}$ のときは，$1+K_{HA}[H^+]^{-1} \approx K_{HA}[H^+]^{-1}$ と近似でき，対数をとって書き直すと，

$$\log D = -pH + \log K_{D,HA} + pK_{HA} \quad (2.104)$$

となる．一例として，フェノールの1-オクタノールと水溶液間の分配曲線を図2.17に示す．酸性側で $\log D$ は一定となり $\log K_{D,HA}$ と一致する．塩基性側ではpHの上昇ととも

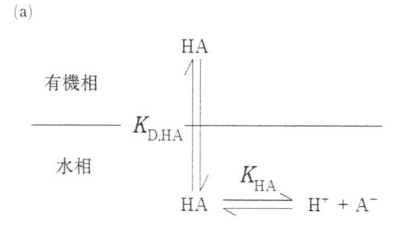

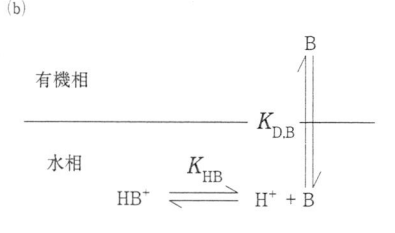

図 2.16 弱酸(HA)および弱塩基(B)の抽出平衡

に傾き -1 で $\log D$ は低下している．図中に示されているように，それらの直線の交点は pK_{HA} を与える．

同様の取り扱いは弱塩基 B についても可能であり，図 2.16(b) より B の分配比は，

$$D = \frac{[B]_{org}}{[HB^+]_{aq} + [B]_{aq}} \quad (2.105)$$

$$= \frac{K_{D,B}}{1 + K_{HB}^{-1}[H^+]} \quad (2.106)$$

と表される．$[H^+] \ll K_{HB}$ のとき，$D = K_{D,B}$ と近似でき，$[H^+] \gg K_{HB}$ のときは，$1 + K_{HB}^{-1}[H^+] \approx K_{HB}^{-1}[H^+]$ と近似され，次式が得られる．

$$\log D = pH + \log K_{D,B} - pK_{HB} \quad (2.107)$$

図 2.17 にピリジンの分配曲線も示す．これより，フェノールとピリジンの分離には pH 1 が最もよく，$V_{aq} = V_{org}$ のときフェノールの抽出率は 97.0％，ピリジンの抽出率は 0.02％ と計算される．酸・塩基の分離では，それぞれの分配定数の差に加えて，水相中での酸解離，プロトン付加などの化学反応性の違いが巧みに利用されている．溶媒抽出は有機化合物の主要な精製法の 1 つである．

c. 金属イオンの抽出　金属イオンは水溶液中で強く水和しており，これを水と混ざり合わない有機溶媒に溶かすためには，一般に水和している水分子をはずしてやらなければならない．また，イオンを水相から有機相に移すには，電気的な中性を保つため対イオンが必要となる．このために用いられるのが抽出試薬であり，図 2.18 に示すようにその働きによって分類でき，酸性キレート試薬，中性配位子，イオン会合試薬などがある．いずれも親油的あるいは疎水的な構造をもち，有機溶媒に可溶な金属錯体や会合錯体を形成する．

図 2.19 には，これらの抽出試薬によって，おもにどのようなタイプの抽出錯体が生成するのかまとめてある．試薬によっては単独で，あるいは他の試薬と組み合わせて用いられる．

無電荷無機錯体系　ハロゲン化物イオン(Cl^-，Br^-，I^-)，SCN^-，NO_3^- などの配位性の無機陰イオン(X^-)は，これらと親和性を示す特定の金属イオンに結合してその配位水をはずすことができる．特にハロゲン化物イオンは，単独でもいくつかの金属イオンの優れた抽出剤として働き，$GeCl_4$，$AsBr_3$，SnI_4，HgI_2 などの無電荷錯体が，ハロゲン化物イオンを含む硫酸溶液からトルエンなどの無極性溶媒に選択的に抽出される．

キレート系　図 2.18 に示した代表的な酸性キレート試薬(HA)は，弱酸(あるいはその塩)で二座配位子である．水相中で解離して陰イオンとなり，それぞれ 2 つの配位原子，(O, O)，(O, N)，(S, S) で金属イオンに結

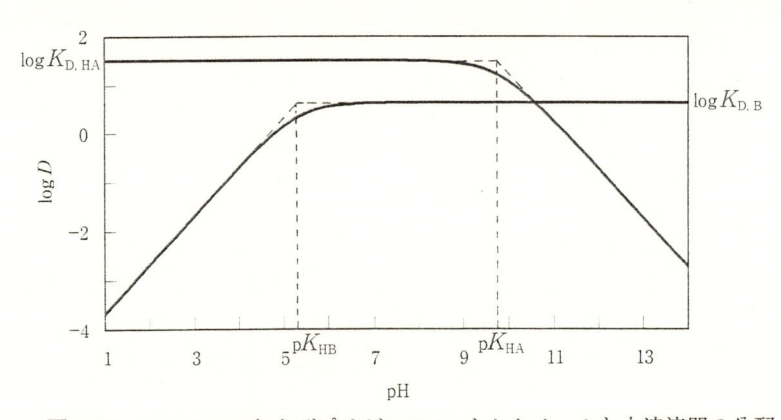

図 2.17　フェノールおよびピリジンの 1-オクタノールと水溶液間の分配

(a) 酸性キレート試薬

2-テノイルトリフルオロアセトン(エノール) (Htta)

8-キノリノール (Hq)

ジエチルジチオカルバミン酸(ナトリウム塩) (Na^+ddtc^-)

(b) 中性配位子

リン酸トリブチル (tbp)

18-クラウン-6 (18C6)

1,10-フェナントロリン (phen)

(c) イオン会合試薬

テトラフェニルアルソニウム(TPA^+)クロリド

トリオクチルメチルアンモニウム($TOMA^+$)クロリド

テトラフェニルボレート(TPB^-)ナトリウム塩

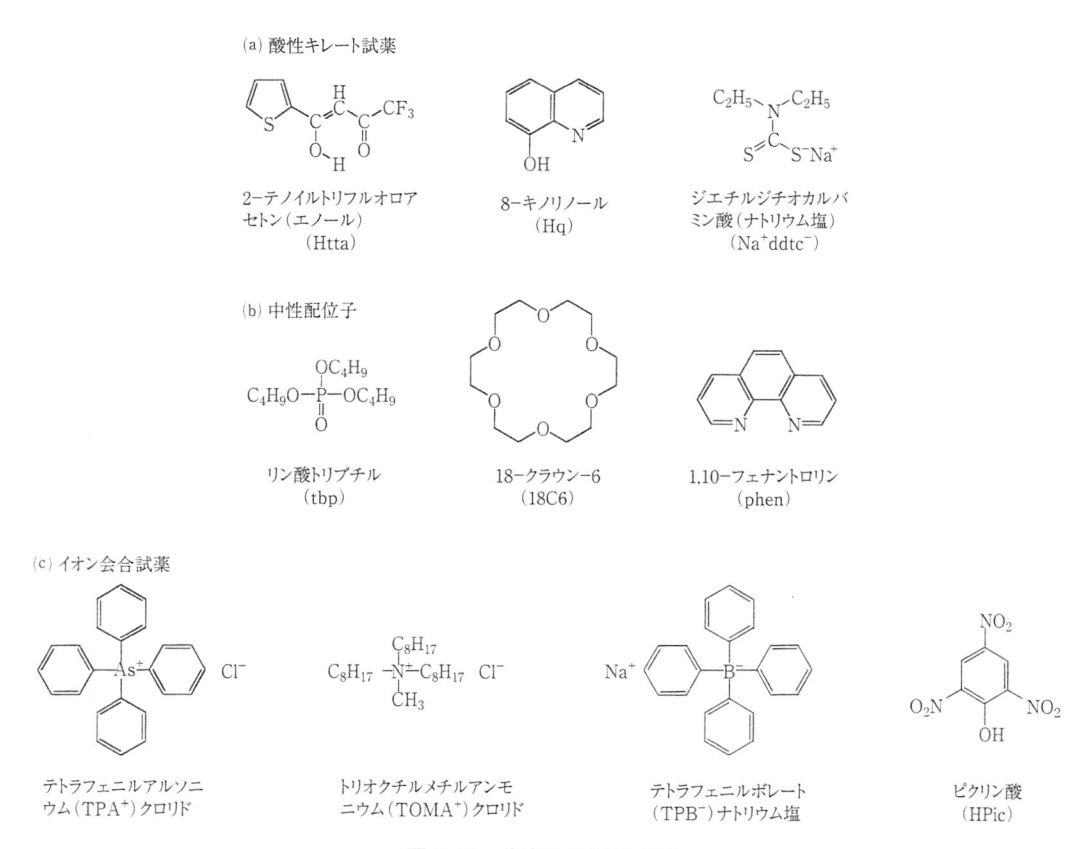

ピクリン酸 (HPic)

図 2.18 代表的な抽出試薬

合して水和水分子を置換すると同時に金属イオンの電荷も中和して,有機溶媒に可溶なキレートを形成する.たとえばCu^{2+}やFe^{3+}は,2-テノイルトリフルオロアセトン(Htta; 1,1,1-トリフルオロ-4-チェニル-2,4-ブタンジオン)あるいは8-キノリノール(Hq)によって無水の無電荷キレート(CuA_2, FeA_3)を形成し,トルエンなどの非極性有機溶媒に容易に抽出される.ジエチルジチオカルバミン酸($ddtc^-$)では,アルカリ土類金属や希土類金属は全く抽出されず,配位原子であるSとの親和性の高いCu^{2+}, Pd^{2+}, Pt^{2+}, Hg^{2+}などが強酸溶液からでも非極性溶媒に抽出される.

付加錯体系 Mn^{2+}, Co^{2+}, Ni^{2+}, Zn^{2+}などの二価金属イオンは,配位数6を取りやすく,無電荷のキレートが生成しても配位水が残り抽出性は低い(たとえば,$M(tta)_2(H_2O)_2$).このようなとき,リン酸トリブチル(tbp)や1,10-フェナントロリン(phen)のような中性配位子L(ルイス塩基)を共存させると,残っている配位水がそれらによって置換され,たとえば,$Mn(tta)_2(tbp)_2$や$Mn(tta)_2(phen)$のような付加錯体を形成し,金属イオンの抽出性が飛躍的に高くなる.このように2種類の抽出試薬を同時に用いた場合に,それぞれを単独に用いた場合よりも抽出性が著しく高

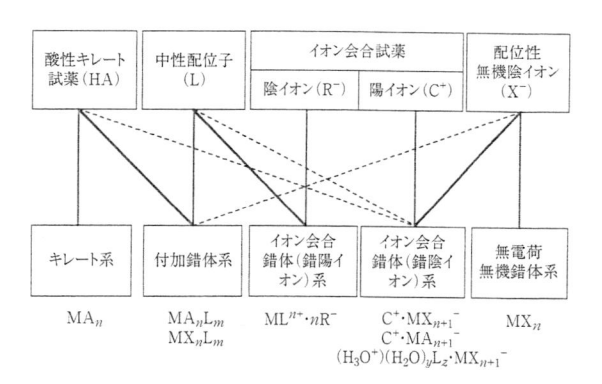

図 2.19 金属イオン(M^{n+})のおもな抽出系

くなる現象を協同効果(synergism あるいは synergistic effect)と呼ぶ．また，ケトン，エステル，エーテル，アルコール類などの配位性の酸素原子をもつ有機溶媒は，溶媒としての役割と同時に中性配位子としても働き，上述のような金属イオンの抽出性を高める．

イオン会合錯体系 この系では，一般に，金属イオンの水和水をはずすための試薬(配位子)と，それによって生じた錯イオンの電荷を中和するための試薬が組み合わされており，錯イオンの電荷に応じて陽イオン(C^+)あるいは陰イオン(R^-)が用いられる．たとえば，Fe^{3+}, Ga^{3+}, Au^{3+}, Zn^{2+}, Cd^{2+}などの金属イオンは，ハロゲン化物イオンと錯陰イオンを形成し，図2.18に示した+1価の有機陽イオン，テトラフェニルアルソニウム(TPA^+)やトリオクチルメチルアンモニウム($TOMA^+$)によって，$TPA^+ \cdot GaCl_4^-$, $TOMA^+ \cdot FeCl_4^-$, $(TOMA^+)_2 \cdot CdCl_4^{2-}$のようなイオン対を形成して，クロロホルムなどいくらか極性をもった溶媒によく抽出される．

また，これらのハロゲン化物錯陰イオンは，酸溶液からエーテルやケトンなどの配位性溶媒によっても抽出される．Fe^{3+}の塩酸溶液からエーテル(E)への抽出は古くから知られており，抽出種は，$(H_3O^+)(H_2O)_yE_z \cdot FeCl_4^-$と考えられる．溶媒分子が水和したオキソニウムイオンに溶媒和して大きな陽イオンを形成している．

一方，図2.18のテトラフェニルボレート(TPB^-)やピクレート(Pic^-)などの有機陰イオンは，金属イオンと中性配位子からなる錯陽イオンの抽出試薬として用いられる．たとえば，一般に錯形成しにくいアルカリ金属やアルカリ土類金属イオンもクラウンエーテルとは安定な錯陽イオンを形成し，Pic^-によって$K(18C6)^+ \cdot Pic^-$のようなイオン対としてクロロホルムや1,2-ジクロロエタンに抽出される．また，$Fe(phen)_3^{2+}$はClO_4^-やI^-などの無機陰イオンとイオン対を形成して抽出され，それらの抽出吸光光度定量にも利用される．

d. 金属イオンの抽出平衡 酸性キレート試薬(HA)による金属イオン(M^{n+})の抽出平衡は，図2.20のように考えることができる．また諸平衡をまとめて1つの式として表すことができる(式(2.108))．以後，添え字aqは省略する．

$$M^{n+} + nHA_{org} \rightleftharpoons MA_{n,org} + nH^+ \quad (2.108)$$

この平衡定数は抽出定数(extraction constant)K_{ex}と呼ばれる．

$$K_{ex} = \frac{[MA_n]_{org}[H^+]^n}{[M^{n+}][HA]_{org}^n} \quad (2.109)$$

水相中のMA_nの濃度が無視できる場合には，分配比は次のように簡単に書ける．

$$D = \frac{[MA_n]_{org}}{[M^{n+}]} \quad (2.110)$$

式(2.110)を(2.109)に代入し，対数をとると次の式が得られる．

$$\log D = n \log [HA]_{org} + n\text{pH} + \log K_{ex} \quad (2.111)$$

金属イオンの分配比が水相のpHと有機相の試薬濃度の関数であることが分かる．式(2.111)より，抽出定数[2]が分かれば任意の試薬濃度での抽出曲線($\log D$とpHの関係)を簡単に求めることができる．

図2.21(b)はそのようにして描いた抽出曲線である．縦軸を抽出率にすると(図2.21(a))，Cu^{2+}はpH 2.5以上で99%以上が抽出され，

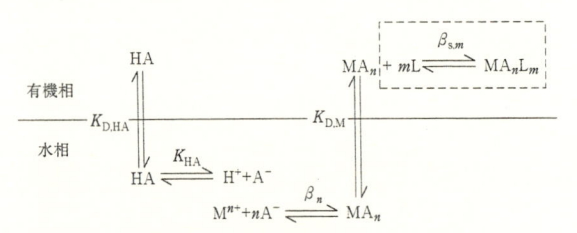

図2.20 酸性キレート試薬(HA)による金属イオン(M^{n+})の抽出平衡
破線で囲まれた部分は，中性配位子(L)を加えて付加錯体(MA_nL_m)が生成したときの平衡．

Ni^{2+}(%E=1.9)を除く他の金属イオンからほぼ完全に分離できることが分かる．また，抽出されたCu(tta)$_2$キレートは，1Mの強酸(pH 0)と振とうすれば水相に逆抽出できることが分かる．

抽出定数によって金属イオンの分離について考えてみよう．式(2.108)の抽出平衡は，図2.20のいろいろな平衡をまとめたものであることから，その平衡定数K_{ex}も図2.20の諸平衡定数を用いて次のように表すことができる．

$$K_{ex} = \frac{K_{DM}\beta_n K_{HA}{}^n}{K_{D,HA}{}^n} \quad (2.112)$$

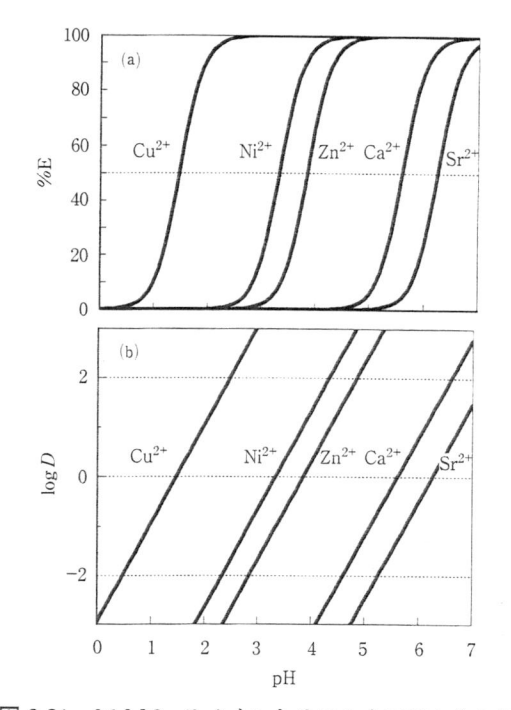

図2.21 0.1 M 2-テノイルトリフルオロアセトンによる金属(II)イオンの4-メチル-2-ペンタノンへの抽出

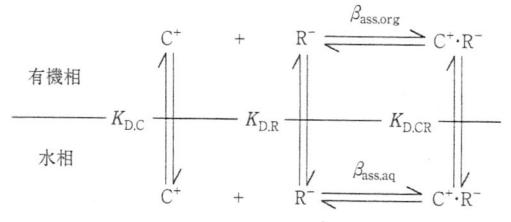

図2.22 イオン会合錯体C$^+$・R$^-$の抽出平衡

式(2.112)より，2つの金属イオンa，bの電荷nが等しいとき，その分離係数は

$$\alpha = \frac{D_a}{D_b} = \frac{K_{ex,a}}{K_{ex,b}} = \frac{K_{DM,a}\beta_{n,a}}{K_{DM,b}\beta_{n,b}} \quad (2.113)$$

となり，分離が水相中での金属キレートの生成定数と，その2相間の分配定数の違いに基づいていることが分かる．

図2.22にイオン会合抽出の化学平衡を模式的に示す．ここで，C$^+$は陽イオン，R$^-$は陰イオンを表す．イオンの分配は，次のボルン(Born)式によって理解することができる．電荷z，半径rのイオンが，比誘電率ε_{aq}の水相からε_{org}の有機相に分配し，その分配定数が$K_{D,i}$であるとき，対応するギブス(Gibbs)の自由エネルギー変化は

$$\Delta G^0 = -RT \ln K_{D,i} = \frac{N_A(ze)^2}{8\pi\varepsilon_0 r}\left(\frac{1}{\varepsilon_{org}} - \frac{1}{\varepsilon_{aq}}\right) \quad (2.114)$$

と表される．ここで，N_Aはアボガドロ定数，eは電気素量，ε_0は真空の誘電率である．水の比誘電率は78.54であり，抽出に使用される一般的な有機溶媒の値(2～35)より大きいため，ΔG_0はつねに正であり$K_{D,i}$は1より小さくなる．したがって$K_{D,i}$をできるだけ大きくするには，イオンの電荷を低くし($z=\pm 1$)，その半径を大きくする必要がある．図2.18のイオン会合試薬はそれらの要件を満たしている．また有機溶媒については，比誘電率が高いほどイオンの分配には有利であるが，イオンの会合は逆に起こりにくくなる．

参考文献

1) A. Leo, C. Hansch and D. Elkins: *Chem. Rev.*, **71**, 525 (1971).
2) 日本分析化学会(編)：改訂5版 分析化学便覧, 丸善(2001).

演習問題

[10] 8-キノリノール(Hq)の分配比を水相中のオキソニウムイオンの濃度の関数として表

し，図2.17にならい作図せよ．ただし，H_2q^+，Hqの酸解離定数をそれぞれK_{H_2q}，K_{Hq}とし，Hqの分配定数を$K_{D,Hq}$とする．

[11] HqによるクロロホルムへのCu^{2+}の抽出率を計算せよ．ただし，Hqの有機相初濃度を0.010M，水相のpHを1.50，水相と有機相の体積は等しいものとする．また$\log K_{ex}$は1.77，Hqの$\log K_{D,Hq}$は2.58，pK_{H_2q}とpK_{Hq}はそれぞれ4.85，9.95とせよ．

2.2.3 固相抽出と超臨界流体抽出
1) 固相抽出

気体あるいは液体中の化学成分を固体によって捕捉することを利用する分離法が固相抽出(solid-phase extraction；SPE)である．特に，高感度な計測機器を用いる微量成分分析では，試料中の目的成分を妨害成分から分離して，濃縮する操作は，前濃縮と呼ばれ，精度の高い測定結果を得るために非常に重要である．従来から広く用いられているイオン交換樹脂やキレート樹脂，活性炭による分離法も固相抽出の一種である．近年，シリカゲルの表面に目的とする機能を有する官能基を化学的に結合させた吸着剤を詰めた使い捨てタイプの抽出器が市販されるようになり，固相抽出法は急速に用途を広めている．

a. 固相抽出で用いられる装置と操作

固相抽出では主としてバッチ法(batch method)とカラム法(column method)，膜法(membrane method)が利用される．バッチ法では，微粉末の吸着剤を試料溶液中に分散させ，よくかき混ぜて目的成分を選択的に吸着剤に捕集し，その後，吸着剤をろ過や遠心分離によって溶液から分離する．その吸着剤に捕集されている目的成分を溶離液で溶出する．カラム法では，円筒状の管に吸着剤を充填したもの(カラムと言う，図2.23(a)，(b))に試料溶液を通過させ，目的成分を捕集する．その後，溶離液を通して捕集した成分を溶出する．液体試料や気体試料の多くについてカラム法が広く用いられている．吸着剤の量が同じならばバッチ法に比べてカラム法の方が捕集率が高い．ただし，バッチ法の方が操作は迅速で，一度に多数あるいは大容量の試料を処理できる利点がある．膜法はディスク型の多孔膜を吸着剤とする方法で，その特長は操作が迅速で簡便な点にある．膜法ではメンブランフィルターのような膜の高分子素材そのものを吸着剤として働かせる場合(図2.23(c))と不活性な膜素材に吸着剤を保持させディスク状にしたもの(図2.23(d))がある．膜は断面積を極端に広くし，長さを極端に短くした一種のカラムとみなすことができる．

広く用いられているシリンジ型の抽出器を用いる固相抽出の基本操作を図2.24に示す．この操作は，カートリッジ型あるいはディスク型のものでも同様である．試料溶液は加圧(ポンプや遠心分離機，窒素ガス圧による)あるいは減圧(吸引ろ過装置による)によってカラムに通される．

コンディショニング 疎水性の吸着剤は水に濡れないのでそのままでは使用できない．エタノールなどの親水性の溶媒をあらかじめカラムに通すことによって吸着剤は水に濡れやすくなる．さらに通水によって余分のアルコールを除去する．この操作はカラムの洗浄にもなる．イオン交換型の吸着剤の場合は再生済みの樹脂を純水でよく洗浄する．

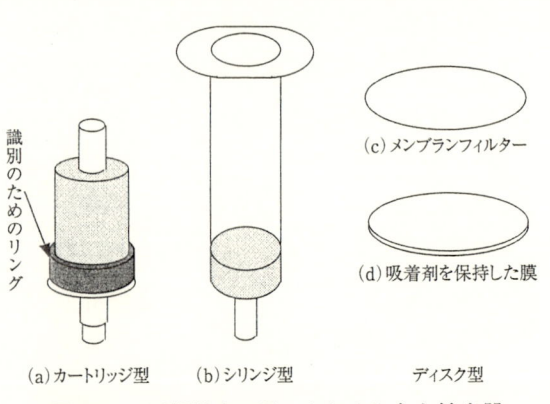

(a) カートリッジ型　(b) シリンジ型　ディスク型　(c) メンブランフィルター　(d) 吸着剤を保持した膜

図2.23 固相抽出で用いられるおもな抽出器

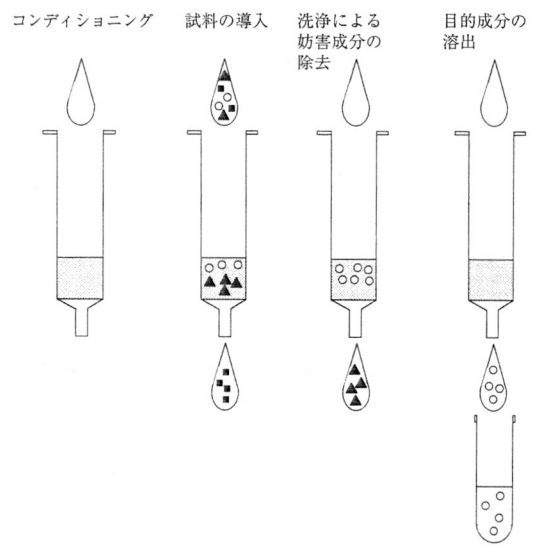

図 2.24　固相抽出の基本操作

試料溶液を通す　この操作で吸着剤との親和性の強い成分が優先的に捕集され，親和力の弱い成分はカラムから排出される．このとき，カラムに通す流量が大きすぎると，目的成分の捕集が不完全になることがある．カラム法では通常 10～20 mL/min の流量で通される．

洗浄　適当な洗浄液を通すことによって目的成分をカラムに残し，妨害成分を除去する．目的成分が漏出しないように洗浄液の組成をあらかじめ検討しておく必要がある．

溶出　溶離液を通して目的成分を溶出させる．疎水性の吸着剤を用いた場合，水と混合するアルコールなどの溶媒がよく用いられる．イオン交換やキレート形成の吸着剤の場合は酸や高濃度の電解質溶液を通す．溶出した液に水分が含まれると後の計測に支障がある場合は，溶出前に空気や窒素ガスを通して吸着剤を乾燥してから有機溶媒で溶出させる．濃縮倍率を上げるためにはできるだけ少量の溶離液でゆっくり（流量 1 mL/min 程度）溶出する．

b. 固相抽出剤の種類と抽出機構　固相抽出における捕捉機構は，用いる吸着剤と捕捉される化学種との相互作用の様式によっていくつかに分類される．気体成分の捕集には吸着剤と目的成分との化学反応や，吸着剤と極性分子との静電的な相互作用や弱い分子間力が重要な働きをする．水中の化学成分の捕集についても目的成分の種類によって用いる吸着剤の種類を選択する．相互作用の様式は大きく，順相 (normal phase) 型，イオン交換 (ion exchange) およびキレート形成 (chelating) 型，逆相 (reversed phase) 型に分けられる．順相型での捕捉機構として，双極子－双極子相互作用 (dipole-dipole interaction)，水素結合 (hydrogen bonding)，誘起双極子－双極子相互作用 (induced dipole-dipole)，π-π 相互作用などがある．イオン交換およびキレート形成型では電荷の相互作用や配位結合の形成が含まれる．逆相型は溶媒抽出と同様に疎水性相互作用に基づく捕捉機構である．また，吸着剤はシリカゲルやスチレン－ジビニルベンゼン共重合体のように躯体そのものに捕捉作用がある場合と，シリカゲルやポリマーの表面に捕捉能をもつ官能基を化学的に結合させた場合がある．それらの種類とおもな相互作用の機構 (mode) を図 2.25 の (a)～(c) にまとめた．多くの場合，これらの相互作用は単独ではなく，いくつかが同時に働いて（混合型：mixed mode）化学成分を捕捉すると考えられる．

c. 膜抽出

メンブランフィルター（精密濾過膜）は，通常，液体あるいは気体中の粒子成分を捕集する目的で用いられる．フィルター素材の中には溶存成分と強い親和性をもつものがあり，このことを利用して微量成分を濾過の操作によって，迅速簡便に捕集することができる．これは，メンブランフィルターを固相抽出剤として用いることになる．通常の粒子成分の捕集と固相抽出との違いを図 2.26 (a) に示す．ニトロセルロース製のメンブランフィ

ルターは疎水性のイオン対に対して特に強い親和性がある．また，図 2.26(b)のようなポリテトラフルオロエチレン(PTFE；テフロン)製やガラス製の繊維層にオクタデシル基導入型シリカゲル(ODS)を分散させて保持し，膜状にした固相抽出剤を用いて，沪過の操作で目的成分を捕集する方法が，簡便な方法として利用されている．これらの膜捕集法では，100 mL/min 程度の高流量で試料を通しても，効率よく目的成分を捕集できることが多く，作業能率の点でカラム法よりも優れている．

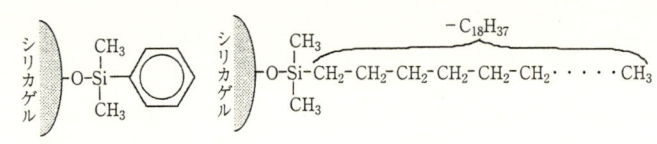

d. 固相抽出の特徴 固相抽出には次のような特長がある．

①高い濃縮倍率が得られる：試料量と溶出液の比率を変えることによって，濃縮倍率を

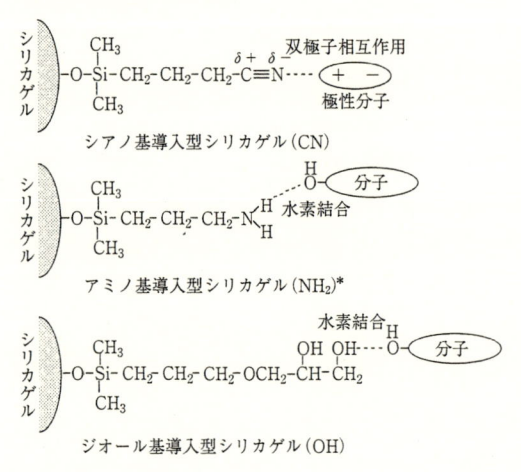

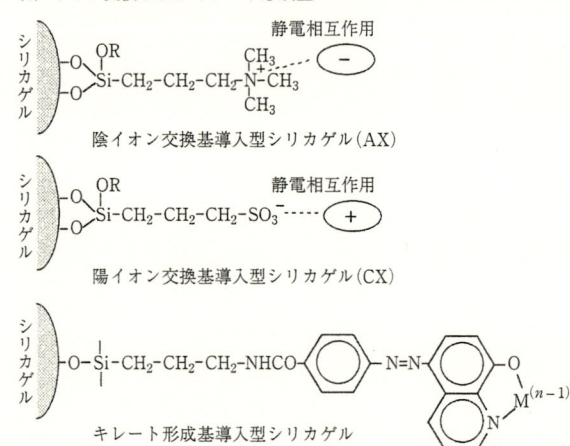

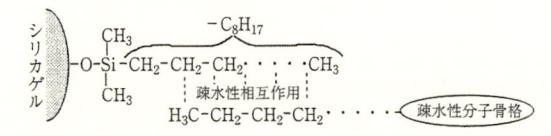

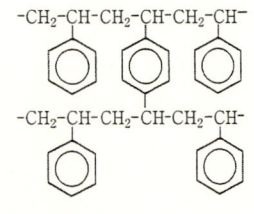

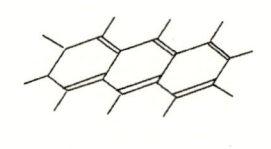

図 2.25 固相抽出剤の種類と捕捉機構
(a) 順相型(極性相互作用型)．その他シリカゲル(SiO_2)，フロリジル($MgSiO_3$)，アルミナ(Al_2O_3)などがある．
(b) イオン交換およびキレート形成型．その他にイオン交換基として，$-NH_2$ 基や$-COOH$ 基をもつものがある．
(c) 逆相型(疎水性相互作用型)．
* アミノ基は H^+ の付加によって $-NH_3^+$ となり，陰イオン交換能をもつことができる．

(a) メンブランフィルターによる捕捉機構

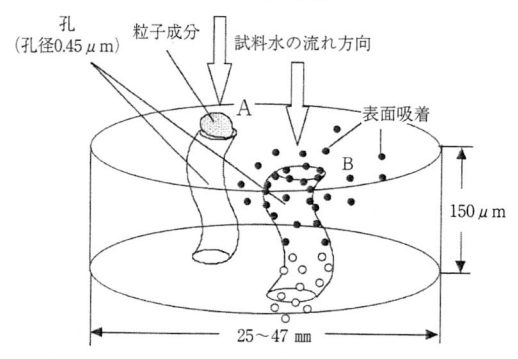

A：粒子サイズによる機械的な粒子の捕捉
B：化学成分とフィルター素材の親和力による捕捉（固相抽出）
● フィルター素材との親和力の強い成分
○ フィルター素材との親和力の弱い成分

(b) 吸着剤を保持した固相抽出膜

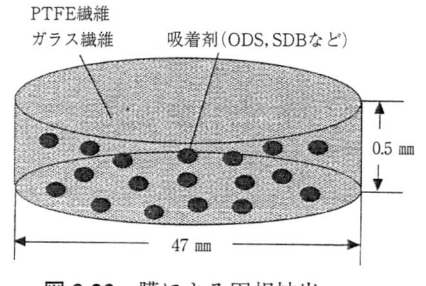

図 2.26　膜による固相抽出

容易に調節できることが多い．溶媒抽出では溶媒の水への溶解のために高い濃縮倍率を得ることは難しい．

② 有害な溶媒を必要としない：カラムからの溶出では少量の酸や塩類水溶液，アルコールなどが用いられる．溶媒抽出で用いられる，クロロホルム，ジクロロメタン，ベンゼンといった有害な有機溶媒を必要としないので，作業環境や廃液の管理・処理の点で優れている．

③ 携帯性：試料採取現場で目的成分を捕集して，携帯に便利なカラムだけを持ち帰り，実験室で溶出し，測定することができる．しかし，反面，吸着剤の種類が少ないこと，性能が製造元やロットによって異なること，使用中に性能が低下すること，多量の成分の分離には不向きである，などの欠点がある．

2) 超臨界流体抽出

温度や圧力を高くしていったとき，液体と気体の2つの相の境界が消失し，1つの相になる点（温度，圧力）のことを臨界点（critical point）という．たとえば，図 2.27 の二酸化炭素の状態図（相図）において，臨界点を超えた流体は高い圧力を加えても決して液化することがなく，気体から液体まで連続的な密度の状態をとる．このような性質をもつ流体を超臨界流体（supercritical fluid；SF）と呼ぶ．超臨界流体を溶媒として用いる抽出法が超臨界流体抽出（supercritical fluid extraction；SFE）である．超臨界流体抽出は工業的にはコーヒー豆からの脱カフェインや，ビールホップなど食品，香料，医薬品からの成分の抽出に用いられている．分析化学の分野においても分離・濃縮の新しい方法として注目されている．

a. 超臨界流体抽出に用いられる抽出剤の物性　表 2.9 に一般的な物質の臨界温度（critical temperature），臨界圧力（critical pressure），密度（density）を示す．常温でしかも比較的低い臨界圧で超臨界流体となる二酸化炭素が広く用いられている．

超臨界流体抽出は通常の溶媒抽出と比較して以下の点で優れている．

① 抽出速度が速い．

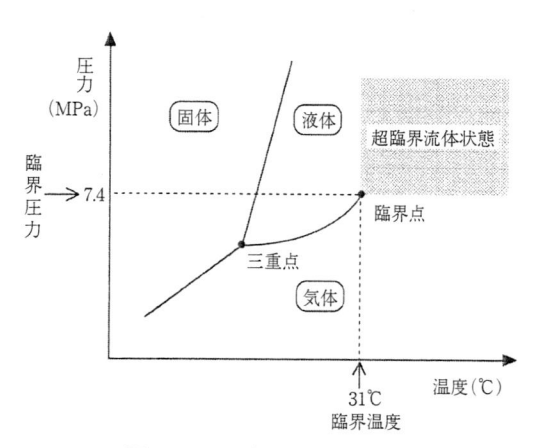

図 2.27　二酸化炭素の状態図

表 2.9 一般的な超臨界流体の物性

物 質	臨界温度 Tc(℃)	臨界圧力 Pc(atm)	超臨界流体状態での密度 ρ (g/cm³)
二酸化炭素（CO_2）	31.3	72.9	
亜酸化窒素（N_2O）	36.5	72.5	
アンモニア（NH_3）	132.5	112.5	
エタン（C_2H_6）	32.2	48.2	
プロパン（C_3H_8）	96.8	42.4	0.2〜0.8
ブタン（C_4H_{10}）	152.0	40.2	
ジクロロジフルオロメタン（CCl_2F_2）	111.5	40.2	
クロロジフルオロメタン（$CHClF_2$）	96.1	49.1	
水（H_2O）	374.2	218.3	

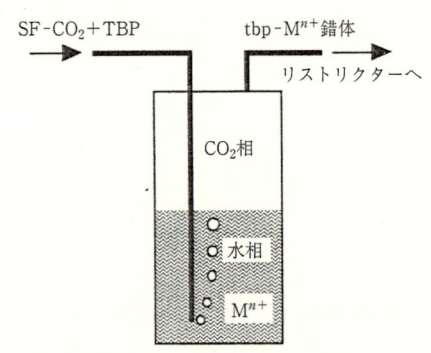

図 2.28 水中の金属を超臨界二酸化炭素へ抽出する装置（目黒義弘，吉田善行：ぶんせき，923(1999)，一部改変）

② 溶媒の性質を温度と圧力でコントロールできる．

③ 多くの超臨界流体は常温，常圧で気体なので抽出後の濃縮が容易である．

④ 多くの超臨界流体は毒性がなく不活性である．

特に二酸化炭素は低価格で純度が高く，大気中に放出できるなどの点で優れている．

b. 二酸化炭素を用いる超臨界流体抽出

水溶液中の金属イオンをリン酸トリブチル（tbp）との錯体として超臨界二酸化炭素（SF-CO_2）で抽出する操作を図 2.28 に示す．

ステンレス製の抽出容器に試料溶液を採り，これにあらかじめ予熱コイルで加温した超臨界二酸化炭素とリン酸トリブチルとの混合液をポンプによって一定圧力（通常 10〜40 MPa）で連続的に流す．抽出容器の上部に取りつけた配管を通して流出する超臨界二酸化炭素相を，リストリクターと呼ばれるキャピラリーを介して回収容器に導き，金属－リン酸トリブチル錯体を回収する．

前述のように，超臨界流体抽出の大きな特長は圧力を変えることによりその媒体の密度や，それと関連する諸物性を容易に制御できることにある．たとえば，物質の溶解度は圧力を高める，つまり密度が高くなるにつれ大きくなることが知られている．また，超臨界流体抽出は先に工業的な応用例を挙げたように，固体試料からの含有成分の抽出に非常に威力を発揮する．分析化学的な面においても固体試料の前処理法としての期待が大きい．

演習問題

[12] 水試料中の金属イオンを固相抽出で捕集する方策としてどのようなことが考えられるか．ただし，吸着剤や必要な試薬の選定は自由である．

[13] 試料水中の R－NH_2（R はアルキル基）を固相抽出で捕集する方策としてどのようなことが考えられるか．ただし，吸着剤や必要な試薬の選定は自由である．

2.2.4 イオン交換

1）イオン交換体

イオン交換体とは，水に不溶性の基本骨格

と，それに結合した解離性基からできている物質である．この解離性基に結合しているイオンと溶液中のイオンが可逆的に交換する現象をイオン交換と呼ぶ．その際，イオン交換体と溶液との間で陽イオンが交換するとき，このイオン交換体を陽イオン交換体といい，他方，陰イオンが交換するイオン交換体を陰イオン交換体という．なお，電気的中性を保つために，陽イオン交換体は解離して負の電荷をもつ基を含み，陰イオン交換体は解離して正の電荷をもつ基を含んでいる．解離したイオン交換体側からみて反対符号のイオンを対イオンと呼ぶが，イオン交換とはイオン交換体に結合している対イオンが入れ替わる（交換する）現象と言い換えることができる．ここで，イオン交換体に結合している対イオンをたとえばナトリウムイオンにしたものは Na^+ 形イオン交換体と呼ばれる．

化学分析用のイオン交換体は，合成樹脂やセルロースを基本骨格とするものから，無機塩など多種多様のものが知られているが，実験室で主として使われるのは合成樹脂を基本骨格とするイオン交換樹脂であり，細かな粒状をしている．もっともよく利用されるイオン交換樹脂は，ポリスチレン-ジビニルベンゼンを骨格とする合成樹脂イオン交換体であって，架橋構造をもった一種の高分子電解質である．その製法としては，まずスチレンとジビニルベンゼンを混合し懸濁重合させる

と，コロイド状から直径 1〜2 mm までの大きさをもつ粒子が得られる．この粒子を発煙硫酸で処理してスルホン酸基を導入すると陽イオン交換樹脂（図 2.29(a)）が得られ，クロロメチルエーテル続いてトリメチルアミンで処理して四級アンモニウム基を導入すると陰イオン交換樹脂（図 2.29(b)）が得られる．

ジビニルベンゼンは，図 2.29 の(a)，(b)それぞれ右側に示すように，ポリスチレン鎖どうしを結びつける（架橋する）．「架橋度」は，重合開始前のモノマー混合物中のジビニルベンゼンの割合として表され，通常は 4〜8％ であるが，これらより大きい値のものや小さい値のものもある．Dow Chemicals の樹脂（Dowex 50W や Dowex 1 など）では，たとえば 8％ であれば X-8 と表記している．

上記の陰イオン交換樹脂（タイプ I）は，塩化物イオンが水酸化物イオンで置換されたものは強塩基となる．塩基性が若干弱い陰イオン交換樹脂（タイプ II）は官能基として $-CH_2-N^+(CH_3)_2-CH_2-(CH_2OH)OH^-$ をもつ．通常の分析には，以上の2種の陰イオン交換樹脂と上記スルホン酸型陽イオン交換樹脂が主として利用される．これらのイオン交換樹脂は化学的に非常に安定で，繰り返し使用できる．OH^- 形陰イオン交換体は 50〜60℃ で徐々にメチルアルコールを失い，スルホン酸型イオン交換樹脂は 100℃ を超えると非常に

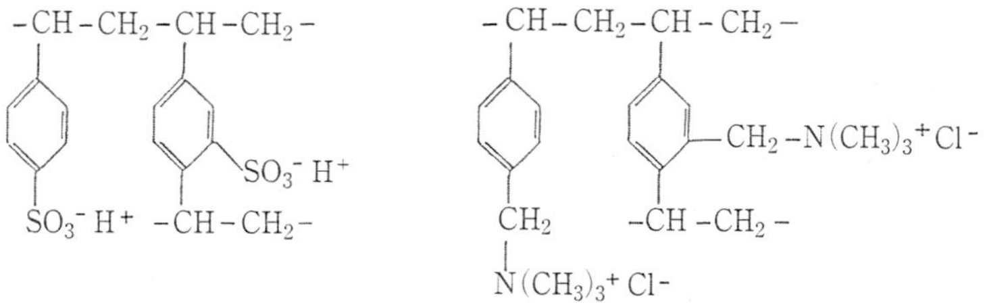

(a) 強酸性陽イオン交換樹脂　　(b) 強塩基性陰イオン交換樹脂

図 2.29 代表的なイオン交換樹脂の構造

ゆっくりと加水分解されるが，両タイプとも塩形の方がより安定である．

特別な目的には，$-PO_3H_2$，$-COOH$あるいはキレート生成基$-CH_2N(CH_2COOH)_2$のような官能基をもつものが入手できる．

すべてのイオン交換樹脂は，水に入れるとイオン性官能基の水和のためかなり膨潤する．ただし，カルボン酸のようにあまりイオン化しない官能基の樹脂は少ししか膨潤しない．膨潤したイオン交換樹脂中には，イオンが拡散により容易に出入りできる．なお，イオン交換樹脂は，架橋度が高いものほど膨潤しなくなり，イオンの樹脂内拡散が遅くなるとともに大きなイオンが樹脂内に全く入れなくなる．一般の化学分析には8％の架橋度の樹脂が適当で，工業的な目的にもこの架橋度のものがよく用いられる．有機化学あるいは生化学におけるように，大きなイオンを対象とする分析には4％あるいは2％の架橋度の樹脂を用いることが望ましい．

イオン交換樹脂を使用する際は，その粒径を考慮する必要がある．通常の分析的用途には100〜200メッシュ(0.075〜0.15 mm)の粒径の樹脂が適する．

一定量のイオン交換樹脂が交換吸着できるイオンの量を交換容量という．一般には，イオン交換樹脂1g当たり，または水中で膨潤した樹脂1mL当たり交換吸着されるイオンの量(単位meq[*1])で表す．すなわち，

交換容量＝吸着されたイオン量(mmol)
　(meq)　　×吸着されたイオンの電荷

交換容量は，特定の実験条件下で実際に測定されるものであって，溶液の濃度，イオン強度，pH，対イオンの性質，架橋度などにより影響される．市販のイオン交換樹脂では2〜5 meq/gのものが多い．

[*1] milliequivalent($=10^{-3}$eq)の略で，ミリ当量と読む．

2) イオン交換選択性

イオン交換反応は可逆過程である．たとえば，2つの陽イオン，A^+とB^+がイオン交換樹脂と溶液との間で交換するとすれば，次のように表される．

$$R^-A^+ + B^+(溶液) \rightleftarrows R^-B^+ + A^+(溶液) \quad (2.115)$$

ここで，R^-はイオン交換樹脂の陰イオン基で，いずれかの陽イオンを過剰に加えて平衡をいずれの方向にもずらすことができる．なお，電荷の異なるイオン間の反応は，たとえば次のようになる．

$$2R^-Na^+ + Ca^{2+}(溶液)$$
$$\rightleftarrows (R^-)_2Ca^{2+} + 2Na^+(溶液) \quad (2.116)$$

強酸性あるいは強塩基性型の樹脂中のイオンは濃厚塩溶液中のイオンのようであり，そこでのイオン交換過程の選択性は，イオンの水和に関連づけられる．たとえば，スルホン酸樹脂にアルカリ金属イオンは$Li^+<Na^+<K^+<Rb^+<Cs^+$の順に，アルカリ土類イオンは$Be^{2+}<Mg^{2+}<Ca^{2+}<Sr^{2+}<Ba^{2+}$の順に強く捕捉される．一方，強塩基性陰イオン交換樹脂には$F^-<Cl^-<Br^-<I^-$の順に捕捉され，I^-とClO_4^-は異常に強く保持される．

イオン交換体の選択性は，交換反応の平衡定数として表される．たとえば，反応式(2.115)の場合，次のようになる．

$$(K')_{B/A} = \frac{[\overline{B}][A]}{[\overline{A}][A]} \quad (2.117)$$

[ ]はモル濃度(M, mol/L)を意味し，文字の上に引いた横線は樹脂相を示している．簡単のため電荷は省略してある．$(K')_{B/A}$は選択係数(selectivity coefficient)と呼ばれるが，$[\overline{B}]/[\overline{A}]$とともに変化するので，定数ではない．真の平衡定数$K_{B/A}$は，次式のように活量で表されるものである．

$$K_{B/A} = (K')_{B/A} \frac{\overline{\gamma_B}\gamma_A}{\gamma_A\overline{\gamma_B}} \quad (2.118)$$

ただし，樹脂相の活量係数の比$\overline{\gamma_B}/\overline{\gamma_A}$は，

樹脂相の A および B の比率によって変化する．なお，イオン交換反応の選択性について次のような傾向がある．

① 溶液中で水和されやすいイオンほどイオン交換体に保持されにくい．

② 一般に電荷の大きいイオンほど強く保持される．ただし，イオンの濃度が高くなると異なる．

③ 選択性は架橋度が増すと増加し，イオン交換基と水の比率に依存していると思われる．

④ 選択性は一般に温度の影響をあまり受けない．

分析的な目的で選択性を表すには，次式で定義される分配係数(distribution coefficient) K_d を利用する．

$$K_d = \frac{\text{イオン交換体中の目的イオンの濃度}}{\text{溶液中の目的イオンの濃度}} \quad (2.119)$$

分配係数は目的イオンの割合が小さく，溶液の組成と濃度が一定のときにのみ定数となる．この値は，イオンの分離条件を選択する際の最も有用なパラメータであり，通常 mL/g という単位で表される．ただし，式(2.119)の右辺の分子を膨潤樹脂 1 mL に吸着した目的イオンの量とすることもあり，このときの分配係数を D_v とすれば

$$D_v = K_d \times \rho \quad (2.120)$$

ここで，ρ は膨潤樹脂の密度(g/mL)である．

3) バッチ法

イオン交換させたいイオン N^+ の溶液を容器にとり，M^+ 形の陽イオン交換樹脂を加えて振り混ぜたとする．もし，その樹脂が M^+ よりも溶液中にあった N^+ に対し著しく高い選択性(親和性)を示すとすれば，次の平衡は右方向へ完全に偏ると予想される．

$$R^-M^+ + N^+(\text{溶液}) \rightleftarrows R^-N^+ + M^+(\text{溶液})$$
$$(2.121)$$

しかしながら，ほとんどのイオン交換樹脂では，そのようなことは起こらない．M^+ と N^+ の両イオンが，程度は異なるものの，それぞれ樹脂相および溶液相の双方に存在して平衡に到達するのが普通である．したがって，このようなバッチ法(batch method)で特定のイオンをイオン交換樹脂に吸着させて定量的に分離することは難しく，次に述べるカラムクロマトグラフィーを分離に用いることが多い．なお，バッチ法は，イオン交換選択係数あるいは分配係数の測定には適している．すなわち，イオン交換樹脂と目的イオンを含む溶液とを振り混ぜたのち樹脂をろ別し，ろ液中の目的イオンを測定すればよい．

4) カラムクロマトグラフィー

M^+ 形イオン交換樹脂を図 2.30 に示すようにカラムに充填し，この樹脂に交換容量を十分に下回る量の N^+ を含む溶液を通すとする．溶液はカラム内を流下するとき，連続的に未反応の M^+ 形樹脂に接触するため，式(2.121)の平衡は右に偏ることになる．したがって，最初に溶液中に存在した N^+ は樹脂と溶液との間で再分配を繰り返した後，最終的に樹脂にすべて捕捉され，カラムから流出する溶液中の N^+ の濃度は検出不可能な程度まで低下する．このように，イオン交換樹脂カラムをイオンを除くための「フィルター」のように用いることができる．

上記の例で，N^+ を吸着させたカラムに M^+ を含む溶液を流すと，式(2.121)の交換平衡は左に偏り，N^+ はいずれカラムから溶出することになる．このとき M^+ を含む溶液を溶離液(eluent)といい，この操作を N^+ の溶離という．N^+ が樹脂に対して選択性が高いほど N^+ の溶離に高濃度の M^+ 溶液を多量に必要とする．複数のイオンを含む試料溶液をカラムに通した場合の溶離では，試料中の各イオンがカラム内を流下する過程で樹脂と溶液との間での分配が多数回繰り返され，分配係

数の大きさに応じてイオンの流下速度に差が生じ，分配係数の小さいイオンから順にカラムから流出し分離される．このような手法をカラムクロマトグラフィー（column chromatography）と呼ぶ．

たとえば，カラムに M g の陽イオン交換樹脂を詰め，その上端に Na^+ の 0.1 M 塩酸溶液を少量負荷し，引き続き 0.1 M 塩酸をカラムに通し，溶出液（effluent）を分画して捕集する．各フラクション中の Na^+ を定量して Na^+ 濃度が最大となった点が V_{max} mL であるとすると，次のような関係がある．

$$V_{max} = V_o + K_d \cdot M \quad (2.122)$$

ここで，V_{max} は保持体積（retention volume）とよばれ，V_o はカラム内の間隙液量（mL），K_d はカラムに詰めた陽イオン交換樹脂に対する 0.1 M 塩酸溶液における Na^+ の分配係数である．間隙液量は，図 2.30 のカラムを例にとると，樹脂粒間の液体および焼結ガラス板以下の出口までの液体の各体積を合わせたものである．$K_d \cdot M$ が V_o に比較して十分大きい場合は，$V_{max} = K_d \cdot M$ とみなせる．

1本のカラムで複数の成分が分離できるということは，各成分の V_{max} 相互に十分な差があることを意味する．実際の操作法としては，最初に除きたいイオンの分配係数が0に近いような組成とした試料溶液をカラムに通すのが適切である．その後，試料を含まない同組成の溶液でカラムを洗浄すれば除去したいイオンは容易に分離できる．次にカラムから除去したいイオンの分配係数が極力小さくなる溶離液をカラムに通し，そのイオンをカラムから溶離する．このような操作を繰り返すことによって，イオンをカラムから次々と溶離することができる．このような溶離法を段階溶離（stepwise elution）と呼ぶ．図 2.31 に Sb(V)，Te(IV)，Sn(IV) の分離を例として示す．

参考文献

1) 黒田六郎：新実験化学講座1 基本操作I（日本化学会（編）），p.463，丸善（1975）．
2) 大橋 茂，与座範政：新実験化学講座9 分析化学II（日本化学会（編）），p.113，丸善（1977）．
3) M. Marhol：Ion Exchange in Analytical Chemistry——Their Properties and Use in Inorganic Chemistry, Elsevier (1982).
4) 黒田六郎：分析化学ハンドブック（分析化学ハンドブック編集委員会（編）），p.156，朝倉書店（1992）．
5) 日本分析化学会（編）：分離分析，p.82，朝倉書店（1998）．

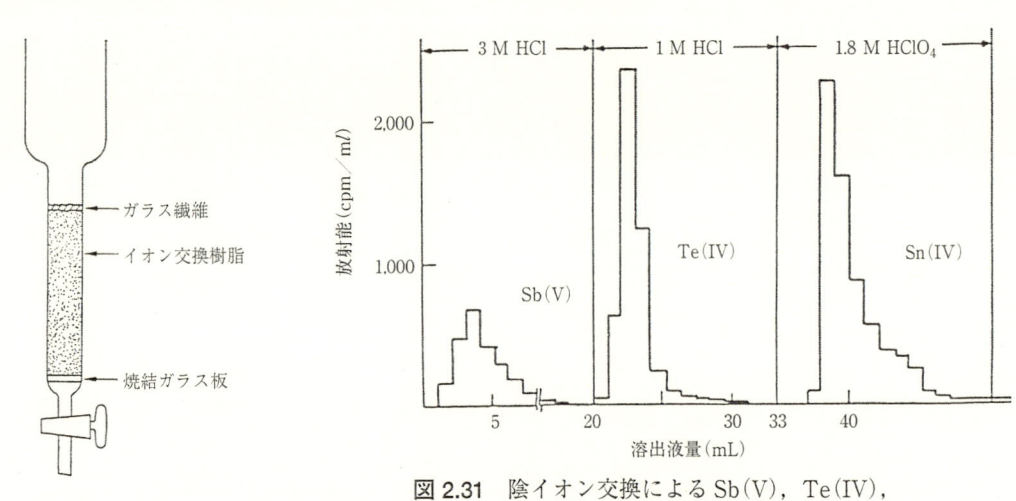

図 2.30 典型的なイオン交換カラム

図 2.31 陰イオン交換による Sb(V)，Te(IV)，Sn(IV) の分離（Sasaki (1955)）
カラムは Dowex 1-X4, 50～100 メッシュ，Cl^- 形，内径 0.85 cm×4 cm．溶離液流量は 1～2 mL/min．

演習問題

[14] 空気中で乾燥した Br^- 形の陰イオン交換樹脂は，12.00%の水分を含んでいた．この樹脂の1.135 g と 1.000×10^{-3} (mol/L) のサリチル酸ナトリウム溶液 10.00 mL を 72 時間振り混ぜ平衡にさせた後，溶液中の Br^- を測定したら 9.141×10^{-4} (mol/L) であった．Br^- 形無水陰イオン交換樹脂に対するサリチル酸イオンの分配係数 K_d を算出せよ．

[15] ある所で採取した海水 10.00 mL を十分な量の H^+ 形強酸性陽イオン交換樹脂 Dowex 50 W を詰めたカラムに流した．続いて，脱イオン水でカラムを洗浄して，イオン交換樹脂に結合していないイオンを除いた．海水および脱イオン水をカラムに流したときの流出液をすべて集め，0.1000 mol/L の NaOH 溶液で中和滴定をしたら 62.25 mL を要した．この海水 1 L 当たりに含まれる全陽イオン (Na^+，Mg^{2+} など) は何 meq か．

2.2.5 その他の分離

1) 沈殿分離

沈殿分離法は試料溶液中の目的成分あるいは妨害成分を沈殿として析出させ，ろ過などによって母液から分離する方法である．定性分析化学においては，金属イオンの相互分離やグループ分離に用いられている．定量分析化学においては，重量分析法の基本操作として重要である．また，共沈法は微量な目的成分をマトリックス(主成分)から分離・濃縮するために広く用いられている．

a. 溶解度の差を利用する金属イオンの分離 沈殿の溶解度の差を利用して金属イオンを相互にまたはグループ別に分離することができる．はじめに，沈殿の溶解度に影響を与える諸因子について考察しよう．

共通イオン効果 過剰の硫酸バリウムを水に加えて放置すると，一部が溶解し飽和溶液が得られる．このとき，次の関係が成り立つ．

$$BaSO_4(s) \rightleftharpoons Ba^{2+} + SO_4^{2-} \quad (2.123)$$
$$K_{sp} = [Ba^{2+}][SO_4^{2-}] = 1.0 \times 10^{-10} \quad (2.124)$$
物質収支 $\quad [Ba^{2+}] = [SO_4^{2-}] \quad (2.125)$

$BaSO_4$ 1 mol から Ba^{2+} 1 mol と SO_4^{2-} 1 mol が生成するから，$BaSO_4$ の溶解度を x とすると，

$$K_{sp} = [Ba^{2+}][SO_4^{2-}] = x^2 = 1.0 \times 10^{-10}$$

よって，$x = 1.0 \times 10^{-5}$ となる．すなわち，硫酸バリウムの溶解度は 1.0×10^{-5} (M) であり，硫酸バリウムの飽和溶液中には，バリウムイオンと硫酸イオンがともに 1.0×10^{-5} (M) 含まれている．

この溶液に，1.0×10^{-3} M になるように硫酸ナトリウムを加えると，硫酸バリウムの溶解度がどのように変化するかを求めてみよう．

この場合にも，式(2.123)および(2.124)は成立するが，物質収支式は，硫酸イオンが硫酸ナトリウムからも供給されることを考慮すると，次のように与えられる．

$$[Ba^{2+}] + \frac{1}{2}[Na^+] = [SO_4^{2-}] \quad (2.126)$$
$$[Na^+] = 2.0 \times 10^{-3} \quad (2.127)$$

したがって，

$$[Ba^{2+}]([Ba^{2+}] + 1.0 \times 10^{-3}) = 1.0 \times 10^{-10} \quad (2.128)$$

ル・シャトリエ(Le Chatelier)の法則から，硫酸イオンを加えると式(2.123)の平衡は左に移動し，硫酸バリウムの溶解度は小さくなることが予想されることから，

$$[Ba^{2+}] \ll 1.0 \times 10^{-3}$$

と仮定すると，$[Ba^{2+}] = 1.0 \times 10^{-7}$ (M) となる．仮定が成り立つことから，硫酸バリウムの溶解度は，1.0×10^{-7} (M) と求められる．

この結果は共通イオン効果を表している．すなわち，沈殿の溶解度は，沈殿を構成している，陽イオンまたは陰イオンが過剰に存在すると著しく小さくなる．

金属イオンを定量的に沈殿させるためには，過剰の沈殿試薬が必要となるが，沈殿試

次に，塩化銀沈殿に及ぼす塩化物イオンの影響について考察しよう．

溶解度に及ぼす錯形成反応の影響　銀イオンを含む溶液に塩化物イオンを加えると，塩化銀の沈殿が生成する．

$$AgCl(s) \rightleftharpoons Ag^+ + Cl^-$$
$$K_{sp} = [Ag^+][Cl^-] = 1.0 \times 10^{-10} \quad (2.129)$$

沈殿生成反応以外に，次のような反応とその平衡定数が知られている．

$$Ag^+ + Cl^- \rightleftharpoons AgCl(aq) \quad K_1 = 10^{3.0} \quad (2.130)$$

$$Ag^+ + 2Cl^- \rightleftharpoons AgCl_2^- \quad \beta_2 = 10^{5.0} \quad (2.131)$$

$$Ag^+ + 3Cl^- \rightleftharpoons AgCl_3^{2-} \quad \beta_3 = 10^{5.0} \quad (2.132)$$

$$Ag^+ + 4Cl^- \rightleftharpoons AgCl_4^{3-} \quad \beta_4 = 10^{5.3} \quad (2.133)$$

すべての平衡を考慮すると，銀イオンについての物質収支式は次式で与えられる．

$$[Ag^+]_{全} = [Ag^+] + [AgCl(aq)] + [AgCl_2^-]$$
$$+ [AgCl_3^{2-}] + [AgCl_4^{3-}]$$
$$= K_{sp}(1/[Cl^-] + K_1 + \beta_2[Cl^-]$$
$$+ \beta_3[Cl^-]^2 + \beta_3[Cl^-]^2 + \beta_4[Cl^-]^3)$$
$$= 1.0 \times 10^{-10}(1/[Cl^-] + 10^{3.0}$$
$$+ 10^{5.0}[Cl^-] + 10^{5.0}[Cl^-]^2$$
$$+ 10^{5.3}[Cl^-]^3) \quad (2.134)$$

塩化銀の溶解度は，$[Ag^+]_{全}$ に等しいので，式(2.134)は塩化銀の溶解度に及ぼす塩化物イオンの影響を表している．両辺の対数をとって図示すると，図 2.32 が得られる．

塩化銀の溶解度は，はじめは塩化物イオン濃度の増加とともに，共通イオン効果により減少する．さらに塩化物イオンの濃度が増加すると，錯陰イオンの生成による効果が優勢となり，塩化銀の溶解度は増加する．したがって，銀イオンを塩化銀として定量的に沈殿させるには，塩化物イオンを加えすぎてはならない．

沈殿の選択的溶解　錯形成反応を利用して沈殿を選択的に溶解することにより金属イオンを分離することができる．たとえば，Hg_2^{2+} と Ag^+ を含む溶液に希塩酸を加え，生成する Hg_2Cl_2 および AgCl をろ過し，沈殿にアンモニア水を加えると AgCl のみを溶解させることができる．

アンモニア水による AgCl の溶解は，次の式で表される．

$$AgCl(s) + 2NH_3 \rightleftharpoons Ag(NH_3)_2^+ + Cl^- \quad (2.135)$$

この反応は，主反応である AgCl の溶解平衡に及ぼす，アンモニアによる副反応の影響と考えることができる．したがって，

主反応
$$AgCl(s) \rightleftharpoons Ag^+ + Cl^- \quad K_{sp} = 1.0 \times 10^{-10} \quad (2.136)$$

副反応
$$Ag^+ + 2NH_3 \rightleftharpoons Ag(NH_3)_2^+ \quad \log \beta_2 = 7.3 \quad (2.137)$$

物質収支式
$$[Ag^+]_{全} = [Cl^-] \quad (2.138)$$

ここで，
$$[Ag^+]_{全} = [Ag^+] + [Ag(NH_3)_2^+]$$

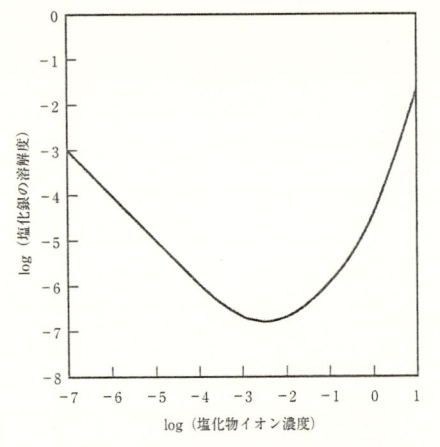

図 2.32　塩化銀の溶解度に及ぼす塩化物イオンの影響

$$= [\text{Ag}^+](1 + 10^{7.3}[\text{NH}_3]^2) \quad (2.139)$$

また，式(2.138)および(2.136)を式(2.139)に代入して整理すると次式が得られる．

$$[\text{Ag}^+]_{\text{全}} = \{1.0 \times 10^{-10}(1 + 10^{7.3}[\text{NH}_3]^2)\}^{\frac{1}{2}} \quad (2.140)$$

たとえば，$[\text{NH}_3] = 1.0$ M のとき，$[\text{Ag}^+]_{\text{全}} = 10^{-1.35} = 4.5 \times 10^{-2}$ (M) となる．

アンモニアの全濃度 $= [\text{NH}_3] + 2[\text{Ag}(\text{NH}_3)_2^+]$
$= 1.0 + 2(4.5 \times 10^{-2}) = 1.09$ (M) となるから，AgCl は 1.1 M のアンモニア水に 4.5×10^{-2} (mol/L) まで溶解すると予測できる．

溶解度に及ぼす水素イオン濃度の影響

硫化水素は二塩基酸であり，水溶液中で次のように解離する．

$$\text{H}_2\text{S} \rightleftharpoons \text{H}^+ + \text{HS}^-$$

$$K_1 = \frac{[\text{H}^+][\text{HS}^-]}{[\text{H}_2\text{S}]} = 1.0 \times 10^{-7} \quad (2.141)$$

$$\text{HS}^- \rightleftharpoons \text{H}^+ + \text{S}^{2-}$$

$$K_2 = \frac{[\text{H}^+][\text{S}^{2-}]}{[\text{HS}^-]} = 1.0 \times 10^{-14} \quad (2.142)$$

金属イオン(M)と反応して沈殿を生成する化学種は硫化物イオンである．二価金属イオンの硫化物沈殿の溶解平衡は次の式で与えられる．

$$\text{MS(s)} \rightleftharpoons \text{M}^{2+} + \text{S}^{2-} \quad K_{sp} = [\text{M}^{2+}][\text{S}^{2-}] \quad (2.143)$$

物質収支式は次式で与えられる．

$$[\text{M}^{2+}] = [\text{S}^{2-}]_{\text{全}}$$
$$= [\text{S}^{2-}] + [\text{HS}^-] + [\text{H}_2\text{S}]$$
$$= [\text{S}^{2-}]\left(1 + \frac{[\text{H}^+]}{K_2} + \frac{[\text{H}^+]^2}{K_1 K_2}\right) \quad (2.144)$$

式(2.145)の両辺に $[\text{M}^{2+}]$ を乗じて整理すると，溶解度 $= [\text{M}^{2+}]$

$$= \left\{K_{sp}\left(1 + \frac{[\text{H}^+]}{K_2} + \frac{[\text{H}^+]^2}{K_1 K_2}\right)\right\}^{\frac{1}{2}} \quad (2.145)$$

ここで，酸性から微酸性の pH 領域においては，( )内の第3項が他に比べて十分に大きくなることから，式(2.145)は以下のように近似できる．

$$[\text{M}^{2+}] = \left[K_{sp}\frac{[\text{H}^+]^2}{K_1 K_2}\right]^{\frac{1}{2}}$$

$$= [\text{H}^+]\left[\frac{K_{sp}}{1.2 \times 10^{-21}}\right]^{\frac{1}{2}} \quad (2.146)$$

式(2.145)および(2.146)から，金属硫化物沈殿の水への溶解度は，沈殿の溶解度積と溶液の水素イオン濃度に依存することが分かる．

式(2.146)を用いて，硫化物沈殿の選択的溶解を考察することができる．

たとえば，硫化マンガン($K_{sp} = 3 \times 10^{-14}$)の 1 M 塩酸中での溶解度，すなわちマンガン濃度を式(2.146)を用いて計算すると，実際にはあり得ない大きな値，5×10^3 (M) が得られる．このことから，MnS は 1 M 塩酸に完全に溶解することが予測される．同様の計算を硫化銅($K_{sp} = 8 \times 10^{-37}$)について行うと，銅イオン濃度は 2.6×10^{-8} となり，CuS は塩酸に溶解しないといえる．

硫化水素の飽和溶液を用いる金属イオンの分離 金属イオン M^{2+} を含む溶液に，硫化水素を通気して飽和させ，硫化物 MS を生成させる反応を考えよう．この溶液について，上述の式(2.141)〜(2.143)の平衡が成立する．

硫化水素の飽和溶液中の硫化水素濃度は 0.10 M であるから，硫化水素の物質収支式として次式が与えられる．

$$[\text{S}^{2-}] + [\text{HS}^-] + [\text{H}_2\text{S}] = 0.10 \quad (2.147)$$

式(2.141)，(2.142)を代入して整理すると次式が得られる．

$$[\text{S}^{2-}](1 + 1.0 \times 10^{14}[\text{H}^+] + 1.0 \times 10^{21}[\text{H}^+]^2) = 0.10 \quad (2.148)$$

酸性から微酸性の pH 領域においては，( )内の第3項が他に比べて十分に大きくなることから，式(2.148)は以下のように近似できる．

$$1.0 \times 10^{21}[\text{H}^+]^2[\text{S}^{2-}] = 0.10 \quad (2.149)$$

式(2.149)の両辺に$[M^{2+}]$を乗じて整理すると次式が得られる．

$$[M^{2+}] = 1.0 \times 10^{22}[H^+]^2 K_{sp} \quad (2.150)$$

この式は，MS の溶解度は水素イオン濃度の 2 乗に比例して増加することを表している．

式(2.150)を用いて，「カドミウムと亜鉛をともに 1×10^{-2} (M)含む溶液に，硫化水素を通じて飽和させ，亜鉛を定量的に溶液中に残したまま，カドミウムの 99.9% を沈殿させるためには，溶液の水素イオン濃度をどの範囲に調節したらよいか」を考察してみよう．ただし，CdS および ZnS の溶解度積はそれぞれ，1×10^{-27} および 3×10^{-23} である．

カドミウム濃度を 1×10^{-5} (M)以下保つために必要な水素イオン濃度は，式(2.150)から，$[H^+] = 1.0$ (M)となる．すなわち，硫化水素の飽和溶液の水素イオン濃度を 1.0 M 以上に保つことにより，99.9% 以上のカドミウムを CdS として沈殿させることができる．一方，Zn^{2+} を 1×10^{-2} (M)に保つためには，水素イオン濃度を 0.18 M 以下に調節しなければならない．したがって，題意を満たすには，水素イオン濃度を 0.18～1.0 M に調節すればよい．

定性分析における第 II 族カチオン(Cd^{2+}, Cu^{2+}, Pb^{2+} など)と第 IV 族カチオン(Zn^{2+}, Mn^{2+}, Co^{2+}, Ni^{2+})の分離は，試料を 0.3 M 塩酸酸性にしてから，硫化水素を通じて行われる．

b. 沈殿の性質　沈殿分離においては，生成する沈殿は，溶解度が十分小さく，ろ過や洗浄により損失しないこと，およびろ紙やガラスフィルターによるろ過が容易であることが必要である．さらに重量分析においては，生成する沈殿はできるだけ純粋で，他成分による汚染がないこと，沈殿の分子量が大きいこと，および強熱や蒸発などの適当な加熱処理によって一定組成の化合物に変換されることが条件となる．

沈殿粒子の大きさを支配する因子　沈殿反応により生成する粒子の大きさは，コロイド粒子(直径 10^{-7}～10^{-4} cm)から結晶性沈殿(直径 0.1 mm 程度)に至るまで広範囲である．結晶性沈殿は沈降しやすく，ろ過による母液からの分離も迅速に行われる．さらに洗浄により不純物を取り除くことも容易となるばかりでなく，一般に微細な沈殿に比べて純度が高い．粒子サイズの大きな沈殿を生成させることは，とりわけ重量分析において重要である．

沈殿試薬を難溶性沈殿を生成しうる溶質を含む溶液に添加すると，溶質の濃度が沈殿の溶解平衡から期待される濃度を上回る状態が出現する．この状態を過飽和状態と呼ぶ．溶液の過飽和状態は沈殿粒子の大きさと密接な関係にある．過飽和状態を表すために，次式が von Weimarn(1925)により導入された．

$$\text{過飽和度} = \frac{Q-S}{S} \quad (2.151)$$

ここで，Q は沈殿し始める直前の溶質濃度であり，S は溶解平衡から期待される溶質濃度である．また，$Q-S$ はちょうど沈殿が生じるときの溶質濃度の過飽和分を表す．沈殿の生成は，いくつかのイオンや分子が会合することにより始まる．この過程は核の生成と呼ばれる．核の生成に引き続いて，生成した核にさらにイオンや分子が加わって粒子の成長が起こる．核の生成速度は過飽和度が大きくなるにつれて著しく大きくなるが，粒子の成長速度は過飽和度にはあまり影響されない．したがって，過飽和度の大きい溶液中では，核の生成速度が粒子の成長速度に比べて大きくなり，多数のきわめて小さな粒子(コロイド粒子)が生成する．一方，過飽和度の小さい溶液中では，粒子の成長が優勢となり，大きな結晶性沈殿が生成する．

このように生成する沈殿の性質は核の生成と粒子の成長のどちらが優勢であるかによっ

て決定される．結晶性沈殿を得るためには，試料溶液の溶質の過飽和度を小さくすることが必要である．このためには，加温した状態で沈殿反応を行う（S の増加），試料溶液を希釈する（Q の減少），試料溶液を撹拌しながらゆっくりと沈殿試薬を添加する（Q の減少）ことが有効である．

沈殿の溶解度が極端に小さい場合には，過飽和度は Q/S に近似され，沈殿生成過程を通して，きわめて大きな値となり，鉄(III)，アルミニウム(III)，クロム(III)の水酸化物や多くの硫化物沈殿においてみられるように，コロイド状沈殿を生成しやすい．コロイド状沈殿を十分な量の電解質を含む溶液中で撹拌しながら加熱すると，ろ過しやすい凝集体が得られる．さらにろ過しやすい沈殿にするために，加熱したまま，しばらく静置する．この過程を温浸という．温浸によりゆるやかに沈殿に結合していた水が失われ，密に詰まったろ過しやすい凝集体が生成する．その結果，凝集体の表面積が減少し，他成分の吸着が抑えられるので，沈殿はより純粋となる．

結晶性沈殿の場合にも，温浸は，ろ過しやすい沈殿を生成し，沈殿をより純粋にする効果がある．温浸により小さな粒子は溶解し，大きな粒子の表面に再結晶して，沈殿結晶が成長する．同時に微細粒子による共沈が解消し，より純粋な結晶が得られる．

共　沈　共沈とは，目的成分が沈殿する条件において本来溶液中にとどまるべき共存成分が，目的成分の沈殿に伴って沈殿する現象である．共沈は，表面吸着，混晶生成，吸蔵，機械的捕捉の4つに分類される．

表面吸着は大きな表面積をもつ凝集コロイド沈殿にとって汚染の原因となる．温浸は凝集コロイド沈殿の共沈による汚染を減らす効果があることはすでに述べたが，純粋な沈殿を得るさらに効果的な方法は，ろ過した沈殿を再溶解させ，再沈殿を行うことである．最初の沈殿に共沈した汚染物質は母液中に含まれる汚染物質のほんの一部にすぎないから，沈殿を母液から分離し，再溶解して得られる溶液中の汚染物質の濃度は最初の濃度に比べて，きわめて小さくなる．したがって再沈殿により，共沈する汚染物質の量を効果的に減少できる．

混晶は，結晶格子を構成するイオンの1つが，他の元素のイオンによって置き換わることにより生成する．置換するのは，格子イオンと電荷が等しく，大きさもほとんど等しいイオンである．$BaSO_4$ の沈殿には鉛イオンが $PbSO_4$ として，また CdS の沈殿にはマンガンが MnS として混晶を生成して共沈する．混晶は凝集コロイド沈殿および結晶沈殿の双方で起こりうる．混晶の生成を避けるためには，沈殿生成に先立って妨害イオンを分離するか，または混晶をつくらない沈殿試薬を用いることが必要である．

吸蔵は沈殿表面の対イオンである異種イオンが，迅速な沈殿の生成に伴って，沈殿内に閉じ込められる現象である．また，機械的捕捉は，結晶が成長する際に，溶液の一部が結晶の隙間に閉じ込められる現象である．吸蔵と機械的捕捉は，過飽和度を小さく保って，沈殿生成反応をゆっくりと行うことにより抑制することができる．温浸もまた，この種の共沈を減少させる上で効果的である．

c. 均一沈殿法　均一沈殿法は化学反応を利用して沈殿剤を試料溶液中でゆるやかに発生させる方法である．溶液全体にわたって濃度分布の均一な沈殿剤による，ゆっくりとした沈殿生成反応が起こるので，試薬を直接混合する方法に比べて，純度の高いろ過しやすい沈殿が得られる．

均一沈殿法に用いられる化学反応を表2.10に示す．たとえば，尿素溶液を穏やかに加熱することにより，水酸化物イオンをゆっくり発生させることができる．

$$(NH_2)_2CO + 3H_2O$$
$$\longrightarrow 2NH_4^+ + CO_2 + 2OH^-$$

水酸化鉄の沈殿生成に均一沈殿法を適用すると，試薬を混合して得られたかさばった沈殿に比べ，密度が大きくろ過しやすい沈殿が得られる．

また，2,3-ブタンジオンとヒドロキシルアミンを反応させて，ジメチルグリオキシムを発生させることができる．

$$CH_3COCOCH_3 + 2NH_2OH$$
$$\longrightarrow (CH_3)_2C_2(NOH)_2$$

均一沈殿法により得られるニッケル-ジメチルグリオキシムは，直接ジメチルグリオキシムをニッケル(II)溶液に添加して得られるものに比べて，より大きな結晶性沈殿となる．

d. 共沈を利用する分離　沈殿の汚染の原因となる共沈を利用して，溶液中の痕跡成分を捕集することができる．この目的に用いた沈殿を捕集沈殿という．たとえば，$In(OH)_3$ や $Al(OH)_3$ を捕集沈殿に用いて，海水や河川水中の$Cr(III)$，$Mn(II)$，$Fe(III)$，$Co(II)$，$Ni(II)$，$Cu(II)$，$Zn(II)$，$Cd(II)$，$Pb(II)$ などを捕集することができる．また $Fe(OH)_3$ も捕集沈殿として利用される．

e. 沈殿の母液からの分離　定性分析において生成した沈殿はろ過によりろ紙上に捕集され，母液から分離される．重量分析においては，無灰ろ紙や多孔性ガラス膜をもつガラスフィルターが用いられる．無灰ろ紙は塩酸およびフッ化水素酸で金属不純物およびシリカを除いたセルロース繊維から作られている．典型的な 11 cm のろ紙を燃やした後の灰分は 0.1 mg 以下であり，無視できる．硫酸イオンを $BaSO_4$ として重量分析で定量する際には，ろ紙に集められた沈殿をるつぼの中で強熱し，ろ紙を灰化したのち，$BaSO_4$ の質量が測定される．また，ニッケル-ジメチルグリオキシム沈殿はガラスフィルターでろ過され，120 ℃で乾燥させた後，質量が測定される．

共沈を利用する濃縮においては，捕集沈殿はメンブランフィルターや浮選により母液から分離される．メンブランフィルターは，0.1，0.2 μm などの精密な孔径分布を有する

表 2.10　均一沈殿法に用いられる試薬

試薬	反応	沈殿剤	沈殿するイオンの例
尿素	$(NH_2)_2CO + H_2O \rightarrow 2NH_4^+ + CO_2 + 2OH^-$	OH^-	$Al^{3+}, Fe^{3+}, Ga^{3+}$
スルファミン酸	$NH_2SO_3H + H_2O \rightarrow NH_4^+ + H^+ + SO_4^{2-}$	SO_4^{2-}	$Ba^{2+}, Ca^{2+}, Sr^{2+}, Pb^{2+}$
チオアセトアミド	$CH_3CSNH_2 + H_2O \rightarrow CH_3CONH_2 + H_2S$	S^{2-}	Cu^{2+}, Cd^{2+}
シュウ酸ジメチル	$(CH_3)_2C_2O_4 + 2H_2O \rightarrow 2CH_3OH + 2H^+ + C_2O_4^{2-}$	$C_2O_4^{2-}$	Ca^{2+}, Mg^{2+}
尿素＋クロム酸塩	$(NH_2)_2CO + 2HCrO_4^- + H_2O \rightarrow 2NH_4^+ + CO_2 + 2CrO_4^{2-}$	CrO_4^{2-}	Pb^{2+}
リン酸トリメチル	$(CH_3O)_3PO + 3H_2O \rightarrow 3CH_3OH + 3H^+ + PO_4^{3-}$	PO_4^{3-}	$Zr(IV), Hf(IV)$
8-アセトキノリノール	$CH_3COOQ + H_2O \rightarrow CH_3COOH + HOQ$	8-キノリノール	$Al^{3+}, Mg^{2+}, U(VI)$
2,3-ブタンジオン＋ヒドロキシルアミン	$CH_3COCOCH_3 + 2H_2NOH \rightarrow DMG + 2H_2O$	ジメチルグリオキシム (DMG)	Ni^{2+}

セルロースエステル繊維やポリテトラフルオロエチレンなどの薄膜である．浮選は気泡分離とも呼ばれ，気泡を用いる代表的な分離法である．母液に界面活性剤を加え，窒素や空気を通気して小さな泡を生成させ，上昇する泡に捕集沈殿を捕捉させて母液から分離する．フィルターや浮選により分離された沈殿は，適当な溶媒に再溶解され，共沈した元素は原子吸光法やICP発光法で定量される．

2) 揮発による分離

揮発分離は液体試料や固体試料から目的成分を気体として分離する操作である．揮発分離に用いられる化学反応を表2.11に示す．生成した揮発性化合物は，分析目的に従って，そのまま揮散されるか，固体への吸着または液体への吸収により捕集される．水銀や水素化ヒ素（アルシン）はそのまま原子吸光セルに導入され定量される．

ケルダール分解法はタンパク質，ミルク，穀類，小麦粉などに含まれる窒素の定量に広く適用されている．これらの固体試料を，熱硫酸中で触媒を用いて分解すると，試料中の炭素は二酸化炭素に，水素は水に，窒素は硫酸アンモニウムに変換される．

$$C, H, N(\text{有機物}) \xrightarrow{\text{熱濃硫酸}} CO_2 + H_2O + NH_4^+$$

過剰の水酸化ナトリウムで硫酸を中和し，アンモニウムイオンをアンモニアに変換する．生成するアンモニアを蒸留して分離し，酸の標準溶液に吸収したのち，滴定によりアンモニアが定量される．

参考文献

1) 松本　健：ぶんせき，972(1997).
2) 平出正孝：ぶんせき，156(1998).
3) A. Mizuike：Enrichment Techniques for Inorganic Trace Analysis, Springer-Verlag (1983).
4) C. E. Meloan：Chemical Separations —— Principles, Techniques, and Experiments, John Wiley & Sons (1999).

表2.11　揮発性化合物による分離

元素	変換反応	揮発性化合物
水素	有機化合物 + O_2	H_2O
ホウ素	$H_3BO_3 + HF + HClO_4$	BF_3
	$H_3BO_3 + CH_3OH + HCl$	$(CH_3)_3BO_4$
炭素	$CN^- + H_2SO_4$	HCN
	$CO_3^{2-} + HClO_4$	CO_2
	有機化合物 + O_2	CO_2
窒素	NH_4^+ + 強塩基(NaOH)	NH_3
	ケルダール分解法 ($CuSO_4$, H_2SO_4, K_2SO_4)	NH_4^+
フッ素	$F^- + H_2SO_4$	HF
	$F^- + SiO_2 + H_2SO_4$	$SiF_4 + H_2SiF_6$
ケイ素	SiO_2, $SiO_3^{2-} + HF + H_2SO_4$	SiF_4
硫黄	$S^{2-} + HClO_4$	H_2S
クロム	$CrO_4^{2-} + HCl + HClO_4$	CrO_2Cl_2
ヒ素	$H_3AsO_3 + Zn + HCl$	AsH_3
	H_3AsO_3, $H_3AsO_4 + H(NaBH_4)$	AsH_3
アンチモン	$H_3SbO_3 + Zn + HCl$	SbH_3
オスミウム	$Os(VI) + HNO_3$	OsO_4
水銀	$Hg^{2+} + SnCl_2$	Hg

2.3 クロマトグラフィーと電気泳動

2.3.1 クロマトグラフィー

クロマトグラフィーは,電気泳動と並ぶ2大分離分析法の1つである.固定相-移動相間における試料成分の存在比率の差異を利用して分離を達成する方法であり,広範囲にわたる成分を分離の対象とすることができる.

クロマトグラフィーが登場して1世紀が経過しようとする間に,さまざまな形態のクロマトグラフィーが提唱され,分離分析法の中枢として広く利用されてきた.表2.12にクロマトグラフィーの歴史および関連事項ならびに周辺技術の開発状況を示す.

クロマトグラフィーは,1900年代初頭にツウェット(Tswett)によって植物色素の吸着分離に関する研究の中で創始されたが,その後,クーン(Kuhn)らが同系の研究を開始するまでの四半世紀の間,クロマトグラフィーに関してほとんど研究の進展がみられなかったようである.1940年代以降,各種クロマトグラフィーが開発され,分配クロマトグラフィー,ペーパークロマトグラフィーおよびガスクロマトグラフィーの開発に大きな貢献をしたマーティンは,1952年ノーベル化学賞を受賞している.その後,コンピュータをはじめ周辺技術の進展に伴って,クロマトグラフィーは,現在では成熟した分析法となった.

クロマトグラフィーという名称は,ツウェットによってつけられたものである.彼は,*Ber. Deutsh. Botan. Ges.* **24**, 316 (1906)の論文の中で,クロロフィルなどの植物色素の吸着分離法に対し,"die Chromatographische Methode"と命名した.これが,クロマトグラフィー(chromatography)の名称の由来で,語源にギリシア語の色を意味する"chroma (color)"と,譜を意味する"graphein (to write)"から構成されている.中国語では,「色譜」を用いている.

クロマトグラフィーは,表2.13に示すように,分離の場の形状や移動相の状態によって分類される.また,試料成分と固定相との相互作用のタイプによって,吸着クロマトグラフィー,分配クロマトグラフィー,イオン交換クロマトグラフィー,サイズ排除クロマトグラフィー,イオン対クロマトグラフィー,配位子交換クロマトグラフィー,アフィニティークロマトグラフィーなどがある.このほか,交流クロマトグラフィー,遠心クロマトグラフィー,ハイドロダイナミッククロマトグラフィー,ミセル動電クロマトグラフィー,キャピラリー電気クロマトグラフィー,ラジオクロマトグラフィー,イオンクロマトグラフィーなども特定の分離手法を示す用語として使用されている.

1) 液体クロマトグラフィー

液体クロマトグラフィー(liquid chromatography;LC)は,移動相と固定相の組み合わせによってさまざまな分離選択性を発現し,原理的には移動相に溶解する成分すべてを分析の対象とすることができる.液体クロマトグラフィーにおいて広範囲な選択肢が存在することは長所であるが,分析条件を決定する際に経験や知識が必要であり,煩雑な作業を伴うこともある.

表2.12にも示すように,今から30年あまり前に,液体クロマトグラフィーにおける高圧送液が可能となり,いわゆる高速液体クロマトグラフィー(high-performance liquid chromatography;HPLC)が登場した.これによって液体クロマトグラフィーにおける分析時間の短縮が図られた.

a. 保持に関するパラメーター 成分iの保持時間t_{Ri}は,移動相組成,固定相の種類,カラムサイズ,移動相流量およびカラム温度によって制御できる.保持係数(reten-

表 2.12 クロマトグラフィーの歴史

年	クロマトグラフィー	関連事項	周辺技術
1900	Tswett, 植物色素を分離 (1903)		
1930	Kuhn ら, 植物色素を分離 (1931)	イオン交換樹脂合成 (1935)	
1940	分配クロマトグラフィー (1941)		
	ペーパークロマトグラフィー (1944)		
1950	イオン交換クロマトグラフィー (1949)		^{1}H-NMR [*1]
	薄層クロマトグラフィー (1951)		AAS [*2]
	ガスクロマトグラフィー (1952)		
			^{13}C-NMR [*1]
1960	ゲルろ過クロマトグラフィー (1959)	アミノ酸分析計 (1958)	
		ゴーレーカラム (1958)	レーザー
	超臨界クロマトグラフィー (1962)		
	ゲル浸透クロマトグラフィー (1964)		ICP [*3]
			光電子分光法
			FT-IR [*4]
1970	高速液体クロマトグラフィー (1969)		コンピュータ
		化学結合型充填剤 (1971)	イオンマイクロプローブ
			SIMS [*5]
	イオンクロマトグラフィー (1975)		FIA [*6]
1980		フューズドシリカキャピラリー (1979)	
		キャピラリーゾーン電気泳動 (1981)	
		ミセル動電クロマトグラフィー (1984)	

[*1] 核磁気共鳴 (NMR), [*2] 原子吸光分析法, [*3] 誘導結合高周波プラズマ分光分析, [*4] フーリエ変換赤外分光法, [*5] 二次イオン質量分析, [*6] フローインジェクション分析.

tion factor) k は，カラムサイズおよび移動相流量に依存しないので，保持時間よりも普遍的なパラメーターである．成分 i の保持係数 (k_i) は，次式で定義される．

$$k_i = \frac{t_{Ri} - t_M}{t_M} \quad (2.152)$$

ここで，t_M はカラム内を移動相が通過するのに必要な時間である．保持係数 k は，分配係数 K に類似したパラメーターで，固定相および移動相中に存在する溶質の質量の比となる．これに対し，K は両相中に存在する溶質の濃度の比となる．したがって，固定相に保持されない成分の k および K は 0 となる．k と K との関係は，次式で表される．

$$k = \frac{V_S}{V_M} K \quad (2.153)$$

ここで，V_S および V_M は，カラム内の固定相および移動相の体積である．

2 成分の分離度 (resolution) R_s は，次式で定義される．

$$R_s = \frac{2(t_{R2} - t_{R1})}{W_1 + W_2} \quad (2.154)$$

ここで，W_i は図 2.33 に示すように，成分 i のベースラインにおけるピーク幅で，t_{Ri} と同じ単位をもつ．通常，R_s が 1.5 以上のとき，2 つのピークの裾が相互に重なり合わないべ

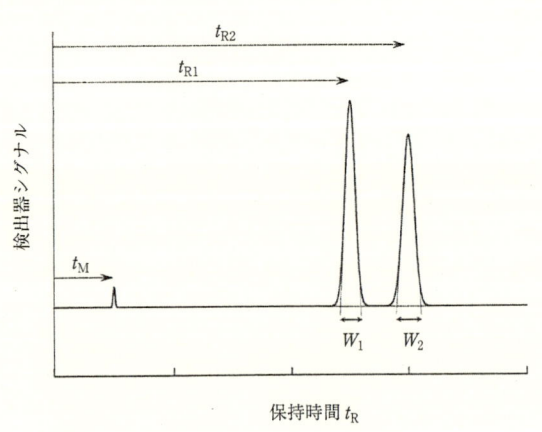

図 2.33 クロマトグラムと保持パラメータ

ースライン分離が達成される．2 成分の k の比 (k_2/k_1) を分離係数 (separation factor) α と呼び，α を大きくする移動相および固定相の選択が分離の改善につながる．

式 (2.154) で定義される R_s は，α，k および理論段数 N を用いて式 (2.155) のように書き改めることができる．

$$R_s = \frac{1}{2} \cdot \frac{\alpha - 1}{\alpha + 1} \cdot \frac{k_{av}}{1 + k_{av}} \cdot N^{\frac{1}{2}} \quad (2.155)$$

式 (2.155) は，2 成分の理論段数が等しいと仮定することによって誘導でき，k_{av} は k_1 と k_2 の平均値である．液体クロマトグラフィーでは，溶出位置が重なると定性が困難となるので，R_s を大きくする条件の設定が望ま

表 2.13 クロマトグラフィーの分類

(a) 分離の場の形状による分類

分離の場の形状	名　称	備　考
管　状	カラムクロマトグラフィー	充填カラム (中空)キャピラリーカラム
板　状	薄層クロマトグラフィー ペーパークロマトグラフィー	planar chromatography

(b) 移動相の状態による分類

移動相の状態	名　称	略　称
気　体	ガスクロマトグラフィー	GC
液　体	(高速)液体クロマトグラフィー	(HP)LC
超臨界流体	超臨界流体クロマトグラフィー	SFC

しい. α, k_{av} および N を大きくすることによって R_s を大きくすることができる. また, 式(2.155)の $(\alpha-1)/2(\alpha+1)$ の値は, α が 1 に近いとき $(\alpha-1)/4$ と近似できる.

b. カラム性能に関するパラメーター

理論段数(theoretical plate number) N は, 分離カラムの性能を表すパラメーターで, 1 理論段は 1 個の分液漏斗のもつ分離能力に相当する. 1 理論段当たりのカラム軸方向の長さ, すなわちカラム長 L を理論段数で除したパラメーターを理論段高さ(height equivalent to a theoretical plate；HETP) H と呼ぶ.

理論段数は, クロマトグラム上のデータで式(2.156)~(2.158)のように表すことができる.

$$N = 16\left(\frac{t_R}{W}\right)^2 \quad (2.156)$$

$$N = 8\ln 2\left(\frac{t_R}{W_{0.5h}}\right)^2 \quad (2.157)$$

$$N = 2\pi\left(\frac{t_R h}{A}\right)^2 \quad (2.158)$$

ここで, W, t_R, $W_{0.5h}$, h および A は, それぞれベースライン上のピーク幅, 保持時間, 半値幅(50%ピーク高さのピーク幅), ピーク高さおよびピーク面積を表す.

H は, 操作条件で決まる各種パラメーターで次式ファン・デームター(van Deemter)式のように表される.

$$H = A + \frac{B}{u} + C_m u + C_s u \quad (2.159)$$

ここで, u は移動相線流速を表し, A, B, C_m および C_s は操作条件で決まる定数である.

式(2.159)の第 1 項は多流路拡散(渦巻き拡散)に基づく寄与で, 充填剤粒子径に比例する. 第 2 項は, 移動相および固定相中の試料成分の分子拡散に基づく寄与である. また, 第 3 項および第 4 項はそれぞれ移動相および固定相中の物質移動抵抗に基づく寄与であり, C_m および C_s は, それぞれ $f(k)d_p^2/D_m$, $qkd_f^2/(1+k)^2 D_s$ で表すことができる. ただし, $f(k)$ は k の関数, d_p は粒子径, D_m および D_s はそれぞれ試料成分の移動相および固定相中の拡散係数, q は幾何学的因子, d_f は固定相の厚みである.

また, 式(2.159)の第 1 項と第 3 項が深く関連していることから, 第 1 項に代わるものとして第 1 項と第 3 項をカップリングさせた項を用いた式も提案されている.

粒子径が小さいほど理論段高さは小さくなるが, カラムの圧力損失は大きくなる. 最適線流速条件下では, 平均粒子径の 2~3 倍の理論段高さが達成される. 粒子径が小さいほど理論段高さの線流速依存性が小さくなり, 迅速分離が達成できる. 分析用には, 3~10 μm の充填剤がもっぱら使用される. 分取用には, 5~10 μm あるいはそれより少し大きい(~40 μm)充填剤が使用される.

c. 定 性 分 析 液体クロマトグラフィーにおける定性は参照物質の保持時間との比較によって行うことが多いが, 検出器の中には, 元素, 官能基, 構造, 分子量などに関する定性情報を与えるものがある. また, 目的成分の誘導体化やオンラインで化学反応系を組み込むことによって, 特定の官能基などに対する選択的な検出を可能としている.

参照物質の保持との比較 液体クロマトグラフィーでは, 参照物質の保持と比較することによって定性することが多い. 参照物質の測定を同条件で行う場合と, 参照物質をスパイクして分離を行う場合とがある.

サイズ排除クロマトグラフィー(size-exclusion chromatography；SEC) この方法では, 分子サイズに基づいて分離が達成されるので, 溶出時間から分子サイズが評価できる. このためには, あらかじめ分子サイズ(分子量)が既知の成分によって較正曲線を作成しておくことが必要である.

アフィニティークロマトグラフィー
この方法では，抗原-抗体反応のような特異的相互作用を利用して目的成分を保持するので，溶出位置からその成分の特性をかなり限定することが可能となる．

イオン(交換)クロマトグラフィー　この方法では，$\log k$ を溶離液イオン濃度の対数に対してプロットすると直線関係が得られる．その直線の傾きの絶対値は，(試料イオンの価数)/(溶離液イオンの価数)となるため，その傾きを求めることによって試料イオンの価数を決定することができる．

検出器による定性　表2.14は，液体クロマトグラフィーにおいて構造，官能基あるいは元素などの定性情報を提供する検出器を示している．表の中には，まだ普及していない検出手段も一部含まれている．多波長紫外可視吸光検出器および蛍光検出器は，比較的安価で汎用的なのでよく利用され，参照物質のスペクトルとの比較によって同定が可能となっている．円二色性検出器では，そのスペクトルから光学活性および構造に関する情報が得られる．このほか，旋光度検出器は光学活性を，低角度光散乱検出器は分子量に関する情報を与える．

質量分析計との直結システム(LC/MS)によって分子量や構造に関する情報が得られる．移動相の除去などの制限があるが，フーリエ変換赤外分光検出器(FTIR)との直結システムも市販され，官能基や構造に関する定性が可能となっている．

ICPとAASについては，直結システムは市販されていないが，インターフェースを工夫することによって液体クロマトグラフィーと直結することが可能であり，溶質に含まれる元素に関する情報が得られる．最近では，核磁気共鳴(NMR)と結合することも可能となり，オンラインでNMRスペクトルが得られるようになりつつある．

誘導体化による定性　液体クロマトグラフィーでは，適当な検出手段がない場合，目的成分の誘導体化を行うことがある．誘導体化試薬には，特定の官能基のみと反応し，選択的検出を可能とするものがあることから，検出系に誘導体化を組み入れることによって官能基などの定性が可能となる．誘導体化は，分離前に行うプレカラム方式と分離後に行うポストカラム方式とがある．酵素反応を利用すると，より構造に特異的な情報を得ることができる．

d. 定量分析　液体クロマトグラフィーでは，絶対検量線法(absolute calibra-

表2.14 液体クロマトグラフィー(LC)における検出器が提供する定性情報

検出器	測定情報	定性情報	市販状況
多波長紫外可視吸光検出器	紫外可視吸収スペクトル	*	LC用検出器
蛍光検出器	蛍光スペクトル	*	LC用検出器
円二色性検出器	円2色性スペクトル	光学活性，構造	LC用検出器
旋光度検出器	旋光度	光学活性	LC用検出器
低角度光散乱検出器	散乱光	分子量	SEC用検出器
質量分析計	質量スペクトル	分子量，構造	結合システム
フーリエ変換赤外分光分析(FT-IR)	赤外吸収スペクトル	官能基，構造	結合システム
誘導結合プラズマ分光分析(ICP)	原子発光線・質量数	元素	——
原子吸光分析(AAS)	原子吸光	元素	——
核磁気共鳴(NMR)	NMRスペクトル	構造	——

* 参照物質のスペクトルとの比較により同定される．

tion method），内部標準法（internal standard method）および標準添加法（standard addition method）が定量分析に用いられる．

e. 液体クロマトグラフィーの実際

装置の構成　液体クロマトグラフィーの装置は，図2.34に示すように，送液，試料注入，分離，検出およびデータ入力の各部から構成される．送液には，通常高圧ポンプが使用され，必要に応じて移動相組成を時間とともに変化させるグラジエント溶離法が適用される．試料は，適当な前処理の後，バルブインジェクターまたはオートサンプラーによって分離カラムに手動あるいは自動的に注入される．分離カラムは，通常カラムオーブンに入れられ，カラム温度が制御される．検出器は目的に応じて選択され，クロマトグラムは記録計またはインテグレーターによって描き出される．シグナルがインテグレーターやコンピューターに入力される場合には，各種ソフトウェアによって定量計算結果などが出力できるようになる．また，分取を目的とする場合には，検出器の下流側にフラクションコレクターを取りつける．

ポンプ　液体クロマトグラフィー用のポンプとして，これまでプランジャー型，シリンジ型，エアシリンジ型，ダイアフラム型などが開発されたが，現在では分析の目的にはプランジャー型のポンプが最もよく用いられている．プランジャー型のポンプは，サファイア製のプランジャーが往復運動することによって移動相の吸入・吐出を連続的に行うもので，作動の原理上，連続運転が可能であるが，脈流が発生する．しかしながら，変形カムの使用や圧力のフィードバック制御などによって脈流が最小化されるよう工夫されている．現在，シングルプランジャー型のものとダブルプランジャー型のものがよく利用される．

グラジエント溶離　物性や固定相への選択性が大きく異なる成分を含む試料を分析する場合には，分析中に移動相組成を変化させるグラジエント溶離が有効である．グラジエント溶離を行うと分離度の改善，分析時間の短縮，遅く溶出する成分の検出感度の改善につながる．グラジエント溶離の場合，移動相の組成は通常直線的に変化させるが，階段的に変化させることもある．ポンプ1台で行う低圧グラジエント溶離法と複数のポンプを使用する高圧グラジエント溶離法がある．

移動相の脱気・ろ過　移動相に溶解している気体は，検出時のノイズの発生や流量変化の原因となるので，できるだけ取り除くことが望ましい．とくにプランジャー型のポンプを使用する際は，発生した気体によってチ

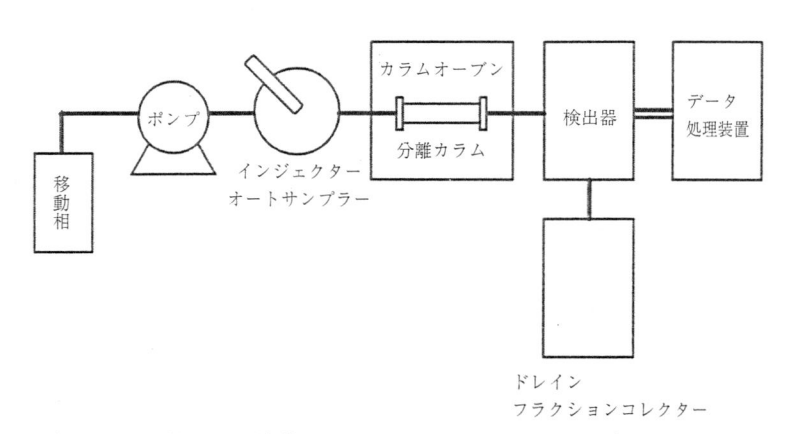

図2.34　液体クロマトグラフィー装置の構成

ェック弁が正常に作動しなくなることがあり，送液が安定しなくなるので，脱気は不可欠である．移動相の脱気は下記の方法によって達成できる．複数の方法を併用すれば効果は大きくなる．

①超音波照射下，アスピレーターなどで減圧する．

②市販のデガッサーを利用する．

③ヘリウムを移動相にバブリングする．

④デバブラーと呼ばれる簡便な気泡除去器具をポンプの吸引側に取り付ける．

　カラムの寿命を長く保つために，脱気の前後どちらかで 0.45 μm 程度のメンブランフィルターで移動相をろ過することが望ましい．移動相が水系か有機系かによって適切なメンブランフィルターを選択しなければならない．メンブランフィルターでろ過した移動相であっても，吸入チューブの先端には溶液フィルター (10～40 μm) を取り付ける．

　試料導入　　試料の導入には，バルブインジェクターまたはオートサンプラーを使用する．バルブインジェクターには，六方バルブを利用したものが最もよく使われている．試料溶液は，外付けまたは内部に組み込まれたループ内に満たされ，高圧下で，バルブの切替操作によって分離カラムに導入される．

　試料の注入体積は，分離モードや操作条件によって異なるが，目安としてカラム体積の1％程度とする．たとえば，内径 4.6 mm，長さ 15 cm の逆相液体クロマトグラフィーのモードでは，10 μL 程度となる．ステンレス製あるいはポリエーテルエーテルケトン (PEEK) 製の体積の異なるループが市販されている．一方，オートサンプラーを利用すると試料溶液を自動的に分離カラムに導入できるため，数多くの検体を測定する際には便利である．また，オートサンプラーを用いて簡単な試料の希釈やプレカラム誘導体化も自動で行える．

　分離カラム　　液体クロマトグラフィーの利用目的は，分取と分析の2つに集約できる．分析を目的とするときは，内径 4～6 mm の充填カラムを用いることが多い．最近では，微量成分の高感度検出，質量分析計との直結あるいは移動相溶媒の節減のために内径の小さなカラムが用いられるようになってきた．

　分析用のカラムは，内径によって表 2.15 に示すようにミクロカラム，セミミクロカラムおよびコンベンショナルカラムに分けられる．表には，典型的な試料負荷量と移動相の流量も比較してある．導入できる試料負荷量は，カラム内の充填剤の重量にほぼ比例すると考えてよい．操作条件にも依存するが，理論段高さの値は一般に試料負荷量の増大に伴って大きくなる．表には，理論段高さの値を10％程度増加させる試料負荷量の目安の値が示されている．また，表中の流量は，各カラムにおいて同じ線流速を与える値であり，内径 4.6 mm のカラムの場合の流量を 1 mL/min としている．

　分子サイズの違いで分離を達成するサイズ排除クロマトグラフィーでは，内径 6～8 mm のカラムを用いることが多い．この場合，0.5～1 mL/min の流量で分析が行われ，

表 2.15　サイズによるカラムの分類

用途	分類	内径 (mm)	試料負荷量[*1]	流量[*2] (mL/min)
分析用	ミクロ	0.2～0.8	数十 ng	0.002～0.030
	セミミクロ	1.0～2.1	数百 ng	0.047～0.21
	コンベンショナル	4.0～6.0	数 μg	0.76～1.7
分取用		10～100	数十 μg～数 mg	4.7～470

[*1] 理論段高さを 10％程度増加させる試料負荷量の目安の値．
[*2] 同じ線流速を与える流量 (内径 4.6 mm のカラムの流量を 1 mL/min とする)．

試料負荷量は，数百 ng 程度である．

　液体クロマトグラフィーによる分取は，目的物質を高純度に分離精製するのに最も有力な方法である．実験室レベルでは，内径 10～100 mm のカラムを用いることが多い．工業精製のスケールでは，内径が 20 cm を超えるカラムを用い，条件によって g～kg レベルの量の試料が取り扱われる．

　分離カラムの長さは，用途によって異なる．表 2.16 はカラム長さとその用途を比較したものである．通常の分析には，10～30 cm の長さのカラムを用いる．なかでも，15 cm のものと 25 cm のものが最もよく使われる．サイズ排除クロマトグラフィー用と分取用には，25 cm 以上の比較的長いカラムを利用することが多い．一方，本カラムの保護のためにプレカラムあるいはガードカラムが利用されるが，それには 1～5 cm の短いカラムを用いる．

　液体クロマトグラフィーでは高圧下で操作されることから，クロマト管の材質には耐圧性に優れたものが使用されてきている．ステンレススチールがこれまで最もよく使われてきているが，酸などで腐食したり，一部の溶質はその表面に吸着し回収率が低下したりするなどの問題が残っている．とくに，溶離液の pH が広範囲にわたるイオンクロマトグラフィーでは，メタルフリーの分析条件が必要なことから，ポリプロピレンや PEEK などの樹脂製のクロマト管が使われることが多い．各種樹脂の中で PEEK は耐圧性と耐溶媒性に優れており，最近では，PEEK 製の配管材料（チューブ，コネクター，押しねじなど）が比較的安価に多種供給されるようになった．これに伴い，イオンクロマトグラフィーに限らず，他の分離モードにおいても PEEK 製のカラムが市販されるようになってきた．

　セミミクロカラムやミクロカラムのように内径が小さくなるとステンレス管の内面仕上げが技術的に困難になり，内面の荒さによるカラム性能の低下が無視できなくなる．したがって，セミミクロカラムやミクロカラムは，ステンレス管に代わってガラスライニングステンレス管やフューズドシリカ管を使用することが多い．フューズドシリカ管は，外表面のポリイミドなどの被覆膜に傷がついたりすると，その部分で折れたりするため，機械的強度を増すためにステンレス管で保護されたものも利用されている．

プレカラムおよびガードカラム　試料溶液や移動相中の不純物などの汚染による分離カラムの性能の低下を防ぐために，分離カラムの上流側（インジェクターと本カラムとの間）に充填カラムを取り付けるとよい．これは，プレ（前置）カラムあるいはガード（保護）カラムと呼ばれる．通常，プレカラム（ガードカラム）には分離カラムと同じ充填剤を詰め，内径も分離カラムと同程度のものを用いる．これらは，ラインフィルターとしての役目も兼ねることになる．プレカラム（ガードカラム）は本カラムの寿命を延ばすことができるので，できる限り取り付ける方がよい．

固相抽出　液体クロマトグラフィーに試料を導入する前に，試料の形態，マトリックスあるいは濃度などに依存して抽出，溶解，ろ過，希釈など試料の各種前処理が必要となることが多い．このうち固相抽出は，シリカゲルや各種官能基を化学結合したシリカゲル

表 2.16　カラム長さと用途

カラムの長さ (cm)	用　途
1～5	プレカラム，ガードカラム
5～10	迅速分離
10～30	一般的な分析用サイズ，15 cm と 25 cm が代表的
25～	分取用，サイズ排除クロマトグラフィー

系充填剤を詰めたカートリッジを用いて行うことができ，妨害成分のクリーンアップや目的成分の濃縮などがなされる．洗浄と溶出に使用する溶媒あるいは固相を選定することによって夾雑物の除去や目的成分の濃縮を精密にかつ簡便に達成することができる．高速全自動固相抽出システムも市販されている．

固相抽出は，バルブを用いることによっても操作の簡易化や自動化を図ることができる．最も単純な流路系は，六方バルブ1個と前処理カラム1本から組み立てることができる．

カラム充填剤　充填剤の分離性能は，その構造に強く依存する．影響を与える因子として，粒子の形状，粒子径，粒度分布，細孔径，比表面積，被覆率，カーボン含有量，細孔の形状などがある．

液体クロマトグラフィー用の充填剤の母材として，シリカゲルおよび有機系ポリマーが最もよく使用される．表2.17は母材の物理化学的性質とカラム効率を比較したものである．それぞれの母材が特有の長所・短所をもっており，これらの充填剤は相補的に使われている．シリカゲル系の充填剤は，機械的強度が高く，有機溶媒による膨潤・収縮の程度も小さいので広範囲にわたる溶液が溶離液として使用できる．ただし，シリカゲルはアルカリ性の水溶液に溶解するため，pHは8以下で使うことが望ましい．

一方，有機系ポリマーとしてはポリスチレンジビニルベンゼン共重合体，ポリメタアクリレート，ポリヒドロキシメタアクリレート，ポリビニルアルコール，ポリエーテルなどが利用されており，これらは幅広いpH範囲(2～13)で使用できる点がシリカゲル系充填剤よりも優れている．しかしながら，機械的強度が弱く，溶媒の種類によって，体積変化があるものがあり，その使用が制限される．

ガラスはシリカゲルよりも酸やアルカリに強いとされ，比較的細孔径の大きな(100～1000 Å)ポーラスガラスが市販されている．このほか，ヒドロキシアパタイトやチタニアなども用途によって使用される．

分離の条件　分離条件には，固定相の他に，移動相，流量，カラム温度などがあり，よい分離を達成するためにはこれらを最適化することが必要である．移動相の選択は分析対象の成分と固定相の組み合わせによって，データ集などを参考に決定する．流量は，分析時間，入口圧力および分離効率を考慮に入れて調節する．カラム温度は，保持係数kおよび分離係数$α$に影響するので最適温度で操作することが望ましい．加温できない充填剤もあるので注意する．また，有機溶媒を流すと失活するものや，体積変化を起こしてカラム性能が低下し，回復不能になるものもあるので，使用する充填剤の性質をよく理解して用いることが肝要である．

検出器　液体クロマトグラフィーにおいてオンラインで使用される代表的な検出器について，表2.18にその性能を比較した．最小検出感度の値は，測定条件によってかなり変わることを考慮しなければならないが，この値から検出器間の感度の比較ができる．検出器によって，溶媒組成，温度あるいは流量の変化によってその使用が制限されるので，使用にあたってこれらの因子に留意する必要がある．また，使用者が測定時に設定しなければならない検出器の項目も挙げた．表に示

表2.17　充填剤母材の比較

母材	機械的強度	pH範囲	耐有機溶媒	カラム効率
シリカゲル	○	△	○	○
有機系ポリマー	△	○	△	△
ガラス	○	△	○	○
カーボン	○	○	○	△

○は「よい，制限が少ない」，△は「制限あり」．

表 2.18 検出器性能の比較

検出器	最小検出感度	測定時の設定因子	グラジエント溶離	温度の影響	流量の影響	対象試料
紫外可視吸収	10^{-10}	波長	可	小	無	吸光物質
多波長紫外可視吸収	10^{-9}	—	可	小	無	吸光物質
蛍光	10^{-12}	波長(励起,蛍光)	可	有	無	蛍光物質
電気化学的	10^{-12}	電位(酸化,還元)	困難	有	有	酸化還元物質
電気伝導度	10^{-8}	温度	困難	有	有	イオン
示差屈折	10^{-7}	温度	不可	有	無	汎用的
質量分析	10^{-10}	(イオン化法)	可	有	有	汎用的
化学発光	10^{-14}	—	可	有	有	化学発光物質
旋光度検出器	10^{-7}	—	困難	有	無	光学活性物質
円二色性	10^{-8}	波長	可	小	無	光学活性物質

された検出器のほかに,液体クロマトグラフィー用の検出器として赤外吸収検出器なども市販されているが,移動相の制限が多く,通常移動相の除去が必要であり,オフラインで測定される.一方,核磁気共鳴分光計(NMR)は,質量分析計(MS)と並ぶ有力な構造解析装置であるが,現時点では,液体クロマトグラフィー用の検出器としては研究開発段階にあると見てよい.

以下に代表的な検出器について説明する.

● **紫外可視吸収検出器**:検出器の中では最も汎用性の高い検出器である.可変波長のタイプのものがほとんどであり,使用前に測定波長の設定をしなければならない.光源は,紫外領域に重水素ランプ,可視領域にタングステンランプを用いたものが多い.紫外領域に吸収をもつ化合物は,210~220 nm の低波長に強い吸収を示すことが多いので,低波長で検出すると大きなシグナルを得ることができる.この場合,移動相に用いる溶媒は,低波長でも吸光度の低いことが必要となる.

多波長紫外可視吸収検出器は,コンピュータを使用してオンラインで吸収スペクトルを記録することができる.したがって,溶出したピークの定性に威力を発揮する.フォトダイオードアレーを検出素子として使用することが多いことから,フォトダイオードアレー検出器とも呼ばれる.また,1回の測定で紫外可視領域の任意の波長におけるクロマトグラムを呼び出すこともできるので,測定時間の節約につながるという利点をもっている.検出感度は,シングル波長の紫外可視吸収検出器と同等か,1けたほど悪くなる.

紫外可視部に吸収を示さない成分でも,移動相に紫外可視吸収性の成分を入れて間接的に検出できる場合がある.イオンクロマトグラフィーでは,間接検出吸収検出がよく利用される.この場合,移動相イオンと試料イオンとが電気的に中性を保つために試料イオンに相当する分だけ移動相イオンの濃度が減少し,負のピークとして検出される.

● **蛍光検出器**:蛍光検出器を使用するに当たって,励起波長および蛍光波長の設定が必要となる.励起波長や蛍光波長,濃度,蛍光強度が大きく異なる成分を含む試料の場合には,タイムプログラムによって分析中に波長やゲインの変更を可能とする機種もある.また,オンラインで励起スペクトルまたは蛍光スペクトルを測定できるものもある.蛍光強度は,光源の強度に比例するので,長期にわたって定量分析をする際には,標準との比較によってこの影響による定量誤差を最小化す

● **電気的検出**：電気的検出には，アンペロメトリー，クーロメトリーおよび電気伝導度測定がある．液体クロマトグラフィーでは，アンペロメトリーが最もよく利用される．アンペロメトリーは選択性が高く，検出感度がよい．通常，作用電極，参照電極および補助電極の3電極がフローセルに組み込まれている．

イオンクロマトグラフィーでは，電気伝導度検出器が使用され，サプレッサー方式とノンサプレッサー方式がある．サプレッサーは，溶離液の電気伝導を低下させる機能があり，これまでイオン交換樹脂カラム，イオン交換膜チューブ，マイクロメンブランサプレッサー，電気分解を利用したサプレッサーなどが順次開発されてきた．ノンサプレッサー方式では，電導度の低い溶離液を利用する工夫がなされている．

● **質量分析計**(LC/MS)：サーモスプレー(TSP)法，大気圧化学イオン化(APCI)法，エレクトロスプレー(ESI)法，パーティクルビーム(PB)法およびフロー FAB (Frit-FAB)法の5つの方式については現在実用化され市販されている．

表 2.19 は，各種インターフェースの移動相条件および測定対象試料を比較したものである．インターフェースの方式によって導入できる緩衝剤や最大移動相流量あるいは測定対象試料が異なっていることが分かる．

図形ソフトで，ピーク形状がガウス曲線となることを仮定してクロマトグラムを描くことができる．次式のパラメータに数値を代入して表計算ソフトで時間 t における $f(t)$ 値を計算し，それを描くことによって模式的なクロマトグラムを得ることができる．

$$f(t) = \sum_i \frac{M_i N_i^{\frac{1}{2}}}{(2\pi)^{\frac{1}{2}} t_i} \exp\left\{-\frac{N_i}{2t_i^2}(t-t_i)^2\right\}$$

ここで，M_i は試料成分 i の注入量，N_i は成分 i の理論段数，t_i は成分 i の保持時間に相当する．各成分のピーク面積は，M_i となる．

2） ガスクロマトグラフィー

a. ガスクロマトグラフィーのはじまり

ロシアの植物学者ツウェットによるクロマトグラフィーの創始は 20 世紀の初めであるが，その約半世紀後，ジェームズ(James)とマーティン(Martin)により気−液クロマトグラフィーが生み出された．以後ガスクロマトグラフィーが有力な分析手段として急速に普及していった．

b. ガスクロマトグラフ　ガスクロマトグラフィーを行うための装置をガスクロマトグラフと呼ぶ．図 2.35 にはその概念図を示す．

主要部は，分離を行うカラムと，分離された成分の検出を行う検出器であるが，キャリ

表 2.19　LC/MS インターフェースの比較

インター フェース	移動相条件			対象試料		
	緩衝剤[*1]		最大適用流量 (mL/min)	極性	揮発性	熱安定性[*2]
	揮発性	不揮発性				
TSP	○	×	～1.5	低～中	低	B
APCI	○	×	～1.5	低～中	低	A
ESI	△	×	～0.01	高	低	A
PB	○	×	～1.0	低	高	C
Frit-FAB	○	△	～0.01	中～高	低	A

[*1]　○は「使用可」，△は「条件により使用可」，×は「使用不可」．
[*2]　A は「適している」，B は「熱分解の可能性あり」，C は「適していない」．

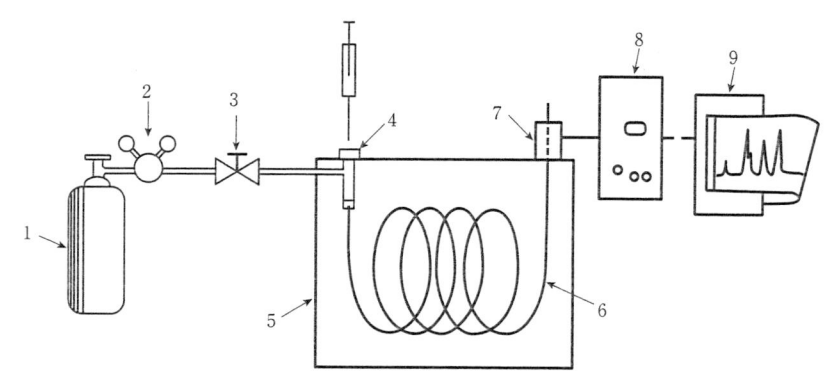

図 2.35 ガスクロマトグラフの概念図
1：キャリヤーガス用ボンベ，2：減圧弁，3：流量調節弁，4：試料導入口，5：恒温槽，6：カラム，7：検出器，8：増幅器，9：記録部．

ヤーガスと呼ばれる移動相の供給部，試料導入部，増幅・記録部，温度制御部などがあってはじめて分離・検出部が機能する．

キャリヤーガスは，高圧ボンベ（～15 MPa）から減圧弁を通して数百 kPa に圧力を下げて装置に供給される．装置には流量制御バルブがついており，さらに降圧してカラムに通される．

キャリヤーガスには化学的に不活性なものが使われる．ヘリウムあるいは窒素がよく使われるが，水素，アルゴン，二酸化炭素などを使うこともある．

分離が行われるカラムには，内径数 mm，長さ 0.5～数 m のガラスやステンレス鋼管に 80 メッシュ前後の粒度の揃った充填剤（吸着剤，または固定相液体を担持した担体）を詰めた充填カラム，および内径 0.1～0.6 mm 程度，長さ数～数十 m のキャピラリーの内面に固定相を担持させたキャピラリーカラム（開管カラム）とがある．

検出器は，分離成分を広い濃度範囲にわたって検出できるものが望まれ，各種のものが開発されて，使われている（詳細は後述の通りである）．検出器からの応答は増幅器を経て記録されるが，コンピュータにより処理されるのが通常である．試料注入口，カラムオーブン，検出器の各温度は独立に制御される．

c. 試料注入 充填カラムの場合，図 2.36(a) のような構造の注入口が使われる．キャピラリーカラムの場合は，試料負荷容量が小さいため，注入試料の一部をカラムに導くスプリット法，あるいは溶媒が大部分の場合，溶媒を排出してから，目的成分をカラムに導くスプリットレス法，その他の手法が使われる（図 2.36(b)）．そこで，試料注入口に工夫がされている．

なお，気体試料をシリンジで扱うと，空気の混入が避けられないため，試料採取ループをもった六方バルブなどを使うことが勧められる．

d. 固定相と分離 ガスクロマトグラフィーで用いられる固定相は，吸着剤を主体とする固体固定相と，分配を利用する液体固定相とに分かれる．前者は主として常温で気体の成分を分離するのに使われ，後者は有機化合物一般を扱うのに使われている．通常，不揮発性液体を使うが，これを特殊な耐火煉瓦粉を代表とする不活性担体に担持させる（充填カラム）か，溶融シリカキャピラリーを代表とするキャピラリーの内面に担持して（キャピラリーカラム）使う．

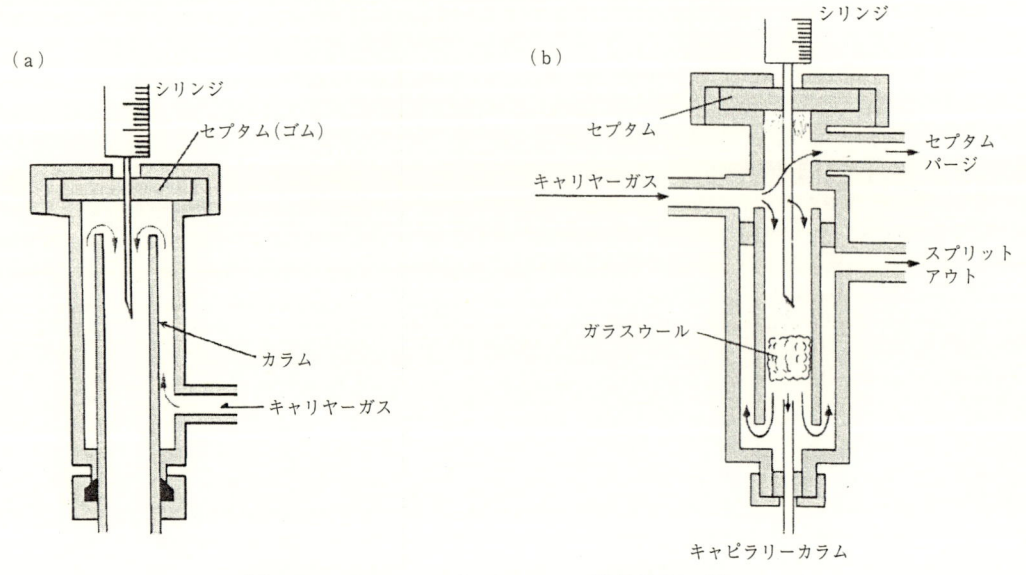

図 2.36　ガスクロマトグラフィー試料注入口例
(a)充填カラム用，(b)キャピラリーカラム用．

固定相固体(吸着剤)による分離　表2.20に，よく使われる無機系吸着剤とその対象成分例を示した．水を含む試料が注入されると吸着特性が変化するため，高温でキャリヤーガスを空流しして再生するなどが行われる．この点，有機系のポーラスポリマーは，種類も多く，疎水性のものであれば水もきれいなピークとして分離できる．

固定相液体による分離　マクレイノルズ(McReynolds)定数表[9]は，固定相液体選択の目安を与えてくれる．表2.21にはよく使われる固定相液体に関する項を抜粋した．この表は，極性が強くなる順に配列されている．

表 2.20　よく使われる吸着剤とその対象成分

吸着剤	おもな対象成分（溶出順）
モノキュラーシーブ	$H_2, O_2(Ar), N_2, Kr, CH_4, CO, Xe$
シリカゲル	$O_2, N_2, CH_4, C_2H_3, CO_2, C_2H_4, C_2H_2$
活性炭	$H_2, O_2, N_2, CO, CH_4, CO_2, C_2H_2, C_2H_4, C_2H_5$
活性アルミナ	空気, $CO, CH_4, C_2H_3, C_2H_4, C_2H_5, C_2H_2, C_3H_3$

この表2.21は，スクアランを固定相液体としたときの各テストプローブ(テスト用化合物)の保持指標(後述)を基準にとり，他の固定相液体ではどのくらい保持指標が変化するかを調べたものである．$\Sigma \Delta I$ は最初の5つのテストプローブに関する定数を加え合わせたものである．なお，各テストプローブは表2.21の欄下に①～⑩で示す化合物で，①のベンゼンが芳香族炭化水素を代表するように類似の特性をもつ化合物を代表するものとして選ばれている．

e. ガスクロマトグラムと保持時間，保持容量，保持比　試料成分のピークが現れる時間を保持時間，それまでに流れた移動相体積を保持容量という．分配係数 $K=0$ の成分はカラムを素通りする成分であり，この成分の出現までに流れ出た移動相量 V_0 は，試料が導入された時点でカラム内にあった移動相量に相当する．したがって，V_0 は分離には関与しておらず，保持容量から V_0 を引いたもの(空間補正保持容量)が意味のあるものとなる．すなわち，空間補正保持容量 V'_R は固

表 2.21 マクレイノルズの定数例

固定相（商品名，略称） / テストプローブ化合物	①	②	③	④	⑤	⑥	⑦	⑧	⑨	⑩	$\Sigma \varDelta I$	使用温度範囲
保持指標（固定相液体：スクアラン）	653	590	627	652	699	690	818	841	654	1006		
2, 6, 10, 15, 19, 23-ヘキサメチルテトラコサン（スクアラン）	0	0	0	0	0	0	0	0	0	0	0	20～140
メチルシリコーン（SE-30, SF-96, OV-1, DC-200, OV-101 も類似）	15	53	44	64	41	31	3	22	44	-2	217	50～300
20％フェニル置換メチルシリコーン（OV-7）	69	113	111	171	128	77	68	66	120	35	592	20～350
フタル酸ジノニル（DNP）	83	183	147	231	159	141	82	65	138	18	803	20～150
50％フェニル置換メチルシリコーン（OV-17）	119	158	162	243	202	112	119	105	184	69	884	20～350
トリフルオロプロピルメチルシリコーン（QF-1, OV-210 も類似）	144	233	355	463	305	203	136	53	280	59	1500	20～250
シアノプロピルフェニルメチルシリコーン（OV-225）	228	369	338	492	386	282	226	150	342	117	1813	20～250
ポリエチレングリコール 20M（Carbowax20M）	322	536	368	572	510	387	282	221	434	148	2308	60～225
コハク酸エチレングリコールポリエステル（DEGS）	499	751	593	840	860	595	422	323	725	240	3543	20～225

①ベンゼン，②1-ブタノール，③2-ペンタノン，④1-ニトロプロパン，⑤ピリジン，⑥2-メチル-2-ペンタノール，⑦1-ヨードブタン，⑧2-オクチン，⑨1,4-ジオキサン，⑩シス-ヒドロインダン．
固定相液体量 20％，カラム温度 120 ℃．

定相量 V_s と

$$V'_R = K \cdot V_s$$

なる関係にある．なお，V'_R/V_0 を保持係数と呼び，通常 k で示す．

いま，ある成分 std を基準成分とし，その V'_R すなわち V'_{std} を基準として他成分 X の V'_R を割ると，保持比 R_{RX} が求まる．

$$R_{RX} = \frac{V'_{RX}}{V'_{std}} = \frac{K_X}{K_{std}}$$

保持比をとると V_s が無関係となり，分配係数のみの比として表される．保持比はガスクロマトグラフィーでデータの比較によく使われる．

f. 保持値と炭素数，沸点との関係 多くの固定相を使って試料成分の炭素数と保持値の関係を調べてみると，同族列にある成分は炭素数と，空間補正保持値や保持比の対数とが直線関係にあることが分かる．また，沸

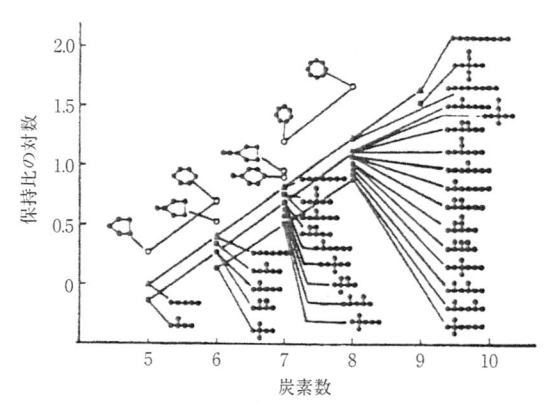

図 2.37 C_5～C_9 飽和炭化水素における炭素数と保持比の関係

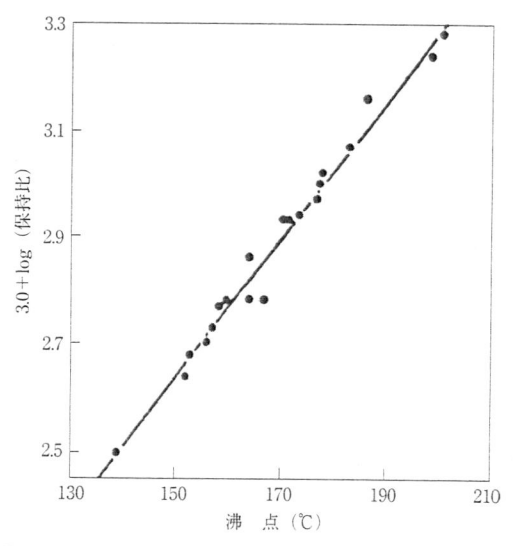

図 2.38 log 保持比（リモネン基準）との沸点の関係
固定相は ApiezonL，分離温度は 120 ℃，試料は各種テルペン化合物．

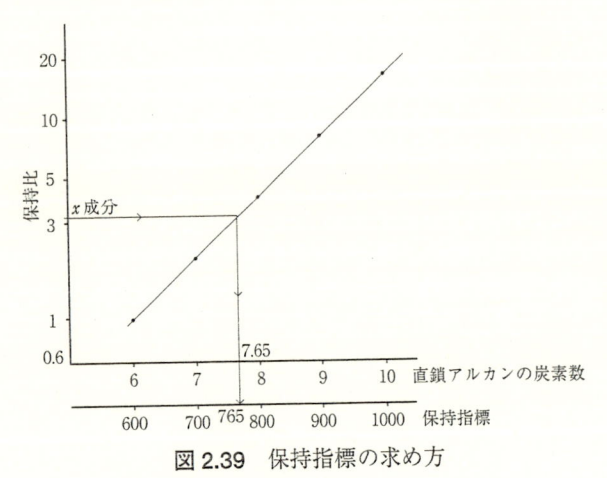

図 2.39 保持指標の求め方

765 と表す.

計算によって求めるときは次式による.

$$I_X = 100 \cdot Z + 100 \cdot n \cdot \frac{\log V'_X - \log V'_Z}{\log V'_{Z+n} - \log V'_Z}$$

ここでは，炭素数 Z と $Z+n$ の2種の $n-$ アルカンを用い，X 成分を含めた3成分の空間補正保持容量(保持比でもよい)を測定する事により I_X が求められる.

保持指標はピーク位置の表示が簡単明瞭となるだけでなく，化学構造と対応した規則性もみられるため，広く用いられている.

g. ガスクロマトグラフの検出器

熱伝導度検出器(TCD)　選択性がないため，汎用されている検出器である．典型的な熱伝導度検出器は検出素子としてフィラメントを用いたものである(図 2.40(a)参照).図 2.40(b)に示すように，フィラメントの1対(R_4 と R_3)は試料側，もう1対(R_1 と R_2)は参照側とし，ブリッジ回路に組み入れられているものが多い.

いま，ヘリウムや水素のような熱伝導度の高いキャリヤーガスを用いた場合，検出素子は絶えずある一定の大きさの熱を奪われている(出力電圧＝0)．そこへ試料成分が一緒に入って来ると熱伝導度が低くなり，検出素子からの熱の奪われ方が小さくなる．その結果，

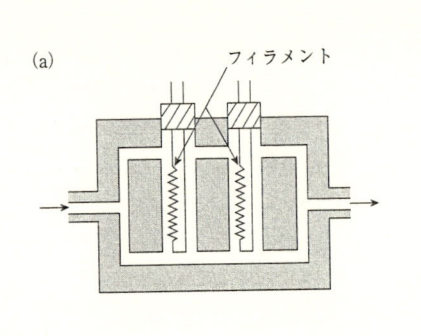

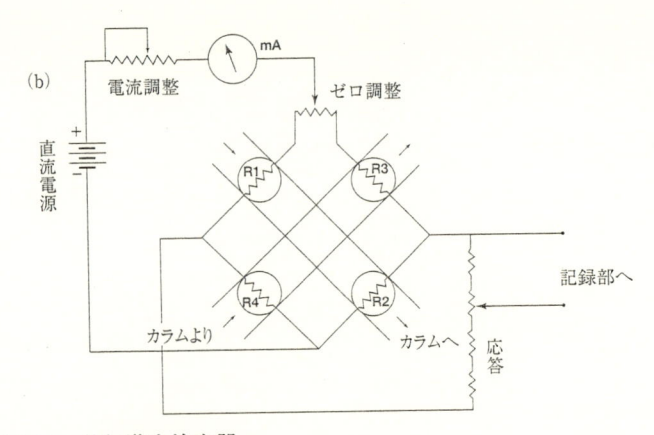

点との関係も直線関係にあることが知られている．図 2.37，2.38 に一例を示した.

これらの関係を使って，炭素数や沸点を知っての保持値の推定，逆に，保持値から炭素数や沸点の推定が行えることになる.

保持指標(retention index)　ガスクロマトグラフィーでの保持値の表し方の1つに，Kovats により提案された保持指標がある.

多数の固定相液体で，$n-$ アルカンは図 2.37 にみたような直線関係が成立する．この保持指標は，$n-$ アルカンを定規にして他の成分の溶出位置を表そうとするものである．図 2.39 において X 成分の溶出位置は炭素数 7.65 に相当するところから，その保持指標を

図 2.40　熱伝導度検出器
(a)熱伝導度検出器内部の一例(片側)，(b)ブリッジ回路への接続例．R_1, R_2 は参照側フィラメント(抵抗)，R_3, R_4 は測定側フィラメント(抵抗).

素子温度が上昇し，抵抗値が高くなる．この試料側素子抵抗値の変化（参照側の抵抗値は一定）を出力電圧の変化として取り出し記録する．なお，水素やヘリウムを測るときは熱伝導度の小さい窒素などをキャリヤーガスとする．

熱伝導度は化合物ごとに異なり，したがって感度もまちまちである．そのため，定量分析の際には化合物ごとにそのピーク面積（応答量）を補正してやらねばならない．

水素炎イオン化検出器（FID） この検出器は他の検出器と比べ，非常に広い濃度範囲にわたり応答が直線性を示すという特徴をもつ．しかし，化合物の種類や性質によって応答が変化し，酸素，窒素，一酸化炭素，二酸化炭素，水など，無機化合物に対してはほとんど，または全く応答を示さない．

構造の一例を図 2.41(a) に示す．カラムから出てくるキャリヤーガスに水素を混合し，細いノズルの先で水素炎をつくる．炎を囲むように置いた2つの電極（図ではノズルの先端に電圧印加電極を付け，コレクター電極と組

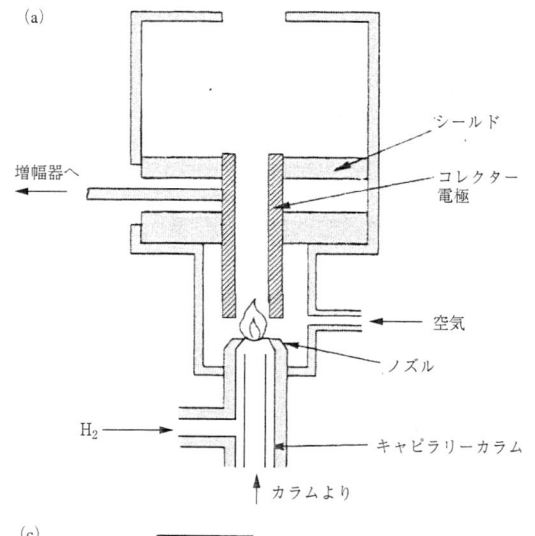

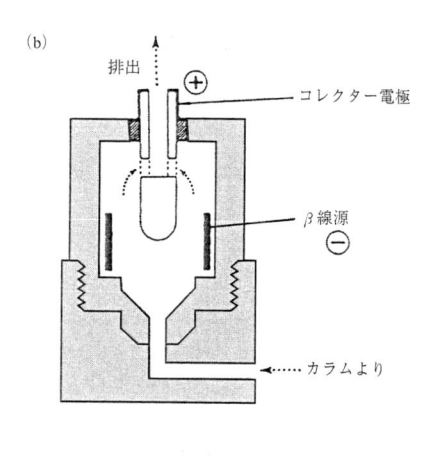

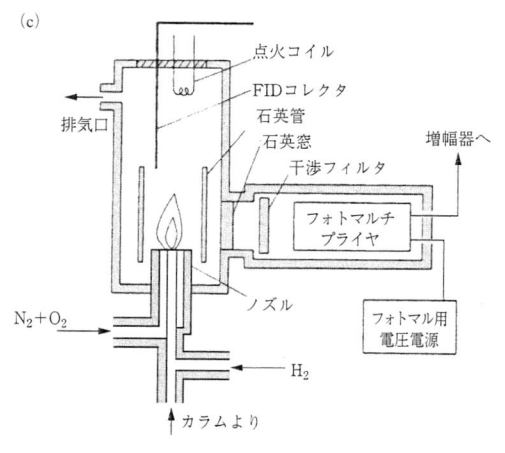

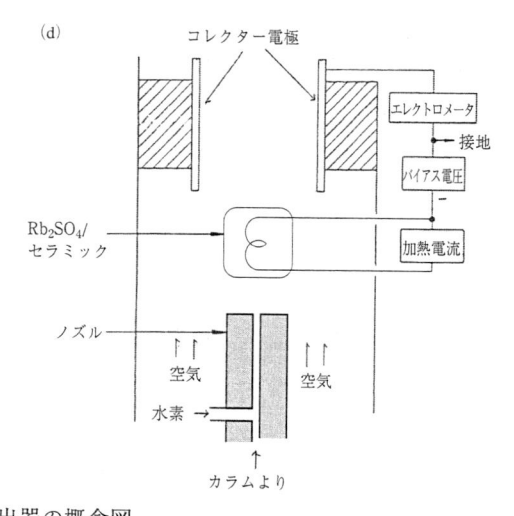

図 2.41 代表的検出器の概念図
(a)水素炎イオン化検出器，(b)電子捕獲検出器，(c)炎光光度検出器，(d)熱イオン化検出器．

表 2.22 各種官能基の実効炭素数

グループ	実効炭素数
脂肪族 C	1
芳香族 C	1
オレフィン C	0.95
アセチレン C	1.3
カルボニル C	0
カルボキシル C	0
ニトリル C	0.3
エーテル O	−1
第一アルコール O またはアミン N	−0.6
第二アルコール O またはアミン N	−0.75
第三アルコール O またはアミン N	−0.25
アルコールのトリメチルシリル誘導体	3.69〜3.78
カルボン酸のトリメチルシリル誘導体	3
オキシムのトリメチルシリル誘導体	3.3

み合わせる)の間に 150V 程度の電圧をかけておくと,被検成分が溶出してきたとき炎中でイオン化が起こり,電極間に電流が流れる.この電流を増幅し記録する.

一般に,この検出器は有機化合物に対し,熱伝導度検出器の 10〜10000 倍の感度をもつといわれている.また,相対モル感度(化合物 1 mol 当たりの応答量/基準物質 1 mol 当たりの応答量)はハロゲン化合物以外については,実効炭素数(炭素原子当たりの相対的な応答量)にほぼ比例する.表 2.22 に,数種の官能基についてその実効炭素数を示す.

電子捕獲検出器(ECD)　構造例を図 2.41(b)に示す.

通常のタイプのものは β 線源(多くはニッケル 63(^{63}Ni)のような β 線源を使用)を必要とする.図 2.41(b) の例では β 線源をマイナス数十 V にし(陰極),陽極は増幅器につなげる.検出器内にキャリヤーガス(通常窒素,またはメタンを数%含むヘリウム)だけが存在するときは電子電流が流れているが,電子を吸引しやすい物質が入ってくると電子電流は減少する.そこで,この電子電流の減少を測定し,クロマトグラムを得る.この検出器はハロゲン化合物,含酸素あるいは含硫黄化合物,縮合多環芳香族炭化水素などに高い応答を示す.そこで残留農薬,大気汚染成分の分析などに広く応用されている.たとえば,塩素系の農薬について,10^{-10} g 以下でも検出した例がある.

この検出器は高感度,選択的である反面,検量線の直線範囲が狭く,また,検出器が汚れると感度が著しく下がる.また,放射線源を使用する場合,使用許可を必要とする.

炎光光度検出器(FPD)　硫黄化合物およびリン化合物に対し選択性の高い,しかも高感度な検出器である.

構造は図 2.41(c)に示すように,主要部は水素炎とフィルターおよび光電子増倍管(受光部)から成り立っており,水素炎中で生成した励起 S_2(394 nm)あるいは HPO(526 nm)からの発光を観測するものである.

報告によれば,メチルパラチオン($C_8H_{10}NO_5PS$)に対して 394 nm 測光のとき 8×10^{-11} (g/s),526 nm 測光のとき 1.1×10^{-12} (g/s)という感度を示すという.

この検出器の最大の欠点は硫黄化合物に対する応答が 2 次曲線に近くなることである.このため,定量分析の際に面倒な計算をしなければならない.

熱イオン化検出器(TID)　水素炎イオン化検出器のノズルと電極の間に Rb_2SO_4 のようなアルカリ金属塩を置いた構造をしている.ハロゲン,リンあるいは窒素含有化合物に対して選択的で高感度な応答を示す.最近では,窒素およびリン含有化合物に対し特に感度の高いものが市販され,NP 検出器(NPD)と呼ばれている.検出器の構造は製造会社によって大きく異なる.一例を図 2.41(d)に示す.

応答の機構は解明されていないが,窒素化合物に対する応答について,熱分解して生じるシアノラジカル(CN・)がアルカリ金属から

電子を奪ってシアンイオン(CN⁻)となり，これがコレクター電極でシアン化水素となり応答を示すという説もある．

その他の検出器 以上の検出器のほかに，ハロゲンあるいは硫黄を含む化合物に対し感度の高い電気伝導度検出器(ECD)，分子量と一定の関係にある応答を示すガス密度検出器(GDD)，光エネルギーによるイオン化を利用した光イオン化検出器(PID)などがある．

特に，ガスクロマトグラフに質量分析計や原子発光検出器，あるいはフーリエ変換赤外分析計を直結した装置(GC-MS, GC-AED, GC-FTIR)が多用されるようになってきている．これらはコンピュータともつながっていることが普通であり，クロマトグラムの採取，スペクトルの採取，さらには標準データとの比較が迅速，容易に行え，定性・定量分析に威力を発揮している．

図2.42には主な検出器の性能の比較を示した．

h. 定性分析 ガスクロマトグラフィーにおける定性法は，液体クロマトグラフィーの場合に準ずる．以下にはガスクロマトグラフィー用の定性法としてよく使用される手法を列挙する．

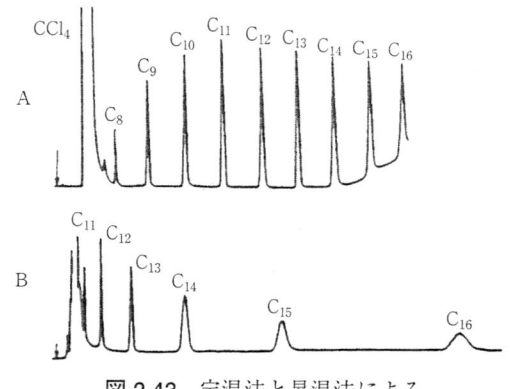

図2.43 定温法と昇温法によるクロマトグラムの比較
固定相はメチルシリコン SE-30/Chromosorb W AW DMCS (60〜80メッシュ)(10:90)，カラムは内径 2 mm×3 mm，ステンレス鋼，キャリヤーガスは窒素 30 mL/min，検出器は FID，分離温度 A は 70℃から 6℃/min で昇温，B は 110℃．

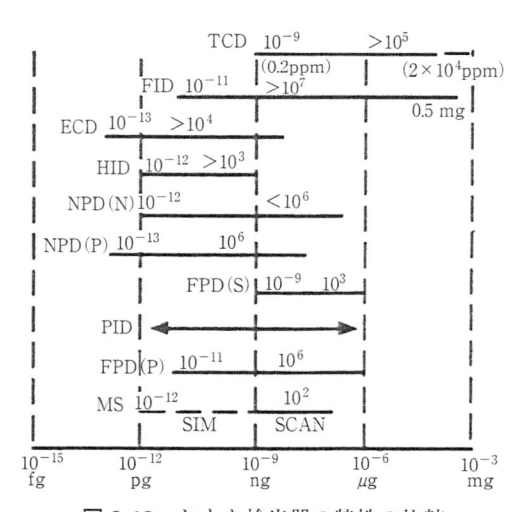

図2.42 おもな検出器の特性の比較

保持値の比較（複数のカラム使用） ある成分の保持値は実験条件を定めれば，その成分に特有な値をとる．そこで，同一の実験条件で未知成分の保持値と既知成分の保持値とが一致すれば，両者は同一のものであると推定される．確実さを増すためには，特性の異なる複数のカラムを使用しての推定，スペクトル情報などが必要となってくる．一方，対象成分の炭素数や沸点のような物性と保持値との関係も利用できる場合がある．

選択的検出器の利用 電子捕獲検出器はハロゲン化合物などには高い応答を示すが，炭化水素類に対してはほとんど応答を示さない．このような選択的応答を示す検出器と選択性のない検出器，あるいは異なった選択性を示す検出器とを組み合わせることにより，溶出成分の定性がより確実に行えることが多い．

試料の前処理の利用 特定の成分だけを吸着するカラム，たとえば，アルカリによる酸の捕集，あるいは選択的反応試薬による特定の成分の誘導体化を行うなどの前処理法を利用することにより，前処理に関与できる化

合物群だけを考慮すればよくなり，より確実な定性分析が行える場合も多い．

他の分析機器の利用 最も確実な定性法は，分離成分を質量分析計，原子発光検出器，赤外線分析計などにかけて得られるスペクトルから定性する方法である．

i. 定量分析 定量法に関しては液体クロマトグラフィーの場合と同じであり，検量線法，標準添加法，内標準法などが使われる．

j. 昇温法と昇圧法 沸点範囲の広い試料のように，分離温度の選定が難しいことがしばしばある．そのようなとき昇温法が効果的である．図2.43に昇温法の適用例を示した．同様な効果を示す手法として昇圧法もある．

参考文献
1) 荒木 峻：ガスクロマトグラフィー 第3版，東京化学同人(1981)．
2) 池川信夫，舟阪 渡（編著）：最新ガスクロマトグラフィー Ⅰ〜Ⅳ，廣川書店(1965-)．
3) 松隈 昭：ガスクロマトグラフィーの実際 第2版，東京化学同人(1978)．
4) 小島次雄，大井尚文，森下富士夫：ガスクロマトグラフ法，共立出版(1986)．

演習問題
[16] 液体クロマトグラフィーにおいて分離を改善するには，どのようにすればよいか答えなさい．

[17] 化合物AおよびBの保持時間，ピーク高さ，ピーク面積は，それぞれ以下の表に挙げたとおりである．2成分の保持係数 k，分離係数 α，理論段数 N および分離度 R_s を求めよ．ただし，固定相に保持されない成分の保持時間 t_M を1.02分とする．

成分	保持時間 (min)	ピーク高さ (mV)	ピーク面積 (mV·s)
A	6.09	9.27	105
B	9.37	7.46	130

2.3.2 電気泳動

電気泳動(electrophoresis)とは，溶液中のイオン性物質が電場の中をその電荷，大きさ，形状に基づいて特有の速度で移動することを利用して，イオン性物質を分離する方法である．特に，ポリアクリルアミドゲルやアガロースゲルを用いるゲル電気泳動は，タンパク質や核酸などの生体高分子の分離に広く使われており，生物化学や分子生物学の研究にとってなくてはならない方法となっている．また，ヒトの遺伝情報を解析するゲノム解析，細胞中で働いているタンパク質を網羅的に解析するプロテオーム解析などで，重要な基礎技術として活用されている．さらに最近では，内径100 μm以下のガラスキャピラリー中で電気泳動を行うキャピラリー電気泳動や，マイクロチップ上の幅100 μm以下のマイクロチャンネル中で電気泳動を行うマイクロチップ電気泳動，また，電気泳動とクロマトグラフィーを組み合わせた動電クロマトグラフィーや電気クロマトグラフィーなどが開発されてきた（図2.44）．これらの新しい方法の出現により，電気泳動法は，生体成分分析にとどまらず，医薬品分析，薬物体内動態，臨床診断，遺伝子診断，食品分析，環境分析などその適用範囲を急速に広げつつある．

1) 電気泳動の原理

電気泳動は，表2.23に示すように，用いる担体によって，ゲル電気泳動，キャピラリー電気泳動，マイクロチップ電気泳動などに分類される．しかし，どの担体を用いる場合でも，電気泳動の基本原理は，式(2.160)で表される．

$$v = \mu \frac{V}{L} = \mu E \quad (2.160)$$

イオン性物質は，電圧のかかっている場（電場）を移動するときに，物質に固有な速度 v で移動する．ここで，L は電極間の距離(cm)，V は電圧(V)である．電圧 V を電極

間の距離 L で割った値 $E(\mathrm{V/cm})$ は，電場の強さであり，1 cm 当たりにかかっている電圧を表す．μ は電気泳動移動度$(\mathrm{cm^2/Vs})$ であり，イオン性物質の電荷とサイズによって決まる物質固有の値である．

このように，電気泳動におけるイオン性物質の移動速度は，物質固有の値である移動度 μ と実験条件によって決まる電場の強さ E との積で表される．したがって，ある一定の実験条件の下では，イオン性物質は，その電気泳動移動度に従ってある一定の速度で移動し，その移動速度の違いに基づいて分離される．それゆえ，電気泳動法を用いれば，イオン性物質の移動速度の違いを利用してさまざまな物質を分離することができる．

さらに，それぞれの担体において，さまざまな分離メカニズムによって，その対象物質に合わせて分離が行われる（表 2.23）．これら分離メカニズムの異なる方法では，電気泳動の場に分離対象物と相互作用する物質を加えたり，pH や温度など分離対象物の物性を変化させる実験条件を制御することで，移動度に変化を与えて，新たな分離を行うことができる．

2）ゲル電気泳動

ゲル電気泳動（gel electrophoresis）は，ゲルの両端に電圧をかけて，DNA やタンパク質などの生体高分子を分子量の違いによって分離する方法である．ゲルには網目が生成しており（図 2.45(a)），ゲルを作成する際に濃度を適切に調節することで，網目のサイズを数 nm～数 μm 程度に制御することができ，分離したい DNA やタンパク質のサイズに合わせて，適切なゲルを調製することができる．調製したゲルは，平板状あるいは円柱状で用いることが多い（図 2.44）．電気泳動に用いる

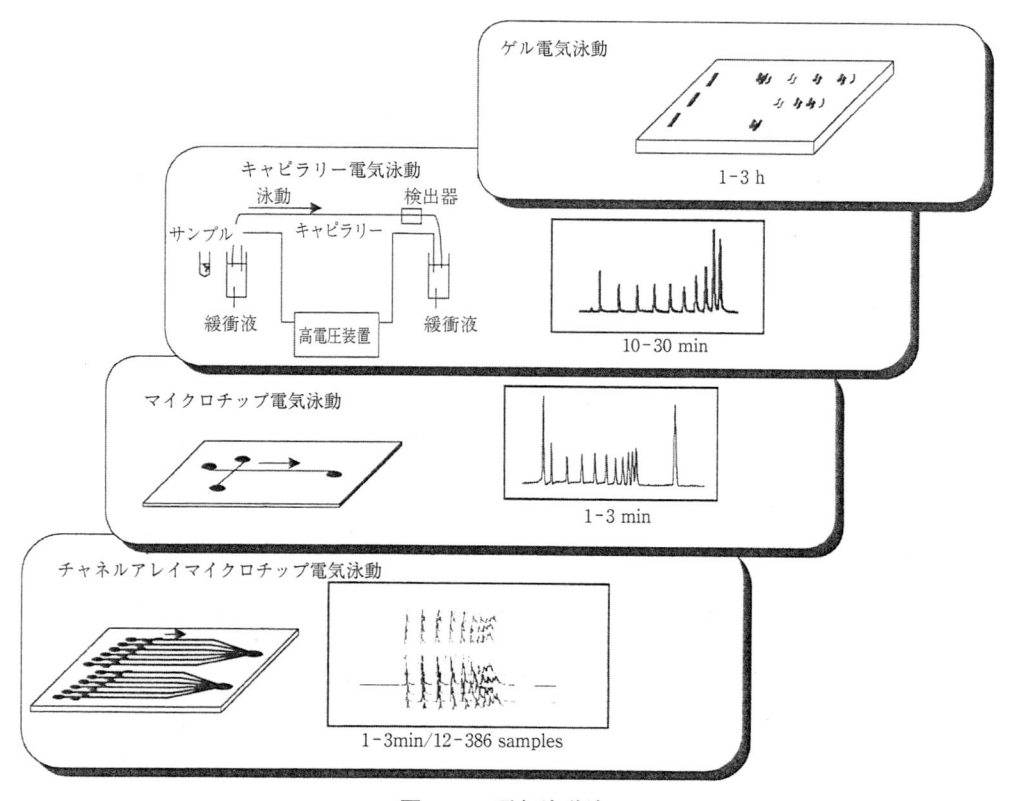

図 2.44 電気泳動法

2. 化学分析

表 2.23　電気泳動法の分類

1. 担体に基づく分類
    - ゲル電気泳動
    - キャピラリー電気泳動
    - マイクロチップ電気泳動
    - セルロースアセテート膜電気泳動
2. 分離メカニズムに基づく分類
    - 自由溶液電気泳動
    - 分子ふるい電気泳動
    - 等電点電気泳動
    - 免疫電気泳動
    - アフィニティー電気泳動
    - 等速電気泳動

ゲル板は，長さ10〜50 cm，幅10〜30 cm，厚さ0.3〜2 mm 程度のもので，緩衝液としては，pH 8 程度のトリス-酢酸，トリス-ホウ酸，トリス-リン酸などを用いる．緩衝液には，変性剤として尿素あるいは硫酸ドデシルナトリウムなどを加えることもある．ゲル電気泳動で DNA あるいはタンパク質を解析するには，まず，アガロースゲルあるいはポリアクリルアミドゲルでゲル板を調製し，次に，ゲル板の両端の緩衝液槽に緩衝液を満たし，陰極と陽極の電極をそれぞれの緩衝液中に浸す．サンプルをサンプルウェル(ゲルの穴)に入れて，数 V/cm〜10 V/cm の電圧をかける．ある一定時間後に電気泳動を止めたら，タンパク質あるいは DNA を検出する．検出は，タンパク質あるいは DNA を染色色素で染色した後に可視光線，紫外線などで測定する，タンパク質あるいは DNA をあらかじめ蛍光色素でラベル化しておきその蛍光を測定する，タンパク質あるいは DNA をあらかじめラジオアイソトープでラベル化しておき X 線フィルムを用いてオートラジオグラフィーにより測定する，などの方法で行う．

ゲル電気泳動では，サンプルは，分子ふるい効果によりその分子量の違いで分離される．図 2.45 に示すように，ゲルの内部は nm から μm サイズの網目が無数に存在しており，DNA はこのミクロ細孔をすり抜けながら泳動していく．その際に，DNA のサイズが大きいほど，ゲルのミクロ細孔を通り抜けるための抵抗が大きくなり，電気泳動の速度は小さくなる．したがって，小さいサイズの DNA が速く，大きいサイズの DNA が遅く泳動し，サイズの違いによって，分離が達成される．ゲルのマイクロポアの大きさは，ゲル濃度に依存しているので，DNA のサイズに合わせて，ゲル濃度により分離を調節できる．

たとえば，図 2.45(b) の DNA 解析例に示すように，20〜1000塩基対(base pair；bp) の DNA では 5〜8％のポリアクリルアミドゲルを，100〜数千塩基対の DNA では 3.5％のポリアクリルアミドゲルもしくは 1〜2％のアガロースゲルを，1000〜数万塩基対の DNA では 0.3〜1％のアガロースゲル

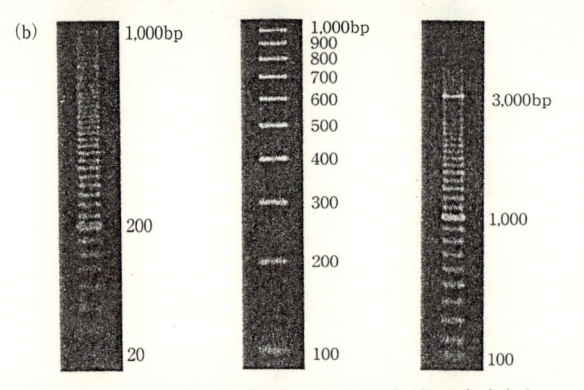

図 2.45 ゲル電気泳動用の電子顕微鏡写真(a)とゲル電気泳動による種々のサイズの DNA 解析(b)

を用いればよい．タンパク質の場合も DNA の場合と同様に，その分子量に合わせて，ゲル濃度を調節すればよい．たとえば，タンパク質の多くは 10000～数十万の範囲の分子量をもつので，この場合は，7～7.5％のポリアクリルアミドゲルを用いる．分子量 10000 以下のタンパク質の場合は 10～15％のポリアクリルアミドゲルを，分子量数 10 万以上のタンパク質の場合は 5～7％のポリアクリルアミドゲルを用いればよい．

ゲル電気泳動は，簡単な装置で実験できるところから，タンパク質，遺伝子や DNA の解析および遺伝子診断や血清タンパク質解析による臨床診断などに幅広く用いられている．しかし，ゲル板の作成の自動化が困難であるとか，分離と検出に 1～数時間かかるという欠点を有している．ゲル電気泳動を用いた病気の遺伝子診断は，これ以外にも，筋緊張性ジストロフィーなどの遺伝病，高血圧，心臓病，痴呆症などの成人病，エイズなどの感染症においても実施されている．さらに，最先端医療の 1 つである遺伝子治療の現場においても，治療に用いる遺伝子や DNA 医薬品の解析にゲル電気泳動は広く用いられている．

3）キャピラリー電気泳動

キャピラリー電気泳動（capillary electrophoresis）は，ゲル板の代わりに非常に細いキャピラリーを用いて，タンパク質，DNA はもちろんのこと医薬品，光学異性体，血液中の代謝物，環境物質，無機イオンなど幅広い物質を対象として分離する方法である．しかも，キャピラリー電気泳動とクロマトグラフィーを融合させた，動電クロマトグラフィーや電気クロマトグラフィーを用いれば，ゲル電気泳動では分離不可能な中性分子でさえも分離することが可能である．

キャピラリー電気泳動の心臓部ともいえるキャピラリーは，図 2.46 に示すように高純度シリカを素材とし，内径が 2～100 μm，外径が 150～400 μm，長さ 10～50 cm 程度のものを用いる．キャピラリー電気泳動の装置は，図 2.44 に示すように，キャピラリー以外には，高電圧装置と検出器だけの簡単なものである．キャピラリーの両端は，ゲル電気泳動と同様に緩衝液の入った容器に入れ，同じ容器に高電圧装置の電極も入れる．サンプルは，キャピラリーの一端（図 2.44 では左側）から，数 nL から数十 nL 程度の量を注入する．サンプル注入の際には，キャピラリーの一端をサンプルチューブに入れ，吸引あるいは加圧するか，毛細管現象を利用して行う．キャピラリーゲル電気泳動の場合は，電極もサンプルチューブに入れ，5～10 kV の電圧を 1～10 秒間印加し注入する．サンプル注入後，キャピラリーと電極を緩衝液に戻し，キャピラリーの両端に高電圧（10～30 kV）をかけると，サンプルは検出器側へ向かって移動していき，その間に分離が達成される．検出器には，UV 検出器かフォトダイオードアレイ検出器がおもに用いられ，検出の際には，紫外線をキャピラリーに直接照射しながら，泳動してきたサンプルの吸収をモニターし，レコーダにピークとして記録する．また，最近は，臨床診断など高感度検出が必要な場合に，蛍光検出やレーザー誘起蛍光検出なども利用できるようになってきた．

キャピラリー電気泳動には，分離メカニズムの違いにより，キャピラリーゾーン電気泳動，動電クロマトグラフィー，キャピラリーゲル電気泳動，等電点電気泳動，アフィニティー電気泳動などがあり，これらは，独自の選択性を有する．ここでは，最もよく使用されている，キャピラリーゾーン電気泳動，動電クロマトグラフィーおよびキャピラリーゲル電気泳動について，詳しく解説する．

キャピラリーゾーン電気泳動は，キャピラリー中にリン酸，クエン酸，ホウ酸などの緩

衝溶液を満たし，電圧をかけることによりキャピラリー中に発生する電気浸透流を利用してイオン性の物質を分離する方法である．キャピラリーは，ガラスからできているので，内壁には，シラノール基（Si—OH）があり，キャピラリー中に緩衝液を満たすと，キャピラリーの内壁は，解離したシラノール基（Si—O⁻）により負に帯電し，内壁に接する緩衝液中には，陽イオンが集まって電気2重層を形成する．そこに電圧をかけると，内壁付近に集まった陽イオンは，陰極の方向に移動していく．その際に，キャピラリー内部の緩衝液全体が陰極の方に流されていく．この現象を電気浸透（electroosmosis），それに伴って生じる流れを電気浸透流（electroosmotic flow；EOF）という．キャピラリー中では，電気浸透と電気泳動の両方の現象が同時に起こり，しかも，一般的には，電気浸透流の速度が電気泳動の速度を上回っている．したがって，キャピラリー中のすべての物質は，陰極に向かって移動する．陽イオンは，電気浸透速度にイオンの電気泳動速度を加えた速さで，中性分子は電気浸透流と同じ速さで，陰イオンは，電気浸透速度からイオンの電気泳動速度を差し引いた速さでそれぞれ移動するので，その移動度の差によって分離される．イオン性物質は，それぞれ物質固有の電気泳動移動度を有するので，キャピラリーゾーン電気泳動において相互に分離が可能である．しかし，電気泳動移動度が0である中性分子は，この方法では相互に分離することができない．

キャピラリーゾーン電気泳動は，低分子量イオン，ビタミンなどイオン性生体物質，イオン性医薬品，アミノ酸，ペプチド，タンパク質，核酸構成成分，光学異性体，糖鎖，無機イオンなどイオン性物質の分離に幅広く応用することができる．

動電クロマトグラフィーは，電気泳動に巧みにクロマトグラフィーの分離メカニズムを組み合わせて，イオン性物質のみならず電気的に中性な物質の分離をも可能とする方法である．この方法は，キャピラリーゾーン電気泳動と同様に電気浸透流を利用する方法でありながら，イオン性物質しか分離できないキャピラリーゾーン電気泳動より広い応用範囲をもっている．動電クロマトグラフィーでは，緩衝液にイオン性ミセルを添加したミセル動電クロマトグラフィーが最も一般的に用いられている．界面活性剤として硫酸ドデシルナトリウムのような陰イオンを用いると，ミセルは負電荷をもつので電気泳動により陽極方

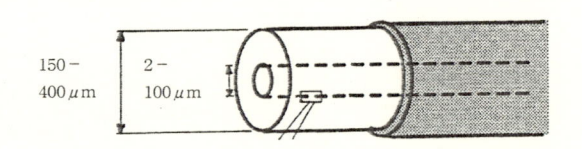

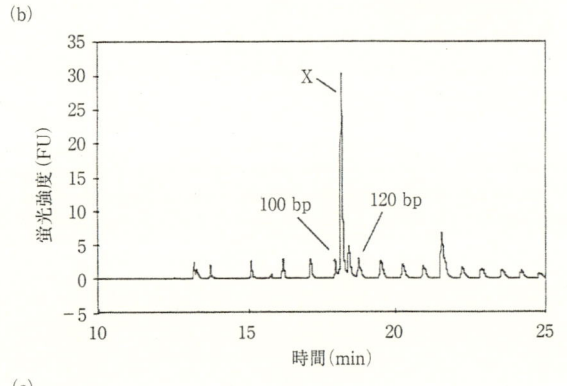

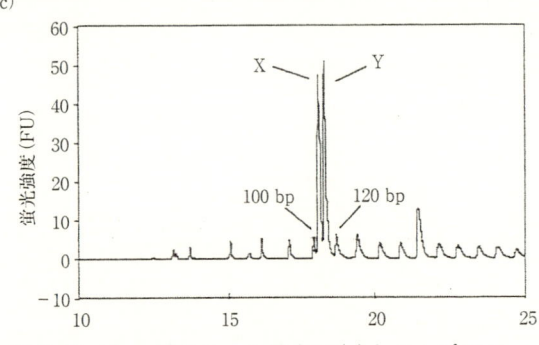

図 2.46 キャピラリーの拡大図(a)とキャピラリー電気泳動による男女識別((b), (c))
(b)女性, (c)男性．

向へ移動しようとする．一方，緩衝液全体は，電気浸透流により陰極方向へ移動する．キャピラリーゾーン電気泳動の場合と同様に，一般的には電気浸透流のほうが電気泳動の速度を上回っているので，ミセルも速度は遅いが陰極方向へ移動する．ここに中性分子のサンプルを注入すると，中性分子の一部はミセルに取り込まれ，ミセルとともに移動する．一方，水相中に存在する中性分子は電気浸透流のみによって移動する．この分配平衡は速く成り立つので，サンプルがミセルに取り込まれる度合いによってその移動速度が異なることになる．つまり，ミセルに取り込まれる度合いの大きい物質は，移動時間が長くなり，ミセルに取り込まれる度合いの小さい物質の移動時間は短くなる．この結果，中性分子でも，ミセルへの分配係数の違いによって分離される．イオン性物質も中性分子と同様にそのミセルへの取り込まれやすさの違いにより分離される．

ミセル動電クロマトグラフィーは，低分子量イオン，ビタミンなどイオン性生体物質，イオン性医薬品，アミノ酸，ペプチド，タンパク質，核酸構成成分，光学異性体，糖鎖，無機イオンなどのキャピラリーゾーン電気泳動の応用範囲に加えて，低分子量の非イオン性物質，非イオン性生体物質，中性医薬品，低分子量核酸など中性分子およびイオン性物質の分離に非常に幅広く応用することができる．

キャピラリーゲル電気泳動は，キャピラリー中にポリアクリルアミドゲルやアガロースなどのゲルあるいは非架橋ポリアクリルアミドやセルロース誘導体などのポリマー溶液を満たして，タンパク質やDNAなどの生体高分子を分離する方法である．キャピラリーゲル電気泳動による分離は，基本的には前述のゲル電気泳動と同じである．ゲルをキャピラリーに充填するかキャピラリー内壁を中性高分子で被覆することで，電気浸透流は抑えられている．キャピラリーを用いた場合の最大の利点は，従来法に比べて高い電圧をかけられるために，タンパク質およびDNAの解析能力が増すばかりか分析時間をも短縮できるところにある．これは，高電圧の下で発生する熱をキャピラリーを用いることにより効果的に放熱することができることに起因している．また，キャピラリー電気泳動では，必ずしもゲルは必要ではなく，粘性の低いポリマー（セルロース誘導体など）を緩衝液に添加してキャピラリー中に満たすだけでもタンパク

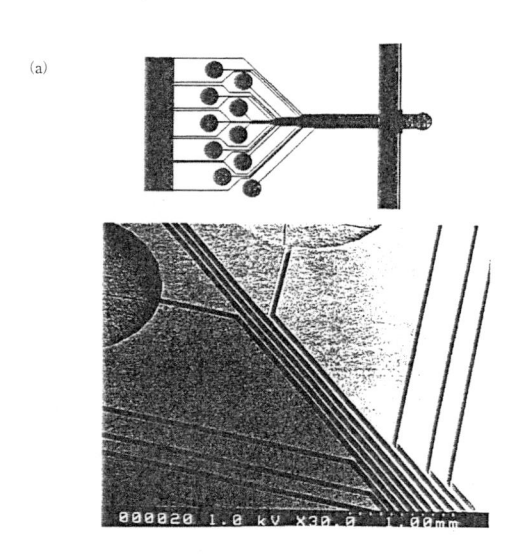

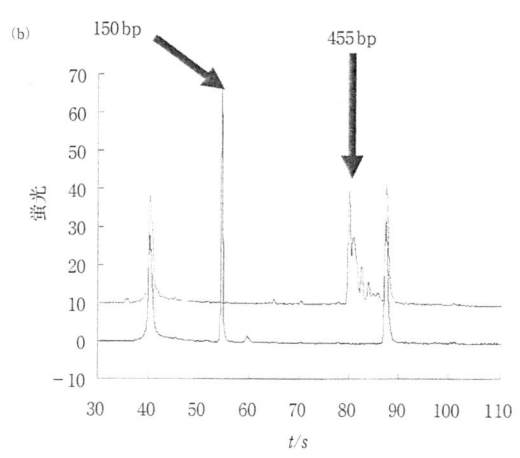

図2.47 マイクロチップの電子顕微鏡写真(a)とマイクロチップ電気泳動によるゲノム多型解析(b)

質やDNAの解析が可能である．ポリマー溶液は，自動的にキャピラリー中に交換可能であり，従来のゲル電気泳動におけるゲル調製が不要である．キャピラリーゲル電気泳動は，DNA，タンパク質，糖の分析ならびにDNAシークエンシング（塩基配列決定），ポリメラーゼ連鎖反応（polymerase chain reaction；PCR）生成物解析，遺伝子診断，タンパク質の分子量測定など生体高分子の分離に幅広く応用することができる．図2.46にキャピラリー電気泳動による男女識別の例を示す．ここでは，男女を決めるX，Y染色体上の特有の遺伝子をキャピラリー電気泳動で識別することにより，女性（Xのみ）か男性（XとY）を鑑定することができる．

4) マイクロチップ電気泳動

マイクロチップ電気泳動法は，数cm角のチップ上に微細加工技術により，幅20～100 μm，深さ10～50 μmの溝を作製し，このマイクロチャネル中で電気泳動を行う方法である（図2.47）．チップの材質としては，石英，ガラス，ポリメタクリル酸メチル（PMMA），ポリジメチルシロキサン（PDMS）などのプラスチックが用いられている．また検出には，半導体レーザー，発光ダイオードを用いた蛍光検出，またUV吸収検出などが用いられており，高感度検出を可能としている．

マイクロチップ電気泳動の利点としては，低コストであること，コンパクトであること，高速・微量解析が可能であること，集積化できることなどが挙げられる．

また，ゲル電気泳動やキャピラリー電気泳動と比較すると，数十～100倍レベルの高速化が可能であり，さらにマイクロアレイ化することで，多数のサンプルを同時に泳動・分離・検出することができるため，さらなる高速解析へとつながる（図2.44）．チップの小型化に伴い，サンプル必要量はpLオーダーまで下がっており，そのうえ測定装置も小型化

されているために，臨床分析分野にマイクロチップ電気泳動は特に適している．

またゲル電気泳動やキャピラリー電気泳動との最大の相違点は，回路の合流や分岐が可能なことである．このことにより，DNA抽出，ポリメラーゼ連鎖反応，電気泳動，ハイブリダイゼーション，検出など，ゲノム解析に必要な基本プロセスをすべて1つのチップ上に集積することができると考えられている．

マイクロチップ電気泳動は，分離のメカニズムとしては，おもにゲル電気泳動が使われ，おもにDNAとタンパク質の解析に利用されている．図2.47には，日本人に特有な2種類のDNA配列を解析することで，DNA鑑定を行った例を示す．この例の場合，50人を調べたところ，150塩基対のDNAをもつ人が64％，455塩基対のDNAをもつ人が36％であることが分かった．455塩基対のDNA配列は縄文人に特有の配列であり，DNAを調べることで，祖先さえも調べることが可能となった．

このようなマイクロ化の問題点としては，比表面積（体積に対する表面積の割合）が飛躍的に増大することに伴う吸着や電気浸透流など，微小空間での界面効果の増大や，充填物質の粘性の影響を受けやすくなることなどが挙げられる．しかし，マイクロチップ電気泳動は，現在，急速に浸透しつつあり，すでに，疾患の遺伝子診断，ゲノム解析，遺伝子機能解析，プロテオーム解析などに使われつつある．

参 考 文 献
1) 日本電気泳動学会（編）：最新 電気泳動実験法，医歯薬出版(1999)．
2) 寺田 弘（編）：タンパク質の電気泳動，廣川書店(1989)．
3) 寺田 弘（編）：核酸の電気泳動，廣川書店(1992)．
4) 本田 進，寺部 茂（編）：キャピラリー電気

泳動,講談社(1995).
5) 北森武彦,庄子習一,馬場嘉信,藤田博之(編):マイクロ化学チップの技術と応用,丸善(2004).

演習問題

[18] 電気泳動を用いてがんの遺伝子診断を行おうとするとき,一般的に,患部のがん細胞は微量しか得ることができない.このような場合は,どのような方法で遺伝子診断を行うことが適切か,答えなさい.

[19] 電気泳動を用いて,ある河川の環境分析を行う場合,どの方法を用いるのが適切か,答えなさい.

3. 機器分析

3.1 概論

　「人類が獲得している科学的知識の中から，人類後の時代の知的生物に伝えるべきこととして，最も少ない言葉で，最大の情報を有する言葉を選ぶとすると，『すべてのものは原子からできている』という文であろう」とは，ノーベル物理学賞の受賞者ファインマン(Feynman)博士の文章である．確かに，原子・分子の概念こそが，現代の自然科学の共通基盤であり，20世紀初頭までの化学と物理学の最も重要な到達点である．

　化学の源流から中流に至る発展の流れを形成したところの，ボイル(Boyle)の元素概念，ラボアジエ(Lavoisier)の質量保存の法則，ドルトン(Dolton)の原子仮説と原子量表，アボガドロ(Avogadro)の分子仮説，ベルセリウス(Berzelius)の化学式と化学量論，リービッヒ(Liebig)の有機元素分析などの重要な概念の発見と定式化のほとんどが，分析化学の手法で確立された[1]．

　したがって，化学における基礎概念は，分析化学が主役となって創造してきたといってもあながち過言ではない．また，物質の組成と構造を明らかにすることを目的とする分析化学が，物質に関わるすべての科学において基盤を形成する主要な分野であると考えることができる．

1) 分析化学とノーベル賞

　分析化学と，その関連する分野において多くのノーベル賞授賞が行われていることはよく知られている事実である．ノーベル化学賞と物理学賞のうち，優に15％を超える割合を占めている．ノーベル賞は，それぞれの発明・発見が人類および社会に大きな影響を与え，かつ，その進歩に貢献しているか否かが評価され，選定されている．

　特に，この中のX線回折法に関する事例にご注目いただきたい．X線が波動性を有し回折現象を生ずることはラウエ(Laue)によって発見されたが，その後，実に合計7件に及ぶノーベル賞授賞対象となる業績を生み出すこととなった．すなわち，結晶によるX線回折の発見(Laue(1914)，物理)，X線結晶構造解析法の確立(Bragg and Bragg(1915)，物理)，気体のX線回折(Debye(1936)，化学)，核酸の二重らせん構造の発見(Watson and Crick(1962)，医学生理学)，タンパク質の立体構造の解明(Kendrew and Perutz(1962)，化学)，生化学物質の構造決定(Hodgkin(1964)，化学)，結晶構造決定法の開発(Hauptman and Karle(1985)，化学)などである．これらの受賞例を詳細にみてみると，

　①現象の発見，
　②装置化と方法論の確立，
　③他の分野への展開，
　④新概念・新分野の創成，
　⑤方法論の完成，

という段階を踏んで発展していったことが理解できる．

　特に，1962年のワトソンとクリックによる核酸の二重らせん構造の発見は，20世紀

最大の発見の1つとされている．つまり，生物の増殖，遺伝，進化に関する原理を明快に解明したものであり，近代的な生物学の確立に大きな貢献をした大発見であったということができる．

科学の進歩に際して，分析化学や機器分析のような方法論の確立がいかに大切であり，また，他分野の進歩発展に対する方法論開発の波及効果がいかに大きいかということの何よりの証拠であるといえよう．このように分析化学は，新原理の発見，新概念の創出，新分野の創出のように，基本的および基盤的な意味で，科学全般に対し貢献できる学問・技術分野であるといってよい．

2) 機器分析の基礎

a. 電磁波を利用する分析法　電磁波との相互作用を基礎とする分析法は，その種類と応用範囲において，また，そのもたらしてくれる情報の多様性と有用性において，機器分析法の中でも最も主要な地位を占めている．

本来，物質と電磁波との相互作用は，17世紀以来の光や電波の本性を調べるための研究や，光の波動性と粒子性の論争などを通して，物理学の最重要命題であった．また，20世紀に入ると水素の原子スペクトルの詳細な実験的解析から原子モデルが創案され，さらには物質の分光学的性質から量子論が誕生するに至るのである．

図 3.1 に電磁波の種類と化学的現象ならびに分析法の関係を示した[2]．電磁波の種類は波長ないしはエネルギーで分類されるが，この図の中で，実に 16 けたを上回る領域にわたり，9 種類の名称により分類されている．そのエネルギー範囲がきわめて広範囲であるため，物質との相互作用も多様な様相を呈し

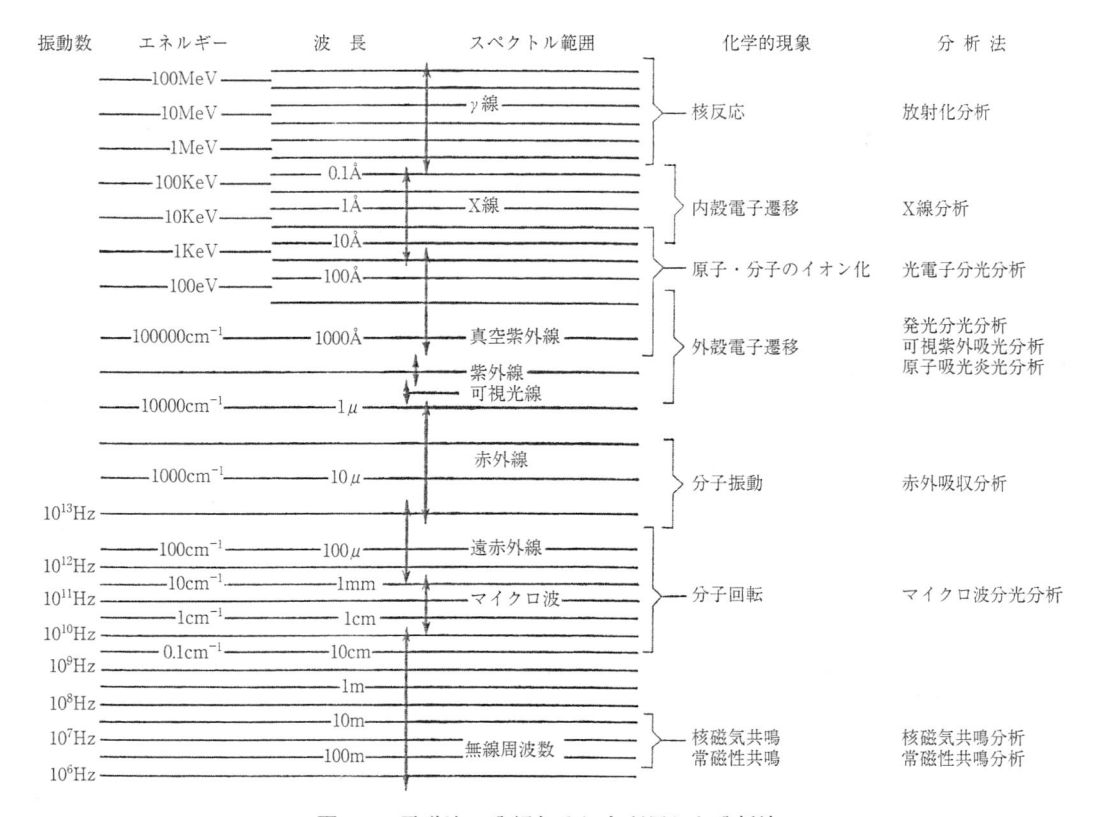

図 3.1　電磁波の分類とそれを利用した分析法

表 3.1　電磁波と物質の相互作用

相互作用	分析法
吸　収	X線，可視，紫外，赤外，マイクロ波吸収分析法，核磁気共鳴，電子スピン共鳴，原子吸光分析法
発　光	X線，可視紫外発光分析法
（蛍光，りん光）	蛍・りん光分光分析法
散　乱	ラマン散乱，比濁分析法
（回折）	X線回折分析法
屈　折	屈折率法，施光分散，円二色性測定
光電子放出	X線光電子分光法，紫外光電子分光法

ており，多種多様な分析法の根拠を提供している．また，電磁波と物質の相互作用を見方を変えて整理したうえで，それぞれについての代表的な分析法の例を表3.1に示した．

b. 粒子線を利用する分析法　電磁波以外によく使われる励起・検出手段は粒子線である．すなわち，電子，イオン，中性粒子などである．このような場合を整理して示す目的で，粒子線と固体の相互作用を多用する，表面・局所分析の例を用いることにする．

表3.2に，各種粒子（エネルギー）と固体表面との相互作用の分類を示す[3]．入射粒子（エネルギー）と検出粒子（エネルギー）の間の種々の組み合わせにより，基本的な分類がなされるが，実際に起こる現象はさらに多岐にわたる．その中から比較的よく知られている現象を例示した．

表3.2にみられるような種々の現象を利用して，現在でも優に60種以上に上る表面・局所分析法が研究・発表され，実際に応用されている．

c. 物質どうしの相互作用を利用する分析法　すでに，電磁波および粒子線を利用した方法について述べた．残る一群の機器分析法の基礎となる現象の中で，最も重要なものが物質どうしの相互作用を利用する分析法である．物質どうしの相互作用といえば，物質どうしの反応も含まれるはずであるが，ここでは，いわゆる湿式化学分析において使われるスキームは除外する．したがって，物質どうしの相互作用を用いるが，物質の変化は起こさないような場合についてまず整理しておくことにする．クロマトグラフィーには，物質間相互作用の原理的違いによる分類と，固定相と移動相の種類による形式的な違いによる分類がある．これらの方法は，いずれも物質そのものの分離にその基礎を置いており，分析化学の中でも特別に大きな意義を有している．

d. その他の分析法　以上の分類に属さない分析法についてさらに述べておきたい．物質変化（反応）および物性変化を伴う現象を利用した分析法について列挙すると以下のようになる．

①熱分析法，

②電気化学分析法，

③近接プローブ法（走査型トンネル顕微鏡（STM）），走査型原子間力顕微鏡（AFM），走査型トンネル分光法（STS）．

熱分析法と電気化学分析法はいずれもかなりの歴史を有する機器分析法であり，原理的にも装置的にも成熟した方法である．他方，近接プローブ法は，発明後ようやく15年になろうとしているたいへん新しい方法であり，現在まだ急速に発展している方法である．将来さらなる発展もありうると考えられる．

表 3.2 固体表面・局所分析に用いられる諸現象

入射粒子＼検出粒子	光	電子	中性化学種	イオン	フォノン	電場/磁場/力
光	吸収 反射 蛍光 散乱 発光 (熱励起も含む)	光電子放出 オージェ電子放出 内部転換電子放出 エキソ電子放出 二次電子放出 光電子回折	光脱着	熱イオン化 光イオン化	光音響効果	光電分極
電子	発光 (可視,紫外,X線)	オージェ電子放出 散乱(弾性,非弾性) 二次電子放出	脱着	脱着 イオン化		
中性化学種	発光	ペニングイオン化	散乱 吸着 スパッタリング 反応	イオン化	吸着熱放出	
イオン	発光 (可視,紫外,X線)	イオン中和電子放出	イオンスパッタリング	散乱 二次イオン放出		
フォノン	熱ルミネッセンス	熱電子放出 エキソ電子放出	熱脱着 蒸着	熱イオン化		
電場/磁場/力		電界電子放出 非弾性散乱トンネル効果 トンネル効果		電界イオン放出		仕事関数 反作用力

3) 機器分析法のシステム論

a. 機器分析装置の進歩 前述したように，種々の測定原理，現象の発見と新しい測定装置，技術の発明により，多くの機器分析法が誕生した．それぞれの機器分析法は，その後さらに発展し，今日に至るまでその進歩はとどまるところを知らないほどである．

一般に装置の進歩においては，材料技術，設計技術，製造技術，利用技術などがそれぞれ有機的・効果的に影響し合い，機能と性能の向上を実現していく．ただし，分析機器の場合はさらに，光源(励起源)技術，信号検出技術，真空技術，機械加工技術，エレクトロニクス技術，コンピュータ制御・解析技術，高電場・高磁場発生・制御技術，理論計算アルゴリズムに関するソフトウェア技術などいわゆるハイテク技術の高度化，普及・普遍化，低価格化などに負うところがきわめて大きい．また，クロマトグラフィーの進歩においてみられる，分子間相互作用に関する知見の増大，分子設計・合成技術の進歩など，分子材料技術の大幅な進歩も重要である．

特に，レーザー技術，放射光技術，高輝度電子・イオン発生技術などの光源技術と，フォトンカウンティングなど高感度検出技術，2次元位置敏感検出技術，マルチチャネル高速検出技術などの信号検出技術に関する技術の進化と大幅な発展は目覚ましいものがあ

り，その機器分析装置の進歩に対する貢献の大きさは特筆に値する．

b. 機器分析装置のシステム化 上記のような個々の機器分析装置の大幅な進歩とともに，装置の組み合わせなどを含む装置のシステム化による機能増強に大きな関心が集まったのは当然の成り行きである．その典型的な例が分離技術と分子解析技術の融合である．たとえば，ガスクロマトグラフィー(GC)と質量分析法(MS)の組み合わせを挙げることができる．この場合は，ガスクロマトグラフィーの特徴である高い分離能力と質量分析法の高い分子構造解析能力を一体化させ，しかもコンピュータを用いた高速信号取得機能とデータ処理機能を活用すると，単なる組み合わせによる複合化ではなく，全く新しい機能を有する分析システムである GC-MS 装置が誕生する．このようにして創成された分析システムは，他にも GC-IR, LC-MS, LC-IR などがあり，ハイフネイテッドテクニクスと呼ばれている．

また，表面・局所分析装置の例では，X線，電子，イオンなど種々の1次ビームを組み合わせて，総合解析システムを構成することがある．このようなシステムを含めて考えると，この分野は今後ますます発展すると期待される．

c. 機器分析のシステム設計 一般に，予備的な知見がない全くの未知試料の分析や，製品の故障解析など，複雑な試料を分析する場合には，いくつかの分析法を組み合わせて問題解決を図らなければならないことがしばしば生じる．このような場合には，複数の機器分析法をシステム的に組み合わせて使用する必要が生じる．

このような場合のシステム設計は，通常のシステム論によれば，次のような段階を経て全体設計がなされる．

①目的の把握と具体化，

②システムの予備設計：システム評価基準の明確化と中核的な分析法の選定，

③システムの主要設計：測定項目と分析法の選定，測定データの組み合わせと総合解析法の検討，

④システムの試作と試験：測定法および分析システムの評価，システム運用計画の検討，

⑤システムの運用と総合評価：運用評価とシステム設計へのフィードバック．

4) 機器分析法の社会性と合目的性

21世紀のキーワードとして，「環境」，「健康」，「安全」が挙げられ，その主体は，地球，世界，人間である．物質に関するあらゆる情報を問題とする分析化学は，地球と人間のほとんどすべての課題に関わる必要がある．

すなわち，これからの分析化学は，広く，深く，強く，重く社会に関わらざるを得ない．近年，企業の社会活動に対し，製造物責任法（PL法），ISO9000（品質管理システム），ISO14000（環境マネジメントシステム）ならびに RC（レスポンシブルケア）など，社会的責任を十分に果たすべく国際レベルでの約束をし，これを履行することが求められている．この社会的ムーブメントに対し，もはや大学や国・自治体も無関係ではありえない．これらの組織内システムを運用する過程において，しばしば分析化学が重要で，決定的な役割を果たしている．

分析化学は，もとより単に物質情報を求めそれを提供するだけでなく，分析を実行した組織の責任として，その情報の信頼性を保証しなければならない[4]．逆にいえば，世界が認めたルールに乗っ取った手続きによる信頼性保証のない分析結果には価値がないといえる時代になりつつある．

分析値の信頼性を確保するためには，分析法の規格を定め，標準物質により機器の校正や測定者の技能評価を行う必要があるが，さらに実験室の環境，装置の状態，試験所の管

理・監査システムの点検など国際的に認められた管理システム基準や条件を満たしていなければならない[5]. 特に, コンピュータとの融合が進んだ近代的な機器分析装置では, 装置・システムとしての複雑化と利用者・操作者にとってのブラックボックス化が進んでいる. このような装置・システムを正しく適切に操作・使用し, 管理することは必ずしも容易なことではない. したがって, 信頼性確保のためには, 装置の定期的保守・点検とバリデーションの実行は欠かすことのできない項目である.

以上のように, 分析機器の発達と普及ならびにその社会的な役割が高まるとともに, 分析結果の信頼性の確保のための関係者の努力がますます重要になることを指摘しておきたい.

2002年のノーベル賞受賞者の発表では, まさに日本中驚きと喜びで満ちあふれたことを読者の皆さんは記憶しておられよう. 特に3年連続受賞となった化学賞は, 企業に在籍する若き研究者, 田中耕一氏が受賞の栄誉を担われた. しかも, 分析化学の分野における業績である.

本章の冒頭, 分析化学とノーベル賞の関係について述べさせていただいたが, これは筆者の長年の持論である. 分析化学は物質や材料を扱うすべての科学研究において, 研究の推進力であったし, 今後もそうであると考えてきた. 田中氏の受賞は, この考え方を実証したと考えている.

若い世代の研究者の皆さんには, 今後の機器分析の発展動向についてしっかりと深く本質を捉えてお考えいただき, 分析化学を通して科学の発展に大きく貢献できるチャンスを是非とも摑んでいただきたいと願うものである.

参 考 文 献

1) サバドバリー(阪上正信, 本浄高治, 木羽信敏, 藤崎千代子(訳)):分析化学の歴史, 内田老鶴圃(1988).
2) 二瓶好正:機器分析学, p.15, 日刊工業新聞社(1979).
3) 二瓶好正:固体の表面を測る, p.24, 学会出版センター(1997).
4) 久保田正明(編):標準物質——分析・計測の信頼性確保のために——, 化学工業日報社(1998);日本分析化学会(編):分析および分析値の信頼性, 丸善(1998).
5) 日本分析化学会(編):分析所認定ガイドブック, 丸善(1999).

3.2 元素分析法
── 原子スペクトル分析法 ──

　台所のガスコンロの炎が，食塩を含んだ吹きこぼれにより黄色になることは，よく知られた現象である．これは，食塩中のナトリウムが励起され，発光するためである．すなわち，炎の熱で水が蒸発し，析出した食塩が解離してナトリウム原子が生成する．それらの原子はさらに励起され，次いで再び安定状態に戻るとき，そのエネルギー差を波長589 nm の黄色の光として放出するのである．

　19世紀半ばにドイツの科学者ブンゼン(Bunsen)とキルヒホフ(Kirchhoff)は，すべての元素は励起状態から基底状態に戻るときそれぞれに固有の波長の光，すなわち原子スペクトル線を放射することを見出し，原子発光法の基礎を築いた．原子をアーク放電やスパーク放電などにより励起し，得られた発光スペクトルを解析して分析を行う発光分光分析(atomic emission spectrometry)は，特に固体試料中の微量元素の多元素同時定量法としてその威力を発揮した．

　一方，原子発光と逆の現象を分析に利用することもできる．すなわち，基底状態の原子は共鳴線(resonance line)を吸収して励起状態に移るため，この吸収強度を測定すれば元素を定量することができる．これを原子吸光分析(atomic absorption spectrometry)と呼び，20世紀半ばにオーストラリアのWalshとオランダのAlkemadeらにより提案された．原子や分子により光が吸収されることは，太陽のスペクトル中の多数の暗線(フラウンホーファー線)として19世紀初頭から知られていたが，この現象が，天体物理学の領域ばかりでなく微量成分分析の分野にも利用されるようになったのである．原子吸光分析は，発光分光分析装置と比べて小さな分光器ですみ，溶液試料の分析に適しているため，環境水や生体試料中の微量元素の定量法として広く普及した．

　原子吸光分析の出現により発光分光分析の地位は大きく後退したが，この状況を一変したのが新しい励起光源，誘導結合プラズマ(inductively coupled plasma; ICP)の出現であり，これを発光分光分析のルネサンスと呼ぶことがある．10000 K にも達するフレーム状の放電を用いたICP-発光分光分析は，主として溶液試料を対象として発展し，現在では高感度・高精度な多元素同時分析法として揺るぎない地歩を占めている．

　ICPのような高温プラズマ中では，励起された多くの原子はさらにイオン化されるため，ICPを質量分析のイオン源として用いることもできる．ICP-質量分析(ICP-mass spectrometry; ICP-MS)は同位体比も測定できる超高感度な分析方法であり，ppt(pg/g)あるいはそれ以下の多種類の微量元素を定量することができる．

　元素分析法には，原子発光や原子吸光に用いる光の波長よりもさらに短い波長の電磁波，すなわちX線を利用する分析法も古くから活用されている．たとえば，十分に短い波長のX線照射により物質から発生する特性X線(characteristic X-ray)は，波長が元素固有であるため，これを利用した分析法は非破壊法として各種分野で広く利用されている．

3.2.1 原子発光法

　熱や光などにより原子が励起されると，その原子を構成している軌道電子は，安定な基底状態からエネルギー準位の高い励起状態へと遷移する．その後，10^{-8} 秒程度の短い時間のうちに再び低いエネルギー準位に戻り，その際両準位のエネルギー差(ΔE)を振動数 ν の光として放射する．ここで，$\Delta E = h\nu$(h はプランク定数)である．元素はそれぞれが

固有のエネルギー準位をもっており，この数が多いほどスペクトル線数は多くなる．たとえば，エネルギー準位がきわめて複雑な鉄，コバルト，希土類元素では，スペクトル線はおびただしい数になる．

原子がイオン化エネルギー以上のエネルギーで励起されると，原子は電子を失って陽イオンとなり，そのイオン固有の線スペクトルを生ずる．これをイオン線と呼ぶ．なお，励起原子からの線スペクトルは中性原子線と呼んでいる．

熱的に平衡な発光ガス（ガスを構成する分子，原子，イオン，電子などの間で衝突が起こり，エネルギーの交換が十分に行われ，温度が等しくなった状態のガス）から放射されるスペクトル線の強度は，発光ガス中の原子の密度に比例し，温度の増加とともに急激に大きくなる．ガス温度がさらに上昇すると原子のイオン化が起こり，中性原子線の強度は減少し，一方イオン線の強度は増大する．

ここでは発光分光分析を励起源の違いにより大別し，それらの特徴を述べる．また，ICP-質量分析法についても触れることにする．

1) フレーム分光分析

炎色反応から元素の種類を推定する分析法は，炎色試験としてよく知られている．これは，白金線先端につけた試料液滴をブンゼンバーナーの酸化炎に入れ，元素固有の炎の色を肉眼で観察する方法である．バーナーで励起できる元素数は必ずしも多くはないが，アルカリ金属(Li(深紅)，Na(黄)，K(紫)，Rb(深赤)，Cs(青紫))やアルカリ土類金属(Ca(橙赤)，Sr(深紅)，Ba(黄緑))などの同定に，補助的手段として利用できる．

アセチレン-空気などのフレームを用い，発生する原子スペクトル線を分光器で分離し，その波長および強度から定性および定量を行う方法をフレーム分光分析(flame spectrometry)という．プロパン-空気，水素-酸素，アセチレン-一酸化二窒素，アセチレン-酸素などのフレームも用いることができ，得られる温度は2200〜3400 Kである．励起エネルギーの高いスペクトル線が発光しないためスペクトルが簡単となり，小型の分光器で事足りる場合が多い．

図3.2に，予混合バーナー(pre-mixed burner)の概略を示す．試料は霧状にし，大きな液滴をドレインに除いた後燃料ガスと混合してバーナーに導入する．バーナーのスリットからは帯状のフレームが発生しており，この中で試料は原子に解離し，励起される．

2) アーク・スパーク放電発光分光分析

試料を電気的な放電，すなわちアーク放電(arc discharge)やスパーク放電(spark discharge)により励起し，放射される光を大型の分光器でスペクトルに分けて分析する．

a. アーク放電 直流電圧をかけた1対の電極先端を接触後，わずかに引き離すことにより直流アークが起動する(図3.3)．両極間は，電子とイオンのプラズマからなる円筒状のアーク柱で結ばれ，温度は3000〜6000 Kに達する．試料をそのまま電極とするか，粉末にして黒鉛電極上部に充填し，放電する．

なお，試料中の元素はその沸点に応じて分別蒸発(fractional vaporization)が起こりや

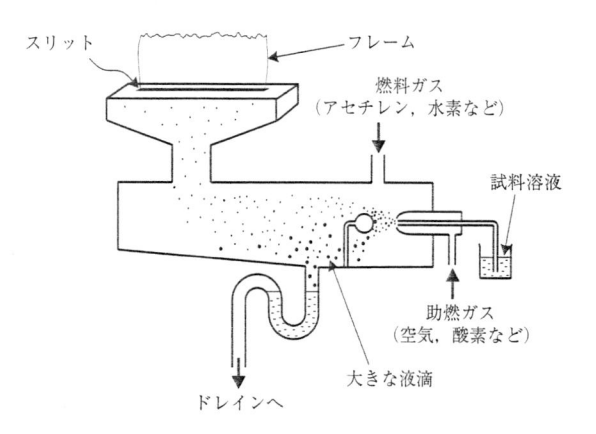

図3.2 予混合バーナー

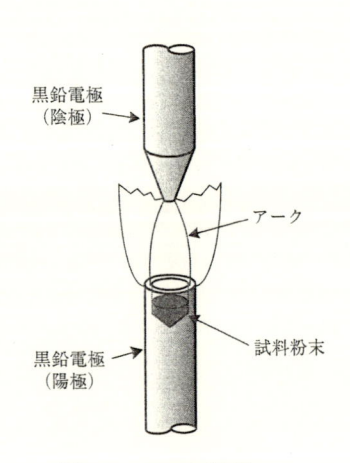

図 3.3 アーク放電

すく，スペクトル線強度の時間的変化は複雑である．たとえば，放電初期にはカドミウムや鉛などの揮発性元素のスペクトル線のみが現れ，スカンジウムやジルコニウムのスペクトルはかなり遅くに現れてくる．したがって，電極形状の最適化や試料への添加剤により，分別蒸発を抑制する工夫が必要となる．逆にこの現象を積極的に分析に利用することもできる．たとえば，酸化ウランなどの難蒸発性試料中の微量不純物元素は，ウランなどの複雑な強い発光スペクトルの影響を受けることなく高感度に定量することができる．

b. スパーク放電 充電したコンデンサーを，電極間隙を通して放電させるスパーク放電は，パルス状の放電であり，放電開始直後の電流密度は $10^5 \mathrm{A/cm^2}$ という高い値になる．電極物質の蒸気は 7000～12000 K に及ぶため，イオン線が強く発光する．

スパーク放電には，高電圧と低電圧のものがある．高電圧放電用の電源には，コンデンサー容量の小さい回路が用いられ，10～40 kV の高電圧で放電させる．一方，低電圧放電には大容量コンデンサーを用い，このコンデンサーに 300～1000 V の電圧で電荷を蓄え，電極間隙にエネルギーの大きな放電を生じさせる．回路定数の選択により，原子線が比較的強いスペクトルから，イオン線が強いスペクトルへと移行させることができる．これは低電圧スパークの大きな特長であり，分析目的に応じて元素の励起条件を変化させることができる．スパーク放電発光分光分析法は，鉄鋼の工程管理分析にきわめて有用である．

c. 検 出 器 発光分光分析では高温の励起源を用いるため，多数のスペクトル線が生ずる．これらを分離するには，高い分解能をもった大型の分光器が必要である．プリズムと回折格子を分散系とする分光器について説明する．

図 3.4 に，プリズム分光器の一例を示す．スリットからの入射光は，コリメーターレンズにより平行光線となり，プリズムで波長に基づいて分散される．カメラレンズにより，写真乾板面にはスリットの像が結ばれる．写真感光材は古典的媒体ではあるが，検出作用，積分作用，記録作用を備えており，広い波長領域に適用できる有用な光検出媒体である．

分光器の分解能 R は，$R = \lambda/\Delta\lambda$ で定義される．ここで，$\Delta\lambda$ は，波長 λ について分離できる最小の波長間隔である．プリズムの底辺の長さを l，プリズム材質の屈折率を n とすると $R = l(dn/d\lambda)$ となり，底辺長が大きいほど分解能も大きくなる．

なお，現在もっともよく使用されている回折格子分光器については，次の ICP-発光分光分析のところで述べることにする．

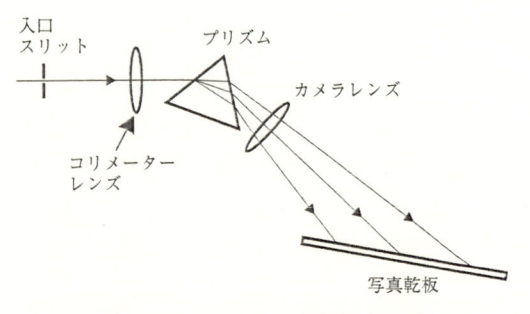

図 3.4 プリズム分光器の光学系

3) ICP-発光分光分析

a. ICP 図3.5にICPトーチの概略を示す．トーチは石英ガラス製で同心三重管構造をとり，プラズマ形成の主役となる外側ガス(outer gas)，プラズマを少し浮かせてトーチが溶けないようにする中間ガス(intermediate gas)，試料を導入するキャリヤーガス(carrier gas)が流れている．いずれも通常はアルゴンが用いられる．なお，外側ガスはトーチの冷却も兼ねており，20 L/min近くのアルゴンを消費する．このためトーチ管壁を水で冷却する水冷トーチ(図3.6)も開発され，これにより外側ガスを数L/minに節約することができる．

トーチに流れるアルゴンに，誘導コイル(通常直径3 mmの銅管を3〜4巻きし，水冷しているもの)を通して高周波電力(普通27 MHz)を導き，テスラ・コイル(Tesla coil)で放電を開始すると，きわめて安定なフレーム状のプラズマが生成する．フレーム中心にはドーナツ状の穴があいており，試料のエアロゾルは効率よくプラズマ中に導入される．プラズマの最高温度は10000 Kに達し，プラズマ中で試料は解離・原子化され，さらにそれらの多くは高度にイオン化される．

b. 試料導入 ICPに溶液試料を導入するには，図3.7のようなネブライザー(nebulizer)とスプレーチェンバー(spray chamber)を普通使用する．ネブライザーは2本の細いガラス管が同軸となるように配置されており，霧吹きと同様の原理で試料溶液を吸引し，噴霧する．内側ガラス管の内径が小さく，また外側ガラス管との間隙が狭いため，高濃度の塩類溶液を長時間噴霧すると目詰まりが起こることがある．生成した霧の中には大きな液滴も含まれており，これらがキャリヤーガス(一般にアルゴン)によりICPに導入されるとプラズマの温度が下がったり，放電が不安定になる．そのため，スプレーチェンバーにより，大きな液滴をあらかじめドレインに除去している．なお，ネブライザーによる試料の吸上げ量は，普通2 mL/minである．

試料が微少量の場合，図3.8のような装置が有用である．生体試料や貴重試料を分解し，得られた少量の溶液から1滴(5〜10 µL)をタングステンフィラメント上に載せる．電流

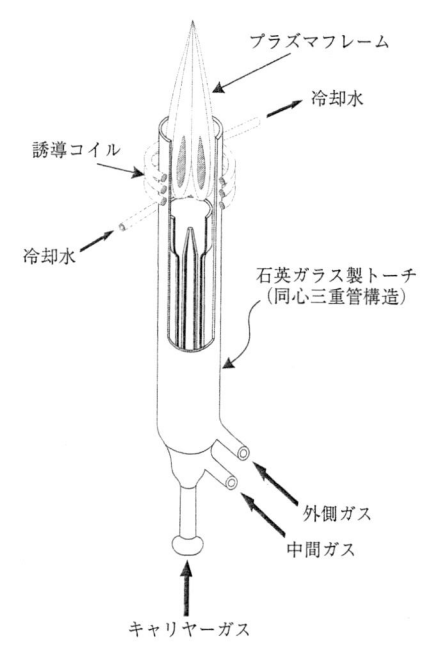

図3.5 ICPトーチ

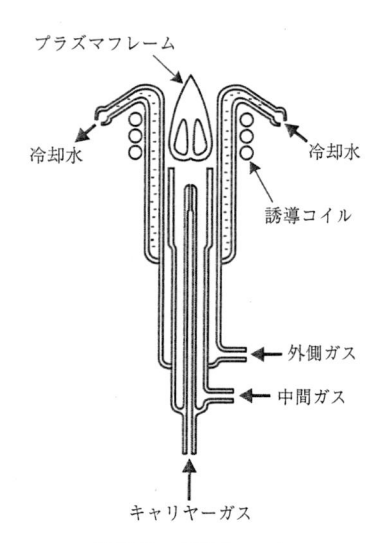

図3.6 水冷トーチ

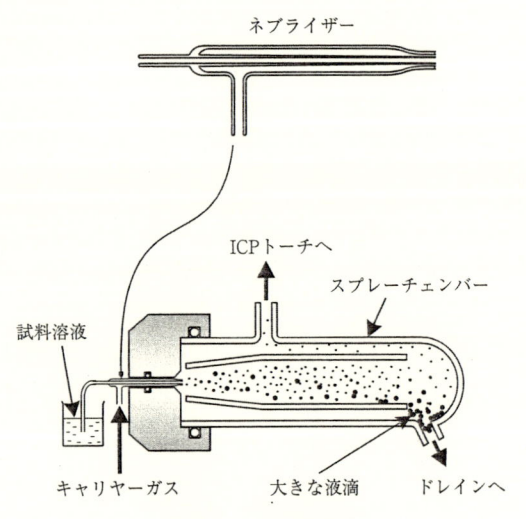

図 3.7 溶液噴霧法

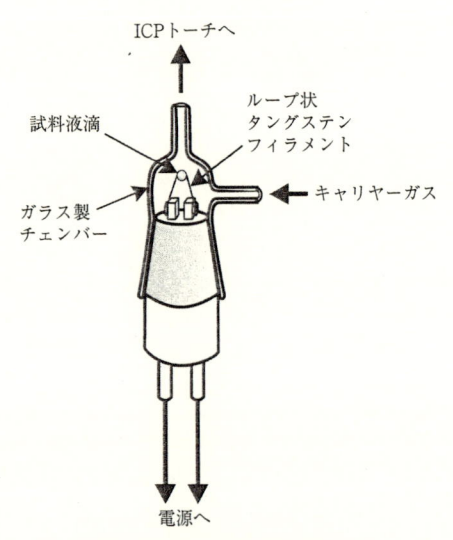

図 3.8 微少量試料の分析

でフィラメントを加熱して溶媒の除去，次いで残留成分の蒸発を行い，キャリヤーガスによりICPに導入する．

固体試料は，あらかじめ化学的に分解して溶液とするか，あるいは試料表面をレーザーで照射し，表面の一部を剥離・蒸発した後，キャリヤーガスでプラズマトーチに輸送する．この方法をレーザーアブレーション（laser ablation）といい，図 3.9 のような構成をとる．X-Y-Z ステージを精密にコントロールすることにより，不純物元素の分布状態を知ることができる．

c. 検 出 器　現在，回折格子（diffraction grating）を用いた分光器が，モノクロメーター（monochromator）またはポリクロメーター（polychromator）としてICP-発光分光分析装置に最もよく利用されている．回折格子は，平面または凹面鏡の表面に多数の溝を等間隔に刻んだものである．分解能 R は $R = \lambda/\Delta\lambda = mN$（$N$ は全刻線数，m は次数）で表される．焦点距離が1mほどの分光器では2400本/mmのものがよく利用される．さらに高分解能を得るため，3600本/mmの回折格子が使われることもある．

モノクロメーターの例として，2枚の凹面鏡を配置したツェルニ-ターナー（Czerny-Turner）型を図 3.10 に示す．波長走査は，回折格子を回転させて行う．出口スリット直後に置かれた光電子増倍管（photomultiplier tube）は，複数のダイノード（二次電子放射電極）により光電子を格段に増倍する．すなわち，入射光子が陰極光電面に衝突すると光電子（photoelectron）が放出され，これらがさらにダイノードに入射し，二次電子を放出する．これらの電子は他のダイノードによりさらに増殖し，最終的には 10^6 倍程度に増幅される．市販の装置では，波長の走査や選択をコンピュータ制御で高速に行い，逐次多元素定量を可能にしている．

ポリクロメーターの一例として，図 3.11 にパッシェン-ルンゲ（Paschen-Runge）型の光学系を示す．ここでは凹面回折格子が用いられ，その格子面の曲率半径を直径とする円（ローランド円という）の円周上に入口スリットおよび出口スリットが配置される．また，それぞれの出口スリットの背後には光電子増倍管が置かれており，多元素同時測定を可能にしている．

なお，通常は200～800nmの波長領域を分析に用いるが，元素によってはさらに短波

図 3.9 レーザーアブレーション

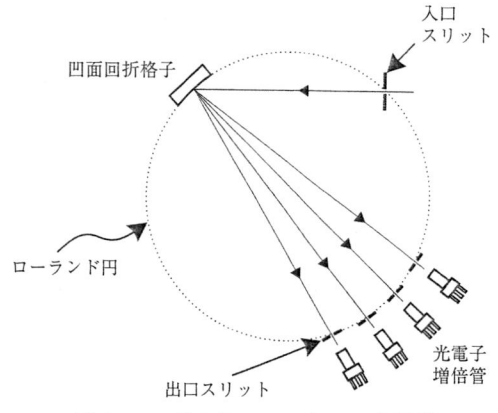

図 3.11 ポリクロメーターの光学系

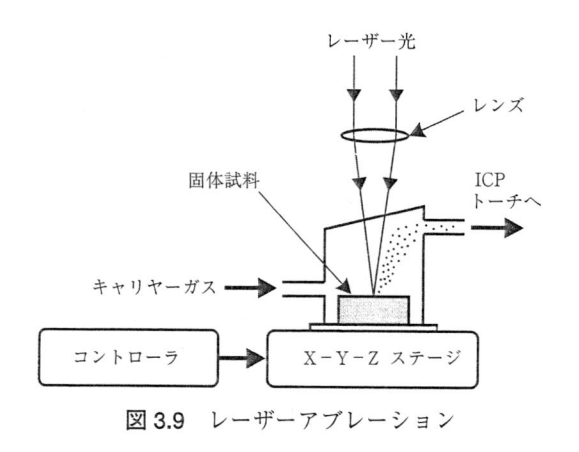

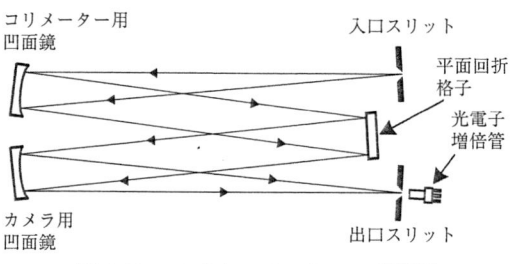

図 3.10 モノクロメーターの光学系

長の真空紫外域を測定に使うこともある(Pは 178.29 nm, S は 180.73 nm, C は 193.09 nmなど).これらの場合,空気(とくに酸素)による光の吸収を防ぐため,光学系の光路を真空に保つ必要がある.

d. スペクトル干渉　ICP-発光分光分析により得られた鉄およびインジウムの発光スペクトルを図 3.12 に示す.鉄のスペクトル線数はきわめて多く,それらの大部分は強度も大きい.したがって,試料中に多量の鉄が共存すると微量元素の定量が妨害されるため,測定に先立ち鉄の分離除去がしばしば行われる.一方,インジウムは強いスペクトル線がかなり少ないため,これが有用な共沈担体となりうる大きな理由となっている.

たとえば,海水中の微量元素の定量では,あらかじめ目的微量元素を濃縮し,かつ多量の塩類(塩化ナトリウムや塩化マグネシウム)から分離しておく必要がある.このような場合,mg 量のインジウムイオンを添加し,pH 9 に調節すると綿状の水酸化物沈殿が生成し,同時に多種類の目的微量元素が共沈(coprecipitation)する.この際,アルカリ・アルカリ土類金属は溶液中に残存する.沈殿は溶液から分離後酸に溶解し,インジウム共存のままでただちに ICP-発光分光分析にかけることができる.

4) ICP-質量分析

プラズマ中での発光を計測するのが ICP-発光分光分析であるのに対し,プラズマ中で生成したイオンを計測するのが ICP-質量分析である.ICP-質量分析については 3.2.4 項(無機質量分析法)で詳しく述べるが,この方

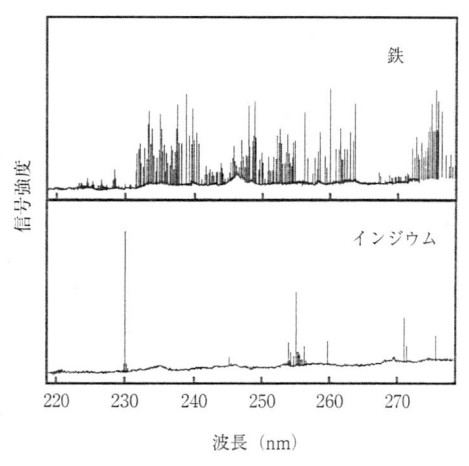

図 3.12 発光スペクトルの例

法（厳密には原子スペクトル分析法ではない）は ICP - 発光分光分析としばしば並べて論じられるので，ここでも簡単に触れることにする．

きわめて高温の ICP と質量分析計を連結するインターフェース部（図 3.13）は，ICP - 質量分析装置において最も重要な構成部位の 1 つである．サンプリングコーン（sampling cone）およびスキマーコーン（skimmer cone）は円錐形をしており，その先端部には直径 0.5～1 mm の小さい穴が開いている．前者は，高温の ICP から直接にイオンをサンプリングするためのもので，熱伝導性のよい金属（銅やニッケル）からつくられている．後者は，サンプリングされたイオンを，流れを乱さずに高真空領域に引き込むためのものである．2 つのコーンの形状や間隔などは装置の性能を大きく左右するため，注意深い最適化が必要である．

スキマーコーンを通過したイオンは，電界型のイオンレンズ系により質量分析計に導かれる．質量分析計としては，四重極型が多く用いられている．同重体（isobar）イオンが分

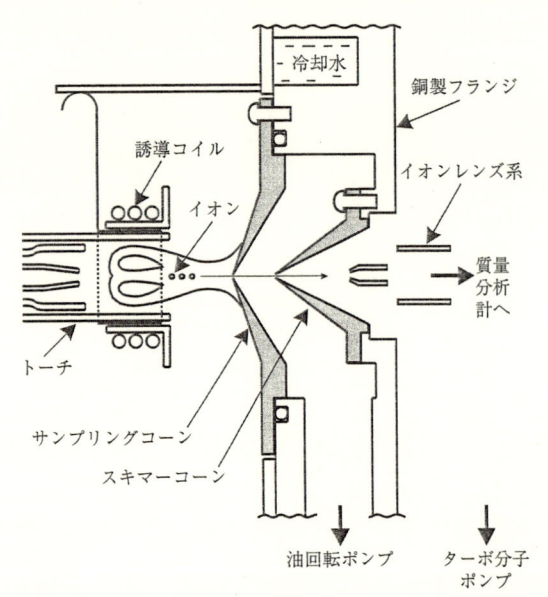

図 3.13 ICP - 質量分析装置のインターフェース部

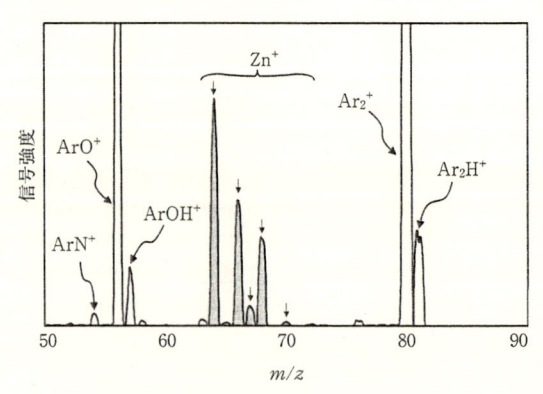

図 3.14 亜鉛の ICP 質量スペクトル

けられないなど分解能は必ずしも十分ではないが，比較的安価であり，簡便な操作で高速な質量走査が可能である．得られた質量スペクトルの質量 m と電荷 z の比（m/z）から定性分析が，イオン電流強度から定量分析が達成できる．

ICP - 質量分析は，ICP - 発光分光分析と比べてより高感度な多元素同時定量法であり，同位体比も測定できる特長をもっている．図 3.14 に，亜鉛を含む水溶液の ICP - 質量スペクトルを示す．亜鉛には ^{64}Zn, ^{66}Zn, ^{67}Zn, ^{68}Zn および ^{70}Zn の同位体（isotope）があるが，これらに相当する 5 本のスペクトル線を見出すことができる．なお，試料導入法は発光分光分析における手法とほぼ同じである．たとえば，ネブライザーとスプレーチェンバーにより溶液試料が導入でき，また，レーザーアブレーションと組み合わせることにより，固体試料を高感度に分析することもできる．

参考文献

1) 水池 敦，河口広司：分析化学概論，pp.140 - 156，産業図書（1978）．
2) 日本分析化学会（編）：原子スペクトル分析（上・下），丸善（1979）．
3) 高橋 努，村山精一（編）：液体試料の発光分光分析——ICP を中心として，学会出版センター（1983）．
4) 原口紘炁：ICP 発光分析の基礎と応用，講談社（1986）．

5) 河口広司, 中原武利(編)：プラズマイオン源質量分析, 学会出版センター(1994).
6) 日本分析化学会(編)：入門分析化学シリーズ機器分析(1), pp.15-22, 朝倉書店(1995).

演習問題

[1] 発光分光分析に用いられる光源を3種類挙げ，それぞれの特徴を述べよ.

[2] ICP-発光分光分析における試料導入法について述べよ.

[3] ICP-質量分析におけるインターフェース部の役割および構成について説明せよ.

3.2.2 原子吸光法

原子吸光法とは，孤立した自由原子が光を吸収するとき，その吸光度から原子の濃度を測定するものである．原子吸光の発端は，歴史的には19世紀はじめの太陽光スペクトルにおけるフラウンホーファー(Fraunhofer)線の発見にある．これはさまざまな元素の太陽光の吸収に由来するものであるが，各元素の吸収の振動数は，

$$h\nu = E_e - E_0$$

ここで，E_e は励起状態のエネルギー，E_0 は基底状態のエネルギーである．基底状態に存在する電子が励起状態に励起される波長を，共鳴線と呼んでいる．表3.3に2000Kおよび3000Kにおける基底状態と励起状態にある原子数比を示す．3000Kのような高温状態であっても，大部分の電子は基底状態に存在している．このことは原子に存在する電子の大部分は，共鳴線を吸収して励起状態になると考えてよい．

ここで束縛されない自由な原子を適当な温度範囲でつくることが必要となる．原子吸光法ではこの過程を原子化と呼んでいる．試料は通常固体ないし溶液であるので，これを自由原子にするため数千Kに加熱する．この手段として一般的に用いられるのが，フレームおよびグラファイト炉である．その他気体状の水素化物を発生させ，これを高温炉やフレームに導入する方法があり，これを水素化物発生法と呼んでいる．また水銀のように蒸気圧の高い金属については，金属水銀にした後アルゴンのような不活性ガスで溶液からパージする方法がとられ，上記の水素化物発生法と含め，還元気化法と呼ばれている．

1) 装　　置

原子吸光法では，光源，原子化部，光分散計，光検出装置，レコーダー(またはデータ処理システム)より装置は構成されている．これを図3.15に示す．なお，図では中空陰極ランプの点灯とアンプの作動は同期しており(ロックイン方式)，ランプの吸収信号以外の光は，検出しないようになっている．

表3.3 各温度での励起および基底状態の原子数比

	共鳴線 (nm)	励起エネルギー (eV)	N_e/N_0 $T=200K$	$T=3000K$
Na	589.0	2.104	0.99×10^{-5}	5.83×10^{-4}
Sr	460.7	2.690	4.99×10^{-7}	9.07×10^{-5}
V	437.9	3.131	6.87×10^{-9}	2.73×10^{-6}
Ca	422.7	2.932	1.22×10^{-7}	3.55×10^{-5}
Fe	372.0	3.332	2.99×10^{-9}	1.31×10^{-6}
Ag	328.1	3.778	6.03×10^{-10}	8.99×10^{-7}
Cu	324.8	3.817	4.82×10^{-10}	6.65×10^{-7}
Mg	285.2	4.346	3.35×10^{-11}	1.50×10^{-7}
Pb	283.3	4.375	2.83×10^{-11}	1.34×10^{-7}
Zn	213.9	5.795	7.45×10^{-15}	5.50×10^{-10}

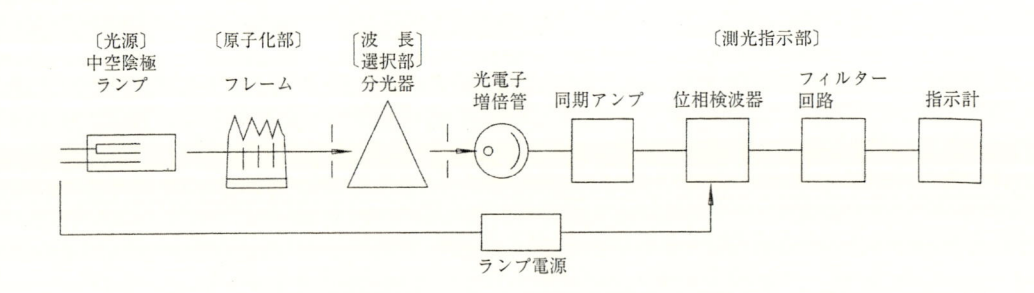

図 3.15　単光束ロックイン増幅方式原子吸光光度計

a. 光　源

原子吸光法で一般的に用いられる光源は，中空陰極ランプである．この構造を図3.16に示す．ランプの陰極は2～5 mmの穴のあいた構造で，分析対象の元素を含む合金でできている．さらにArまたはNeが1～5 Torrの圧力で封入されている．ここに陽極（異常グロー放電領域）との間で約10 mA，400～600 Vの放電を行うと，封入されたNeまたはArはプラス荷電となり，陰極にぶつかり，測定原子の蒸気をつくり，これを励起する．この結果，中空陰極ランプは分析元素の共鳴線を発光するようになる．共鳴線は多くは紫外域にあり，光軸調整にはネオン（またはアルゴン）の発光線を用いるのが便利である．通常は1つの分析元素に1つのランプが対応するようになっている．なお陰極の部分に，2～3の複数の元素を用いているものもあり，1本のランプで複数の元素が測定できるものもある．中空陰極ランプの他に，無電極放電管も市販されている．これは測定元素を封入した管に，マイクロ波（たとえば2450 MHz）または高周波（たとえば27 MHz）をかける．As, Bi, Cd, Cs, Ge, Hg, K, P, Pb, Rb, Se, Sn, Ti, Tl, Znなどの元素の光源として市販されている．輝度は中空陰極ランプに比べて10倍程度高いが，安定性という点では，中空陰極ランプの方が優れている．

通常白色光源すなわち重水素ランプやタングステンランプ（連続波長）は原子の吸光には用いられない（バックグランド測定には使用される）．ただし高分解能の分光器を使った多元素同時測定法では例外的に用いられる．

b. 原子化法

フレーム（炎）　原子吸光法用のフレームの温度は，燃料と助燃気体の組み合わせで決まる．最も一般的なフレームはラミナー（層流）フレームである．ラミナーフレーム用予混合バーナーの断面構造を図3.17(a)に示す．バーナーの最上部は，幅1～2 mm，長さ5～10 cmのスリット（スロット）が設けられており，フレームはこのスリットに沿って膜状の形状で燃焼する．中空陰極ランプからの光源光は，スリット上約1 cmの部分を通過するようにする．このバーナーでは，試料溶液は助燃気体とともにバーナーの内室に噴霧さ

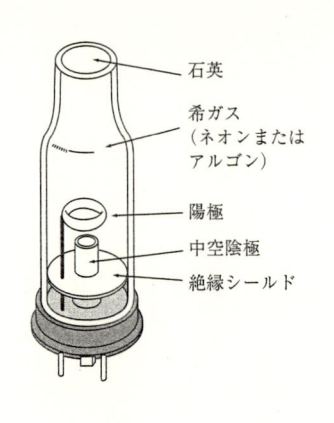

図 3.16　中空陰極ランプ

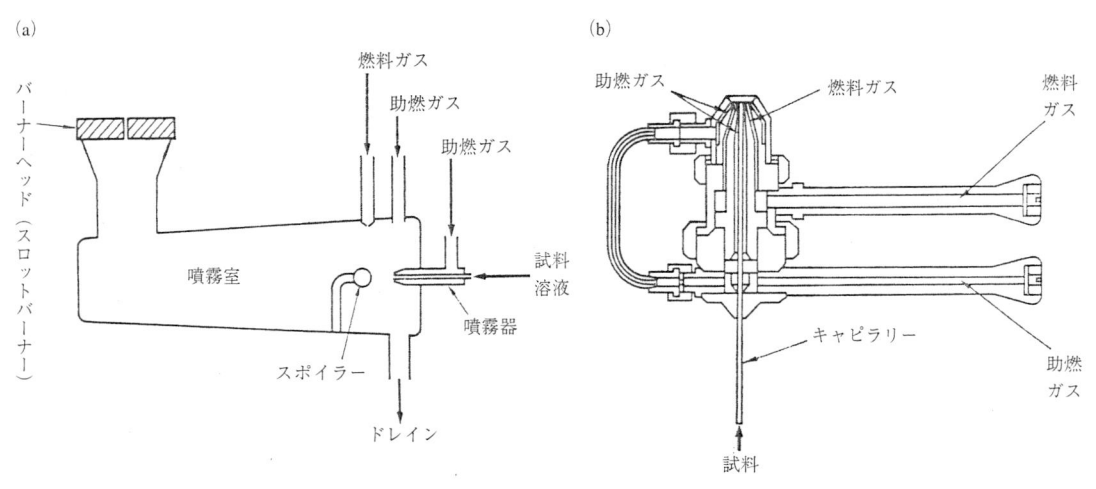

図 3.17 予混合バーナー(a)と全噴霧バーナー(b)の例

れるが，噴霧口にはスポイラーと呼ばれる球が設置され，ここに吹きつけられるようになっている．こうしてきめの細かい霧状の試料溶液だけがフレーム内に導入される．しかし90～95％の試料溶液は，フレームに入る前に排出されてしまう．燃料，助燃気体および霧状の試料溶液はバーナーのスリットからフレームへ導入される．表3.4にフレームの最高燃焼速度と温度を示すが，スリットバーナーで燃焼できるのは，燃焼速度の小さい，アセチレン－空気，水素－空気，アセチレン－酸化二窒素などのフレームに限られる．燃焼速度が速すぎると，フレームはバーナースリット上に維持できなくなり，バーナー内室に引き込まれて爆発(バックファイア)してしまう．通常の元素はアセチレン－空気フレームが用いられるが，安定な酸化物を形成してしまうモリブデンのような元素(耐火性元素)は温度の高いアセチレン－酸化二窒素フレームが，またヒ素のように分析線が200 nm付近またはそれ以下の元素は，透明性の点から水素－空気フレームが用いられる．水素－酸素，アセチレン－酸素などの燃焼速度の高いフレームは，全消費型バーナーが使われる．これを図 3.17(b)に示す．全消費型バーナーでは，試料溶液，燃料，助燃気体ともバーナー噴出部で混合されるため，バックファイアは起きないが，試料溶液の破砕が不完全なため，溶液からの原子化が非効率で，一般的に感度は悪い．

グラファイト炉 フレームでは試料溶液の一部しか原子化されないこと，またフレーム中に拡散されるため，測定原子が希釈されてしまう．L'vovの1959年から始まるグラファイト炉の研究はさまざまな改良が加えられ，原子吸光法を金属元素の感度の高い検出法としている．グラファイトが炉の材質として一般的であるが，モリブデン，タンタル，タングステンなどの金属も原子化炉の材質として用いられている．しかしこれらの金属の高温度における発光性のため，グラファイトが用いられるのが一般的である．グラファイト炉では，長さ 18～28 mm の円筒形のものが用いられる．炉は3000℃まで加熱される．ただしグラファイトは大気中では燃焼してしまうため，ArやN$_2$気流中で原子化操作を行うことになる．

グラファイト管内へ試料を注入するため，および不活性気体導入のため，グラファイト管には，何カ所か穴が空いている．グラファイト炉を図3.18に示す．図3.18においては，グラファイト管の末端から電流を流すように

表 3.4 燃焼温度と燃焼波速度

燃焼ガス	最高燃焼波速度(cm/s)	最高温度 (℃) 計算値	測定値
空気-石炭ガス	ca. 55		1918
空気-プロパン	43		1925
空気-水素	440	2047	2045
	320	2100	
空気-アセチレン	266	2250	2325
	170	2290	2275
50% 酸素-50% 窒素-アセチレン	640	2815	
酸素-石炭ガス			2720
酸素-プロパン	390	2835	
酸水素	1190	2815	
	1120	2810	
		2680	2660
酸素-アセチレン	2480	3257	3140
	1130	3060	
		3110	3100
酸素-ジシアン(1:1のモル比)	140	4600	ca. 4500
	270	4540	4370
酸化二窒素-プロパン-ブタン	ca. 250		ca. 2550
酸化二窒素-水素	390	ca. 2660	ca. 2550
	380	ca. 2640	
酸化二窒素-アセチレン	160	ca. 2950	ca. 2700
酸化窒素-水素(1:1のモル比)	30	2840	2820
酸化窒素-アセチレン	87	3090	3095
二酸化窒素-水素	150	2660	1550
二酸化窒素-アセチレン	135		

なっているが,グラファイト管の中央部(試料溶液が滴下される部分)の温度を上げるため,原子化炉であるグラファイト管の中央部を電極(グラファイト)が挟むようにする構造になっているものもある.

グラファイト炉の加熱は通常3段階に分けて行われる.最初は「乾燥」で,溶媒の気化を目的とするもので,100℃を少し上回る温度で数十秒から1分行われる.2番目の段階は乾燥で残った固体を分解し,有機・無機のマトリックスを除いたり,分析元素の単純な塩にするもので,「灰化」と呼ばれている.灰化でかける温度は,分析元素の種類に依存するが,300～1500℃の温度で数十秒かけて行われる.最後の段階は「原子化」で,約10秒間1500～3000℃に加熱する.原子化段階ではグラファイト炉に原子を滞留させるため,不活性気体を止めるようプログラムされ

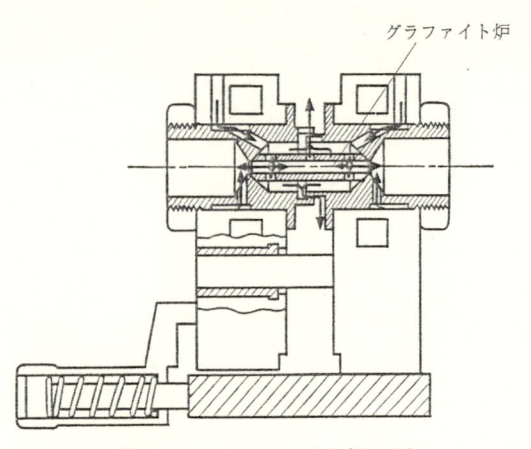

図 3.18 グラファイト炉の例
矢印はアルゴンの流れを示す.

ているものが多い．通常の装置では，グラファイト炉の温度は，光センサーでモニターされ，炉にかける電流を制御するようになっている．グラファイト炉の末端から電流を流す場合に比較して，グラファイト中央部を加熱する方式では，炉の温度勾配が少なく，原子化が促進されるようになっている．原子化段階では，測定元素は完全に原子化されなくてはならない．すなわち元素が残った場合，次回の測定のメモリー効果となってしまう．

測定は1回につき，5～100 μL，グラファイト管の寿命は200～500回測定程度である．感度は元素によって異なるが，フレーム法に比較して，100～1000倍向上する．すなわちフレーム法がppm（μg/mL）であるのに対し，グラファイト炉法ではppb（ng/mL）が対象となる．

その他の原子化法 還元気化法と呼ばれる原子化法は，原子吸光法の感度をきわめて高いものにしている．特に水銀については，現在最も感度の高い方法である．この方法は水銀の硫酸酸性水溶液に，$SnCl_2$を添加して十分混合すると，試料中の水銀イオンは原子に還元される．これをアルゴンまたは窒素（キャリヤー）でパージし，金粒子にアマルガムとして吸着させた後，金アマルガムを800℃に加熱し，発生する水銀を原子吸光法の原子化部に設置した石英管にキャリヤーとともに導入する方法である．この方法により0.1 ngの水銀が定量できる．またAs, Sn, Te, Sb, Se, Ge, Bi, Pbなどの元素は，酸性溶液中でテトラヒドロホウ酸ナトリウムで還元することによって，気体状水素化物を発生させ，これをフレームや高温炉で分解して原子吸光を測定する．

c. 光分散システム 原子発光法に比較すると，光分散システムすなわち分光器の分解能の高さは，それほど要求されない．スペクトルバンド幅として0.1～0.5 nmの分解能をもつ分光器が使用される．まれに2つの元素の分析線が重なることがあるが，分析に影響がでることはかなり限定される．

2) 干　　渉

本来干渉という言葉は，スペクトル線の重なりを意味するが，原子吸光法では，分析する元素の吸収に影響する因子を含めている．化学的な要因で干渉を受けることを化学干渉といっている．フレームでも炉でも，マトリックスが複雑な影響（化学干渉）を及ぼすことがある．アセチレン－空気炎で問題となる例としてよく取り上げられるのが，カルシウムの原子吸光法に対するリン酸の干渉である．これはフレームの中で，リン酸とカルシウムが難分解性の化合物をつくり，カルシウムの原子化を抑えるためである．またアルカリやアルカリ土類元素が多量に存在すると，フレームにおけるイオン平衡を乱し，測定元素の原子化率が変わることがある．またグラファイト炉原子吸光法では，モディファイヤーの存在によって，化学干渉を抑制することがある．灰化の段階で，分析種の揮散を抑える分析種モディファイヤーや，マトリックスを揮散しやすいようにするマトリックスモディファイヤーが使われることがある．

一方，共存物の吸収が分析対象の吸収と重なることがある．よく知られた例としては，300 nm以下の波長で起こるNaClの吸収である．固体粒子の光散乱によって見かけの吸収の増加がみられることがある．このような干渉を分光干渉といっている．干渉物質は通常原子吸光に比べて吸収幅が広いので，本来の分析線の近傍の波長の吸収を，分析線の吸収から差し引く方法がとられる．バックグラウンド補正法には，重水素ランプ法，ゼーマン効果法，スミス－フィフィエ（Smith-Hieftje）法の3つがある．重水素ランプは，200～380 nmまで連続して発光する（最大250 nm）．中空陰極ランプからの分析線と重水素ランプ

の吸収を交互に測定し(150 Hz まで)，前者(原子＋バックグラウンド)の吸収から後者(バックグラウンド)の吸収を差し引く．2つの光源は強度が等しくなるようにしてある．ゼーマン効果法は，おもにグラファイト炉原子吸光法に用いられている．最近の傾向としては，グラファイト炉に10 kG までの交流磁場(120 Hz まで)をかける仕組みになっているものが多い．磁場をかけないときは，測定原子とバックグラウンドの吸収が測定され，光源と平行の磁場をかけたときにはバックグラウンドのみが吸収するので，この差をとって正味の吸収とする．

一方，光軸と垂直に磁場をかける場合もある．この場合はπ成分とσ成分に分裂し，磁場と平行偏光のπ成分(原子＋バックグラウンド)と磁場と垂直偏光のσ成分(バックグラウンド)とを，偏光子で分けて補正する方法である．スミス-フィフィエ法では，中空陰極ランプにパルスで高電流(500 mA)をかけて分析線の波長を広幅にし，バックグラウンドを測定し差し引くようになっている．光源には特殊な中空陰極ランプが用いられる．いずれの場合も長短があり，メーカーによって異なるバックグラウンド補正法が利用されている．

3）前処理法

原子吸光法で測定する試料は，粉末などの固形成分を測定することもあるが，基本的には溶液である．干渉を起こすようなマトリックスから測定元素を分離し，もしくは固体試料を溶液にする過程を前処理といい，原子吸光法では欠かすことのできないものである．

固体試料を分解・溶液化する操作を灰化ということがあるが，電気炉などで空気中の酸素で分解する方法を乾式灰化法と呼んでいる．一方，酸化性の酸を使って適当な容器内で分解する方法を，湿式灰化法と呼んでいる．乾式灰化法は，多くの金属で，塩化物や有機金属化合物の形で揮散したり，電気炉の壁から金属が汚染したりするので，湿式灰化法の前段階分解に使うほかは，ほとんど行われていない．湿式灰化法は，過塩素酸，硫酸，硝酸，過酸化水素などが分解に使われる．こうした試薬自体が，汚染の原因になるため，市販の超高純度品を使用するか，非沸騰蒸留(赤外光で表面を沸騰させずに加熱して，徐々に蒸留を行う方法)によって，水，塩酸，硝酸などを精製して使う必要がある．硝酸と過塩素酸の組み合わせはよく使われるが，乾固すると爆発の危険性があり，注意が必要である．食品や植物は湿式灰化法は，数時間で試料は分解する．分解には首が細く伸びたケルダールフラスコや首長フラスコが使用される．またテフロン製の密閉容器に試料と酸化剤を入れて，マイクロ波オーブンで分解する方法，またテフロンの密閉容器をステンレスの外筒に入れて加圧分解する方法など，湿式分解にはさまざまな方法がとられている．特に水銀については湿式灰化法でも揮散しやすく，過マンガン酸塩を添加したり，環流装置をつけたりするなどの工夫が必要である．

海水などナトリウム，カリウム，カルシウム，マグネシウムを多量に含む試料については，溶媒抽出法(測定元素を水に不溶な錯体として有機溶媒へ抽出する方法)や共沈法(沈殿剤に吸着させて微量の測定元素を海水などのマトリックスから分離濃縮する方法)が使われる．ピロリジンジチオカルバミド酸アンモニウム(APDC)と4-メチル-2-ペンタノン(MIBK)の組み合わせは，溶媒抽出法としてよく用いられる．共沈法としては，水酸化ビスマスや，水酸化ガリウムを沈殿剤として用いた例がある．

こうした前処理法では，測定元素の揮散，汚染が，操作の過程，分析環境，試薬などに由来して起こるので，試料を入れないブランクを試料と全く同様に行って，前処理で汚染

が起きていないことを確認することが必要である．また環境試料などでは，標準試料が市販され，測定法が妥当であるかどうか測定の確度の検定を行う必要がある．すなわち試料と似たマトリックスの標準試料を選び，試料と同様の前処理・原子吸光を行い，標準試料の分析値を推奨値と比較する．

4) 測　　　定

測定はまず検量線の作成から行う．通常原子吸光法では，測定元素(重量)g/溶液(容積)mL で表示することが多い．これは測定元素の濃度が低いためで，1 mL ≒ 1 g として，10^{-6} (μ) g/mL (ppm)，10^{-9} (n) g/mL (ppb)，10^{-12} (p) g/mL (ppt) の単位を用いる．通常測定金属の硝酸塩(もしくは硫酸塩)を1000 ppm の 1～5% の硝酸酸性溶液に溶解して，同様の硝酸溶液に希釈していく．1000 ppm の標準溶液は市販品もある．異なる濃度の溶液の吸光度から図 3.19(a) のような検量線をつくり，試料中の測定元素の吸光度から濃度を決める．試料のマトリックスが複雑で化学干渉を受けやすいときには，標準添加法で検量線をつくる．すなわち一定容量の試料溶液を加えた定容容器に標準溶液を入れて検量線をつくり(図 3.19(b))，X軸の切片を折り返して定量を行う．ただし標準添加法では検量線が直線でなければならない．標準添加法は，検量液も試料と同じマトリックスにすることによって，マトリックスの影響を均一にする

目的のために行う．

原子吸光法は，微量金属という概念を確立し，生体や環境といった分野における微量金属の役割の解明に貢献した．近年 ICP - 質量分析の登場によって，感度という点では一歩譲ったが，まださまざまな分野で使われている．

3.2.3 蛍光 X 線分析法
1) X 線 と は

X 線は紫外線より波長が短く，γ 線より波長の長い電磁波であり，波動性と粒子性をもつ．前者は波長 λ をもつ波として，後者はエネルギー E をもつ光子(粒子)として特徴づけられる．λ を Å 単位で E を keV 単位で表すと，次式で両者は関係づけられる．ここで h はプランク定数，c は光の速度である．

$$E = \frac{hc}{\lambda} = \frac{12.398}{\lambda}$$

波としての性質は，X 線が結晶に当たると互いに干渉して回折現象を起こすことから理解でき，一方，X 線の粒子として性質は，以下に述べる蛍光 X 線の発生原理から理解できるであろう．X 線を物質に照射すると図 3.20 に示すように物質とさまざまな相互作用を起こし，このとき発生する応答信号からその物質の属性についていろいろな情報が得られる．これらの手法を総称して X 線分析と呼び，X 線の回折現象を利用する X 線

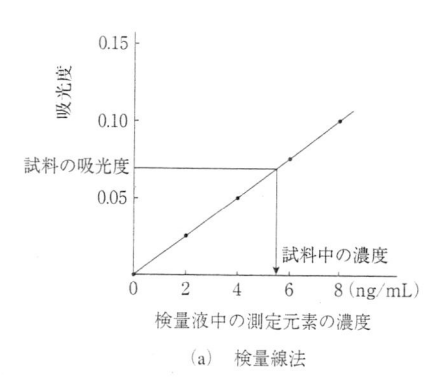

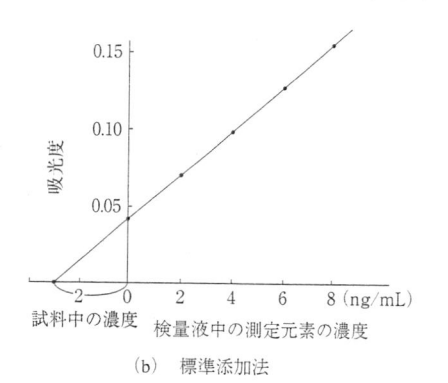

(a) 検量線法

(b) 標準添加法

図 3.19 検量線法(a)と標準添加法(b)

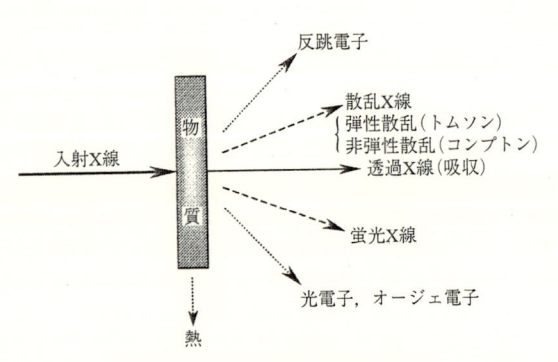

図 3.20 X線と物質の相互作用

回折法は 3.7.1 項で，光電子を計測する XPS 分析は 3.6.2 項でそれぞれ説明されている．本項では，蛍光 X 線を使って試料の組成分析をする方法を学ぶ．

2) 蛍光 X 線分析の原理

物質を構成する原子の電子構造は，図 3.21 のように原子核のまわりを電子が特定の軌道を運動しているボーア・モデルで近似することができる．電子軌道は内側から順に主量子数 n の違いによって，K，L，M，N …殻（それぞれ $n = 1, 2, 3, 4, \cdots$）と名づけられ，電子は固有のエネルギーをもって軌道を運動している．マイナスの電荷をもつ軌道電子とプラスの電荷をもつ原子核とはクーロン力によって結びつけられていて，そのエネルギーを電子の結合エネルギー（記号 E_b で表す）と呼ぶ．E_b はその原子から電子を奪うイオン化エネルギーに等しい．いま，ある原子の K 殻の電子が結合エネルギー E_b^K をもつとき，その原子にエネルギー E の X 線を照射すると，$E_b^K < E$ のときは，K 殻の電子は軌道から弾き飛ばされ光電子として系外に放出され，原子はイオン化し励起状態になる．その後，基底状態に戻る緩和過程で穴のあいた K 軌道の空位へより高いエネルギー状態の軌道，たとえば L 殻から電子が落ちてきて安定化し，その結果 2 つの軌道のエネルギーの差 $\Delta E (= E^K - E^L)$ をもつ蛍光 X 線が発生する．軌道電子のエネルギー E^K，E^L などは各元素に固有であるので，ΔE も元素に固有である．各元素の蛍光 X 線のエネルギーは波長表となっているので，蛍光 X 線のエネルギーを測定して表と比較すればどの元素から放出されたかが分かる．K 殻に落ちる L 殻の電子状態には量子数の異なる複数の状態があるので，異なるエネルギーの蛍光 X 線が発生し，それぞれ図 3.21 に示すように $K\alpha_1$，$K\alpha_2$ と名前がついている．同様に，L 殻，M 殻へ遷移するとき発生する X 線はそれぞれ L 線，M 線（図 3.21）と呼ばれる．

蛍光 X 線スペクトルの一例として遺跡から出土した銀貨（図 3.22(a)）の分析結果を図 3.22(b) に示す．横軸が蛍光 X 線のエネルギー（keV 単位），縦軸がその強度（カウント）を表している．図 3.22 のスペクトルのピーク位置のエネルギーを読み，波長表と比較することで定性分析ができる．このようにして図 3.22 のスペクトルから銀貨には銅，鉛そして微量の金も含まれていることが分かる．一方，スペクトルの縦軸の強度は試料から発生して検出器に入った蛍光 X 線の光子数（単位カウント）を表す．第一近似として蛍光 X 線強度はそこに存在する原子数に比例することから，強度を測定することにより定量分析が可能となる．ただし，ある元素の蛍光 X 線の励起効率は，励起 X 線のエネルギーがその元素の E_b より少し大きいときが最も効率がよく，励起 X 線のエネルギーが E_b から

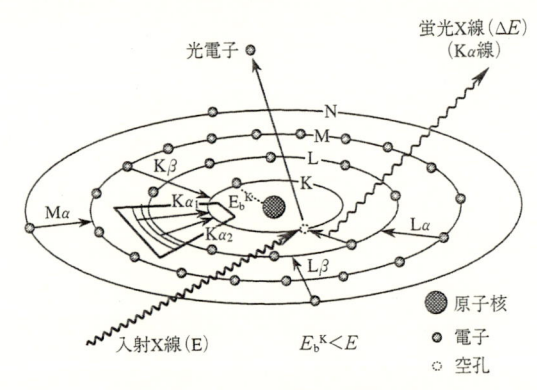

図 3.21 蛍光 X 線の発生原理

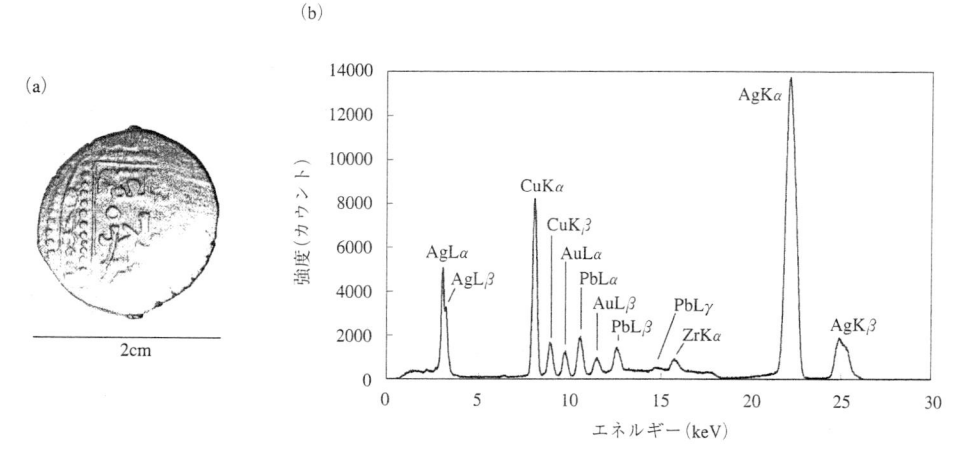

図 3.22 エジプトのシナイ半島のラーヤ遺跡(6〜12世紀)で出土した銀貨(a)とその蛍光 X 線スペクトル(エネルギー分散法で測定)(b)

離れるほど効率が悪くなる．また吸収の影響などもあることから蛍光 X 線強度から濃度に直接変換することはできず，何らかの補正計算が必要となる．

3) 測定装置

蛍光 X 線分析装置の構成は，試料に X 線を照射するための X 線源と，発生した蛍光 X 線のエネルギーと強度を測定するスペクトロメーター(分光器)からなる．

a. X 線 源

蛍光 X 線分析には X 線源として X 線管球を通常用いる．X 線管球の陰極と金属ターゲットの陽(対陰)極の間に数万ボルトの高電圧をかけて陰極のタングステンフィラメントを加熱すると，フィラメントから熱電子が放出され加速されて金属ターゲットに衝突する．その結果上述の蛍光 X 線の発生と同様の原理で金属ターゲットの構成原子の電子が励起され，その緩和過程で X 線が発生する．この X 線は電子による励起で発生するので特性 X 線と呼ばれ，X 線励起で発生する蛍光 X 線と区別する．また，電子は金属ターゲットに衝突するとそのエネルギーの大部分は熱に変わるが，その一部が制動放射により白色(連続)X 線の放出も引き起こす．蛍光 X 線分析ではこのようにして発生した X 線を励起源として用いる．

b. スペクトロメーター

蛍光 X 線スペクトルの測定では波長分散分光器(wave dispersive spectrometer；WDS，図 3.23(a))とエネルギー分散分光器(energy dispersive spectrometer；EDS，図 3.23(b))の 2 種が用いられる．WDS では図 3.23(a)に示すように，試料から発生した蛍光 X 線を分光結晶に当て，回折した特定の波長の蛍光 X 線のみが検出される．分光結晶は，特定の格子面に平行に切り出した LiF などの単結晶で，3.7.1 項の式(3.45)のブラッグの回折条件 $\lambda_1 = 2d\sin\theta_1$ により，特定の波長 λ_1 の X 線は一定の回折角 θ_1 で回折することを利用している．したがって，分光結晶の角度 θ を変えながら X 線を検出すれば，θ の関数としてさまざまな波長の蛍光 X 線を検出できる．たとえば LiF(200)分光結晶の格子面間隔は $d = 2.014$ Å であるので $\sin\theta \leq 1$ から分光できる波長は $\lambda \leq 4.028$ Å である．さらに長い波長の X 線を分光するには，さらに格子面間隔の大きな分光結晶を用いる必要がある．WDS では，自動的に結晶を交換しながら Be から U までのすべての元素の定性，定量

(a) (b)

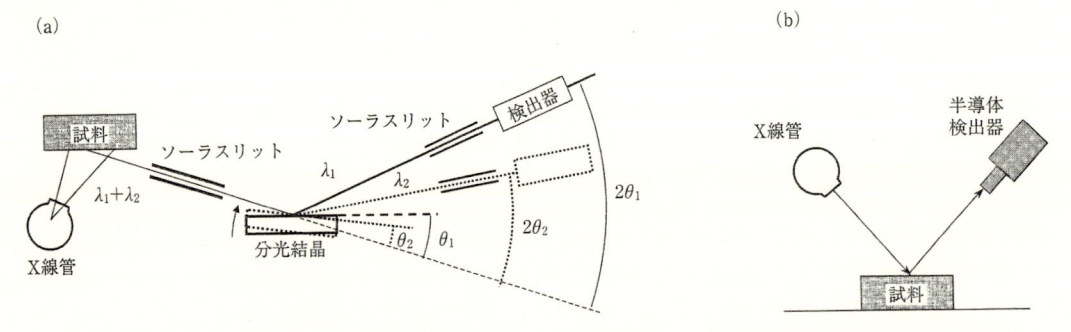

図 3.23 (a)波長分散型蛍光 X 線分析(WDS)と(b)エネルギー分散型蛍光線分析(EDS)の比較

分析が可能である．

EDS では，X 線検出器自身が高いエネルギー分解能をもっている半導体検出器を用いるので，図 3.23(b)に示すように試料からの蛍光 X 線を検出器で直接検出する．したがって，WDS のように分光結晶を動かす機構を必要としないため小型化が可能である．半導体検出器の原理は，X 線光子が半導体結晶に飛び込むとそのエネルギーに比例した数の電子-正孔対がつくられることによる．このとき発生した電子を電流として集め，増幅器で X 線のエネルギーに比例した電圧パルスに変換し，その電圧をデジタル化してエネルギーに対応するメモリーに蓄える．図 3.24 にポータブルの EDS 型蛍光 X 線分析装置を示す．トルコにある遺跡の発掘隊で土器を分析している写真である．X 線源も検出器も小型であるため，検出器を試料の近傍に置くことで微弱な X 線も検出できる．図 3.22 のスペクトルは図 3.24 の装置で測定したもので，横軸はそのメモリー(この例では 2048 個のメモリーを利用)に相当し，縦軸は蓄えられた信号強度を表している．ただ EDS の分解能は WDS より悪くスペクトル線の重なりが著しく，多数成分の分析にはピーク分離が必要な場合がある．なお，広いエネルギー範囲を一度に計測できるので，測定は数十～数百秒と迅速である．

WDS では結晶により分光するため，試料からの十分な蛍光 X 線強度が必要であり，より強力な X 線源を用いる．また，結晶分光器も必要なため装置は EDS に比べて大型になる．反面，EDS に比べてエネルギー分解能に優れ，軽元素の分析にも適している．また，試料自動交換機を利用できる市販の装置も多いので，多数の試料を分析する工場における工程管理や多数の環境試料などの自動分析に適している．

4) 蛍光 X 線分析の特徴と用途

蛍光 X 線分析は，主成分および微量成分元素の定性および定量分析ができ，以下のような特徴がある．

①多元素同時分析ができる，

②ベリリウムより重いすべての元素が迅速に分析できる，

③非破壊分析である，

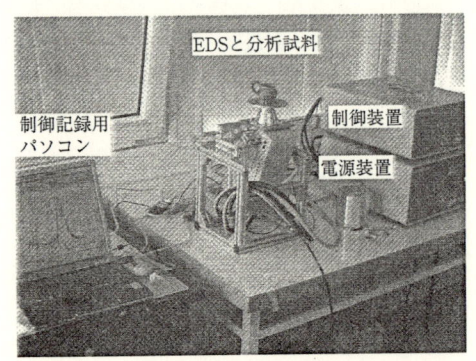

図 3.24 トルコの遺跡の現場で，出土した土器をポータブル蛍光 X 線分析装置で分析している写真

④試料調製法を工夫することで,主成分から数 ppm の微量成分まで分析できる.

⑤蛍光 X 線強度を数分から数十分かけて計数するので,統計的ばらつきが平均化され計数時間の短い発光分析(〜数秒)と比べて分析精度が高い.

蛍光 X 線分析は,セラミックス,合金,岩石,セメントなどの分析,ガソリン中の S の定量,薄膜の膜厚の測定などに広く用いられている.最近では土壌やプラスチック中の有害重金属の定量分析が注目されている.また全反射蛍光 X 線分析という高感度な手法を用いると,半導体ウエハーの ppb レベルの不純物分析も可能である.一方,ポータブル装置は軽量小型なため,環境汚染地域の土壌のその場分析,犯罪捜査のための鑑識分析などフィールド分析に用いられる.マーズ・パス・ファインダーという火星探査ロケットにも積載され,火星の岩石の蛍光 X 線スペクトルの測定に成功している.

5) 試料調製法

蛍光 X 線分析は非破壊分析法であることから,ガラス器,青銅器などの貴重な文化財の分析では,図 3.24 のように試料に直接 X 線を照射して非破壊で分析することができる.定量も可能であるが,試料表面の凹凸,試料の不均一性などの影響を受けるので誤差は大きくなる.

試料を破壊できるときは,固体試料の場合,ディスク成型法とガラスビード法が用いられる.前者は,試料を乳鉢で微粉末に粉砕し高圧下でディスクに成型する方法である.微粉末をディスクにすることで緻密で形状効果が一定の試料を調製できる.一方,後者では,粉末試料を四ホウ酸リチウムなどのフラックスとともに加熱し融解しガラス化する.融解は白金るつぼなどの貴金属るつぼで行い,専用の高周波融解装置を使うと数分でできる.ディスク法にくらべてより均一な試料をつくれるので定量に適しているが,フラックスで希釈するので,相対的に微量元素の蛍光 X 線強度が低下して検出が難しくなる点が欠点である.主成分はガラスビード法で,微量成分はディスク法で,というように使い分けることも有用である.

液体試料の場合は,円筒状のポリエチレン容器の底面に数 μm 厚のポリエステルやポリプロピレンの膜を張り,液体を入れて容器の底面から X 線を照射し蛍光 X 線を検出する.固体の試料でも試料量が少ない場合は,微量の酸などで溶解し,その一定量(または全量)をマイクロピペットで採取して専用のろ紙に滴下し乾燥して測定すると,十〜数百 μL 程度の極微量の液体試料で定量分析を行うことができる.

6) 定量分析

蛍光 X 線の強度から定量するには大きく分けて検量線法とファンダメンタルパラメーター(FP)法がある.未知試料と化学組成の似た濃度既知の複数の標準試料があれば,あらかじめ蛍光 X 線強度と濃度の関係式(検量線)をつくっておくことにより定量ができる.一方,FP 法は物理定数(ファンダメンタルパラメーター)を用いて,吸収などのマトリックス効果を考慮した蛍光 X 線の理論式から蛍光 X 線強度を求め,理論強度と実測強度を比較して両者の差がなくなるような元素の含有率を求めていく方法である.どちらのソフトも,市販の装置に標準的に付属しているので,ユーザーは難しい理論を知らなくても定量分析を行うことができる.

参考文献

1) 合志陽一,佐藤公隆:エネルギー分散型 X 線分析,学会出版センター(1989).
2) 日本分析化学会(編):機器分析ガイドブック,丸善(1996).
3) 日本分析化学会九州支部(編):機器分析入門,南江堂(1996).

3.2.4 無機質量分析
1) 概要, 歴史

一般に無機質量分析に分類される分析法は, スパークイオン源質量分析(SSMS), 表面電離型質量分析法(TIMS), グロー放電質量分析法(GDMS), 誘導結合プラズマ質量分析法(ICP-MS), の4つである.

無機質量分析に関する研究は1930年代に始まり, その最初のイオン源として登場したのが, スパークイオン源である. スパークイオン源質量分析法(spark source mass spectrometry; SSMS)は, 分析試料を電極として, 真空中で高周波スパークを生成させ, 試料に含まれる元素をイオン化し, 質量分析計で元素濃度を測定する方法である. スパーク放電によるイオン生成は不安定であるため, 検出器としては一般に写真乾板が用いられている. SSMSは導電性のある固体試料の分析に適しており, ほとんどの元素について絶対量で10^{-11}g程度の検出限界をもつ. しかしイオン源としての不安定さのために, 得られる分析値の正確さには問題があり, 定量には通常目的元素の信号ではなく, 内標準元素の信号との比が用いられる. その後, イオン源としてより強力で安定な誘導結合プラズマ(inductively coupled plasma; ICP)やグロー放電(glow discharge; GD)が登場したことによって, SSMSは現在, 表面分析の分野で用いられるのみとなっている.

SSMSに続いて, 表面電離型質量分析(thermal ionization mass spectrometry; TIMS)も1950年代ごろより注目を集めるようになった. TIMSでは試料を金属フィラメント上に塗布し, 真空中でのフィラメントの抵抗加熱により元素を熱的にイオン化させる. 生成した正イオン(または負イオン)の運動エネルギー幅は0.2 eV程度と, SSMSやICP-MSで得られるエネルギー幅に比べてけた違いに小さい. また安定したイオンビームが長時間にわたり得られるので, 質量分析計における測定同位体比の分析精度が非常に小さく, そのためTIMSは同位体希釈法と組み合わせて用いられることが多い. TIMSでは非常に正確な分析値が得られる一方で, 目的元素の分離などに複雑な前処理を必要とすることや, フィラメント上の元素の気化効率が元素ごとに異なるために, ICP-MSのような一斉多元素分析を行うことはできない. そのため地質学や核化学など応用分野が限られているのが実情である.

グロー放電質量分析(glow discharge mass spectrometry; GDMS)は電極間気体放電の一種であるグロー放電をイオン化源とする固体試料の質量分析法であり, 1960年ごろから研究が始められた. イオン化源としてのグロー放電はスパークイオン源に比べて非常に安定であり, 多価イオンの生成も少なく, また試料マトリックスの影響を受けにくいため, SSMSに代わる固体試料の極微量バルク質量分析法として注目されている. 検出感度はサブppb(10^{-10} g/g) ~ ppb(10^{-9} g/g)レベルであるが, ICP-MSでは測定不可能なガス成分の分析も可能であること, 元素間の相対感度に大きな差がなく1けた以内に収まること, またダイナミックレンジが8けたと非常に幅広いことなどから, 主成分から微量成分まで高い正確さで一斉分析できるという利点をもつ. GDMSではグロー放電の揺らぎなどの物理的干渉の影響を軽減するために, 目的元素の主成分元素に対するイオン強度比を測定して定量を行う. 分析値が既知の標準物質を用いた検量線法が最も信頼性の高い分析法であるが, より簡単に定量を行う方法として, 相対感度係数(relative sensitivity function; RSF)を用いる方法が知られている. 相対感度係数は濃度既知の試料を用いて作成した, 検量線の傾きのようなものであるが, マトリックスが変化しても各元素の相対感度係

数はせいぜい2〜3倍程度しか変化せず，適当な標準物質がない場合においても信頼性の高い半定量分析が可能である．GDMSは現在までのところ一般に普及した装置ではなく，その用途も非鉄金属関係や鉄鋼，耐熱合金，希土類金属，そして高純度金属などの分析に限られているが，その優れた分析特性を活かした応用研究が今後ますます広がるものと期待される．現在，無機質量分析の分野（SIMSなどの表面分析法は除く）で最も広く用いられるイオン源は，誘導結合プラズマなどのプラズマイオン化源である．本稿ではICP-MSを中心に装置原理や分析特性そして応用について簡単に紹介する．

2）誘導結合プラズマ質量分析法

a. 概要，原理 誘導結合プラズマ質量分析法(inductively coupled plasma mass spectrometry; ICP-MS)は1980年にHoukらが最初の論文を発表して以来，急速に発展を遂げてきた極微量元素分析法である．その特徴を簡単に挙げると，①ガス成分を除いたほとんどの元素の検出限界が溶液濃度で10^{-9} g/mL(ppb)〜10^{-15} g/mL(ppq)と非常に高感度である，②検量線のダイナミックレンジが6けた以上と非常に幅広く，発光スペクトルに比べて質量スペクトルが非常に単純，③多元素同時（逐次）定量が容易に短時間にできる，④同位体比の測定が可能である，などがある．図3.25にICP-質量分析計の概略図を示した．装置は試料導入部，イオン化部，インターフェース部，イオンレンズ部，質量分離部，検出部，システム制御部，データ出力部からなる．イオン源であるICPは発光分析法で用いられているのと全く同じものである．ICPは大気圧下で操作され，生成したイオンを高真空の質量分析計へ引き込むために，真空系は三段差動排気機構がとられている．ICPへの試料導入は通常，溶液導入ネブライザーが用いられるが，固体・気体試料も適当な試料導入系を用いることでICPへの導入が可能である．ICPは高温(5000 K)・高電子密度(10^{15}/cm^3)のドーナツ構造をもつプラズマであるため，試料は効率よくプラズマの中心部へ導入され，プラズマ中でほとんど

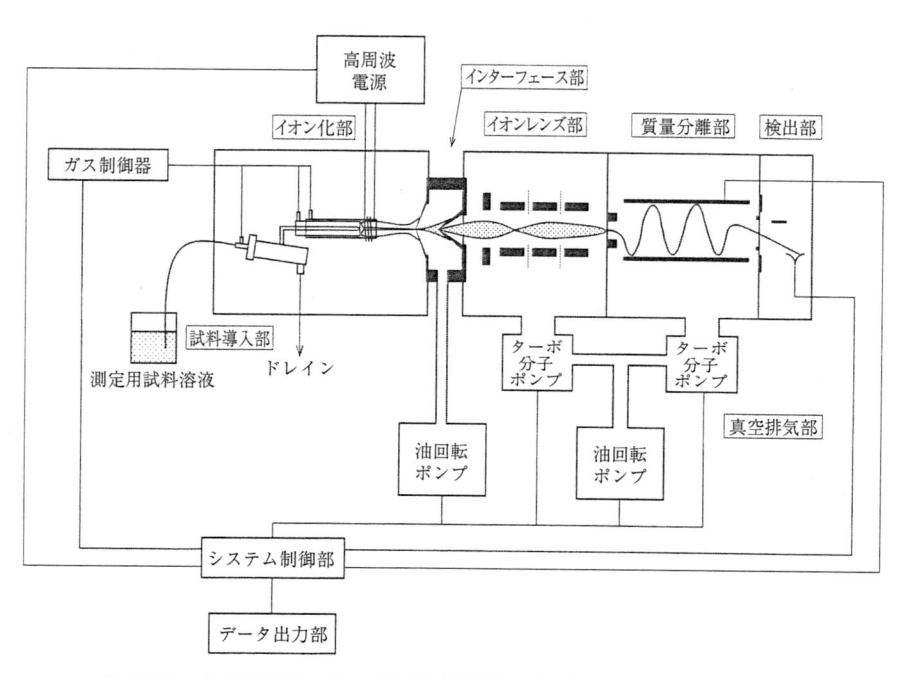

図3.25 四重極ICP-MSの概略図（(財)日本規格協会より転載許可）

の元素は 90% 以上イオン化される．生成したイオンは，サンプリングコーンとスキマーコーンで挟まれたインターフェースと呼ばれる領域を通過してイオンレンズ系で軌道収束された後，質量分析計へ取り込まれる．

　質量分析計は大きく分けて，四重極型，二重収束型の 2 種類がある．四重極質量分析計は 4 本の電極から成る四重極電極の電場フィルター作用によって目的元素イオンだけを質量分離する．操作性が非常に簡便であり，現在市場に出回っている ICP-MS の 9 割以上が四重極型の ICP-MS である．しかし質量分解能は低く，単位質量の分解能しかもたない．一方，二重収束（高分解能）型質量分析計は，イオンを静電場によってエネルギーを収束させ，次いで磁場によって方向収束させて質量分離する．質量分解能は 2 つのスリットの幅によって決まり，スリット幅を狭くすると高分解能条件となり四重極型 ICP-MS では分離不可能な干渉イオン（後述）を光学的に分離することができる．通常，磁場強度を変化させることによって質量スペクトルを測定する．質量分析計において質量分離されたイオンは，検出部で読み取り可能な信号に変換される．検出方式には，イオンを二次電子増倍管で 10^6〜10^8 倍の電子パルスに増幅させた後，電圧パルスに変換し，それを一定時間係数してイオンカウントとするパルス検出方式と，増幅した電子パルスを直流電圧に変換し，その電圧を一定時間計数してイオンカウントとするアナログ検出方式がある．

b. 感　　度　ICP-MS において感度に大きな影響を与えるパラメータは，ICP 高周波出力（1.0〜1.5 kW），ネブライザーガス流量（0.8〜1.2 mL/min），サンプリング深さ（ICP を生成する石英トーチの先端部とサンプリングコーンのオリフィスとの間の距離，通常 0.5〜1.0 cm）である．測定前には低質量・中質量・高質量数の元素を含む調整用溶液を用いて，必ずこれらのパラメータの最適化を行う必要がある．最適化とは各質量数のイオンの感度を高くするだけでなく，酸化物イオンや二価イオンの生成比を小さくすることである．一般に，高周波出力を高くすると感度が増加し，酸化物イオンの生成比は小さくなるが，出力を高くしすぎると感度は減少する．またネブライザーガス流量を上げすぎると感度は低下し，酸化物イオンの生成率も増加する．サンプリング深さを短くすると感度は増加するが，酸化物イオンの生成比は増加する．ICP-MS における一般的な感度は，四重極型 ICP-MS では，1 ppb の元素濃度溶

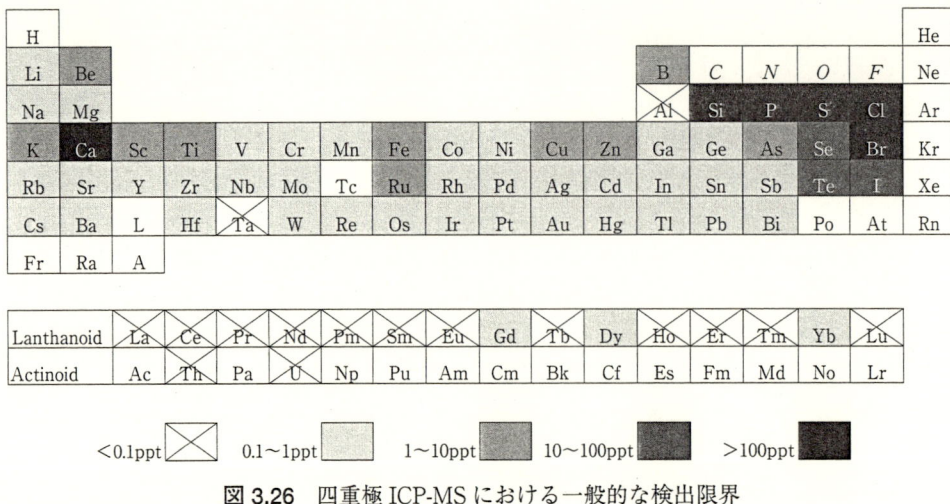

図 3.26　四重極 ICP-MS における一般的な検出限界

液をネブライザーで噴霧した場合 5×10^3〜1×10^4 cps である．高分解能型 ICP-MS ではこれより約 1〜2 けた高い感度を示す．また酸化物イオン生成比は ICP 操作条件の最適化を行った場合 Ba，Ce などで 1％ 程度，二価イオン生成比は Ba で 10％，Ce で 5％ 程度である．図 3.26 に四重極型 ICP-MS における一般的な検出限界を示した．

c. 分析特性（分光干渉，非分光干渉）
ICP-MS では元素の一価イオン以外にもさまざまなイオン種が生成し，スペクトルの重なりによる分光干渉を引き起こす．低分解能の四重極型 ICP-MS ではこれらの分光干渉は分離不可能なので，測定の際には最適質量数の選択など注意が必要である．ICP-MS で観測される代表的な干渉イオンには，アルゴンガスや試料溶液調製に用いる酸に起因した多原子イオンや，マトリックスとして共存する元素の酸化物・水酸化物イオン，そして二価イオンがある．前者の酸に起因した干渉イオンについては，硝酸を用いた場合の質量スペクトルパターンが純水のそれとあまり変わらないため，試料前処理にはやむを得ない場合を除いて硝酸を用いるのが望ましいとされている．表 3.5 に硝酸溶液を導入したときに観測される干渉イオンの一覧を示した．質量数 80 以下の領域で何らかの干渉イオンが存在するのが分かる．マトリックスに起因する干渉イオンについては，アルカリ土類・希土類元素など，酸化物の解離エネルギーが大きい（6〜9 eV）元素での影響が大きい．前述したように酸化物の生成比はプラズマの操作条件によって大きく異なってくるので，操作条件の最適化を行うことによってその影響を軽減することができる．

一般に質量分析計では，複数の同位体をもつ元素の同位体を測定すると，測定同位体比が「真の値」に対して一定の偏りをもった値を示す．同位体比測定や同位体希釈質量分析法では，同位体比既知の標準物質を用いて補正係数を求め，測定同位体比の補正を行っている．これとは別に，共存元素の濃度が非常に高い場合（通常 10 ppm 以上），目的とする微量元素のシグナルが，共存元素を含まない場合に比べて減少あるいは増加することがある（マトリックス効果）．その影響は共存元素の原子量が大きくなるほど，また同じ共存元素下では微量元素の原子量が小さくなるほど顕著になる．この 2 つの現象は本質的には異なるものではあるが，元素の原子量が異なるとイオンの透過効率が変化するという点で共通している．このような現象を総称して質量差別効果と呼ぶが，その原因としては，イオンレンズ部におけるイオンビームの静電的な反発効果によるイオンの散乱効果やサンプリングコーンのオリフィス付近におけるイオン－分子反応による散乱効果などが挙げられるが，未だ明確な解答が得られていない．マトリックス効果の影響を補正するためには，内標準法や標準添加法，同位体希釈法の適用などが必要になる．

d. 応　　　用　科学文献にみられる ICP-MS の応用例は急速に増加している．具体的な応用分野は，環境・地質試料，金属・合金や高純度物質，生体・医療用試料，食品などである．分析のニーズが ppb から ppt，ppq へと超微量濃度領域へと進むにつれ，高感度分析法としての ICP-MS の注目度がますます高まっているが，ICP-MS の分析特性を最大限に活かすためには，試料の種類によらず前処理における分析誤差の影響を最小限に抑えることが必要不可欠である．分析誤差の要因とは，外部からの汚染，水・試薬中の不純物，分析試料の未分解，目的元素の損失などであり，これらに対してはクリーンルームでの試料調製や高純度試薬の使用，密閉式の加圧容器による試料分解，標準物質の分析結果との比較を行うことによって対応できる．

表 3.5　硝酸溶液を導入したときに観測される干渉イオン

m/z	元素（天然存在比）	干渉イオン	m/z	元素（天然存在比）	干渉イオン
17	O (0.04)	^{16}OH	44	Ca (2.06)	^{12}C^{16}O^{16}O
18	O (0.20)	^{16}OH$_2$	45	Sc (100)	^{12}C^{16}O^{16}OH
19	F (100)	^{16}OH$_3$	46	Ti (7.99), Ca (0.003)	^{14}N^{16}O^{16}O
20	Ne (99.2)	^{18}OH$_2$	50	Ti (5.25), Cr (4.35), V (0.24)	^{36}Ar^{14}N
21	Ne (0.26)	^{18}OH$_3$	52	Cr (83.76)	^{40}Ar^{12}C, ^{36}Ar^{16}O
28	Si (92.21)	^{14}N^{14}N, ^{12}C^{16}O	54	Fe (5.82), Cr (2.38)	^{40}Ar^{14}N
29	Si (4.7)	^{14}N^{14}NH, ^{12}C^{16}OH	55	Mn (100)	^{40}Ar^{14}NH
30	Si (3.09)	^{14}N^{16}O	56	Fe (91.66)	^{40}Ar^{16}O
31	P (100)	^{14}N^{16}OH	57	Fe (2.19)	^{40}Ar^{16}OH
32	S (95.02)	^{16}O^{16}O	68	Zn (18.57)	^{40}Ar^{14}N^{14}N
33	S (0.75)	^{16}O^{16}OH	70	Ge (20.51), Zn (0.62)	^{40}Ar^{14}N^{16}O
34	S (4.21)	^{16}O^{18}O	72	Ge (27.4)	^{36}Ar^{36}Ar
35	Cl (75.77)	^{16}O^{18}OH	74	Ge (36.56), Se (0.87)	^{36}Ar^{38}Ar
36	Ar (0.34), S (0.02)	^{36}Ar	76	Ge (7.77), Se (9.02)	^{36}Ar^{40}Ar
37	Cl (24.23)	^{36}ArH	77	Se (7.58)	^{36}Ar^{40}ArH
38	Ar (0.06)	^{38}Ar	78	Se (23.52), Kr (2.27)	^{38}Ar^{40}Ar
39	K (93.08)	^{38}ArH	79	Br (50.54)	^{38}Ar^{40}ArH
40	Ar (99.6), Ca (96.97), K (0.01)	^{40}Ar	80	Se (49.82), Kr (0.35)	^{40}Ar^{40}Ar
41	Ar (6.91)	^{40}ArH	81	Br (49.46)	^{40}Ar^{40}ArH
42	Ca (0.64)	^{40}ArH$_2$	82	Kr (11.56), Se (9.19)	^{40}Ar^{40}ArH$_2$

ICP-MS がその威力を発揮している理由は，高感度性もさることながら，さまざまな試料導入系（レーザーアブレーションやクロマトグラフなど）を結合することにより，固体や気体試料の直接分析や元素の形態別分析が可能になったことや，同位体比計測による年代測定や同位体希釈質量分析法による高正確分析が簡単に行えることなど，応用範囲が非常に広いことによる．装置的にも開発当初に比べて，イオンレンズ系や真空ポンプ系の簡略化やソフトウェアの利便化など，操作性が大幅に改善されている．今後も普及性の高い装置として研究利用の裾野がますます広がるものと予想される．

参考文献

1) 河口広司，中原武利（編）：プラズマイオン源質量分析，学会出版センター (1994)．
2) 原口紘炁，ほか（訳）：元素微量分析の実際，丸善 (1995)．
3) 保母敏行（監修）：高純度化技術大系 1　分析技術，14 章「ICP 質量分析法」，フジテクノシステムズ (1996)．
4) JIS K0133　高周波プラズマ質量分析通則，(2000)．
5) 久保田正明（監訳）：誘導結合プラズマ質量分析法，化学工業日報社 (2000)．

演習問題

[4] 塩酸溶液を ICP-MS に導入したときに観測される干渉イオンと干渉を受ける元素の例を挙げよ．

[5] ICP-MS で観測されるマトリックス効果の影響と，共存元素と微量元素の質量数の関係について述べよ．

3.3 元素分析法
― 分子スペクトル分析法 ―

3.3.1 概論

分子は原子が複数結合してできている．そのために原子にはない分光化学的性質がある．すなわち，

①分子軌道と呼ばれる分子内の電子の軌道に加えて，

②原子核間の相対運動（振動，回転運動），

が重要となる．①に関しては，分子全体の結合状態により決まる電子のポテンシャルエネルギー E_e，また②に関しては，原子核相互の振動を表すエネルギー E_v および分子全体の回転を表すエネルギー E_r を考えることができる．これらの値は，その分子に固有のそれぞれ不連続の定まった（量子化された）エネルギー状態しかとれない．すなわち，エネルギー準位をもつ．それぞれのエネルギーの大きさは

$$E_e > E_v > E_r \tag{3.1}$$

である．また，分子全体の並進エネルギーを除外した分子の内部エネルギー E を考えると，

$$E = E_e + E_v + E_r \tag{3.2}$$

と表される．電子準位が変化しても原子核の相対運動には直接関係がないと考えることができるため，近似的に電子のエネルギーと原子核運動のエネルギーを独立に扱うことができる．式(3.2)は，この近似的な取り扱いを数式で表したものである．

光と分子の相互作用は，①光の吸収と放出，②光散乱の2種類の過程に大別される．それぞれの概念図を図3.27に示す．図3.27(a)のように，分子はその固有準位間のエネルギー差に相当するエネルギーの光を吸収したり，また放出したりして準位間を遷移する．すなわち，このときの光子のエネルギーは

$$h\nu = E_i - E_0 \tag{3.3}$$

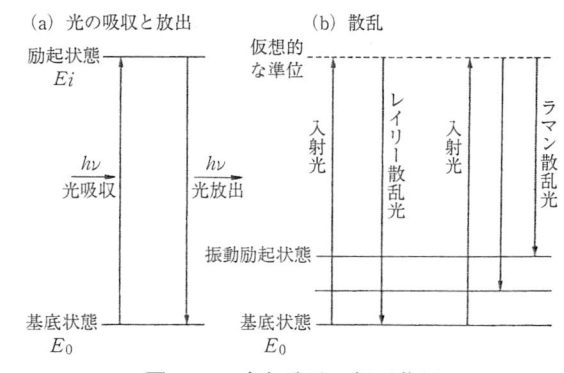

図3.27 光と分子の相互作用

と表される．このことは，吸収される（放出される）光子のエネルギーを調べることにより，その原子や分子のエネルギー準位に関する直接的な情報を得ることができることを示している．一方，光散乱は，①の場合と異なり，照射した光のエネルギーが分子のエネルギー準位間の遷移エネルギーに一致しなくとも，光の電場により分子の電子分布が偏り双極子モーメントが光の振動数と同じように振動するために生じる．概念的には図3.27(b)のように表現される．散乱光には同じ波長の光（レイリー（Rayleigh）散乱），あるいはやや違う波長の光（ラマン（Raman）散乱）が含まれる．この光散乱過程は，光の吸収と放出に比べると大変起こりにくく，そのため散乱光は一般に微弱であるが，ラマン分光法など，重要な分析方法を提供している．

式(3.2)に戻り，E_e，E_v，E_r の大きさを光エネルギーにより考えてみると，E_e は可視・紫外領域，E_v は赤外領域，E_r は遠赤外およびマイクロ波領域のエネルギーに相当する．本節では，次項の紫外-可視吸光法，蛍光法，化学発光法で E_e を利用した分析法を，赤外・ラマン分光法で E_v を利用した分析法を学ぶ．

3.3.2 紫外-可視吸光・蛍光・化学発光法
1) 分子のエネルギー状態

分子の電子エネルギー準位と遷移過程を図

3.28に示す．エネルギー準位の最も低い状態を基底状態，高い状態を励起状態と呼ぶ．これらの電子の基底状態や励起状態には，それぞれに振動エネルギー準位，さらにそれぞれの振動エネルギー準位の間には回転エネルギー準位が存在する．また，電子のエネルギー状態は，電子スピンにより一重項状態と三重項状態に分類される．すなわち，一般に基底状態の分子では，電子はスピンが正方向と逆方向のもので対をつくり分子軌道に充填されている．この状態は一重項（S_0）である．一方，励起状態では，励起準位に遷移した電子のスピンの方向が基底状態と変わらない場合と，その方向が逆転してしまう場合がある．前者は一重項のままであるが，後者は，対をつくっていない同方向のスピンをもつ電子が2個存在する状態となり三重項と呼ばれる．すなわち，励起状態には一重項状態（$S_1, S_2, \cdots$）と三重項状態（$T_1, T_2, \cdots$）がある．一重項間，また三重項間の遷移は，量子論における選択律により許容されている（許容遷移）．特に基底状態（一重項）と一重項励起状態間の電子遷移は，強い光吸収や放出（蛍光）として観測される．一方，一重項と三重項との間の遷移は禁じられており起こりにくい（禁制遷移）．

いま，光を吸収して基底状態（S_0）から一重項励起状態（$S_1, S_2, \cdots$）に励起された分子について考える（図3.28）．励起準位にある分子は，熱としてエネルギーを放出しながら，大部分は，まずS_1の最低準位に遷移する（これを内部転換と呼ぶ）．次に光を放出して基底状態に戻る場合がある．この光を蛍光と呼ぶ．また，光ではなく，熱を放出して基底状態に戻る場合も多い（内部転換）．さらに，項間交差（内部転換と同様に熱を放出する）と呼ばれる過程を経て三重項状態（T_1）に移ることがある．T_1からS_0への遷移は，前述のように禁制であるので，T_1状態にある分子は，なかなかS_0へ遷移することができず，長くT_1にとどまる．一般には，項間交差により熱を放出しながらS_0に戻るが，低温状態の分子などでは，微弱だが長寿命の光放出が観測されることがある．これをりん光と呼ぶ．このように光の吸収に伴いさまざまな現象が観測されるが，これらの現象が，それぞれ分析法として利用されている．図3.29は，それらの方法の原理を模式化したものである．吸収を直接観測する，すなわち，透過光を観測する方法は，紫外-可視吸光法と呼ばれる．蛍光とりん光を利用する分析法は，それぞれ蛍光分析法とりん光分析法である．また，内部転換や項間交差（総称して無放射遷移と呼ばれる）により発生する熱を観測する方法として，近年さまざまな光熱変換分光法が開発されている．さらに，図3.29には示されていないが，化学反応によりエネルギーを得て励起状態の分子が生成することがある．この場合も，熱や光を放出して基底状態に戻る．このときの光放出を化学発光と呼び，この過程も，近年，分析に大いに利用されている．

一方，偏光を利用する分析法も知られている．光は進行方向に対して垂直面内に電磁振動している．光の中にはその電場ベクトルの振動方向が規則的なものがあり，それを偏光

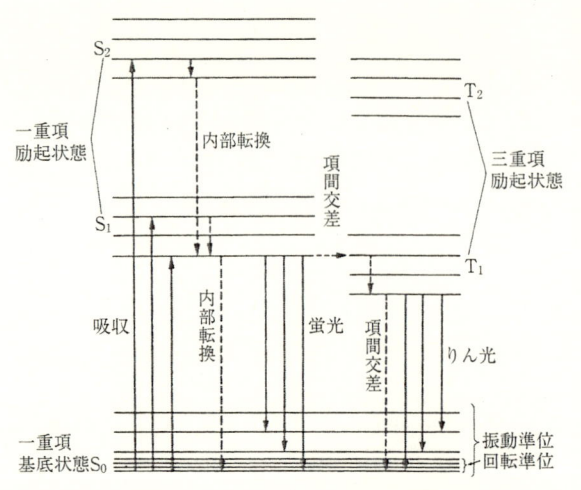

図3.28 分子のエネルギー準位と遷移過程

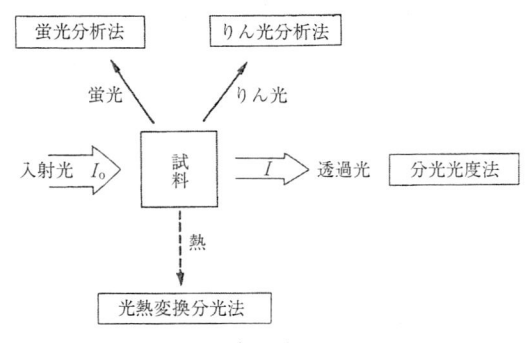

図 3.29 各測定法の原理

と呼ぶ．偏光にはいくつか種類があるが，そのうち，電場ベクトルの終端の軌跡が直線となるような場合を直線偏光(または電場の振動方向と伝播方向が1平面内に含まれるので平面偏光)という．またその軌跡が円になる場合を円偏光という．円偏光については，進行する光波に正対したとき電場ベクトルの回転方向が時間とともに時計まわりの場合を右まわり，反時計まわりの場合を左まわりという．ところで，光学活性な分子は，その吸収波長近傍で直線偏光の偏光面を回転させることが知られている．また，右円偏光と左円偏光では吸収係数が若干異なる．直線偏光の偏光面の回転角を測定するのが旋光分散といわれる方法である．また両円偏光間の吸光差を測定する方法として円偏光二色性が知られている．これらの方法は光学活性な物質の鏡像体を識別する方法として，生体物質の解析に広く用いられている．

2) 物質濃度と光吸収の関係

光を用いた分析法においては，物質による光の吸収過程がまず第1段階となる．そこで上記の吸収や蛍光などの現象を物質の定量に用いるためには，光吸収と物質量の間に一定の関係が成り立たなくてはならない．この関係を表すのが，有名なランベルト-ベール(Lambert-Beer)の法則である．これは

$$A = \log \frac{I_0}{I} = \varepsilon c l \quad (3.4)$$

I_0 は入射光強度，I は透過光強度，ε は目的成分のモル吸光係数 $(dm^3/(mol\,cm))$，c は目的成分のモル濃度 (mol/dm^3)，l はセル長 (cm)，と定式化される(図3.30参照)．また，A は吸光度と呼ばれ，濃度と比例関係にある値である．モル吸光係数 ε は，それぞれの成分が，各波長で固有の値をとり，最大で 10^5 程度の値を示す．この値が大きい成分ほど，濃度が低くてもより大きな吸光度を得ることができるため，高感度に検出できることになる．

この法則の意味をもう少し考えてみると，図 3.30 において，試料中を光が通過するときに光の強度は減衰するが，光がわずかな距離 Δl 進んだときに減衰する光の量 ΔI は，その場における光の強さ I と進んだ距離 Δl，および目的分子の濃度 c に比例する．すなわち，

$$-\Delta I \propto I c \Delta l \quad (3.5)$$

と表される．目的成分に吸収される光の量は，光が強いほど，また目的成分の数が多いほど大きくなるというのが，この式の意味するところである．式(3.5)を比例係数を用いて微分方程式として表し，それを解くと式(3.4)が得られる．また，式(3.4)を指数関数を用いて表せば

$$I = I_0 \times 10^{-\varepsilon c l} = I_0\, e^{-2.303\,\varepsilon c l} \quad (3.6)$$

となる．この式から，光がセルを通過するとき，光強度は指数関数的に減衰することが分かる．

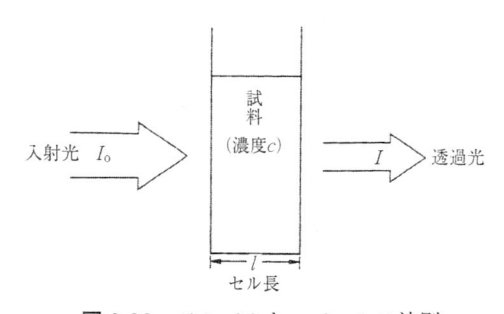

図 3.30 ランベルト-ベールの法則

3) 紫外-可視吸光法

紫外-可視吸光法は，前述の電子遷移による光吸収そのもの，すなわち透過光強度を観測する方法である．また，可視領域の吸光法は吸光光度法と呼ばれる．この吸光光度法では，多くの場合，試料溶液がきれいに発色し，その色の濃さで目的物質を定量する．この原型である比色法は19世紀後半から知られている．当時開発されたチタンの過酸化水素法（黄色）や，硫化物イオンのメチレンブルー法（青色）などは，現在でも実用分析法として用いられている．一方，紫外領域の吸光法は，多環式芳香族化合物，タンパク質，核酸などのように可視領域に吸収をもたないが，紫外領域に強い吸収を持つ物質の定量や，化合物の官能基の推定など物質の同定や構造の研究に汎用的に用いられている．

図3.31に分光光度計（ダブルビーム型）の構成を示す．この装置は紫外-可視全域用であるため，重水素ランプ（紫外用）とタングステンランプ（可視用）の2つの光源を備えている．光源光は分光器により単色光（単一の波長の光）として取り出された後，2つの光束に分けられ，1つは試料セルに，もう1つは対照セルに照射される．通常，試料セルには目的成分を含む分析試料が，また対照セルには分析試料の溶媒のみが入れられる．それぞれの透過光を検知器（光電子増倍管）により，光強度に比例した電流に変換する．それらの光電流は増幅された後，演算回路により，まず強度比が計算され，さらに吸光度に変換される．また，分光器を用いてセルに照射する光の波長を変化させると，波長-吸光度曲線，すなわち吸収スペクトルを測定することができる．このダブルビーム型分光光度計を用いると，スペクトルを自動的に測定することができる．図3.32はその一例で，Fe^{2+}イオンと1,10-フェナントロリン(phen)が$[Fe(phen)_3]^{2+}$という錯イオンをつくったときの吸収スペク

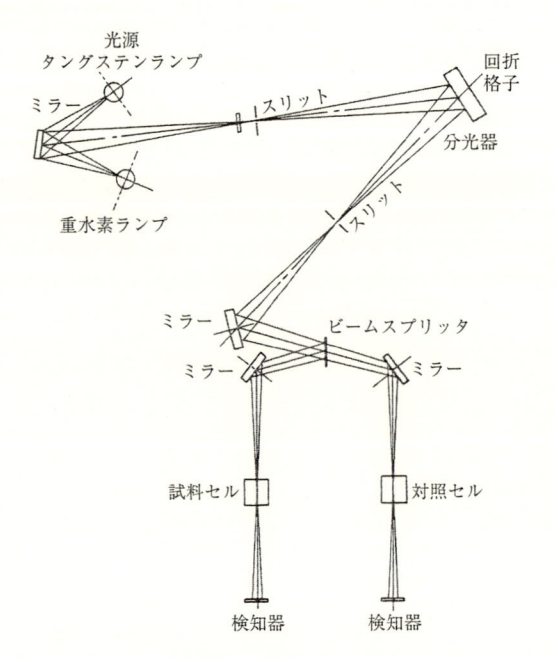

図3.31 分光光度計

トルである．Fe^{2+}イオンの濃度により吸光度が変化することが分かる．この反応は，Fe^{2+}イオンの定量法としてたいへん有名であり，通常最も吸光度変化が大きい510 nmにおける吸収が定量に利用される．Fe^{2+}イオンのようにそれ自身はほとんど吸収を示さない物質でも，適当な試薬と反応させることにより発色させることができる．色のない分析対象の化合物を，このように発色化合物に変える反応を発色反応と呼ぶ．また，そのための試薬を発色試薬と呼び，現在までにさまざまな試薬が開発されている．

一方，吸収スペクトルは分子構造と密接な関係をもつ．有機化合物の場合，単結合は結合性のσ軌道に，また二重結合はσ結合性軌道のみならず結合性のπ軌道にも電子が満たされている．また，酸素，窒素，ハロゲンなどの原子を含む分子には結合に関与しない軌道がありn軌道と呼ばれている．さらに，基底状態では電子は充填されていない反結合性のπ^*とσ^*軌道も存在する．その関係を図3.33に示す．光吸収は，こうしたσ, π,

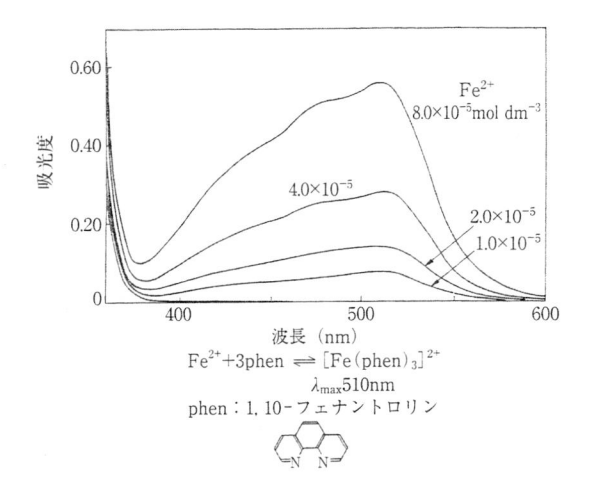

図3.32 Fe^{2+}-1,10-フェナントロリン錯体の吸収スペクトル

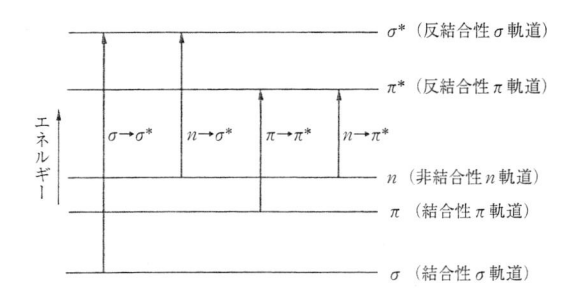

図3.33 分子軌道のエネルギー準位と可能な電子遷移

n 軌道の電子の反結合性軌道への遷移に基づいている．このうち，σ-π^*，また π-σ^* 遷移は禁制遷移のため観測されない．また，σ-σ^* や n-σ^* 遷移による吸収は，エネルギーが大きいため，より短波長の真空紫外領域に現れることが多い．そのため，紫外・可視領域で観測される吸収のほとんどは C=C，C≡C，C=N などによる π-π^* 遷移，あるいは C=O，C=S，N=O などによる n-π^* 遷移に由来する．このように多重結合をもち，それ自身吸収遷移をもつような原子団を発色団と呼ぶ．表3.6に簡単な有機化合物が示す吸収の典型例を示す．一方，それ自身は特定の吸収をもたないが，発色団と結合して発色団の吸収に深色効果(吸収を長波長に移動させる)や濃色効果(吸収強度を増大させる)を及ぼすものを助色団という(なお，反対の効果は，それぞれ，浅色効果，淡色効果と呼ばれる)．助色団としては，アルキル基，アミノ基，水酸基などがある．またC=C-C=Cのように発色団が共役した場合，π-π^* に基づく大きな吸収を示す．さらに芳香族化合物も π 電子に由来する大きな吸収を与える．こうした発色団の特性吸収帯，助色団の効果などを利用して，分子構造に関する情報を得ることができる．

一方，遷移金属イオンを含む化合物では，金属イオンの d 電子や f 電子も吸収に関与する．すなわち，① d-d*遷移や f-f*遷移，②配位子内の n-π^* や π-π^* 遷移，③金属から配位子への電荷移動による遷移，などの吸収が現れる．このうち，特に，②と③は，強い吸収を与え，金属イオンの定量にしばしば利用される．

ここで図3.29と図3.33の関係を説明しておく．図3.29は分子全体のエネルギー状態を表しており，図3.33は個々の分子軌道のエネルギーを示している．したがって，この場合，σ，π，n 軌道に電子が充填されている状態が一重項基底状態 S_0 である．さらに n 軌道の電子が π^* 状態に遷移した状態でスピンの方向が変わらなければ S_1 状態，さらにスピンの方向が変化すれば T_1 状態になり，エネルギーも少し変化する．さらに π 軌道の電子が π^* 状態に遷移した状態は S_2 (あるいは T_2)となる．

4) 蛍光分析法

蛍光現象は，19世紀後半に理解が進み，多くの植物色素あるいは染料などの蛍光性物質が知られるようになった．化学分析においては，はじめはおもに定性分析に利用されていたが，1920年代から徐々に定量分析にも用いられるようになってきた．蛍光強度 F と蛍光物質の濃度 c の関係を考えると，まず，蛍光強度 F は目的物質により吸収され

表3.6　有機化合物の吸収スペクトルの例

化合物		最大吸収波長 (nm)	最大モル吸光係数 ($\log \varepsilon_{max}$)	遷移の種類
アセトン	$\mathrm{CH_3 \atop CH_3}\!\!>\!\!C=O$	272	1.2	n-π^*
アセトアルデヒド	$\mathrm{CH_3 \atop H}\!\!>\!\!C=O$	305	1.2	n-π^*
酢酸	$CH_3-C{<\!\!\atop}^O_{OH}$	203	1.6	n-π^*
ジアゾメタン	$CH_3-N\equiv N$	435	0.5	n-π^*
エチレン	$H_2C=CH_2$	175	4.0	π-π^*
1,3-ブタジエン	$H-(CH=CH)_2-H$	217	4.3	π-π^*
1,3,5-ヘキサトリエン	$H-(CH=CH)_3-H$	258	4.9	π-π^*
ベンゼン	C_6H_6	204 254	3.9 2.4	π-π^*
ナフタレン	C_6H_8	220 275 310	5.0 3.8 2.4	π-π^*

る光の量 ΔI と蛍光量子収率 ϕ(吸収された光子数に対する蛍光として放出される光子数の割合，最大で1となる)に比例する．すなわち，

$$F = K\phi \Delta I \tag{3.7}$$

と書ける．ここで，K は比例係数で，装置により決まる定数であるため装置関数と呼ばれる．式(3.6)から ΔI を計算すると，希薄溶液の場合は，

$$\Delta I = I_0 - I_0 e^{-2.303\varepsilon cl} \fallingdotseq 2.303\, I_0 \varepsilon cl \tag{3.8}$$

が成り立つ．したがって，

$$F \fallingdotseq 2.303 K\phi I_0 \varepsilon cl \tag{3.9}$$

となる．この式から，蛍光強度 F は，励起光の強さ I_0 に比例することが分かる．すなわち，蛍光分析法においてはレーザーなど高輝度の光源を使うと有利である．

図3.34に蛍光光度計の概念図を示す．まず，光源光を分光器で単色光としたのち試料セルに照射する(励起光)．信号である蛍光は励起光の方向と直角に配置されたもう1つの分光器で分光したのち光電子増倍管で検出される．ここで検出側の光学配置を励起光に対して直角とするのは，励起光の散乱などによるバックグラウンド光の影響を最小限とするためである．

図3.35にアントラセンの励起スペクトルと蛍光スペクトルを示す．励起スペクトルとは，蛍光側の測定波長を一定として(通常，蛍光強度が最大となる波長)，励起波長を変化させたときの蛍光強度の変化を，励起波長に対してプロットしたもので，物理的には吸収スペクトルと同様の意味をもつ．また，蛍光スペクトルは励起波長を一定として，蛍光側の波長を変化させて，その測定波長に対して蛍光強度をプロットしたものである．このように蛍光スペクトルは，吸収(励起)スペクトルよりも長波長側に現れ，また吸収(励起)スペクトルと蛍光スペクトルはお互いに鏡像対称のようになることが一般的である．これはフランク-コンドン(Franck-Condon)原理により説明される．この原理は，電子の遷移に要する時間が核の運動よりもはるかに短いため，電子の遷移は，核間距離が変わらない状態で起こり，遷移が起こった後原子核間は平衡の位置に動くという内容である．これを図3.36で説明すると，基底状態，励起状態

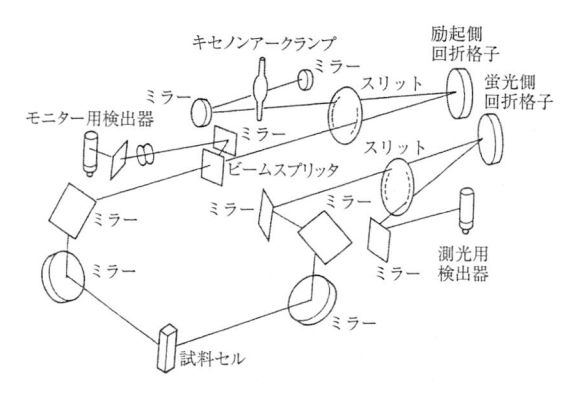

図3.34 蛍光光度計

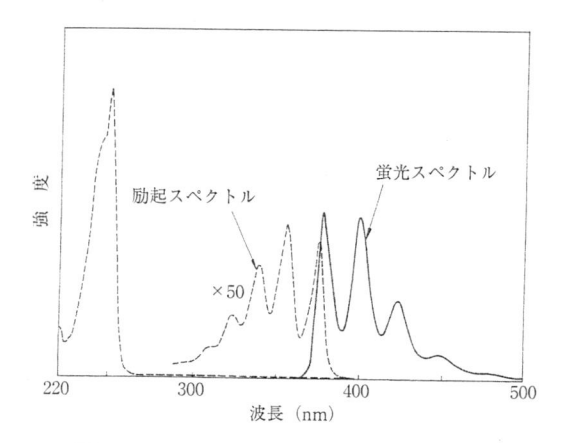

図3.35 アントラセンの蛍光スペクトルと励起スペクトル

の平衡にある核間距離をそれぞれ，R_e, R_e'とすると，通常R_e'はより長いほうへずれている．基底状態のほとんどの分子は$v=0$の状態におり，そこから遷移すると，フランク-コンドン原理により，励起状態の$v'=0$よりもさらに上の振動準位（この場合$v'=1$）に遷移しやすくなり，この遷移による吸収が最も強く現れる．一方，蛍光の場合は$v'=0$からの遷移になるが，やはり，$v=0$ではなく，それよりも上の振動準位（この場合$v=1$）への遷移が最も起こりやすく強い蛍光を与える．この結果，吸収（励起）スペクトルと蛍光スペクトルはおおよそ鏡像対称となることが多い．

蛍光分析法の特長は，吸光法に比較すると，まず，蛍光を発する物質は限られており，また励起側，蛍光側，2つの波長を選択できるので，方法としての選択性が高いことが挙げられる．また，一般に高感度であり，特に，前述のように，蛍光強度は励起光強度に比例するので，レーザーなどの強力な光源を使えば，感度を極限まで向上させることができる．最近では，レーザー励起蛍光法による1分子の検出も報告されるようになっている．

分析対象となる物質では蛍光性の物質は少ない．目的物質が蛍光性でない場合，特殊な試薬を反応させて蛍光物質に変えて測定する方法（誘導体化法）が数多く開発されている．また，蛍光分析法は，吸光法などに比べれば，確かに高い選択性を有する方法であるが，実際の分析においてはまだまだ不十分である．しかし，近年高い選択性をもった分離法や反応と組み合わせることにより，そうした欠点を補うことができるようになってきた．高速液体クロマトグラフィー（HPLC）やキャピラリー電気泳動法の検出法としての利用や免疫反応の検出手段への応用などがその代表例である．こうした方法は，特に，アミノ酸，タンパク質，ビタミン，糖，核酸など多くの生理活性物質の分析に欠くことのできない方法となっている．

5) 化学発光法

前述のように，化学発光とは，化学反応により励起状態の分子が生じ，その結果起こる光放出である．励起過程は光による場合と異なるが，光放出過程は，蛍光やりん光と同じである．また，ホタルやホタルイカなど，光を放つ生物が知られているが，これらの発光も化学発光の一種である．しかし，一般には，生物において酵素が関与した発光を生物発光と呼び，化学発光と区別している．

化学発光や生物発光は，近年多くの分析法に利用されている．この方法の特長は，きわめて高感度であることである．これは，蛍光

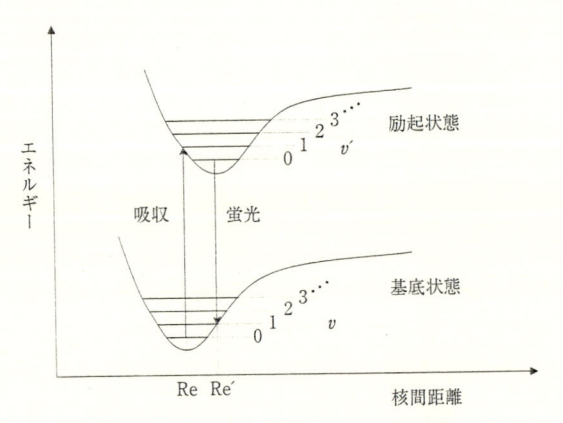

図 3.36 フランク-コンドン原理

法などでは，どうしても光源光の散乱など目的とする蛍光以外の光が測定を妨害してしまうが，化学発光法では，目的とする化学発光のみが放出されるため，極微弱な発光でも測定可能となるためである．この特長を生かして，近年では，蛍光法とならび，高速液体クロマトグラフィーなどの分離分析法や免疫分析法の検出手段として，特に生体物質の極微量分析に広く利用されている．

図 3.37 は代表的な化学発光試薬であるルミノールの反応を示している．ルミノールは塩基性の条件下で，過酸化水素または酸素と触媒存在下で反応し，図のように発光する．この反応は，古くより血液の触媒作用を利用して，血痕の鑑定に用いられているが，近年は，さまざまな分析法の検出手段としても広く利用されている．また，ルミノール以外にも，ルシゲニン，過シュウ酸エステル類，さらに生物発光のうちのホタルの発光（基質：ルシフェリン，酸化酵素：ルシフェラーゼ，Mg^{2+}，ATP，酸素からなる発光系）などが分析法として利用されている．

演 習 問 題

[6] ランベルト-ベールの法則について，式 (3.5) から式 (3.4) を導け．また，分光光度計の測定可能な最小の吸光度を 10^{-4} としたとき，モル吸光係数が $10^5 (dm^3/mol\,cm)$ である物質の検出できる最小の濃度 (mol/dm^3) を計算せよ．ただしセル長を 1 cm とする．

[7] 蛍光分析法は，分光光度法に比べ，一般に感度と選択性が高い方法である．その理由を説明せよ．

3.3.3 赤外・ラマン分光法

分子のエネルギー遷移のうち，振動エネルギーの遷移を観測し，分子構造や周囲の分子との関わり合いを調べる方法を，振動分光法という．その中でも，赤外分光法[1] とラマン分光法[2] は，分子化学と分析化学の両面で重要である．

1） 振動分光法の基礎

分子は C–H や C–C といった小さな振動子が連なった連成振動子と考えられる．連成振動子では，各小振動子が互いに相互作用 (couple) し合い，非常に複雑な振動が起こっ

図 3.37 ルミノールの化学発光

ている．いま，同一原子がばねを介して一直線上に連なった簡単な連成振動を考え，分子内の原子の位置座標 x_j に均一な原子質量 m で重みをつけた座標をそれぞれ $q_j(=\sqrt{m}x_j)$ と書くと，運動エネルギー T とポテンシャル V はそれぞれ次のように書ける．

$$T = \frac{1}{2}(\dot{q}_1^2 + \dot{q}_2^2 + \dot{q}_3^2 + \cdots) \quad (3.10)$$

$$V = \frac{k}{2m}[(q_2-q_1)^2 + (q_3-q_2)^2 + \cdots] \quad (3.11)$$

V には q_1q_2 といった干渉項が出てくることから，ハミルトン関数 $H(=T+V)$ の中の V を通じて振動子どうしが相互作用し合っていることが分かり，このままでは解析が難しい．

そこで，座標以外のパラメータを押し込んだ $\mathbf{B}$ 行列を使い，式(3.11)を式(3.12)のように行列の二次形式で書き改める(Tは転置行列を表す)．

$$V = \frac{1}{2}\mathbf{q}^T\mathbf{B}\mathbf{q} \quad (3.12)$$

直交行列 $\mathbf{U}(\mathbf{U}^{-1}=\mathbf{U}^T)$ を使って新しい座標 $\mathbf{Q}$ を $\mathbf{q}=\mathbf{U}\mathbf{Q}$ と定義し，式(3.10)，(3.11)を書き改めると，

$$T = \frac{1}{2}(\mathbf{U}\dot{\mathbf{Q}})^T(\mathbf{U}\dot{\mathbf{Q}}) = \frac{1}{2}\dot{\mathbf{Q}}^T\dot{\mathbf{Q}}$$
$$= \frac{1}{2}(\dot{Q}_1^2 + \dot{Q}_2^2 + \dot{Q}_3^2 + \cdots) \quad (3.13)$$

$$V = \frac{1}{2}(\mathbf{U}\mathbf{Q})^T\mathbf{B}(\mathbf{U}\mathbf{Q}) = \frac{1}{2}\mathbf{Q}^T\mathbf{U}^T\mathbf{B}\mathbf{U}\mathbf{Q} \quad (3.14)$$

となる．したがって直交行列 $\mathbf{U}$ が式(3.14)の $\mathbf{U}^T\mathbf{B}\mathbf{U}$ を対角行列 $\mathbf{\Lambda}$ にできれば($\mathbf{U}^T\mathbf{B}\mathbf{U}=\mathbf{U}^{-1}\mathbf{B}\mathbf{U}=\mathbf{\Lambda}$)，

$$V = \frac{1}{2}\mathbf{Q}^T\mathbf{\Lambda}\mathbf{Q} = \frac{1}{2}(\lambda_1Q_1^2 + \lambda_2Q_2^2 + \lambda_3Q_3^2 + \cdots) \quad (3.15)$$

となり，ハミルトン関数から振動子間の相互作用を取り除くことができる．この直交行列 $\mathbf{U}$ は $\mathbf{B}$ の固有ベクトルとして計算でき，新しい座標 $\mathbf{Q}$ も同時に決まる．

このように連成振動を「独立な振動子」に置き換え可能にする新しい座標を基準座標といい，この座標での解を基準振動(normal mode)という．実際の振動分光法では，この基準振動を反映した基本振動が測定される．ただし，すべての基準振動がスペクトルに現れるのではなく，分子構造の対称性に応じて一部が赤外吸収スペクトルに，一部はラマン散乱スペクトルに現れる．これを赤外活性・ラマン活性という．このため振動スペクトルの解析にとって，赤外・ラマン分光法は表裏一体の分析法といえる．どの基準振動が赤外・ラマン活性なバンドになるかを決めるルールを選択律といい，振動の波動関数の対称性を整理する群論で解析できる．

2) 赤外吸収分光法

基準振動のエネルギー準位間の遷移を，赤外線吸収によって直接測定する分析法である．これには，基準振動を生み出す官能基の振動双極子の変化(グループ振動)と赤外線の電場ベクトルが結合することが必要である．炭化水素鎖中のメチレン基を例に，代表的な基準振動様式を図3.38に示す．同じメチレン基のC-H振動でも，対称伸縮振動，逆対称伸縮振動，縦ゆれ振動など多数のモードがある．これらは，相互作用のない振動子としてスペクトルに吸収バンドを与える．バンドの帰属は，理論計算による基準振動解析や，同位体置換などによる実験的な方法で決める．

赤外分光法の選択律は，遷移双極子モーメントが時間的に変化するとき活性となる．したがって，電気陰性度の差の大きな原子が結合している部位ほど，一般に赤外吸収が大きい．たとえば，C=O伸縮振動はC-H伸縮振動に比べて非常に大きな吸収係数を示す．

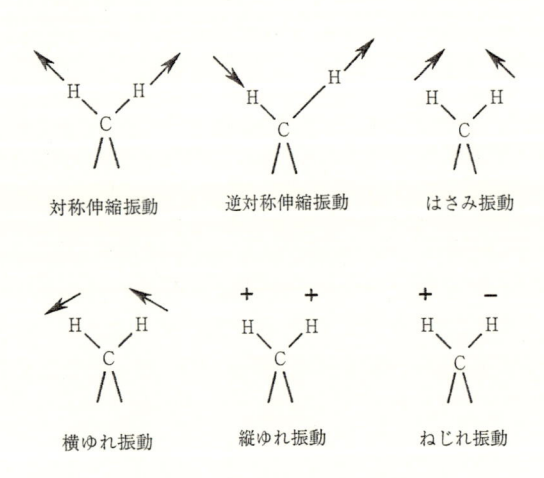

図 3.38 メチレン基の基準運動

対称伸縮振動　逆対称伸縮振動　はさみ振動
横ゆれ振動　縦ゆれ振動　ねじれ振動

反対に，N≡N（窒素分子）のように対称的な構造では，振動してもベクトルとしての双極子の変化が現れないため，このモードは赤外スペクトルに現れない（赤外不活性）．また，遷移双極子モーメントの方向が赤外線の電場の方向と平行なときに吸収が起こる．

赤外線をよく吸収するものとしては，水と二酸化炭素が挙げられる．特に，水による吸収は強すぎ，空気中の水蒸気もしばしば赤外分光法の邪魔になる．このため水溶液試料は，赤外透過法測定に不向きである．

a. 分光器　赤外分光器には，試料からきた赤外線をプリズムや回折格子で分光する分散型と，干渉計により変調をかけた赤外光を試料に当て，出てきた光を時間変調として記録した後フーリエ変換して波数軸スペクトルとする，フーリエ変換（FT）型がある．波数精度，定量精度，分解能，積算による低雑音化などは FT 型が断然有利である．また，時間分解，振動円二色性，偏光変調測定などへの拡張が容易なのも利点である．しかし，FT 型はフーリエ変換演算に特殊な関数を使うため，吸収の強いスペクトルの定量性は逆に劣る．一般に，吸光度が 0.3 Abs. を超えると定量的直線性が失われる危険がある．また最小吸光度の測定限界も 10^{-5} Abs. 程度と，分散型での限界に比べて 2 けた程度劣る．

b. 検知器　赤外分光器の検知器は，焦電性素子の TGS 型（または DTGS 型）と半導体素子の MCT 型の 2 種類が代表的で，後者は液体窒素による冷却が必要である．MCT 検知器は暗い光を高感度に検出するのに向いている．

赤外分光分析は，光学配置を工夫することで，目的に合った測定が可能になる[1]．

3）ラマン分光法

基準振動エネルギーの遷移に比べてはるかに大きなエネルギーをもつ可視光などの光子（通常レーザー光）を分子に衝突させ，分子の電子雲との非弾性散乱によるエネルギーシフトから分子振動エネルギーを測る方法をラマン散乱分光法という．エネルギーも進行方向も異なる 2 種類の光子（入射光・散乱光）を扱うため（二光子過程），赤外分光法（図 3.39(a) 参照）に比べて光学系が複雑になるが，その結果，非線形ラマンなど測定のバリエーションが広く，得られる分子情報の範囲も多岐にわたる．

ラマン散乱の原理は，図 3.39(b)～(e) に示す概念図でだいたい理解できる．励起光により基底状態から仮想準位に励起された電子エネルギーのうち，大半が瞬時に基底状態に戻る（レイリー散乱(b)）が，一部は振動励起状態に緩和する(c)．一方，もともと振動励

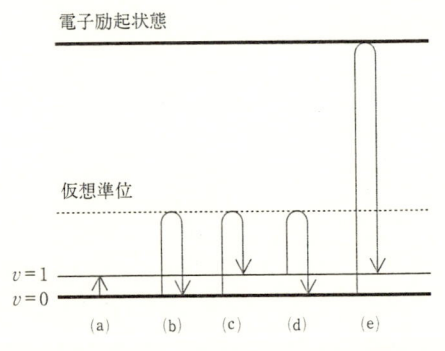

図 3.39 赤外・ラマン分光法のエネルギー遷移概念図

起状態にあった熱励起分子(ホットバンド(d))は，仮想準位に励起された後，振動基底状態まで緩和することがある．いずれにしても，振動エネルギー遷移に相当するだけのエネルギーシフトが観測され，前者をストークスラマン，後者をアンチストークスラマンという．また，仮想準位ではなく，電子励起状態まで励起させてラマン散乱を測定することもでき(e)，これを共鳴ラマンという．共鳴ラマン散乱は，安定した電子励起状態を経由するため遷移確率がきわめて高く，結果として感度が $10^3 \sim 10^4$ 倍以上(時には 10^8 倍)も向上する．ただし，電子遷移を使うため，輝度の高い蛍光の発生が避けられず，しばしばラマン測定の障害となる．このため，共鳴波長よりいくぶん波長の長い光で励起する前期共鳴ラマン分光法で，蛍光の影響をある程度避けるのが一般的である．

a. ラマン分光の特徴

赤外分光法が苦手とした水溶液試料も，ラマン分光法でなら簡単に測定可能である．このため，生体試料の分析などに便利である．また，黒色試料のような，光吸収の強い試料は赤外吸収法では測定不可能だが，ラマン分光法でなら測定が可能となる．さらに，$400\,\mathrm{cm}^{-1}$ 以下の格子振動領域も容易に測定できるメリットも大きい．

ラマン分光法の選択律は，基準座標での分極率テンソルの時間変化のあるものが活性になる．分極率テンソルは体積の次元をもつため，全対称伸縮振動のような分子のふくらみの変動があったほうがよい．たとえば正四面体構造の四塩化炭素の全対称振動は，大きな体積変化を伴うためラマン散乱も大きい．ラマン分光法での散乱強度はラマン散乱断面積で表されるが，これは赤外分光法での吸収係数に相当するものである．分子の対称性が最も高い中心対称性がある場合は，赤外とラマンの選択律は完全に相補的になる．これを交互禁制律と呼ぶ．

b. 共鳴ラマン分光法

共鳴ラマン分光法は測定感度が高いため，単分子レベルの微量分子検出などにも利用される．さらに重要なのは，励起波長を選ぶことで複雑な分子内の特定の部位だけを選択的に励起し，スペクトルが測定できることである．タンパク質のような複雑な高分子でも，機能を司る部位だけを選択的に解析できるため，生命科学への寄与が大きい．また，非共鳴ラマンでは測定が非常に難しい倍音・結合音が測れることも重要である．

c. 励起光源

もっぱらレーザー光が用いられる．最もよく使われるのは Ar^+ レーザーのようなガスレーザーだが，近年では Nd：YAG(Yittrium, Aluminium, Garnet の略)に代表される固体レーザーもよく利用される．連続発振(CW)レーザーは一般の測定に利用しやすいが，パルスレーザーは時間分解ラマン測定を可能にする．ただし，パルスレーザーはパルスのピーク強度が平均強度に比べて非常に強くなるので，工夫しないと試料を焼いたり，誘電破壊を引き起こしてプラズマ発光によりラマン測定自体ができなくなることがある．この他に，近年では Ti：$\mathrm{Al}_2\mathrm{O}_3$ を用いた連続波長可変型のレーザーも利用できる．

d. 分光器

ラマン分光法はFTによる分光よりも，回折格子による分散型の分光器が一般的である．回折格子を多重に組み合わせることで迷光を効果的に除去でき，レイリー光に非常に近い低波数まで測定が可能になる．FTではせいぜい $200\,\mathrm{cm}^{-1}$ 程度が下限となる．

e. 検出器

非共鳴ラマン散乱は特に光の強度が弱く，非常に高感度な検出器が求められる．光電子増倍管(通称フォトマル)やCCD検出器が一般に用いられる．パルスレーザーによるラマン測定にはフォトマ

ルは使えず，CCD検出器で計測する．

f. FTラマン 赤外分光法同様，変調光を利用して分光を行う．通常，近赤外レーザー(1064 nm)を励起光源として備えているため，電子励起を起こすことがほとんどなく，蛍光の発生を回避できる点が重要である．

このほか，偏光解消度の測定や非線形ラマン測定は，二光子過程ならではの豊富な分子情報を与える[2]．

参考文献
1) 田隅三生(編著)：FT-IRの基礎と実際 第2版，東京化学同人(1994)．
2) 濱口宏夫，平川暁子(編著)：ラマン分光法，学会出版センター(1988)．

演習問題
---

[8] 赤外・ラマン分光法は，分子の振動エネルギー以外を測定することはできるか．

[9] 赤外・ラマン分光法以外にどんな振動分光法があるか．

3.3.4 核磁気共鳴

核磁気共鳴(nuclear magnetic resonance; NMR)は，有機化合物の構造解析には必須の手段として日常的に利用されている．NMR法においては共鳴周波数がラジオ波領域であるため非破壊であり，測定後，試料を他の目的に供することができるのは大きな利点となる．またNMRの構造情報は単なる官能基分析ではなく，その近傍の官能基との位置関係を特定する情報を含む点で，他の構造解析法と際だった違いがあり，この特徴からNMR情報だけで有機化合物の構造決定が可能になる．

以下の説明はおもに ^{1}H-NMR について行い，それ以外の核種に関しては，その都度断ることとする．

1) NMRの原理

核スピンを有する原子が磁場中に置かれたとき，それぞれの原子は小さな磁石のようにふるまい，外部磁場の方向に対して限定された配向をとる．その配向の仕方は核スピン量子数 I に依存しており($2I+1$通り)，構造解析によく利用される ^{1}H, ^{13}C, ^{31}P は核スピン 1/2 で，外部磁場に平行な低エネルギー状態と，逆平行な高エネルギー状態の2つの状態に配向する．この現象はゼーマン(Zeeman)分裂といわれる．その様子を図3.40に示す．磁場の強度に比例して2つの配向間のエネルギー差は大きくなる．これらの配向のエネルギー差に等しいラジオ波を共鳴吸収し，配向間の遷移が生じる．この遷移現象を利用した分析法がNMRである．共鳴周波数，ν と外部磁場，H_0 の関係を式(3.16)に示す．この式より外部磁場の大きさに比例して共鳴周波数が変化することが分かる．

$$\nu = \frac{\gamma}{2\pi} H_0 \qquad (3.16)$$

ここで，γ は磁気回転比を示す．核スピンは原子ごとに異なる．同じ元素であってもその同位体によって違った核スピンをもつことになる．陽子と中性子の数がともに偶数の場合は，NMR不活性になる．^{12}C, ^{16}O などである．これらの元素の安定同位体である ^{13}C, ^{17}O は NMR 観測可能であり，それゆえこれ

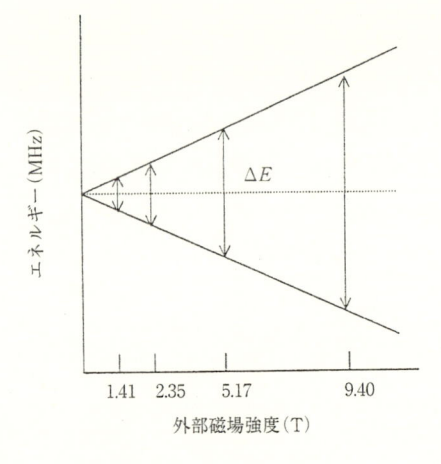

図3.40 外部磁場による核スピンエネルギー準位依存性(核スピン1/2の場合)

らの同位体をトレーサーとして用いる実験がデザインできる．

表3.7にNMR測定の対象となるおもな核種の磁気的性質をまとめる．磁気回転比は核ごとに異なり，共鳴周波数を選ぶことによって測定目的核の観測が可能となる．有機化合物の構造解析には ^{1}H-NMR，^{13}C-NMRはきわめて有効である．

2) NMR装置

かつてはCW法すなわち磁場掃引型の装置もあったが，現在ではほとんどみられなくなった．それに代わってフーリエ変換型すなわちFT-NMRが主流を占めている．

装置に使われる磁場発生装置は，かつては電磁石あるいは永久磁石が使われていたが，現在では高い磁場が得られる超電導磁石が使用されている．現在，磁場の強度は14.1テスラを超えるものが実用化されている．磁石は液体ヘリウム中に置かれて超伝導状態を作り出している．

3) 測定

初期の装置ではNMRスペクトルは磁場掃引(CW)法で測定されていたが，現在ではフーリエ変換(FT)法で測定されている．この方式では磁場中に置かれた観測核をすべて同時に検出することが可能であり，単位時間当たりの検出効率はCW法に比べ高くなる．また1回の測定に要する時間は数秒以内であ

表3.7 おもな核種の磁気的性質

核種	共鳴周波数(MHz) 2.35(T)	14.1(T)	スピン量子数	天然存在比(%)	相対感度
^{1}H	100.0	600.0	1/2	99.98	1
^{13}C	25.1	150.9	1/2	1.1	0.016
^{14}N	7.2	43.3	1	99.6	0.001
^{31}P	40.5	242.9	1/2	100	0.066

り，この信号を積算することによりS/Nの高いスペクトルを得ることができる．このFT-NMRの開発によって，感度の低い^{13}C-NMRの測定が簡便になされるようになった．測定は10μ秒程度のラジオ波パルスを照射することによって自由誘導減衰(free induction decay；FID)を得，これを積算した後，フーリエ変換して通常みられる周波数領域のスペクトルを得る．積算を効率よく行うためには，パルス幅，繰り返し時間などの測定条件を適正に設定する必要がある．

測定用の試料はできる限り純度の高いものを用意する．試料は重溶媒に溶解して測定する．重溶媒中の重水素が測定装置の磁場ならびに分解能調整用の信号としても利用される．試料溶液中の固形物は分解能に悪影響を与えるので注意を要する．表3.8にNMR測定に用いられる溶媒をまとめた．

試料は直径5mmのガラス製の試料管に入れて測定されるのが一般的である．試料管は回転しながら測定されるので精度の高いもの

表3.8 重水素化溶媒の残留プロトンとの化学シフトと多重度

溶媒名	化学式	bp (℃)	mp (℃)	^{1}H(δ)	多重度	^{13}C(δ)	多重度
クロロホルム-d	CDCl$_3$	61.2	-63.5	7.3	(1)	77.0	(3)
メタノール-d_4	CD$_3$OD	64.7	-97.8	3.3	(5)	49.0	(7)
アセトン-d_6	(DC$_3$)$_2$CO	56.3	-94.0	2.1	(5)	29.8	(7)
ジメチルスルオキシド-d_6	(DC$_3$)$_2$SO	189.0	18.5	2.5	(5)	39.7	(7)
二塩化メチレン-d_2	CD$_2$Cl$_2$	40.2	-96.8	5.3	(3)	53.1	(5)
ベンゼン-d_6	C$_6$D$_6$	80.1	5.5	7.2	(br)	128.0	(3)
重水	D$_2$O	101.4	1.1	4.7	(-)	-	(-)

bpは沸点，mpは融点．δは化学シフト値，brはブロード．

を使用する．

4) NMRより得られる情報

NMRからは多彩な情報が得られる．代表的なものを以下に列記する．最近では，これ以外，あるいはこれらを関係づけた高度な情報も得られるようになり，複雑な構造解析にも応用されるようになってきた．以下，順を追って説明する．またこれらの情報のデータベースも充実してきており，コンピュータを利用した構造解析の支援システムも効果的になっている．

a. シグナルの存在 NMRでは目的とする核種に対しての選択性が高いので，目的とする核種が存在すれば，そのシグナルが観測される．この特徴は ^{1}H-NMR，^{13}C-NMR 以外のNMRで特に利用価値が高い情報となる．ただし，ここで注意しなくてはならない点は，試料中の共存物質がシグナルに与える影響である．特に常磁性物質の混在はシグナルの線幅を広げ，場合によってはシグナルを見失うこともある．

b. 信号強度 NMR信号の強度は測定体積中のスピン数に比例することからシグナルに由来する元素の存在比を決めることができる．信号強度は，積分強度として求める．

NMR信号から絶対量の定量分析も可能であるが，スペクトル上の信号強度は核の存在状態ならびに測定条件によって大きな影響を受けるため，正確な定量分析には厳密な測定条件設定が必要であり，通常は半定量と考えるべきである．

c. 化学シフト 測定対象であるプロトンは有機化合物中において，それぞれ異なった構造上の位置にある．そしてその固有の構造に応じてプロトンのまわりの電子密度は異なってくる．このような状態のプロトンを磁場中に置くと，周囲の電子によって図3.41で示すように磁場が誘起される．この誘起場はプロトンにとって外部磁場を打ち消す方

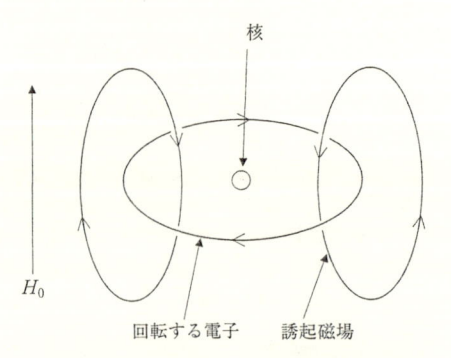

図3.41 電子により誘起される遮蔽

向となる．それゆえ，観測しているプロトンの感じる磁場 H_c は

$$H_c = H_0(1-\sigma)$$

ここで，H_0 は外部磁場，σ は遮蔽定数となる．誘起磁場によって外部磁場が遮蔽される割合はそれぞれのプロトンにより異なる．一般には電子雲の密度が高いほど，遮蔽の度合いも大きくなり，共鳴には高い磁場が必要となる．遮蔽が強く，より高い磁場で共鳴するスペクトル中の位置を高磁場側，逆に遮蔽が弱く，より低い磁場で共鳴する位置を低磁場側と呼ぶ．実際のNMRスペクトルにおいては，チャートの右側が高磁場側となる．この共鳴位置を化学シフトといい，構造解析にきわめて有効な情報となる．

化学シフト値は基準物質のシグナルを基準として決められる．^{1}H-NMR，^{13}C-NMR ではテトラメチルシラン（tetramethylsilane; TMS, $(CH_3)_4Si$）が用いられる．化学シフトの基準として重溶媒のシグナルを用いるのも実用的である．^{13}C-NMR では $CDCl_3$ のシグナルがよく利用されている．化学シフト値 δ は

$$\delta = \frac{\nu_S - \nu_{TMS}}{Z} \quad (3.17)$$

で定義される．ここで，ν_S は観測対象のシグナルの共鳴周波数，ν_{TMS} は基準物質のシグナルの共鳴周波数，Z は分光器の観測周波数である．

化学シフト値の単位はテトラメチルシランを0としてppmで表される.

化学シフトに影響を与える因子として,誘起効果,磁気異方性効果などがある.誘起効果ではプロトン近傍に電気陰性度の高い元素が結合した場合,その電子吸引性によりプロトン周囲の電子密度が変化し遮蔽状態に影響を与える.実際,化学シフト値は$SiCH_3$,CCH_3,NCH_3,OCH_3の順に大きくなる.磁気異方性効果の例を示す.ベンゼンが磁場中に置かれると,図3.42に示すような環電流を生じ,強い磁場が誘起される.そのためベンゼンのプロトンは強い反遮蔽領域に置かれ,7ppm以上の低磁場にシグナルが出現することになる.図3.43にその他の構造における,磁気異方性に基づく遮蔽領域と反遮蔽領域を示す.

これまでに官能基,立体構造ごとの化学シフト値の膨大なデータを集計した相関表が提出されており,有機化合物の構造解析に利用されている.代表的な化学構造と化学シフトの相関を図3.44に示す.

d. スピン-スピン相互作用 観測核近傍の核スピンをもった核の影響が結合電子を通して観測核に伝わり,シグナルの分裂を引き起こす.この情報は観測核の近傍の核との結合様式を反映し,近傍の核との構造上の関連を明らかにできるため,それを順次たどることによって,有機化合物の構造の骨格を決定するためのきわめて有効な情報となる.スピン-スピン相互作用によって生じる分裂の大きさは結合常数として表される.結合定数は結合様式をよく反映し,観測磁場には依存しない.

一般的には,隣接した炭素にn個の等価なプロトンが結合している場合,分裂の多重度は$n+1$となり,その分裂線の相対強度比は$(a+b)^n$を展開したときの係数と同値になる.分裂の大きさ(結合定数)はJで表される.Jの単位はHzで通常20Hz程度までの値となる.磁気的に等価なプロトンどうしの間ではスピン-スピン相互作用は観測されない.

e. 緩和時間 緩和時間にはスピン-格子緩和とも呼ばれる,縦緩和時間T_1とスピン-スピン緩和時間とも呼ばれる,横緩和時間T_2がある.これらの情報は観測核の運動性をよく反映し,シグナルの線幅と相関する.横緩和時間が短いほど線幅は広くなる.図3.44に緩和時間と運動性の関係を示す.横軸の相関時間は分子中の観測核の溶液中での動きやすさを表すパラメータである.通常,高分解能スペクトルを与える化合物では,運動性が大きな分子ほど長い緩和時間を有し,運動性が小さくなると緩和時間は短くなる.このように,化合物の動的情報が得られる緩和時間は他の手段では得がたいNMRの特徴

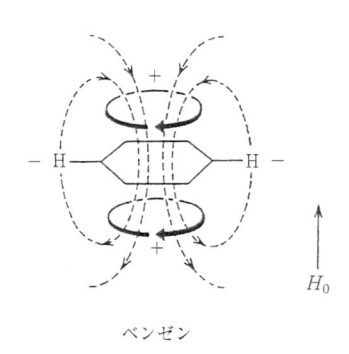

図3.42 ベンゼンの環電流効果
遮蔽領域(+)と反遮蔽領域(−).

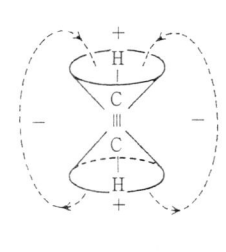

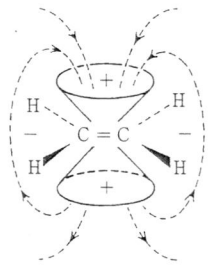

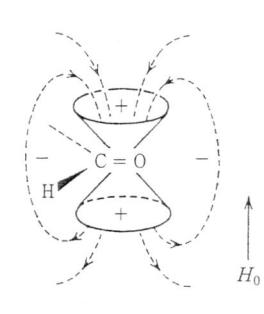

図3.43 磁気異方性による化学シフトへの影響
遮蔽領域(+)と反遮蔽領域(−).

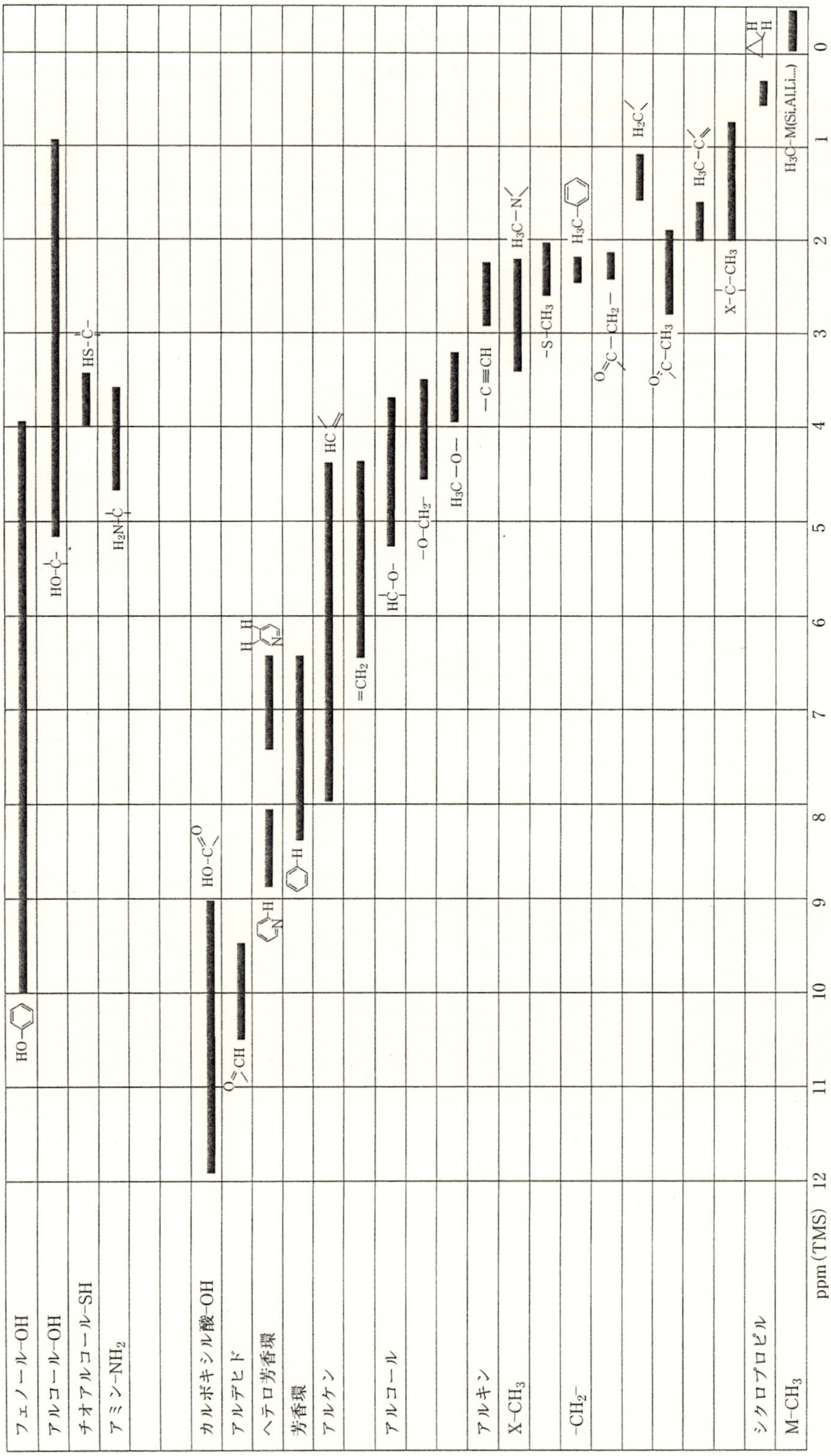

図 3.44 有機化合物の ^{1}H-NMR 化学シフト

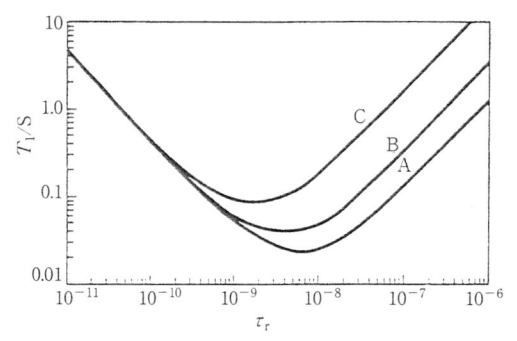

図 3.45 種々の測定周波数における ^{13}C-H グループの ^{13}C 縦緩和時間（T_1）と回転相関時間（τ_r）との関係
A は $H_0=1.41$T，B は $H_0=2.35$T，C は $H_0=5.17$T.

である．なお，正確な緩和時間の測定では，常磁性金属，酸素の除去を厳密に行う必要がある．

f. 核オーバーハウザー効果 観測核の緩和が，近傍の核スピンを有する核を通して生ずるとき，その近傍の核スピンを有する核を共鳴周波数で照射すると，観測核のボルツマン分布が変化し，それに伴いシグナル強度の変化が観測される．これを核オーバーハウザー効果（nuclear Overhauser effect; NOE）という．これは結合電子を介さずに起こり，その効果はそれぞれの核の距離に大きく依存するため，3 次元的位置情報を提供する．NOE により見積もることのできる核間距離は最大で 0.4 nm ほどであると考えられている．この情報は，タンパク質の立体構造の解析に応用され，きわめて重要な研究分野を形成している．

5) ^{13}C-NMR

^{13}C-NMR の最大の特徴は，有機化合物の骨格を構成する炭素の構造情報が得られる点である．しかしながら，測定感度は ^{1}H に比べ，天然存在比の試料で約数千分の 1 であるので，FT-NMR の実用化までは測定は不可能に近かった．それゆえ，通常数 mg の試料が必要となり，測定時間も長くなる．^{13}C-NMR から得られる情報は ^{1}H-NMR とほぼ同様であるが，いくつかの点で注意を要する．信号強度は ^{13}C 核の緩和時間が比較的長く，特に四級炭素ではきわめて長くなるので，FT-NMR の測定条件によって信号強度は大幅に影響を受けるので評価には注意を必要とする．化学シフトは 250 ppm とプロトンに比べ大きいのでシグナルの分離は良好で，構造を解析する上での有効な情報となる．現在まで多くのデータの蓄積があり，これを基に構造と化学シフトの相関がまとめられている．簡潔にまとめたものを図 3.46 に示す．スピン-スピン相互作用に関しては ^{13}C 核どうしではなくプロトンとのスピン結合が主となる．そのスピン結合定数は 110～300 Hz であり，スペクトルを複雑にするので，通常 ^{13}C-NMR ではすべての ^{1}H 核を照射してプロトンとのスピン結合を消去したプロトン完全デカップルスペクトルが測定される．このことは核オーバーハウザー効果によって ^{13}C-NMR のシグナル強度を増大させることになり感度の向上がもたらされる．^{13}C 核の天然存在比は約 1 ％であることから，^{13}C 核どうしのスピン結合は通常は観測されない．

^{1}H-NMR と同様に構造解析には試料を純品にした後に測定され，化学シフトはテトラメチルシランのメチル炭素を 0 ppm として表示される．^{1}H-NMR の情報と合わせれば，低分子有機化合物ではこれらだけで構造が決まることも少なくない．^{1}H は天然存在比が約 100 ％であるのに対し，^{13}C は天然存在比が 1.1 ％であることから，^{13}C 標識化合物をトレーサーとして，反応機構の解明や，天然物の生合成機構の解明に応用することも可能となる．

6) ^{31}P-NMR

^{31}P は核スピン 1/2 で感度も高く，天然存在比は 100 ％であり，NMR 測定が比較的簡単に行える核種である．低分子リン化合物は 1 分子中 1 つのリンを含む化合物が多く，^{1}H

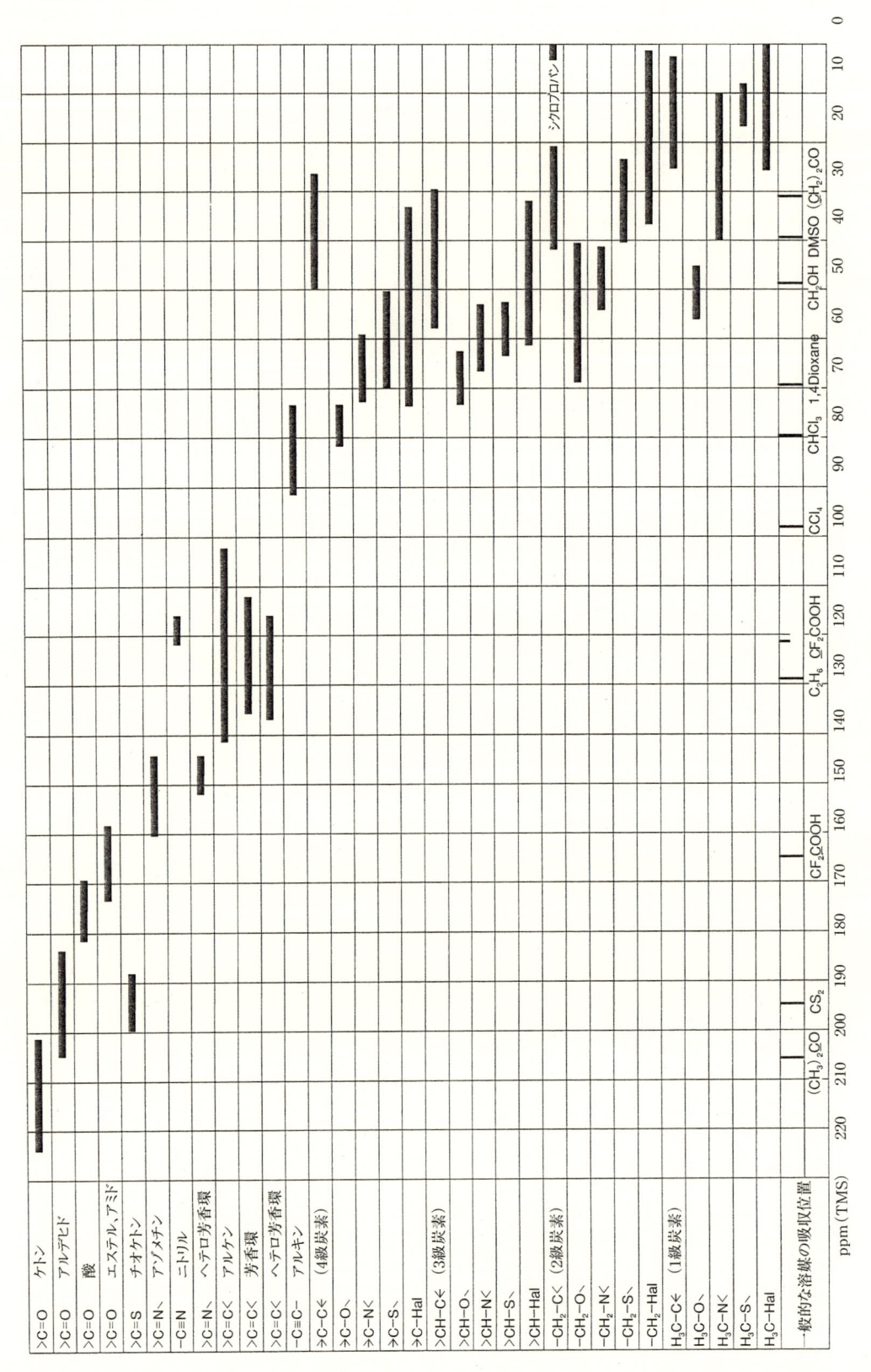

図 3.46 有機化合物の ^{13}C-NMR 化学シフト

とのスピン-スピン相互作用を消去したスペクトルは単純となるため，複数のリン化合物の定量的取り扱いが可能で存在比の分析に利用される．生体中のリン化合物は生命現象を反映するよい指標であり，^{31}P-NMRはこれをモニターする有効な手段である．

7) 多次元NMR

多次元NMRは，多彩なNMR情報の応用，利用を可能にした画期的なNMRの測定手法である．2次元NMRは日常的に利用され，多種類の2次元NMR法が開発されている．代表的なものは，複雑な^{1}H-NMRのスピン-スピン相互作用のネットワークを単純な形で取り出すことができる^{1}H-^{1}H-COSY (^{1}H-^{1}H correlation spectroscopy)，^{1}H-NMRと^{13}C-NMRの情報を有機的にリンクできる^{13}C-^{1}H-COSY，1次元では解析が困難なNOE情報を単純化し，タンパク質の立体構造の解析に利用されているNOESY (NOE spectroscopy) などが挙げられる．より複雑なタンパク質の立体構造の解析に3次元NMRが応用されている．NMR手法による蛋白質の3次元立体構造解析に対しWuthrichが2002年のノーベル賞を受賞した．

これらの測定からきわめて有用な情報が得られるが，測定には長時間が必要になるため，多量の試料が要求される．

8) 固体のNMR

運動性がほとんどない固体は，緩和時間，化学シフトの異方性などから，通常の測定法ではきわめて線幅が広くなる．特殊な測定法 (cross polarization/magic angle spinning, CP/MAS) によって，通常の高分解能スペクトルと近似なスペクトルが得られるため，プラスティックなどの高分子化合物の構造解析，状態分析に利用されている．

参 考 文 献

1) ラーマン (通 元夫・廣田 洋 (訳))：最新NMR, シュプリンガー・フェアラーク東京 (1988).
2) A. E. Derome (竹内敬人, 野坂篤子 (訳))：化学者のための最新NMR概説，化学同人 (1991).
3) R.M.Silverstein, F.X.Webster (荒木 峻, 益子洋一郎, 山本 修, 鎌田利紘 (訳))：有機化合物のスペクトルによる同定法 第6版，東京化学同人 (1999).
4) 日本分析化学会 (編)：分析化学便覧 改訂5版，丸善 (2001).

3.3.5 有機質量分析法

質量分析，マススペクトロメトリー (mass spectrometry; MS) は粒子の質量電荷比 (m/z) を測定する分析法である．この分析法により原子量の精密測定が可能となり，同位体の存在をはじめて明らかにすることに貢献した．その後，有機化合物の精密な分子量，分子構造などの情報を得る有力な手段として広く認識され，急速な装置，測定法の開発が行われている．この方法は検出限界がきわめて微量であることから，さまざまなクロマトグラフィーの検出器として利用されている．最近の新規な気化法の開発は高分子のタンパク質の分析も可能にした．これによって分子生物学への応用が急速に高まってきた．これに対して2002年のノーベル化学賞が与えられた．

1) 質量分析の原理と装置

質量分析の基本は，試料分子を後述する何らかの方法でイオン化し，この荷電粒子を質量電荷比の違いに基づいて運動力学的に分離し，それぞれのイオンの強度を測定することにある．

質量分析計の一般的な構成は，①試料導入部，②イオン化部，③イオン分離部，④イオン検出部，⑤記録部，よりなる．

分子が質量分析の原理に基づきその質量数

に依存して分離されるためには，それぞれの分子は他の分子と相互作用しないことが前提となる．そのため質量分析計は，イオン化からイオン分離，イオン検出までを高真空状態に保つことが必要となる．

典型的な装置構成を図3.47に示す．

a. 試料導入部 試料としては気体，液体あるいは固体いずれでも用いることができる．気体では，通常ガス溜めに蓄えた後，定量的にイオン化部に導入される．液体試料の場合も温度制御することにより気体試料と同様に扱われるのが一般的である．固体試料はイオン化法に応じた導入法を用いる．

b. イオン化部 実際の測定では最も重要な工程の1つである．目的化合物の性質によって最適なイオン化法を選択する必要がある．

電子衝撃イオン化 電子衝撃イオン化(electron impact ionization; EI)は一般的に普及しているイオン化法で，高真空下，気化した試料分子に熱電子ビームを衝撃してイオンを生成させる．分子から1個の電子が抜けた陽イオンM^+が生成されやすい．イオン化の際の過剰なエネルギーによって分子が開裂し，フラグメントイオン(fragment ion)を生ずるのが特徴である．この情報は構造解析に利用されている．イオン化部の模式図を図3.48に示す．

化学イオン化 電子衝撃イオン化が電子ビームで直接イオン化を行うのに対し，化学イオン化(chemical ionization; CI)は，まず試薬ガスを電子ビームでイオン化し，イオン化した試薬ガスと試料を相互作用させることによって試料をイオン化する方法である．このイオン化法は安定なイオンを生じやすく，分子イオンピークを検出するのに有利である．

電界脱離イオン化 電界脱離イオン化(field desorption; FD)は，タングステンワイヤーに炭素などのひげ結晶を生成させたエミッターに試料溶液を塗布し，高電場をかけることによって試料分子の電子が引き抜かれ，イオン化する方法である．電子の引き抜きはトンネル効果によるといわれている．難揮発性，熱不安定性の化合物の分子イオンを生成できる，フラグメンテーションが起きにくいソフトなイオン化法である．合成ポリマーの分析には重要である．

高速原子衝撃によるイオン化 高速原子衝撃(fast atom bombardment; FAB)は，

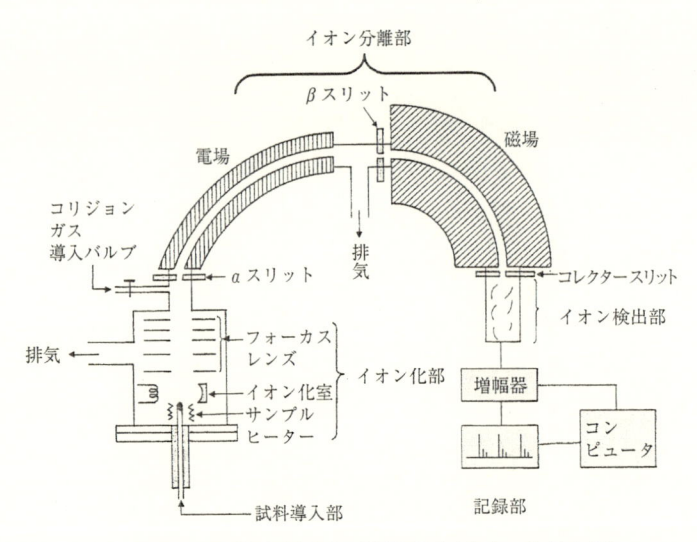

図3.47 質量分析計の装置構成例（二重収束型）

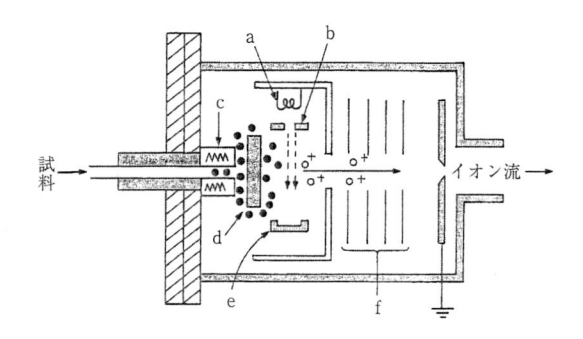

3.3 元素分析法（分子スペクトル分析法）

図 3.48 電子衝撃イオン化部の模式図
a：フィラメント，b：グリッド電極，c：ヒーター，d：リペラー電極，e：アノード電極，f：フォーカスレンズ電極．

数 keV のエネルギーをもつ Ar あるいは Xe などの中性の重原子粒子を発生させ，通常，グリセリンなどのマトリックスに混合した試料に照射し，マトリックスを介して試料をイオン化して気相へ弾き出すイオン化法である．この方法は，試料に熱を加えることがないため，熱不安定，難揮発性化合物のイオン化に適している．生体成分の分析に幅広く利用されている．

二次イオン質量分析 二次イオン質量分析(secondary ion mass spectrometry; SIMS)は高速原子衝撃と同様に高エネルギー粒子の衝撃によるイオン化法である．一次イオンとして Ar^+，Xe^+，Cs^+ などが用いられる．試料はグリセリンなどのマトリックスと混合して塗布する場合があり，このときは高速原子衝撃とほぼ同様なスペクトルが得られる．

マトリックス支援レーザー脱離イオン化 (matrix-assisted laser desorption ionization; MALDI) 本法は，レーザー波長に吸収を有する適切なマトリックス中に試料を均一に分散させ，レーザーを照射し，マトリックスを介した試料のイオン化を達成する方法である．考えられているイオン化の機構を図 3.49 に示す．この方法は，高極性化合物，高分子化合物のイオン化も可能にした．フラグメントイオンは生成しにくく，高分子化合物の分析に適している．TOF-MS（後述）との相性がよく，MALDI-TOF-MS はタンパク質，ペプチドなどの高分子化合物の分析に急速に利用され，生命科学研究の必須の手段となっている．本法の開発への貢献に対して，2002 年田中耕一氏にノーベル化学賞が授与された．

サーモスプレーイオン化法(thermospray ionization；TSI または TSPI) 本法は，酢酸アンモニウムなどの塩を含む溶液とした試料を，細管より加熱噴霧してイオン化する方法である．噴霧された液滴中の試料は脱溶媒される過程で共存する NH_4^+ などと化学イオン化反応して穏やかにイオン化される．液体クロマトグラフィーの溶出液の質量分析検出に用いられている．

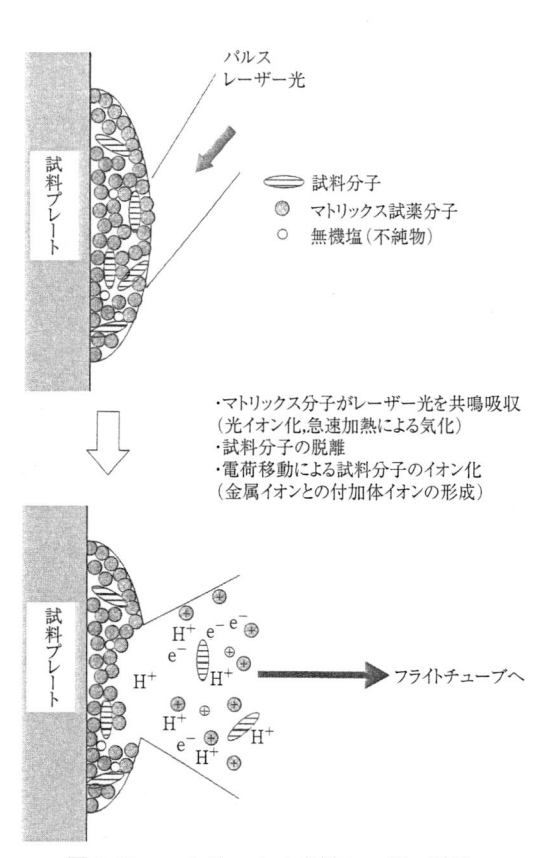

図 3.49 マトリックス支援レーザー脱離イオン化の機構

大気圧化学イオン化法(atmospheric pressure chemical ionization；APCI)　本法では，液体クロマトグラフィーの溶出液を大気圧下で噴霧し，脱溶媒を進行させ微細な液滴とした後，高電圧を印加した針電極からのコロナ放電により化学イオン化によりイオン化する．

エレクトロスプレーイオン化法(electrospray ionization；ESI)　水またはメタノール－水などに溶解した試料を，高電圧を印加したキャピラリー先端より噴霧し，脱溶媒，イオン化する方法である．最も穏やかなイオン化法で，多価イオンを生成しやすい点が他のイオン化法にない特徴で，タンパク質などの生体高分子の構造解析に最適なイオン化法の1つである．この方法の開発に対する貢献でFenn博士に2002年のノーベル化学賞が授与された．イオン化の様式を図3.50に示す．

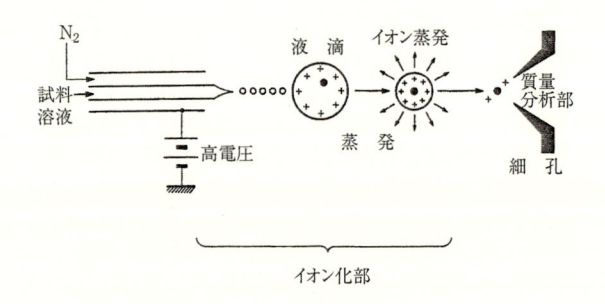

図3.50　エレクトロスプレーイオン化法のイオン化様式

c．イオン分離部　イオン化部において生成したイオンをその電磁気学的性質を利用してm/zに分離する方式として以下のものがある．

磁場型質量分析計　広く一般に利用されている質量分離方式で，扇形磁場を用いることからセクターマスとも呼ばれている．

図3.51に示すように，一様磁場中に放出されたイオンは次式に基づいて分離される．

$$\frac{m}{z} = \frac{1}{2} \cdot q \cdot \frac{H^2 r^2}{V} \quad (3.18)$$

ここで，Vは加速電圧，Hは磁場の強さ，rは曲率半径，qは1電子の電荷量を示す．この関係からV, rが一定のとき，Hを磁場走査することによりm/zのイオンを分離することが可能となる．扇形磁場のみを用いた装置を単収束質量分析計という．イオン化部より放出されたイオンの運動エネルギーは加速電圧を一定にしても，ある程度広がり（エネルギー収差）を有しており，分解能の低下の原因となる．これを解決するため，扇形電場と組み合わせた二重収束質量分析計が現在では多く利用されている．線形電場でエネルギー収差を除去し，1/1000質量単位（ミリマス）までの測定が可能となる（図3.47参照）．これにより，有機化合物の元素組成を決定することが容易となった．

四重極型質量分析計　四重極型質量分析計(quadrupole mass spectrometer；QMS)は，磁場を用いず，図3.52に示すように，4本の円柱状電極による作用を利用してm/zの分離を行う．相対する2組の電極にそれぞれに$\pm(U + V\cos\omega t)$の直流電圧Uと高周波電圧$V\cos\omega t$を重ね合わせて電場を形成する．U/Vを一定にしてVを変化させることにより，イオンをm/zに応じて検出器に到達させる．条件に合わないイオンを排除するため，マスフィルターとも呼ばれる．小型で安価，高速走査が可能で低真空でも作動可能なため，液体クロマトグラフィーなどの分離分析の検出器として広く利用されている．

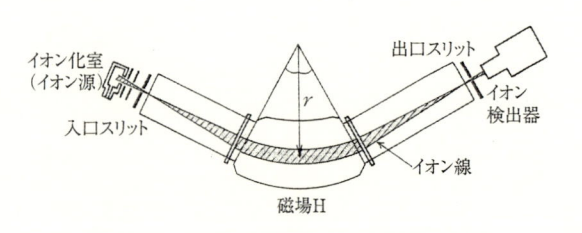

図3.51　磁場型質量分析計の構成模式図

イオントラップ型質量分析計 四重極型質量分析計と同様の原理を有するが，この方法では，電極に囲まれた空間にイオンを閉じ込め，印加電圧を走査することによりm/zに応じて，検出器へイオンを放出する．装置は小型であり，特定のイオンを閉じ込めることができるため，単独でMS/MSも可能となる．

飛行時間型質量分析計(time of flight mass spectrometer；TOFMS)　イオン化部で生成したイオンが検出器に到達するまでの時間によって質量の分離検出を行う装置である(図3.53)．加速電圧Vで加速された電荷z，質量mのイオンの運動エネルギーはzVであり，飛行速度は$v=\sqrt{2zV/m}$となる．それゆえ，飛行距離をLとすれば，飛行時間tは，$t=L\cdot\sqrt{m/2zV}$となり，質量が小さいほど短くなる．測定方式として，リニアーモードとリフレクターモードとがある．イオン化部から放出されたイオンの運動エネルギーは完全に一定ではないため，飛行速度に広がりを有することになり，分解能の低下の原因となる．リフレクターモードではこれを収束することができるため分解能が高くなる．また特定のイオンを選択反転できるため，MS/MS測定が可能となる．ただし，リフレクターモードでは検出できないものもあるため目的に応じて使い分ける必要がある．この質量分離法では瞬時に穏やかなイオン化が必要であるため，マトリックス支援レーザー脱離イオン化との相性がよい．飛行時間型質量分析計は，原理的に質量測定範囲に上限がないため，高分子化合物の測定も可能であり，タンパク質をはじめとする生命科学への応用が盛んとなっている．

その他，高い分解能が期待されるイオンサイクロトロン共鳴現象を利用したフーリエ変換型質量分析計(Fourier transform mass spectrometer；FTMS)も開発されている．

2) マススペクトルの情報(解析)

マススペクトルはイオン化によって生成したイオンのm/zをX軸にとり，イオン強度をY軸にとって表したものである．イオン量が最も大きいピークを基準ピーク(base peak)と呼ぶ．試料の分子の質量数と同じM^+やM^-イオンを分子イオンピーク(molecular ion peak)と呼ぶ．目的分子の質量数は目的分子を特定する重要な情報である．質量分析の目的の1つはこの分子イオンピークの確認にある．イオン化法によっては$M+H^+$や$M+Na^+$が観測されることもある．イオン化の際，過剰なエネルギーが分子を開裂させ断片が生成する．これらの断片イオンをフラグメントイオンと呼び，試料分子固有の構造情報が得られる．有機化合物を構成する元素には同位体が存在し，それらによる同位体ピーク(isotope peak)が観測され，これらも構造情報として利用されている．

3) タンデムマススペクトロメトリー

タンデムマススペクトロメトリー(tandem

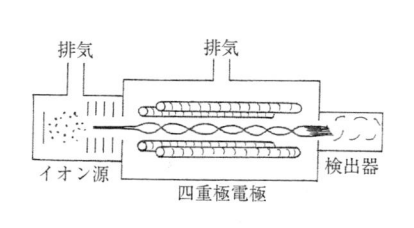

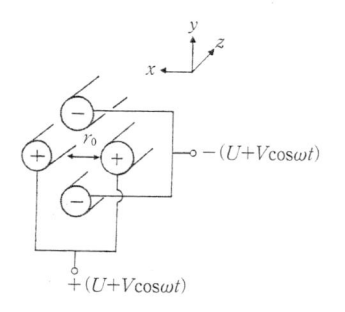

図3.52 四重極質量分析計の概略図と電極電圧

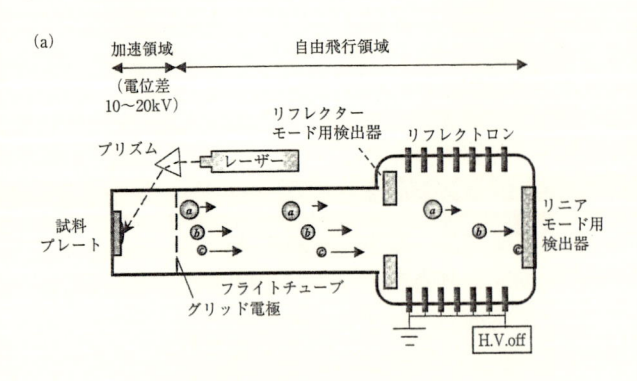

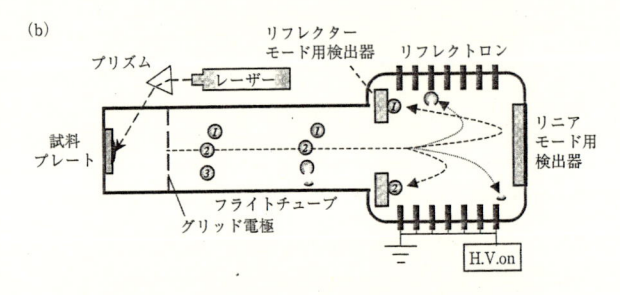

図3.53 飛行時間型質量分析計の質量分離様式
(a)リニアーモード，分子量はa＞b＞c，
(b)リフレクターモード，分子量は①＝②＝③，初期運動エネルギーは①＞②＝③，③は飛行中で分解したイオン．

mass spectrometry; MS/MS)は第1段階の質量分析計で特定のイオン（プリカーサーイオン）を分離選択し，それに不活性ガスを衝突させてフラグメントイオンを観測することにより，特定イオンの確度の高い構造解析，同定が可能となる．生命科学におけるペプチドのアミノ酸配列の解析に威力を発揮している．磁場型質量分析計，四重極型質量分析計では2台の質量分析計が用いられるが，イオントラップ型質量分析計あるいはリフレクター型TOF-MSでは1台の質量分析計でMS/MSの測定が可能である．

3) 質量分析の応用

質量分析が活用されている最大の分野は有機化合物の構造解析であろう．分子質量の精密分析と分子式の推定は有機化合物の構造解析に重要な情報を与える．フラグメントイオンの解析は内部構造の推定に大いに役立つ．最近ではNMRの情報と合わせて，有機化合物の構造解析に利用されている．さらに，合成高分子の構造解析にも威力を発揮している．フラグメントイオンの出現様式が化合物特有の情報となることから，分析試料の同定に利用されている．

化合物固有のMSピークを用いた液体クロマトグラフィーの溶出モニタリング（SIM）は分離分析法の重要な検出法として広く利用されている．検出感度が高いこと，選択性が高いことが質量分析法の特徴である．

最近では質量分析法は生命科学研究になくてはならない分析法となっている．目的タンパク質の分子質量情報あるいは複雑なフラグメントイオン情報を，遺伝子データベースや予想アミノ酸配列情報と照合し，それによって目的タンパク，ペプチドを同定することが比較的容易に行えるようになってきた．質量分析の測定結果が生化学情報と高速にリンクすることが可能になって，質量分析法の生命科学への利用価値は一段と高くなってきている．今後の生命科学の研究の進展を左右する分析法になる可能性が高い．

質量分析法によって得られる情報量はきわめて多い．この情報量を解析するコンピュータ支援情報処理システムの開発，進展によって質量分析法の利用のさらなる展望が期待されている．

参考文献

1) 日本分析化学会九州支部（編）：機器分析入門 改訂第2版，南江堂(1989)．
2) 大倉洋甫，田中善正（編）：分析化学Ⅱ 改訂第3版，南江堂(1992)．
3) 丹羽利充（編著）：最新のマススペクトロメトリー，化学同人(1995)．
4) 原田健一，田口 良，橋本 豊（編）：生命科学のための最新マススペクトロメトリー，講談社サイエンティフィク(2002)．

3.4 電気化学分析法

電気化学分析(electrochemical analysis)とは，試料溶液中に挿入した電極間の電気的諸量を測定して定性，定量などを行う分析をいう．電極反応が直接関与しない溶液の抵抗(電気伝導度)変化を測定するコンダクトメトリー，電極電位と物質量との関係(ネルンスト式)を利用するポテンショメトリー，電解析出した物質の質量を測定する電解重量分析，電解に要した電気量(電流×時間)と物質量との関係(ファラデーの法則)を利用するクーロメトリー，電解電流と物質量との関係(イルコビッチ(Ilkovic)式など)を利用するボルタンメトリー(ポーラログラフィー)，物質量の電流変化を測定するアンペロメトリーなどがある．電気化学分析の歴史は古く，常量から極微量までの成分が高い精確さで簡単に定量できる．

3.4.1 コンダクトメトリー

電解質水溶液中では金属導体と同じくオームの法則が成立し，電気伝導度(electric conductance，単位S(ジーメンス)，電気抵抗の逆数)を測定して行う分析をコンダクトメトリー(conductometry)という．l(cm)離れて対向する表面積A(cm^2)の2枚の平面電極間に溶液を入れたときの抵抗R(Ω)は，

$$R = \frac{l}{\kappa A} \qquad (3.19)$$

で表される．ここで，κは溶液の導電性を表す電気伝導率[*1](electric conductivity(S/cm)，導電率ともいう)であり，κの逆数を抵抗率(resistivity(Ω cm))という．

電気伝導率は，図3.54に示すホイートストン(Wheatstone)・ブリッジの原理に基づく交流ブリッジ(コールラウシュ(Kohlrausch)・ブリッジ)で測定する．電極表面で電解や濃度分極[*2]現象が起こるのを防ぐため低周波交流(50～1000 Hz)を用い，電極には平滑白金板または白金黒つき白金が用いられる．分極の影響をなくすため，電流を流す電極を別にした4電極方式セルなども考案されている．

R_1を調節して検流計Gに電流が流れない

[*1] 表面積1 m^{2}の2個の平面電極が1 mの極間距離で対向している容器に満たされた電解質水溶液の電気抵抗の逆数として定義される(S/m)．

[*2] concentration polarization．電流が流れることにより，電極界面の化学種濃度の減少に基づいて電極電位が変化すること．

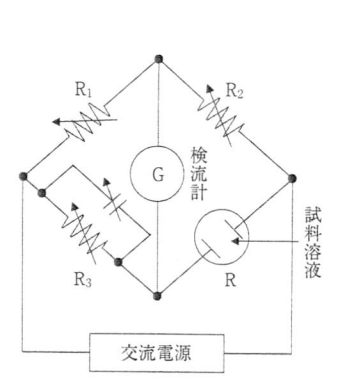

図3.54 コールラウシュ・ブリッジ

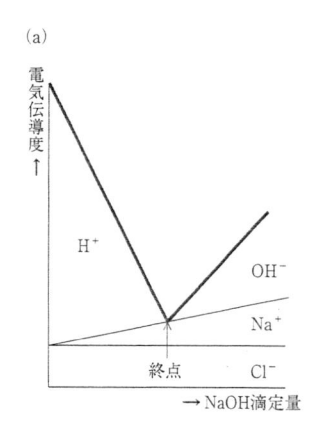

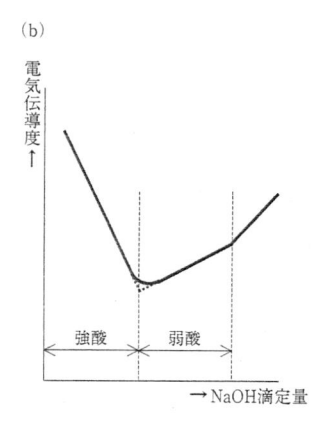

図3.55 電気伝導度滴定曲線
塩酸(a)および強酸と弱酸の混合物(b)を水酸化ナトリウムで滴定．

ようにしたとき，セル抵抗 $R = R_2R_3/R_1$ が成立し，κ は，

$$\kappa = \frac{\theta}{R} \quad (3.20)$$

で計算される．ここで，$\theta(= l/A)$ はセルの形状や温度によって決まる定数で容器定数またはセル定数(cell constant)と呼ばれ，κ 既知の溶液の抵抗を測定することによって求められる．希薄溶液の場合には

$$\kappa = \frac{1}{1000} \Sigma\, C_i z_i \lambda^{\infty}_i \quad (3.21)$$

が成り立つ．ここで C_i と z_i は i 番目のイオンのモル濃度(mol/cm^3)と電荷，λ^{∞}_i はそのイオンの無限希釈におけるモル導電率(molar conductivity($S\,cm^2/mol$))である．H^+ と OH^- の λ^{∞}_i(25℃)は 350 と 198 $S\,cm^2/mol$ であり，一般のイオンの値(50～80 $S\,cm^2/mol$)に比べ特に大きい．

電気伝導度は溶液中のイオンの種類と濃度によって決まる．電気伝導度の変化は含まれているイオン数の変化にだけ依存するから，この方法には選択性がほとんどない(各成分量を個別に求めることはできない)．したがって，この方法の適用は非常に限られるが，簡単で保守が容易な測定回路を使用して十分安定な速い応答が得られるので，イオン交換水の純度モニター，大気中の二酸化硫黄，二酸化炭素，塩化水素などの連続分析装置などに広く普及している．イオンクロマトグラフィーの検出器としても多用されている．

電気伝導度を測定して滴定の終点を検出する電気伝導度滴定(conductometric titration)は，希薄溶液中でイオン数が変化する中和滴定，沈殿滴定および錯滴定に利用できる．しかし，酸など電解質濃度が高い酸化還元滴定には，電気伝導度の変化が小さいため不向きである．この滴定法は，着色溶液，懸濁溶液，非水溶液などにも適用でき，強酸と弱酸あるいは強塩基と弱塩基の混合物の分析に応用で

きる．中和滴定曲線の一例を図 3.55 に示す．

3.4.2　ポテンシオメトリー

溶液に 2 本の電極を入れ，両極間に発生する電極電位の差(起電力)を測定し，溶液中のイオンの分析を行う方法をポテンシオメトリーという．一般に，2 本の電極のうち，片側の電極で起こる化学反応に関心があり，他方の電極の電位は一定であることが望ましい．そのため，目的の反応が起こる電極，すなわち指示電極(indicator electrode；IE)と電位が一定に保たれる参照電極(reference electrode；RE)との間の電位差を測定する(図 3.56)．電位差法は溶液中の化学種の濃度の変化を起こさない非破壊分析法である．測定可能な濃度範囲が広く，たとえば pH 測定では約 13 けたに及ぶ．pH 測定はさまざまな分野で利用されている．自動連続計測に適するなどの利点をもつ．

1)　基準および参照電極

国際規約として，水素イオンが水素に還元される半電池の電極電位をすべての温度で 0.000 V と定義する．これを電極電位の基準として用いる．

$$2H^+ + 2e^- = H_2 \quad (a_{H^+} = 1,\ 1atm) \quad (3.22)$$

この電極を基準水素電極(normal hydrogen electrode；NHE)または標準水素電極(standard hydrogen electrode；SHE)と呼ぶ．しかし，この電極は取り扱いが不便なため，通常の測定では銀-塩化銀電極および飽和カロメル電極(saturated calomel electrode；SCE)などを参照電極(reference electrode)として用いる．参照電極の電位および対応する半反応を表 3.9 に示す．測定される電極電位の値は用いた参照電極によって異なるので，電極電位の値は「vs. NHE」のように参照電極を明記する．

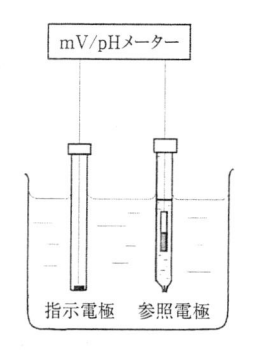

図3.56 電位差測定の構成

2) 電位差の測定

指示電極と参照電極との間の電位差は高入力抵抗をもつmVメーターを用いて測定する．それにより測定回路を流れる電流は事実上0になり電位差が正しく測定できる．溶液中の化学種の濃度(活量)が変化すると指示電極の電位が変化する．指示電極での電位変化の大きさから溶液中の化学種の濃度を知る．参照電極の内部溶液と試料溶液の間に液絡(liquid junction)が形成されるため，観測される電位差は液間電位(liquid junction potential)を含む．しかし，その大きさを一定に保ち，かつ小さくすることはできる．その結果，観測される電位($E_{観測}$)は指示電極の電位($E_{指示}$)の変化を反映する．

$$E_{観測} = (E_{指示} - E_{参照}) + E_{液間} \quad (3.23)$$

3) 指示電極

電位差法では，溶液中の化学種の濃度(活量)に依存して指示電極の電位が変わる．指示電極には電極界面で電子の授受を伴う場合と，電子の授受はないが膜界面でイオン(電荷)の選択的な移動を伴う場合とがある．前者には貴金属電極が，後者にはガラス電極，イオン選択性電極がある．

a. 貴金属電極 金属，たとえば銀電極を用いると銀イオンを分析できる．半電池はAg|Ag^+のように記述される．電極電位はネルンスト式に従う．また，金，白金などの貴金属電極をFe^{3+}/Fe^{2+}のような1対の酸化体(Ox)および還元体(Red)を含む系に浸すと，電位は溶液中の酸化還元対の活量の比に依存して変わる．

$$Ox + ne^- = Red \quad (3.24)$$

$$E = E° + \frac{RT}{nF} \ln \frac{a_{Ox}}{a_{Red}} \quad (3.25)$$

ここで，nは半反応に関与する電子数，Rは気体定数，Tは絶対温度，Fはファラデー定数である．$E°$は標準電位である．このような電極を酸化還元電極(redox electrode)と呼ぶ．溶液の酸化還元電位(oxidation-reduction potential；ORP)の測定，酸化還元滴定の終点検出などに用いる．

b. ガラス電極 ガラス電極は，図3.57に示すように先端部はガラス膜(厚さ0.2 mm程度，膜抵抗数十〜数百MΩ)からできている．ガラス膜は，ケイ素原子と酸素原子とが3次元網目構造をとっている．水素イオンに応答するガラス膜は主成分としてSiO_2(65%)，Li_2O(28%)，La_2O_3(4%)，Cs_2O(3%)からなり，ケイ酸骨格が一部変化して

表3.9 参照電極の電位

電極	略号	半反応	電位 (V vs. NHE)
銀-塩化銀電極(飽和KCl)	Ag-AgCl	$AgCl(s) + e^- = Ag(s) + Cl^-$	0.197
銀-塩化銀電極(1M KCl)	Ag-AgCl	$AgCl(s) + e^- = Ag(s) + Cl^-$	0.236
飽和カロメル電極(飽和KCl)	SCE	$Hg_2Cl_2(s) + 2e^- = 2Hg(s) + 2Cl^-$	0.241
飽和カロメル電極(飽和NaCl)	SSCE	$Hg_2Cl_2(s) + 2e^- = 2Hg(s) + 2Cl^-$	0.236
標準水素電極	NHE	$2H^+ + 2e^- = H_2$ ($a_H = 1$, 1 tam)	0.000(基準)

水溶液，25℃．

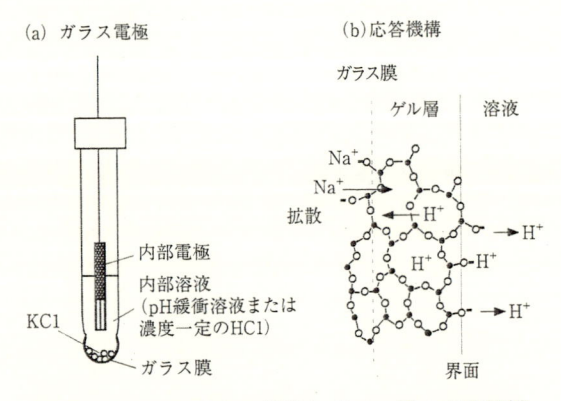

図 3.57 ガラス電極の構造とガラス膜の応答機構

形成された―SiO$_4^{4-}$サイトに一価陽イオンが結合している．ガラス膜は水溶液と接するとケイ酸骨格に結合した陽イオンが水素イオンと交換し，またガラス膜網目の間隙に水和した水素イオンが入り込み，厚さ数十 μm のゲル相を形成する．3次元網目状骨格への水素イオンの侵入はシラノール基―SiO$^-$ H$^+$ の形成を伴う．この―SiO$^-$ H$^+$ から水素イオンが解離すると膜中に負の固定電荷 SiO$^-$ が形成される．その結果，ガラス膜側が負に，溶液の界面近傍側が正に帯電し電荷の分離が生ずる．このように，ガラス膜-溶液界面には電位差が存在し，その大きさは溶液中の水素イオンの活量に依存して変わる．ガラス電極の水素イオンに対する応答は pH0～14 と広い．しかし，高濃度のアルカリ中では共存する陽イオン(Na$^+$など)も膜に取り込まれるため，膜電位は高く(実際の pH 値は低く)観測される．これをアルカリ誤差という．強酸性溶液では多量の水素イオンが水和するために水の活量が1より低下し酸誤差が起こる．酸誤差では膜電位は低く(pH 値は高く)観測される．

4) 直接電位差法と電位差滴定

直接電位差法ではあらかじめ標準溶液を用い濃度の対数と電位差との関係をプロットした検量線を作成する．実際に観測される電位は溶液中の化学種の活量に依存するが，溶液に無関係塩を加えて，イオン強度を一定にすると濃度と電位との関係が求まる．間接電位差法では滴下した滴定剤の体積に対して電位をプロットした電位差滴定(potentiometric titration)曲線を作成する(図 3.58)．電位飛躍(potential jump)の位置から終点を求め，滴定に要した体積から目的物質の濃度を知る．終点近傍での1次微分($\Delta E/\Delta V$)曲線を用いると終点が明瞭になる．電位飛躍が小さい場合などの終点検出には，anitilog $E(\propto C)$ vs.体積をプロットすると直線の外挿として終点が求まる．これをグラン(Gran)・プロットという．

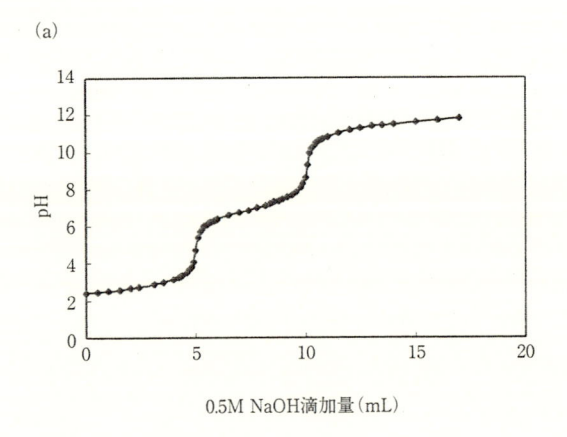

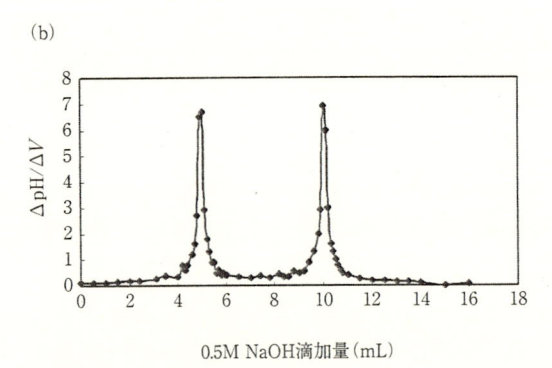

図 3.58 0.50 M 水酸化ナトリウム溶液による 0.50 M リン酸の pH 測定

3.4.3 クーロメトリー

銅(II)を含む硫酸酸性溶液中に挿入した白金電極対に加えた直流電圧を徐々に増大すると，ある電圧(分解電圧：decomposition voltage)を超えたところで電解が始まり,電流が流れ始める.両電極では次のような反応が起こる.

$$Cu^{2+} + 2e^- \longrightarrow Cu \quad (3.26)$$

$$H_2O \longrightarrow \frac{1}{2}O_2 + 2H^+ + 2e^- \quad (3.27)$$

反応(3.26)(還元反応)が起こる電極を陰極またはカソード(cathode),反応(3.27)(酸化反応)が起こる電極を陽極またはアノード(anode)という.注目する反応が起こる電極(この場合は陰極)を作用電極(working electrode),他方の電極を対極(counter electrode)または補助電極(auxiliary electrode)と呼ぶ.

電解初期の陰極と陽極で得られる電流と電位の関係(電流電位曲線)を記録すると,図3.59の曲線1,曲線5のようになる.分解電圧以下で流れる電流(残余電流[*1]:residual current)はきわめて小さく,電流 i を流すには分解電圧以上の加電圧 E を必要とする.

$$E = (E_a + \eta_a) - (E_c - \eta_c) + iR \quad (3.28)$$

ここで,E_a と E_c は陽極と陰極の可逆酸化還元電位,η_a と η_c は陽極と陰極における過電圧(>0),R は溶液抵抗を加えた回路全体の抵抗(iR はオーム電圧降下)である.E_a および E_c は次のネルンスト式(25℃)から求められる.

$$E_a = E_{O_2}^0 + 0.0296 \log a_H^{-2} p_{O_2}^{1/2} \quad (3.29)$$

$$E_c = E_{Cu}^0 + 0.0296 \log a_{Cu^{2+}} \quad (3.30)$$

過電圧(overvoltage または overpotential)は可逆酸化還元電位と電解時の電極電位との差であり,その大きさは電極反応の種類,電

[*1] これは,こん跡量の不純物や溶存酸素によるファラデー電流(ファラデーの法則に従う電流)と,電極と溶液との境界面に形成される電気二重層(10^{-3}～10^{-5} mm)を充電するために流れる充電電流(charging current,容量電流ともいう)のような非ファラデー電流に起因する.

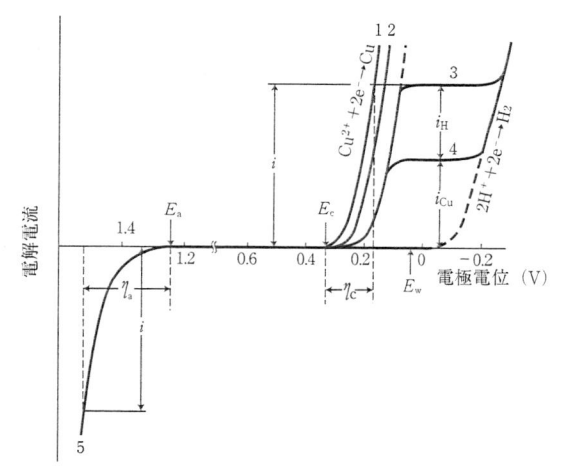

図 3.59 銅イオンの電流電位曲線と加電圧

極材料,電流密度などによって異なる.水素や酸素の発生の際の過電圧は一般に大きく,水銀電極の水素過電圧は酸性溶液中で約1 V,中性ないし塩基性では2 V 程度,平滑白金電極の酸素過電圧は塩基性溶液で約 0.8 V である.

電解が進行して陰極表面付近の Cu^{2+} 濃度が減少すると電極電位は負の方向に変化し(濃度分極),曲線1は曲線2に移動する.電解がさらに進行すると曲線2はより負電位へ移動し,陰極電位は急激に低下して,ついには Cu^{2+} の次に還元されやすい H^+ の電解還元が起こり始める(曲線3).その後は曲線4のようになり,電流 i の一部は H^+ の還元に消費される.一方,陽極で発生する酸は電解液中の酸濃度に比べると無視できるので,陽極電位は一定であるとしてよい.

このように,溶液中から銅の電解分離が可能で,白金陰極の質量増加から銅が定量できる.この方法を電解重量分析(electrogravimetric analysis)という.銅とともに電解析出する金属イオンが溶液中に共存しているときには電極電位を規制して電解する(定電位電解法).電解セルを通過した全電流のうち,注目する電極反応に使われた電流の割合(電流効率:current efficiency)が 100% ならば,

析出物の質量を秤量する代わりに電解で消費された電気量を測定し，ファラデーの法則（次式）を用いて目的成分量を求めることが可能で，この分析方法をクーロメトリー(coulometry)という．

$$w = \frac{QM}{nF} \quad (3.31)$$

ここで，w は物質の量(g)，Q は電極を通過した電気量(C)（＝電流(A)×時間(s)），M はその物質のモル質量(g/mol)，n は電極反応に関与する電子数，F はファラデー定数(C/mol)である．

1) 定電位クーロメトリー

図3.60の装置を用いて作用電極の電位を一定にして電解し，流れた電気量を測定する方法を定電位クーロメトリー(controlled potential coulometry または potentiostatic coulometry)という．加電圧の厳密な規制にはポテンシオスタット(potentiostat)，電気量の測定には電量計(coulometer)または電流積分器(current integrator)が用いられる．

図3.59において，陰極電位を E_w に保って電解すれば陰極では銅(II)の還元反応だけが起こり，電極反応の進行に伴い電流は0または0近く（残余電流）まで指数関数的に減少する．予備電解と同じ残余電流になったときに電解を終了する．方法の正確さは残余電流によって決まり，一般に0.01％よりも正確な結果は得にくい．感度はおもに電流時間曲線の積分の正確さによって決まる．また電解セルの形状，電極の配置なども迅速性と正確さに大きな影響を与える．

定電位クーロメトリーは，電解重量分析のように電極反応生成物の質量を秤量する必要がないので，Fe(III)→Fe(II)，N_2H_4→N_2 など生成物が電極上に析出しない場合にも適用でき，また水銀電極が使用できるから応用範囲は広い．正の還元電位をもつ貴金属元素をクロロ錯体として選択性がよく正確に分析可能であり，主成分含量の日常分析に利用されている．また混合物の逐次分析，あるいは1つの元素を連続的に還元する分析，たとえば Sb(V→III→0) にも応用できる．電極反応解析，迅速定電位電解を可能にしたフロークーロメトリー，液体クロマトグラフィーなどの高感度検出器にも利用されている．

2) 電量滴定

定電流クーロメトリー(constant current coulometry)は，目的化学種を定電流で電解し，それに要した時間を測定する方法である．図3.59から明らかなように，定電流電解で100％の電流効率を得ることはきわめて難しい．そこで特別な第2の成分を電解液に加えて適当な物質を電解発生させ，これと目的化学種を定量的に化学反応させて目的化学種の100％電流効率を達成する．すなわち，電子で標準溶液をつくりながら一定速度で目的化学種を滴定することからこの方法は電量滴定(coulometric titration)とも呼ばれ，電流は容量分析における標準溶液の濃度に，時間はその添加量に対応する．

図3.61は電量滴定装置の概念図である．滴定終点の検出には，高い感度や精度が得られる電気化学的方法が広く採用される．定電流の代わりに一定電気量をもったパルスで電解する方法もある．パルス電解は，カール・

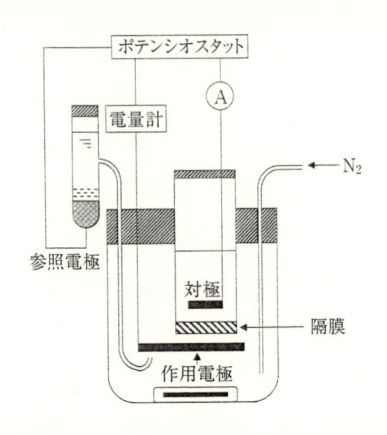

図3.60 定電位クーロメトリー装置

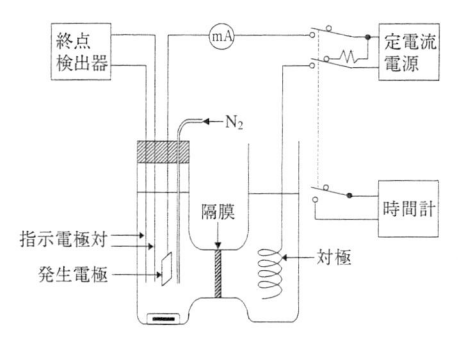

図 3.61 電気化学的終点検出を利用した電量滴定装置

フィッシャー(Karl Fischer)微量水分計，金属材料中の微量炭素，酸素，硫黄などの自動分析装置などに採用されている．しかし，パルス電解ではファラデーの法則が正確には成立しないので注意を要する．

電量滴定は標準物質(標準溶液)を必要としない基準分析法の1つであり，目的化学種の希釈なしに常量から微量の成分がきわめて高い精確さで定量でき，容量分析に利用される滴定反応のほとんどに適用可能である．また強い酸化剤や還元剤のように，容量分析では不安定で保存できない物質でも標定せずに利用可能である．遠隔操作，自動化，連続化が容易などの特長も有する．応用例を表3.10に示す．

3.4.4 ボルタンメトリー

微小電極を用いて試料溶液を電解したときの電流電圧曲線または電流時間曲線を利用する分析方法をボルタンメトリー(voltammetry)と呼び，微小電極に滴下水銀電極(dropping mercury electrode；DME)を用いた方法をポーラログラフィー(polarography)という．

ポーラログラフィーは1922年にヘイロフスキー(Heyrovsky)によって創始され，志方との協力で自記装置(ポーラログラフ：polarograph)が考案されて，微量成分分析や電気化学反応の解析，物理化学的研究などへの応用が急速に広がった．

1) 直流ポーラログラフィー
　　(DC polarography)

測定装置の概略を図3.62に示す．厚肉ガラス毛細管(内径0.01〜0.08 mm)の先端から溶液内に水銀小滴を自然滴下させ($3〜6$ s/滴)，水銀プールを対極にして，連続的に直流電圧を走査する($0.5〜5$ mV/s)．反応物質(復極剤：depolarizer)の電解により流れる電流は微小であるから(通常は μA 程度)，水銀プールの表面積が滴下水銀電極のそれに比べて十分に大きければ対極の電位は一定であ

表 3.10 電量滴定の例

滴定の種類	電解液	発生物質	発生電極	おもな定量物質
中和滴定	0.05〜0.5M KCl，KBr，Na_2SO_4 など	H^+ または OH^-	Pt Pt(−)	無機および有機の酸と塩基 $C(\to CO_2)$，$O(\to CO_2)$
沈殿滴定	0.1〜1M $NaNO_3$，KNO_3，過塩素酸(塩)など	Ag^+ または Hg_2^{2+}	Ag Hg	無機および有機のハロゲン化物や硫黄化合物，有機物
酸化還元滴定	0.1M Ce^{3+} −>3M H_2SO_4 0.1M KI−リン酸塩(pH7) 〜0.5M Fe^{3+} −〜4M H_2SO_4 〜0.5M Ti^{4+} −>7M H_2SO_4,HCl	Ce^{4+} I_2 Fe^{2+} Ti^{3+}	C, Pt Pt Pt(−) Pt(−)	Fe^{2+}，U^{4+}，Ti^{3+}，H_2O_2，有機物 As^{3+}，Sb^{3+}，Sn^{2+}，H_2O，SO_2，有機物 Ce^{4+}，Cr^{6+}，Mn^{7+}，Pu^{6+}，U^{6+}，V^{5+}，Cl_2，有機物 Cr^{6+}，Fe^{3+}，Mo^{6+}，U^{6+}，V^{5+}，有機物
錯滴定	0.02M Hg^{2+}−EDTA(pH8.5) 0.5M NaCl−酢酸塩(pH5.5)	EDTA Zn^{2+}	Hg(−) Zn−Hg	アルカリ土類金属，Ni，Pb，Zn Al，Ga，In，Zn，Zr

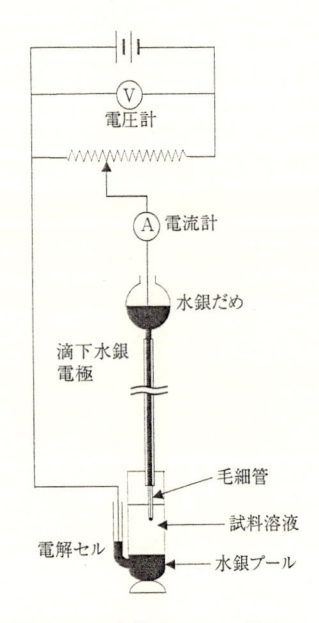

図 3.62 直流ポーラグラフ

り[*1], 滴下水銀電極の電位は加電圧の変化に相当する. 滴下水銀電極は水素過電圧が大きく, 電極表面がつねに更新されて高い再現性が得られるなどの特長を有する.

酸性溶液中, Cd^{2+} の電流電圧曲線(ポーラログラム: polarogram)を図 3.63 に示す. ぎざぎざの波形は, 水銀滴の成長と落下により生じる. 図 3.63 の A〜B の部分は残余電流で, Cd^{2+} の還元はまったく起こっていない. B 点で Cd^{2+} の還元が起こり, 電流は急激に流れ始める. 水銀滴界面の Cd^{2+} 濃度がゼロになると電流の増加は止まり(C 点), 電流値はほぼ一定になる(限界電流: limiting current). さらに加電圧が負方向に移行すると, H^+ が還元されて水素が発生する(D 点). 限界電流から残余電流を引いたものを拡散電流(diffusion current) i_d または波高(wave height)といい, 定量分析に用いる. $i_d/2$ になる電位が半波電位[*2](half-wave potential) $E_{1/2}$ で, これは電解質の種類と濃度, 温度などが一定であれば固有の値となるので定性分

[*1] 電流が流れても電位が変化しない電極を非分極性電極(non-polarizable electrode)という.

析に用いられる.

電極反応は電荷移動と物質移動の過程からなる. 溶液中の物質は拡散(diffusion), 泳動(migration)および対流(convection)によって作用電極界面へ輸送される. 拡散は溶液内の濃度勾配を消滅するように化学種が移動する現象で, 泳動は電位勾配によって輸送される現象である. 対流は溶液のかき混ぜ, 熱的揺らぎなどによって起こる. ポーラログラフィーでは, 目的化学種濃度の 50〜100 倍の無関係塩(支持電解質, supporting electrolyte)を含む静止溶液で測定することから, 泳動と対流による物質輸送は無視できる. したがって, 化学種は拡散によってのみ電極界面へ輸送されるので, 限界電流は拡散電流と呼ばれる. 拡散電流 $i_d(\mu A)$ は次のイルコビッチ式によって表され, 電解条件を一定にすれば化学種濃度 C (mM) に比例する.

$$i_d = 607nm^{2/3}t^{1/6}D^{1/2}C = kC \qquad (3.32)$$

ここで, n は電極反応に関与する電子数, m は水銀流出速度(mg/s), t は水銀滴の滴下間隔(s), D は拡散係数(cm^2/s)で, 607 には水

[*2] 化学種の電極反応がアマルガムを形成しない可逆反応ならば, 半波電位はその化学種の標準酸化還元電位に等しい.

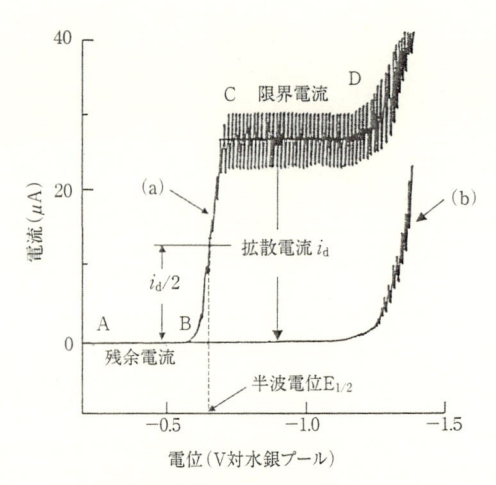

図 3.63 直流ポーラログラム
(a) 0.9mM Cd^{2+} を含む 1M 塩酸,
(b) 1M 塩酸(支持電解質).

銀の密度，ファラデー定数などが含まれる．$m^{2/3}t^{1/6}$ は用いた滴下水銀電極に固有の値で，毛管定数(capillary constant)と呼ばれる．拡散電流は，温度が上昇すると増加する(約 2 %/℃)．

溶存酸素は 0〜1 V に 2 つの還元波(O_2 + $2H^+$ + $2e^-$ ⟶ H_2O_2 および H_2O_2 + $2H^+$ + $2e^-$ ⟶ $2H_2O$)を生じるので，溶液中に不活性ガスを通じてあらかじめ除去しておく．限界電流部分に現れることがある極大波(maximum wave)は，ゼラチン，Triton X-100 などの界面活性剤を少量添加して抑制できる．前放電物質[*1]の妨害や重複波は，基礎液[*2]組成の選択，pH の調節，錯化剤の添加などによる半波電位の移行，酸化数の変更，適当な分離などの方法によって抑制される．この方法の定量下限は 10^{-5} M(精度 1〜2%)，分解能[*3]は 100〜200 mV である．

2) 種々のポーラログラフィー

一般にポーラログラフィーの定量下限は残余電流(おもに充電電流)によって制限される．充電電流の影響を小さくして信号雑音比(SN 比：signal-to-noise ratio)を向上させるため，すなわち流れた全電流からファラデー電流だけを効率よく取り出すため加電圧のかけ方や電流のサンプリング時間を工夫した種々のポーラログラフィーが考案されている．

直流加電圧に微小振幅(5〜30 mV)の正弦波交流電圧を重畳し，そのときに流れる電解電流の交流成分を測定して交流電流－直流加電圧曲線を記録する交流ポーラログラフィー(AC polarography)では階段状の山形(微分形)をしたポーラログラムが得られ，そのピーク電位は直流ポーラログラフィーの半波電位に一致し(定性分析)，電極界面での電子授受反応速度(可逆度)に依存するピーク電流は目的化学種の濃度に比例する(定量分析)．定量下限と分解能は 10^{-6} M, 40 mV である．

交流電圧に方形波(200 Hz 程度)を用いて，充電電流がほとんど流れていない電圧変化直前の電流を測定する方法を方形波ポーラログラフィー(square-wave polarography)といい，微分形のポーラログラムが得られる．定量下限と分解能は 10^{-7} M, 40 mV である．

交流ポーラログラフィーから発展した方法としてパルスポーラログラフィーなどがある．微分パルスまたは示差パルスポーラログラフィー(differential pulse polarography; DPP)は，直線的に増大する直流加電圧に一定振幅のパルス電圧(5〜100 mV)を重畳し，パルス重畳の直前とパルス電圧印加の後半部分の電流をサンプリングしてそれらの差を記録する方法であり，微分形のポーラログラムが得られる．定量下限と分解能は 10^{-8} M, 40 mV である．

3) ストリッピングボルタンメトリー

ストリッピングボルタンメトリー(stripping voltammetry)では，溶液をかき混ぜながら定電位で一定時間電解して目的化学種を微小作用電極に濃縮した後，静止溶液中で電位を一定速度で走査して析出物を再溶解させ，その際の電流電位曲線(溶出曲線：stripping curve)を記録する．前電解電位はポーラログラフィーの半波電位よりも約 0.2 V 負電位に設定し，前電解時間は目的化学種の濃度に依存して選ぶ．走査速度には通常 10〜50 mV/s が採用される．溶出には各種のポーラログラフィーが適用できるが，最もふつうに利用されるのは直流(連続電位変化)法と示差パルス法で，図 3.64 のような溶出曲線が得られる．一般にピーク面積(電気量に比例)またはピーク高さ(電流)が濃度に比例するので

[*1] 目的化学種よりも先に電解還元される物質．

[*2] base solution. 電解液から目的化学種を除いた溶液．基底液ともいう．

[*3] resolution. ほぼ等量存在する 2 つの化学種をポーラログラム上で分けることができるときの半波電位の差．

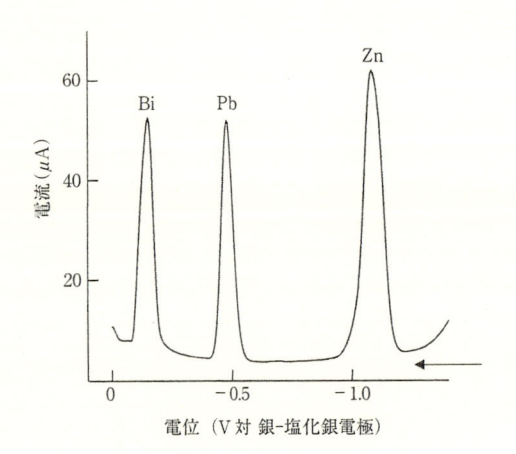

図 3.64 溶出曲線
Bi, Pb, Zn 各 100 ng/mL を含む酸溶液(pH4).

目的化学種を定量することができる．ピーク電位は直流ポーラログラフィーにおける半波電位に対応し，定性分析に利用される．

この方法には，金属イオンの還元で析出した金属を陽極反応で溶出させるアノーディックストリッピング(anodic stripping; ASV)法と陰イオンを難溶性塩あるいは金属イオンを金属酸化物として陽極に析出後，電位を負方向へ走査して陰極反応で溶出させるカソーディックストリッピング(cathodic stripping; CSV)法がある．電極反応で直接濃縮できない化学種は，錯体の形で作用電極上へ吸着濃縮する．この方法は吸着ストリッピング(adsorptive stripping)法と呼ばれ，選択性，感度などが非常に優れている．

ストリッピングボルタンメトリーの感度は作用電極の選択と調製，前電解時間などによって決まる．作用電極にはつり下げ水銀滴，グラシーカーボン，白金，金，銀などが用いられる．測定操作に選択的濃縮過程を含むため，感度は電気化学分析法の中で最も高く（定量下限は～10^{-11} M，分解能は 70 mV），超微量成分分析に適している．また高い精度が得られ，数元素の同時定量も可能である．

4) 電流滴定

電極反応によって流れる作用電極の電流特性を測定する方法をアンペロメトリー(amperometry)といい，電流滴定のほか，酸素センサー，バイオセンサーなどの原理として利用されている．電流滴定(amperometric titration)は，滴定反応に伴う指示電流の変化を測定して終点を求める方法で，電位差滴定や電気伝導度滴定よりも一般に感度は高い．

1つの微小指示電極を用いる方法には，指示電極と参照電極間に一定の電位を印加して行う定電位電流滴定(controlled-potential amperometric titration)と，外部から電圧を加えないで参照電極の電位を利用する短絡電流滴定(short-circuit amperometric titration)がある．限界電流を与える電位を印加することから，被滴定物質と滴定液の少なくとも片方がポーラログラフ的に活性でなければならない．電極反応と印加する電位によっ

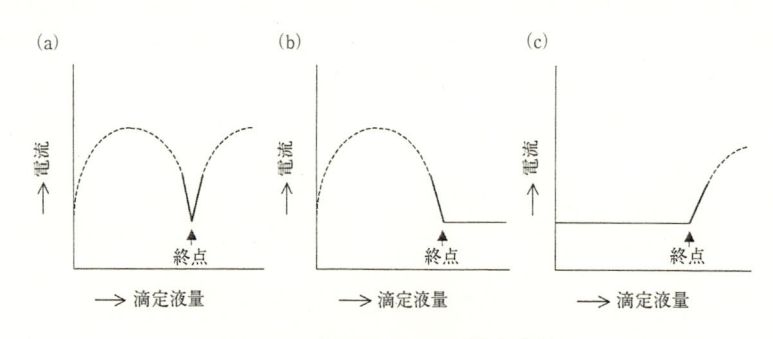

図 3.65 定電圧分極電流滴定曲線
(a)可逆系-可逆系，(b)可逆系-不可逆系，(c)不可逆系-可逆系．

て滴定曲線の形は変化する．

2つの指示電極間に一定微小電圧(10～500 mV)を印加して流れる電流を測定する方法は定電圧分極電流滴定(amperometric titration with two indicator electrodes)と呼ばれ，被滴定物質と滴定液の可逆性と加電圧の大きさによって3種類の滴定曲線が得られる(図3.65)．不可逆系どうしの滴定では終点は得られない．図3.65(b)の滴定曲線が得られる方法は死止終点法(デッドストップ法：dead-stop end point method)と呼ばれる．

参考文献

1) 鈴木繁喬，吉森孝良：電気分析法——電解分析・ボルタンメトリー——，共立出版(1987)．
2) 内山俊一(編)：高精度基準分析法——クーロメトリーの基礎と応用，学会出版センター(1998)．
3) R. Kellner, J.-M. Mermet, M. Otto and H. M. Widmer(ed.)：Analytical Chemistry, p. 281, Wiley-VCH(1998).
4) E. A. M. F. Dahmen：Electroanalysis, Elsevier(1986).
5) J. Wang：Analytical Electrochemistry (2nd ed.), Wiley(2000).
6) P. Vanysek(ed.)：Modern Techniques in Electroanalysis, John Wiley & Sons(1996).
7) P. T. Kissinger and W. R. Heineman：Laboratory Techniques in Electroanalytical Chemistry (2nd. ed.), Marcel Dekker(1996).

演習問題

[10] 25℃で0.1 M KCl水溶液($\kappa = 0.0129$ S/cm)の抵抗は353 Ωであった．同じセルを用いて0.1 M未知試料水溶液(1価)の抵抗を測定したところ135 Ωであった．未知試料水溶液の①電気導電率，②モル伝導率を求めよ．

[11] 銅(II)と亜鉛(II)を含む溶液を電解したところ，陰極上に銅61.5%(質量)と亜鉛38.5%(質量)からなる析出物0.211 gが得られた．この電解に要した電気量は何クーロンか．ただし，電流効率は100%とする．

[12] 被滴定物質と滴定液の性質により定電位電流滴定曲線の形状がどのように変化するか考察せよ．

3.4.5 化学センサー

センサーは認識部位と変換部位(トランスデューサー)をもつ．化学センサーは膜界面での化学反応に基づいて化学種に選択的に応答する．トランスデューサーの種類により電気化学，光，質量，熱センサーに分類される．

1) イオン選択性電極

イオン選択性電極(ion-selective electrode；ISE)は，特定のイオンに選択的に電位応答する膜電極である(図3.66(a)～(c))．表3.11に例を示すように，固体膜と液膜を用いる電極がある．

a. 固体膜電極 Eu(II)をドープ(量を制御して添加)したLaF_3単結晶やシリコーンゴムやポリ塩化ビニル(PVC)などに分散させた難溶性塩，ペレット状にしたAgI，CuSなどの難溶性塩，ガラス膜などが膜として用いられている．ガラス電極はH^+のほか，膜組成によってNa^+，NH_4^+にも応答する．フッ化ランタンを固体膜に用いるフッ化物イオン選択性電極は，選択性，感度に優れ，F^-イオンの代表的分析法となっている．

b. 液膜電極 液膜は電荷中性キャリア(neutral carrier)やイオン交換体(ion exchanger)を水に不溶の有機溶媒に溶解したものである．さまざまな人工キャリアが開発されている(図3.67)．通常，液膜はポリ塩化ビニルなどの高分子膜に含浸して用いる．これを含浸液膜型電極という．膜電位の発生は，水溶液と接する液膜の界面で特定のイオンが膜中のキャリアに捕捉され対イオンを伴わずに選択的に膜内へ輸送される現象，すなわちパームセレクティビティー(permselectivity)に基づいて電荷の分離が生ずることによる．パームセレクティビティーの完全な達成には膜中に親油性の陰イオン性サイトが必要

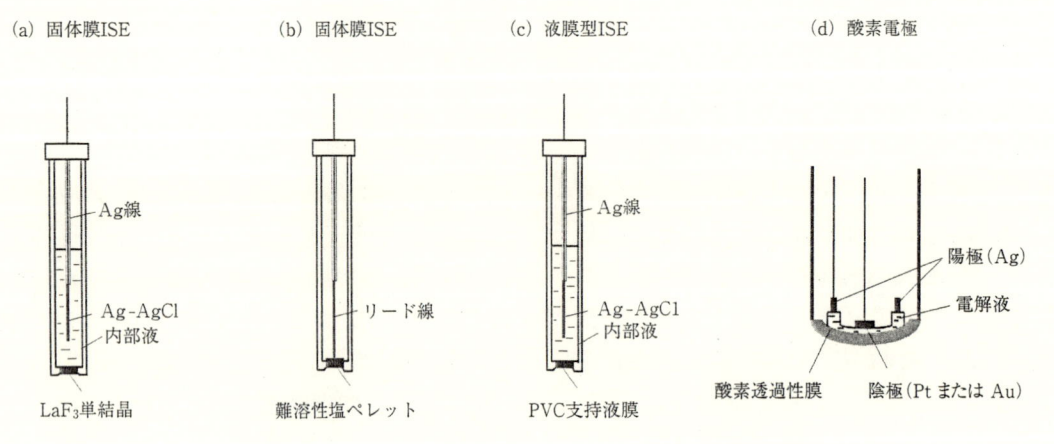

(a) 固体膜ISE　　(b) 固体膜ISE　　(c) 液膜型ISE　　(d) 酸素電極

図3.66　イオン選択性電極(ISE)および酸素電極の構造

表3.11　イオン選択性電極の例

目的イオン	キャリア	妨害イオン（選択係数）
a. 固体膜型		
F^-	LaF(Euドープ)単結晶	OH^- (0.1)
I^-	AgI	CN^- (1) > Br^- (10^{-4}) > Cl^- (10^{-5}), S^{2-} (妨害)
S^{2-}	Ag_2S	I^- (2×10^{-18}) ≈ OH^- (2×10^{-18}) > Br^- (5×10^{-26})
Pb^{2+}	$PbS+Ag_2S$	Zn^{2+} (4.8×10^{-3}) > Mn^{2+} (2×10^{-3}) > Ni^{2+} (6×10^{-4}), Cu^{2+} (妨害)
Cu^{2+}	$CuS+Ag_2S$	Pb^{2+} (2×10^{-3}) > Zn^{2+} (3×10^{-4}) ≈ Cd^{2+} (3×10^{-4}) ≈ Mn^{2+} (2×10^{-4})
b. イオン交換型（液膜）		
Ca^{2+}	Ca di-n-octylphenylphosphate	Sr^{2+} (1.7×10^{-2}) > Mg^{2+} (2.4×10^{-4}) > K^+ (5.8×10^{-5}) > Na^+ (6.3×10^{-6})
NO_3^-	Tris(phen)Ni(II)$(NO_3)_2$	NO_2^- (10^{-1}) ≈ Cl^- (10^{-1}) > $H_2PO_4^-$ (6.3×10^{-4}) > SO_4^{2-} (6.3×10^{-4})
Cl^-	第四級アンモニウム塩	NO_3^- (50) > NO_2^- (4) > HCO_3^- (10^{-1}) > SO_4^{2-} (6×10^{-2})
c. ニュートラルキャリア型など（液膜）		
K^+	バリノマイシン	Rb^+ (1.4) > Cs^+ (3×10^{-1}) > NH_4^+ (1×10^{-1}) > Na^+ (2×10^{-4})
Na^+	ビス12-クラウン-4誘導体	Li^+ (1×10^{-3}) > K^+ (9×10^{-3}) > Rb^+ (4×10^{-3}) > Mg^{2+} (1×10^{-4})) ≈ Ca^{2+} (1×10^{-4})
Li^+	ビス14-クラウン-6誘導体	K^+ (5×10^{-3}) > Na^+ (4×10^{-3}) > NH_4^+ (1×10^{-3}) > Mg^{2+} (5×10^{-5}) > Ca^{2+} (2×10^{-5})
Ca^{2+}	ETH1001	H^+ (1.2×10^{-3}) > Na^+ (2×10^{-4}) > K^+ (2×10^{-4}) > Mg^{2+} (2×10^{-5})
Cl^-	チオ尿素誘導体	SCN^- (1.0) > Br^- (1.58) > HCO_3^- (10^{-3})
ATP^{3-}	大環状ポリアミン	Cl^- (5.7×10^{-4}) > ADP^{3-} (3.5×10^{-1}) > AMP^{2-} (3.0×10^{-2}) > HPO_4^{2-} (1.5×10^{-3})

である．

イオン選択性電極の電位と溶液中の化学種の活量との関係はニコルスキー－アイゼンマン (Nicolsky-Eisenman) 式によって表される．

$$E = \text{constant} + \frac{RT}{nF} \ln (a_i + K_{Kij}^{\text{pot}} a_j^{z_i/z_j}) \quad (3.33)$$

ここで，a_i は目的イオンの活量，a_j は共存イオンの活量で z_i および z_j はそれらの電荷を示す．K_{ij}^{pot} は選択係数 (selectivity coefficient) と呼ばれ，共存（妨害）イオンが示す電位応答の強さの尺度である．選択係数が小さいほど共存イオンの応答は小さい．

2) 酸素電極

溶液あるいは気体中の酸素濃度を測定できる酸素電極 (oxygen electrode) はアンペロメ

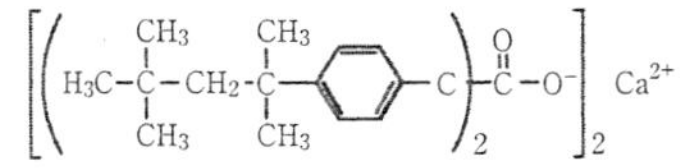

アルキルリン酸塩(Ca^{2+}) 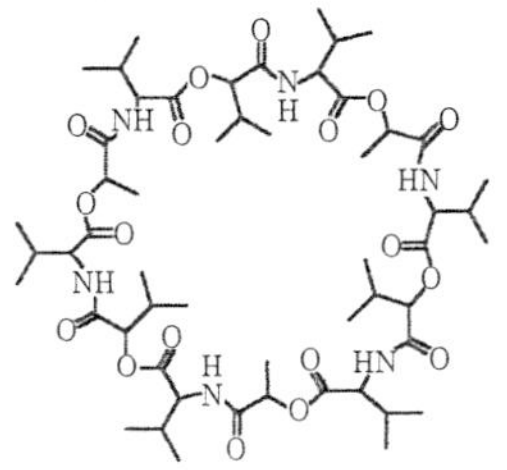　　バリノマイシン(K^+) 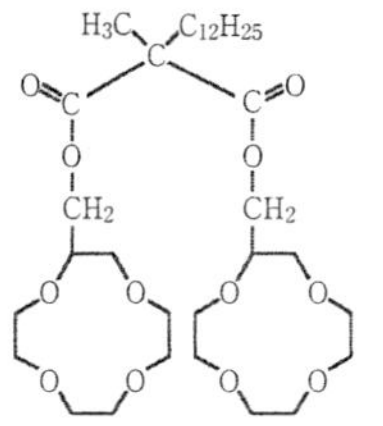　　ビス(12-クラウン-4)誘導体(Na^+)

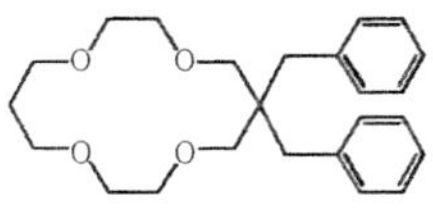

ジベンジル14-クラウン-4(Li^+) 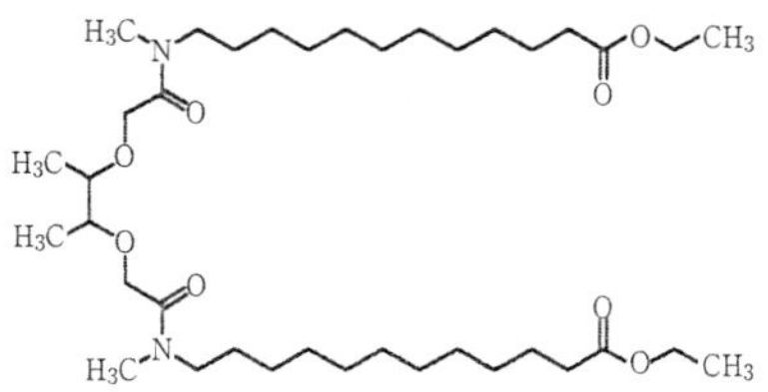　　ETH1001(Ca^{2+})

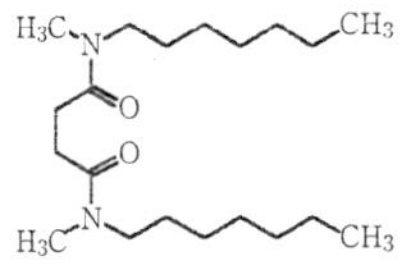

ETH1117(Mg^{2+}) 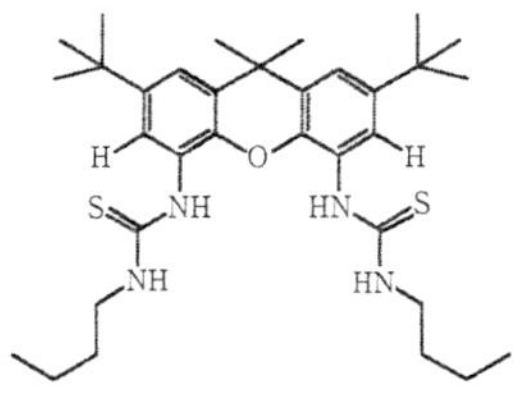　　チオ尿素誘導体(Cl^-) 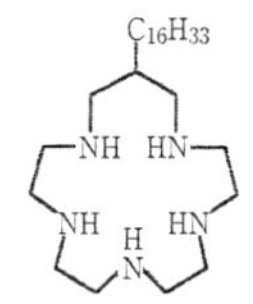　　大環状ポリアミン(ATP^{3-})

図 3.67　人工キャリアの例

トリーが測定原理として使用されている．このタイプの電極は電極系と電解質溶液がガス透過膜で分離されている(図 3.66(d))．陽極の電位は陰極に対して −800 mV に保たれる．膜を透過した酸素分子は次式により還元される．

$$O_2 + 2H^+ + 2e^- = H_2O_2 \quad (3.34)$$

電流は溶液中の酸素濃度に依存する．通常のボルタンメトリーと同様に検量線を作成して用いる．水試料の溶存酸素の測定や酵素電極の下地電極として使用される．

3) 酵素電極

酵素電極(enzyme electrode)は酵素のもつ特異的な基質認識能を利用する(表 3.12)．酵素は導電性の高分子膜などを用いて下地電極(underlying electrode)の表面に固定化される．

a. 電位応答型電極　電位応答型の酵素電極では，基質の濃度変化に対応する電位の変化を信号として引き出す．尿素電極では，酵素ウレアーゼを含むゲル層を NH_4^+ イオン応答性のガラス電極表面に固定する．この電極を尿素が含まれる溶液に浸すと，基質である尿素はゲル層内に拡散し，酵素反応を受ける．

$$(NH_3)_2CO + 2H_2O \longrightarrow CO_3^{2-} + 2NH_4^+ \quad (3.35)$$

生成した NH_4^+ イオンは下地電極の NH_4^+ 応

表 3.12 酵素電極の例

測定物質	酵 素	酵素反応	トランスデューサー
a. 電位応答型			
尿素	ウレアーゼ	$CO(NH_3)_2 + 2H_2O = CO_3^{2-} + 2NH_4^+$	NH_4^+電極
ペニシリン	ペニシリナーゼ	ペニシリン$+ H_2O =$ペニシロ酸	ガラス電極
クレアチニン	クレアチナーゼ	クレアチニン$+ H_2O$ $= N$-メチルヒダントイン$+ NH_3$	NH_4^+電極
中性脂質	リポプロテインリパーゼ	中性脂質$=$グリセリン$+$脂肪酸	ガラス電極
b. 電流応答型			
グルコース	グルコースオキシダーゼ	グルコース$+ O_2 =$グルコン酸$+ H_2O_2$	$Pt(O_2, H_2O_2)$
コレステロール	コレステロールエステラーゼ	コレステロールエステル$+ H_2O$ $=$コレステロール$+$脂肪酸	$Pt(H_2O_2)$
	コレステロールオキシダーゼ	コレステロール$+ O_2 =$コレステノン$+ H_2O_2$	
エタノール	エタノールデヒドロゲナーゼ	エタノール$+ NAD^+$ $=$アセトアルデヒド$+ NADH$	$Pt(NADH)$
乳酸	乳酸オキシダーゼ	乳酸$+ H_2O =$ピルビン酸$+ H_2O_2$ 乳酸$+ NAD =$ピルビン酸$+ NADH + H^+$	$Pt(O_2, H_2O_2)$ $Pt(NAD, NADH)$
アミノ酸	L-アミノ酸オキシダーゼ	$RCHNH_2COOH + O_2 + H_2O$ $= RCOCOOH + NH_3 + H_2O_2$	$Pt(H_2O_2)$
尿酸	ウリカーゼ	尿酸$+ O_2 + 2H_2O =$アラントイン$+ H_2O_2 + CO_2$	$Pt(O_2, H_2O_2)$

答性電極によって検出される．基質(尿素)と生成物(NH_4^+)の量は化学量論的関係にあるため，この電極の電位は，

$$E = \text{constant} + \frac{RT}{F} \log [尿素] \quad (3.36)$$

に従って変化する．

b. 電流応答型電極　代表例にグルコースセンサーがある．血中のグルコース濃度の測定に重要である．グルコースはグルコースオキシダーゼ(glucose oxydase; GOD)により酸化されてグルコン酸と電気活性な過酸化水素を生成する．

$$グルコース + O_2 + 2H^+ \longrightarrow グルコン酸 + H_2O_2 \quad (3.37)$$

セロハン膜やナイロンメッシュ，ポリピロール膜などを用い白金電極上にグルコースオキシダーゼを固定化する．白金電極の電位を銀-塩化銀電極に対して$+600$ mVに設定すると酵素反応により生成した過酸化水素は再び酸素に酸化される．過酸化水素が酸化されるときの電流の大きさはグルコース濃度の指標になる．

$$H_2O_2 = O_2 + 2H^+ + 2e^- \quad (3.38)$$

過酸化水素を検出する代わりに，酵素と電極との間で電子シャトルとして働くフェロセン，オスミウム錯体などのメディエーターを

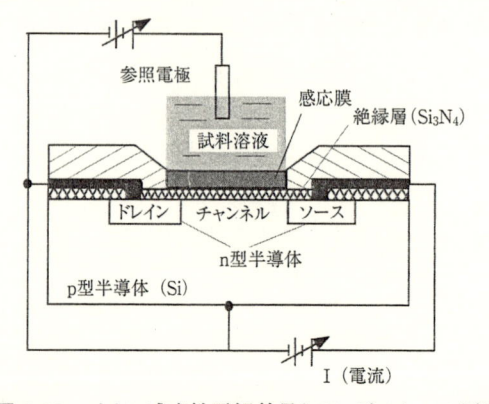

図 3.68　イオン感応性電解効果トランジスターの原理

酸素反応の酸素の代わりとして用い，それらの酸化還元による電流を測定する電極もある．これは第2世代のバイオセンサーと呼ばれる．

4) イオン感応性効果電界トランジスター電極

イオン感応性効果電界トランジスター(ion-selective field effect transistor; ISFET)電極は，p型半導体(Si)を土台にn型半導体のソースとドレインから構成されている．その上にSi_3N_4あるいはSiO_2の絶縁膜がある(図3.68)．ソースとドレイン間のチャンネルを流れる電流は，ゲート電圧によって変わる．ゲートにイオン選択性膜を用いると，溶液中の化学種濃度に依存してゲート電圧が変わり，電流の大きさが変わる．ISFETは超微小センサーを作成するのに適する．微小pH電極，微小酵素電極などがある．

3.5 熱分析法

熱分析法とは，「物質(その反応生成物も含む)の温度を一定のプログラムに従って変化させながら，その物質のある性質を時間または温度に対して測定する一連の方法」と定義される(国際熱分析連合(International confederation for thermal analysis and calorimetry; ICTAC)による)．熱重量分析(thermogravimetry; TG)は測定する性質が質量であり，示差熱分析(differential thermal analysis; DTA)は基準物質と試料物質との温度差を測定する熱分析法である．このほか，TGとDTAやTGと発生気体分析(evolved gas analysis; EGA)など，2つの熱分析法を結合し同一の試料について2つの情報を得る手法もあり，複合熱分析(simultaneous thermal analysis)と呼ばれる．

熱分析法は，広い温度範囲で起こる物理化学的変化(融解，蒸発，昇華，凝縮，凝固，ガラス転移，吸脱着，酸化還元，重合，分解など)を短時間で測定できるという特徴をもっており，無機・有機化合物を問わず，ほとんどの物質・材料のキャラクタリゼーションに使用されている．

しかし，熱分析で得られる情報は試料のマクロ情報であり，間接的なものであることに注意しなければならない．したがって，観測された挙動についての分子レベルでの情報を得るためには分光法など他の測定法の併用が必要である．近年では，熱分析法と質量分析法(MS)，フーリエ変換赤外分光分析法(FTIR)，X線回折法(XRD)などとの複合化が活発に試みられている．

本節では，現在最も多用されている熱分析法であるTGとDTAおよび示差走査熱量測定法(DSC)について述べる．

3.5.1 熱重量分析法

本法は加熱や冷却，または定温で保持した時の試料の質量を，温度または時間の関数として連続的に測定するものである．吸脱着，蒸発，昇華，分解など質量変化を伴う熱的現象がその対象となり，種々の条件下における物質の熱安定性の測定や分解反応の解析，さらに試料中で進行する物理化学的過程の速度論的解析に使用される．

1) 装　置

熱重量分析法の装置は熱天秤(thermobalance)と呼ばれ，電子ミクロ天秤，電気炉，温度調節器によって構成されている(図 3.69)．熱天秤は，東北大学からゲッチンゲン大学に留学していた本多光太郎により 1915 年にはじめて考案された．その後多くの改良が加えられて，現在では熱安定性に優れ，高感度な質量測定を自動的に行える装置が普及している．

天秤で質量変化を測定する機構には零位法と変位法がある．このうち変位法は，天秤の腕の傾きを光学的または電気的に測定する方法であり，質量変化に伴って炉内での試料の位置が変化する．炉内の温度は均一であるとは限らないので，つねに一定の位置に保つことのできる零位法が熱天秤には一般に用いられている．零位法では，天秤の腕の傾きを光学的方法によって検出し，光電変換素子によって電流に変換する．これを磁界中に置いたソレノイドコイルに流して試料の質量変化による回転モーメントと釣り合うようにトルクモーターで力を発生させる．生じた力は質量変化に比例し，その力はソレノイドコイルを流れる電流に比例するので，電流を測定することによって質量変化の記録，すなわち図 3.70(a)に示すような熱重量(TG)曲線(thermogravimetric curve)が得られる．微少な質量変化やきわめて近接した温度で連続して起こる多段階の変化は，TG 曲線の時間 t または温度 T についての 1 次微分 dm/dt または dm/dT を記録すると，図 3.70(b)に示したようにより明確に検出できる．この方法は微分熱重量測定法(derivative thermogravimetry; DTG)と呼ばれている．

熱天秤に用いられる電気炉は，試料とそれを入れる容器，および温度センサー(熱電対が多用される)を含む領域を均一に高温まで加熱できることが要求される．加熱コイルとしてはニクロム($T<$1300K)や Pt-10% Rh($T<$1800K)が，また炉材としては溶融石英($T<$800K)やアルミナ($T<$1300K)が用いられている．

2) 測定値に影響を与える要因

図 3.70(a)は，加熱により質量減少を伴う 1 段階反応過程の模式的な TG 曲線を示す．

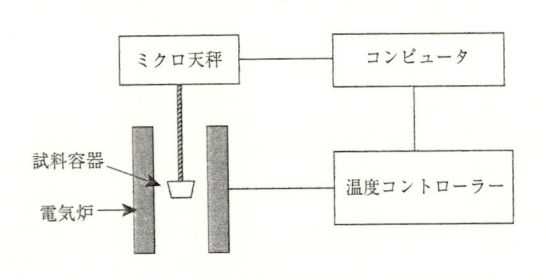

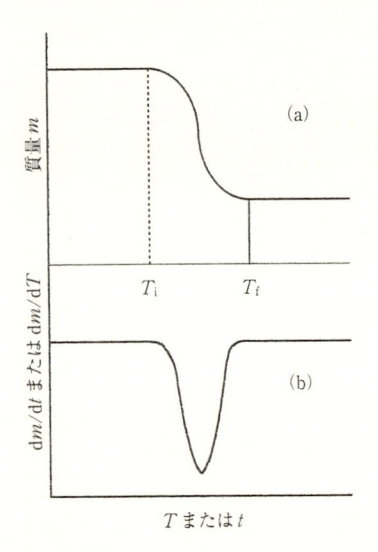

図 3.69　熱天秤

図 3.70　TG 曲線(a)と DTG 曲線(b)
T は温度，t は時間．

通常縦軸には質量変化 Δm(%で表す)を，横軸には温度または時間を取る．T_i と T_f はそれぞれ開始温度(initial temperature)と終了温度(final temperature)と呼ばれ，質量変化を検出できるようになった温度と，質量変化が完結した最低の温度である．T_i と T_f および Δm は，装置や試料の量，昇温速度などの実験条件によって変化することに注意しなければならない．一般に試料量が多いほど質量変化が大きく，Δm の測定精度は高くなるが，試料容器が大きくなるため，浮力や対流の影響を受けやすくなるほか，試料温度が不均一となり，T_i と T_f および $|T_f - T_i|$ が大きくなる．通常 TG で使用される試料量は 1～50 mg(最大 100～200 mg)であり，その際の測定精度は1%程度である．昇温速度は遅いほど図3.70(a)における T_i と T_f は小さい値となる．速すぎると，複数の反応が連続して起こる場合，各段階の質量変化が不明確になる．また，気体が発生する反応の場合には，気体の放散しにくい形状の試料容器を用いると質量減少に時間遅れを生じることになる．

装置の温度校正は標準物質を用いて行われるが，TGにおいては強磁性体が常磁性体に磁気転移する，いわゆるキュリー温度が用いられている．これは，強磁性体を外部磁場存在下熱天秤で測定すると，キュリー温度において見かけの質量変化が観測されることを利用するものである．金属 Ni(626K)を含む5種類の標準物質のセットが，アメリカ合衆国国立標準・技術研究所(National Institute of Standards and Technology; NIST)より販売されている．

3.5.2 示差熱分析法と示差走査熱量測定法

TG が加熱あるいは冷却過程における質量変化を測定するのに対して，示差熱分析法(DTA)と示差走査熱量測定法(DSC)はエンタルピー変化を測定する熱分析法である．DTA はル・シャトリエ(Le Chatelier)が1887年に考案した最も古い熱分析法である．DTA と DSC の装置と作動原理は異なるが，両者はよく似ており，ともに同種の情報を与える．

1) 示差熱分析法

示差熱分析法(differential thermal analysis; DTA)では試料と基準物質とを同一の条件下で加熱または冷却し，両者の間の温度差 ΔT を炉の温度 T の関数として記録する．すなわち図3.71(a)に示すように，同じ炉内に2つの容器を置き，一方には試料Sを，他方には基準物質Rを入れてあらかじめ設定した速度で加熱または冷却する．両者の温度差は両容器に取りつけた熱電対によって測定される．たとえば加熱の過程で，試料に融

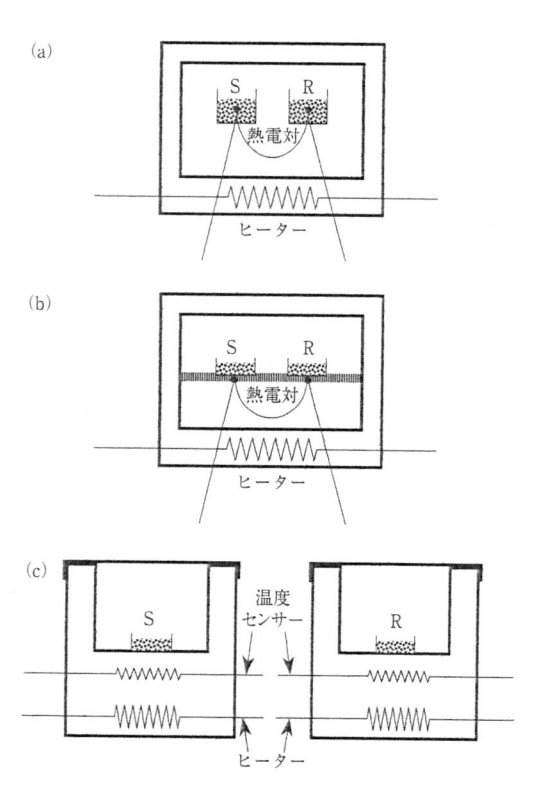

図3.71 DTA(a)，熱流束 DSC(b)，入力補償 DSC(c)の模式図
Sは試料，Rは基準物質．

解などの吸熱現象が起こったとすると，試料の温度 T_S はその間変化しないため，基準物質の温度 T_R に対して遅れを示すことになる．温度差 $\Delta T = T_R - T_S$ を T (T_R とほぼ等しい) に対して記録すると図 3.72 に示すような DTA 曲線が得られる．この場合は負のピークが得られるが，発熱反応が起こる場合には正のピークとなる．DTA 曲線のピーク面積 A と試料物質の相転移または反応に伴うエンタルピー変化 ΔH との間には次の関係が成り立つ．

$$\Delta H = \frac{KA}{m} \quad (3.39)$$

ここで，m は試料の質量，K は比例定数である．したがって，ΔH 既知の物質を測定して比例定数 K を求め，試料のピーク面積からエンタルピー変化を得ることができる．しかし試料内に生じる温度勾配は，測定条件，試料の種類，熱伝導度，そのときの温度などによって変化するので，K は一定値にならない．したがって古典的な DTA では転移温度を測定することはできるが，正しいエンタルピー変化を測定することはできない．

一方，Boersma は定量 DTA (quantitative DTA) と呼ばれる装置 (図 3.71(b)) を開発し，定量性を向上させた．試料と基準物質は，熱伝導度，比熱容量の影響など熱的条件をそろえるために，同じつくりの試料容器と基準物質容器が左右対称につくった熱伝導性のよい金属プレート上に置かれる．熱電対は試料容器と基準物質容器の底にセットされ，もう 1 つの熱電対で炉とプレートの温度を測定する．定量 DTA では，正確に制御された温度条件下で試料と基準物質の温度差が温度または時間の関数として測定され，温度差は試料と基準物質の熱流束 (単位時間当たりの熱の流入) の差に比例するので，これよりエンタルピー変化を求めることができる．

2) **示差走査熱量測定法** (differential scanning calorimetry ; DSC)

DSC 装置では DTA と異なり，図 3.71(c) に示すように試料側と基準物質側が熱的に切り離されており，それぞれ別個に加熱器を備えている．DSC は試料と基準物質の間に生じる ΔT を打ち消し，両者が同じ温度を保つようにそれぞれの加熱器から加えられたエネルギーの差を測定する熱分析法である．DSC 曲線は $\Delta H/dt$ を t または T (T_R と T_S の平均値) の関数として表す．DSC は定量性に優れ，ΔH とピーク面積との間には式 (3.39) の関係が成り立つ．

DSC と上述の定量 DTA はいずれもエンタルピー変化を測定する方法であるため，ICTAC は前者を入力補償 DSC (power-compensated DSC)，後者を熱流束 DSC (heat-flux DSC) と呼ぶよう定めた．

3) **基準物質と標準物質**

DTA や DSC に用いられる基準物質は熱的に不活性な物質でなくてはならず，測定温度範囲内で相転移を示したり，試料容器と反応したりするものを使用してはならない．また，安定したベースラインを得るために，試料物質と熱伝導率や比熱容量の近いものを選ぶとよい．一般に無機物質を試料とするときはアルミナ，有機高分子についてはシリコン油などが用いられることが多い．試料量が少量である場合には空の容器を置く場合も多

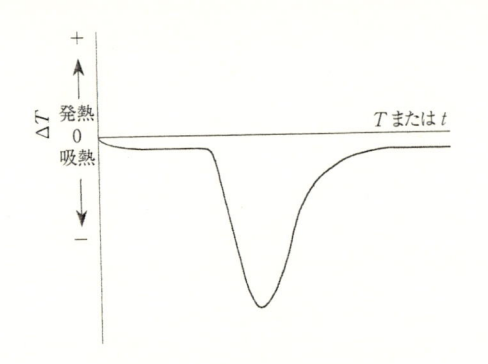

図 3.72　DTA 曲線 (吸熱転移)
　　　　T は温度，t は時間．

い．

DTA および DSC における温度とエンタルピー測定の校正のための標準物質は，ICTAC の協力により NIST から頒布されている．温度の校正は，金属，無機物質，高分子化合物などの特定温度での転移を利用する．一方，エンタルピー（同時に温度）の校正は高純度の金属を標準物質として用い，その融解エンタルピーに基づいて行う．インジウム（156.634 ℃）やアルミニウム（660.3 ℃）などが標準物質として用いられている．

4）測定値に影響を与える要因

TG と同様に DTA および DSC 曲線は操作条件によって影響を受ける．試料量は多いほど感度が高くなるが，分解能は低下する．試料内の温度勾配を小さくするため，一般には 10 mg 以下とし，試料は試料容器内にできるだけ薄く均一に塗布するようにする．また昇降温速度は大きいほど感度が上昇するが，ピーク分解能は低速にするほどよくなる．通常 0.5～10 K/min に設定することが多い．

参考文献

1) 神戸博太郎, 小澤丈夫 (編)：新版 熱分析, 講談社 (1992).
2) 藤枝修子：ぶんせき, 808 (1988).
3) 藤枝修子：ぶんせき, 238 (1993).

演習問題

[13] DTA や DSC で観測することができるのに対して，TG では観測できない物理化学的現象を挙げなさい．

[14] 図はシュウ酸カルシウム一水和物を室温から 900 ℃ まで加熱したときの TG 曲線を示したものである．3 段階の質量減少において発生した気体を MS を用いた EGA で調べたところ，第 1 段階から第 3 段階について，それぞれ水，一酸化炭素，二酸化炭素であった．各段階で起こった反応を推定し，反応式を書きなさい．

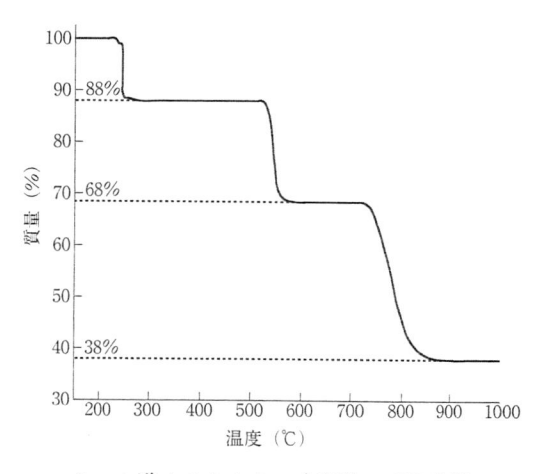

シュウ酸カルシウム一水和物の TG 曲線

3.6 局所分析
——顕微分析・表面分析——

近年のさまざまな機能性材料において，その機能発現は材料の局所構造，組成分布，欠陥などに起因している場合が多い．また生体組織，細胞といったレベルでの物質移動や化学反応についても大きな関心をもたれている．したがって試料中の特定の領域について選択的に分析を行う局所分析法の重要性が増している．

本節では局所分析手法として試料表面内での空間分解能をもった分析手法（顕微分析）と表面近傍を選択的に分析する手法（表面分析）についておもに取り上げる．表面分析は深さ方向に空間分解能をもった局所分析手法の1つであるが，表面や界面の性質は非常に重要であり，1つの独立した分野として扱われている．触媒に代表されるさまざまな化学反応では物質の表面が重要な役割を果たしている．また，半導体デバイスでは接合面など界面，表面がその物性を支配している場合が多い．表面の定義はさまざまであり，原子1層レベルを意味する狭義の表面から μm オーダーの表面近傍まで含む幅広い定義があるが，ここでは比較的広い範囲で考える．

1) 顕微分析

試料表面内の観察を行うための分析機器は一般に顕微鏡と呼ばれる．図3.72には光を用いる顕微鏡を例として示したが，レンズなどの光学素子により試料を拡大して観察する結像型顕微鏡と，微小なビーム（または試料）を走査しながら試料各点での信号を取得し，画像化を行う走査型顕微鏡に分類される．結像型顕微鏡では実時間で画像が得られるため，試料の時間的な変化を追跡する場合に有効である．一方，走査型顕微鏡では画像の取得には時間を要するが，複数の検出器を用いることで透過光，蛍光，放出電子などさまざ

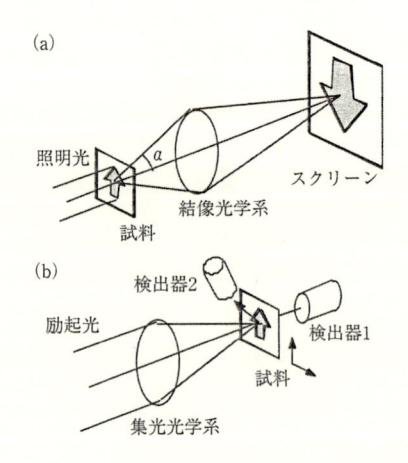

図 3.73 結像型顕微鏡(a)と走査型顕微鏡(b)

まな信号を同時に検出する事ができる．分析顕微鏡と呼ばれるものの多くは走査型顕微鏡であり，信号の励起源（またはプローブ）として光，電子線，イオンビームなどが用いられている．プローブとして利用される光の波長や電子・イオンの運動エネルギーは目的とする信号を得るための試料との相互作用に応じて選択される．

顕微鏡において重要な性能が空間分解能であり，区別する事のできる最小の距離と定義される．光学顕微鏡において空間分解能 d は光の回折現象と関係があり，光の波長 λ とレンズなどの大きさに関係した開口数（numerical aperture；NA） $n \sin \alpha$（図3.72参照）を用いて次式で与えられる．

$$d = \frac{k\lambda}{n \sin \alpha} \quad (3.40)$$

ここで，n は試料とレンズ間の媒質の屈折率，k は光の干渉性により決まる定数であり，干渉性の低い光による照明では $k=0.61$ となる．波長の短い光と大きな開口数のレンズを用いる事で d を小さくすることができる．

式(3.40)は理想的な結像型顕微鏡を用いることで試料内部の構造を光の波長程度の空間分解能で観察できることを意味する．一方，走査型顕微鏡では試料位置におけるビームサ

イズが空間分解能を支配しており，理想的な集光光学系ではやはり式(3.40)で与えられる．実際の顕微鏡では回折限界以外にも光(または電子，イオン)の単色性，光学素子の性能，光源の大きさなどさまざまな要因が空間分解能に影響を与えている．

光や電子を用いる分析顕微鏡の中で現在，最も優れた空間分解能が得られているのは電子顕微鏡であり，1 nm よりも優れた空間分解能が実現されている．電子顕微鏡においても空間分解能に大きな影響を与えるのは電子の物質波(ド・ブロイ(de Broglie)波)としての波長であり，プランク定数 h と運動量 p を用いて次式で与えられる．ここで，m は電子の静止質量，V は電子の加速電圧である．

$$\lambda = \frac{h}{p} = \frac{h}{\sqrt{2meV}} = \frac{1.2 \times 10^{-9}}{\sqrt{V}} \text{ (m)} \quad (3.41)$$

10 kV で加速された電子のド・ブロイ波長は 12 pm であり，光では高エネルギーの X 線に相当する．回折限界の点からは X 線，電子線のいずれを用いても同様な空間分解能が実現するはずであるが，電界や磁界を用いた電子レンズに比べて X 線に対するレンズの作成は困難であり，近年になってようやく数 10 nm 程度の空間分解能が X 線を用いて実現されるようになった．しかしながら，次節で取り上げる X 線回折法により原子レベルでの構造解析が実現していることは，波長の短い X 線が高い空間分解能での観察に本質的に適していることを示している．

2) 表面分析

表面を選択的に分析する手段としてはプローブビームの侵入深さを制限する方法，測定する信号の脱出深さが浅いことを利用する方法などが用いられている．

光を用いる表面分析では全反射と呼ばれる現象を利用する場合が多い．光学的に密な媒質(媒質 1)から粗な媒質(媒質 2)に光が入射する場合を考える(図 3.74)．入射角 ϕ_1 で入射した光の一部は界面で反射される．また残りの光は透過光として媒質 2 に侵入するが，その際に以下のスネル(Snell)の法則に従い界面で屈折現象を示す．

$$\frac{\sin \phi_1}{\sin \phi_2} = \frac{n_2}{n_1} \quad (3.42)$$

ここで，n_1，n_2 はそれぞれ媒質 1, 2 に対する屈折率である．入射角が小さい領域では反射光と透過光が存在するが，臨界入射角 ϕ_c では透過光は界面に平行に進行する．この臨界角以上の入射角では全反射現象が起こり，媒質 2 での吸収が無視できる場合には反射率が 100% となる．全反射現象下でも波長程度の深さまで媒質 2 に電磁波が存在することが知られており，表面を選択的に分析する際に利用される．

赤外光を用いる吸収スペクトル測定においては，全反射減衰分光(attenuated total reflection; ATR)法として全反射現象が利用されている．高屈折率のプリズムに試料を密着させることで，試料表面について選択的にスペクトルを得ることができる．また X 線の全反射現象を利用する全反射蛍光 X 線分析法は半導体ウエファー表面に極微量付着した汚染元素の分析に利用されている．

一方，測定する信号の脱出深さが浅いこと

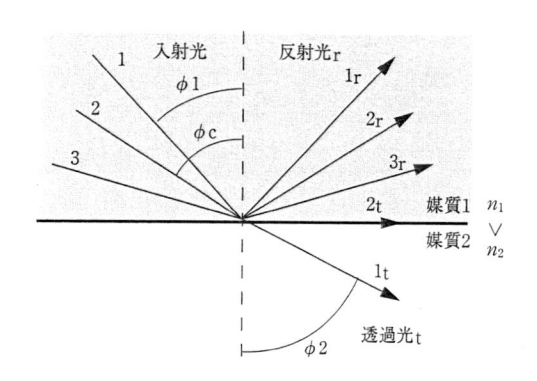

図 3.74 界面での光の屈折と全反射現象

を利用する例として試料からの放出電子を検出する方法を取り上げる．電子が固体中でエネルギーを失わずに進むことのできる距離（平均自由行程）は非常に短い．図 3.75 には電子の運動エネルギーと平均自由行程の関係を示す．10 eV～100 eV 程度の運動エネルギーをもつ電子を信号として検出する場合は，数原子層以下（1 nm 程度）の表面近傍から信号が発生するために表面敏感な測定が実現する．

以下には電子線を用いる顕微分析法として走査型電子顕微鏡を，X 線を用いる表面分析法として X 線光電子分光を取り上げる．

3.6.1 走査型電子顕微鏡

走査型電子顕微鏡(scanning electron microscope; SEM)は微小な電子ビームを試料に照射し，ビーム照射位置を走査しながら試料からの信号を画像として取得する装置である．走査電子顕微鏡の中で試料からの特性 X 線などを検出して元素分布像などを得る装置を電子線プローブマイクロアナライザー(electron probe micro analyzer; EPMA)と呼ぶ．図 3.76 には電子ビームを照射した場合の試料との相互作用を示す．入射電子の一部は試料表面で散乱される．後方散乱された電子は比較的運動エネルギーが高いため，試料表面の凹凸の影響を受けやすい．一方，試料中で物質と相互作用した電子は試料を構成する元素の内殻電子を励起し，特性 X 線を発生させる．その際に入射した電子ビームは試料中で何度も散乱されるために，特性 X 線が発生する領域は試料表面でのビームサイズよりも随分と大きくなるのが通常である．信号の発生原理は 3.2 節で取り上げられている X 線源と同じであるが，X 線源の金属ターゲットの代わりに試料を用いている点が異なる．また，さまざまな相互作用を経て運動エネルギーの小さな(50 eV 以下程度)二次電子や光（ルミネッセンス）も発生する．

走査型電子顕微鏡ではこの反射電子や二次電子を検出することで表面の観察を行う．二次電子を検出する場合は電子の脱出深さが表面近傍に限定されるために空間分解能は試料表面でのビームサイズと同程度であり，5～6 nm 程度の値も実現している．一方，反射電子や特性 X 線などを検出する場合は相対的に試料内部の情報が得られる代わりに，空間分解能は若干劣化してしまう．反射電子の強度や特性 X 線のエネルギーから試料の組成に関する情報を得ることができる．

図 3.77 には EPMA を用いて玄武岩試料の面分析を行った結果を示す．明るい領域が信号強度が高い部分に対応している．反射電子

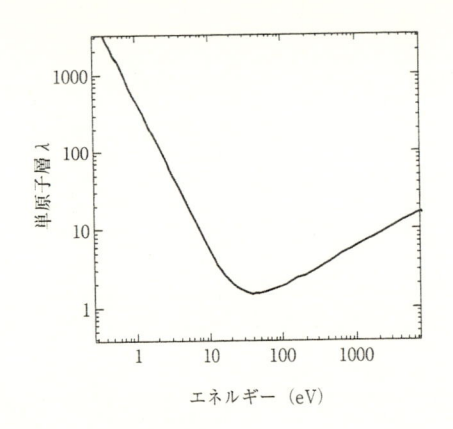

図 3.75 電子の運動エネルギーと平均自由行程 λ（原子層単位）

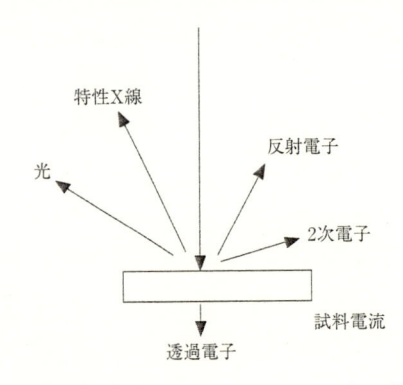

図 3.76 電子ビームと試料との相互作用

像に加えて，試料を構成するさまざまな元素について特性 X 線像が得られている．Ca, Mg, Fe についての分布を例として示す．画像中の各点での特性 X 線強度から鉱物の組成を得ることができる．中心部の大きい組織がかんらん石($(Mg, Fe)_2SiO_4$))であり，周辺にカルシウムキ石($CaM(Si_2O_6)$, ($M^{2+}=Mg$, Fe, Mn, Ni))や斜長石が多く分布していることが分かる．

特性 X 線を検出するためにはエネルギー分散型分光器(energy dispersive spectrometer; EDS)または波長分散型分光器(wavelength dispersive spectrometer; WDS)が用いられる．EDS では，検出された個別の X 線光子のエネルギーを検出器からのパルス高さで分別する．さまざまなエネルギーの X 線を同じ検出器で検出することが可能であるために，多元素を同時に分析できる．一方，WDS では分光結晶を用いてブラッグ条件を満たすエネルギーの特性 X 線のみを検出する．WDS は EDS と比べてエネルギー分解能の点で優れているためにバックグラウンドが低く微量元素まで検出できる利点がある．

一方，EDS と比べて一般に検出効率が低いために同じ信号強度を得るためには必要な電子ビーム強度は一般に大きい．

3.6.2　X 線光電子分光

特定のエネルギー $h\nu$ をもった X 線を試料に照射すると，試料からある運動エネルギーをもった電子が放出される．放出された電子は光電子と呼ばれ，その運動エネルギー E_k は次式で与えられる．

$$E_k = h\nu - E_b - \varphi \qquad (3.43)$$

ここで，E_b は電子の結合エネルギー，φ は仕事関数である．エネルギーが既知の単色 X 線を試料に照射することで結合エネルギーを求めることが X 線光電子分光(X-ray photoelectron spectroscopy; XPS)の基本である．X 線光電子分光の装置は X 線源と電子の運動エネルギーを精密に測定するための電子分光器から構成される．X 線源としては特性 X 線のエネルギー幅が比較的狭い Mg や Al などをターゲットとした X 線源が用いられ，モノクロメーターを用いて特性 X 線のみを取り出して試料に照射する場合が多い．

図 3.78 には AlKα 特性 X 線(1486.6eV)を励起源に用いてポリエチレンテレフタレート(polyethylene telephthalate; PET)について得られた X 線光電子スペクトルを示す．広い運動エネルギー域について測定されたワイドスキャンのスペクトルから運動エネルギーと結合エネルギーの関係が理解できる．PET のスペクトルには炭素 1s，酸素 1s 電子に対応したピークが現れている．これらのピーク近傍の領域を拡大して測定したナロウスキャンのデータを図 3.78 上段に示す．光電子分光の特徴は表面分析であると同時に，化学状態分析が可能な点にある．PET のエステル結合中には化学状態の異なる 2 種類の酸素原子が存在しているが，結合エネルギーがわずかに異なるため 2 つのピークが得られてい

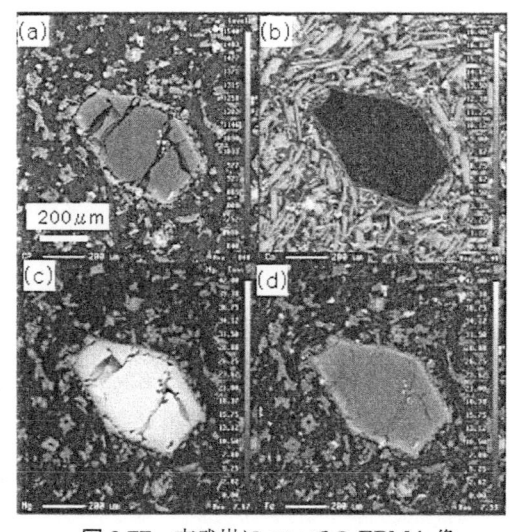

図 3.77　玄武岩についての EPMA 像
(日本電子㈱高橋秀之氏 提供)
(a)反射電子，(b)CaKα 線，(c)MgKα 線，(d)FeKα 線像．

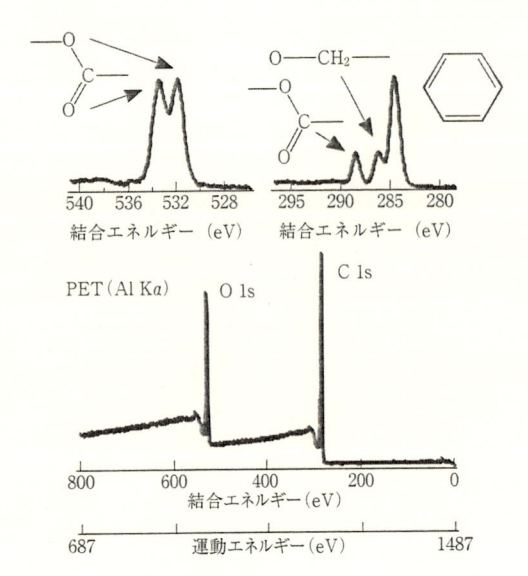

図 3.78 ポリエチレンテレフタレートについての X 線光電子スペクトル
（日本電子㈱飯島善時氏 提供）
C 1s, O 1s 領域についてのナロウスペクトル（上）とワイドスペクトル（下）．

る．同様に，炭素原子についても化学状態に応じて異なる結合エネルギーのピークが得られている．同種元素についても化学状態により結合エネルギーが変化するケミカルシフトを利用することで，表面に存在する元素の化学状態に関する情報を得ることができる．

X 線光電子分光法はその表面敏感性を生かして清浄表面での化学反応などを対象とできる数少ない分析方法である．一方で表面の物性はやや特殊であり，固体試料の平均的な物性を議論したい場合にはその表面選択性が障害となる場合もある．図 3.75 からも明らかであるが，より運動エネルギーの高い電子を検出することでバルクの物性を議論できる．近年では高輝度な X 線源である放射光を用いて，バルクの光電子分光も実現している．この場合には，エネルギー幅の狭い数 keV 領域の X 線を励起に用いると同時に放出される高エネルギーの電子に対して十分なエネルギー分解能をもった電子分光器が利用される．一方，より表面敏感性を高めるために全

反射条件と組み合わせた光電子分光法も報告されている．さらに近年では微小な X 線ビームを励起源に用いる光電子顕微鏡も市販されている．

3.6.3 その他

本節では電子線や光を励起源に用いる局所分析を取り上げたが，イオンビームを利用する局所分析にもさまざまなものがある．ラザフォード後方散乱分光（Rutherford backscattering spectroscopy; RBS）ではイオンビームを試料に照射し，散乱されたイオンの運動エネルギーから薄膜の組成や膜厚を決定することができる．イオンビーム照射により表面から発生する二次イオンを測定する二次イオン質量分析法（secondary ion mass spectroscopy; SIMS）は表面の極微量元素分析法として広く利用されている．

一方，信号の励起源としてではなく鋭利な金属製のチップを利用して固体表面の表面形状や電子状態を測定する走査プローブ顕微鏡も広く利用されている．走査トンネル顕微鏡ではチップと試料表面の距離が 1 nm 程度になるとチップと試料間の空気または真空層にトンネル電流が流れる現象を利用している．トンネル電流を一定に保つように電歪素子を用いてチップと試料の距離を精密に制御しながら試料表面を走査する事で原子オーダーの凹凸を測定することができる．原子間力顕微鏡ではトンネル電流ではなく，チップと表面の原子との間に生じる原子間力をチップをささえるカンチレバーの湾曲として検出する．原子間力顕微鏡はトンネル顕微鏡と比べると空間分解能の点でやや劣る場合もあるが，導電性のない高分子などにも利用できるために幅広く利用されている．

参考文献
1) 青木貞雄：光学入門，共立出版 (2002).

2) 合志陽一, 志水隆一：表面分析——基礎と応用—— 上・下, アグネ承風社(1990).
3) 山科俊郎, 福田 伸：表面分析の基礎と応用, 東京大学出版会(1991).

演習問題

[15] 高分解能での光学顕微鏡観察では油浸レンズが用いられる理由を述べよ.

[16] 走査電子顕微鏡では試料は真空中に設置される理由を述べよ.

[17] PET 試料について炭素 1s 電子を MgKα 特性 X 線(1253.6 eV)で励起した場合の光電子の運動エネルギーを求めよ. ただし, 炭素 1s 電子の結合エネルギーを 285.0 eV, 仕事関数は 1.0 eV とする.

3.7 構造分析法

性質の由来が分からない物質を分析する場合，組成分析法による同定法と並んで本節で述べる構造分析法によって同定することがよく行われる．その理由は，組成が同じでも構造が異なるために全く別の性質を示す物質があるからである．構造が分かればこの物質のより詳しい性質の解明を行う大きな手掛かりが得られる．すなわち，次に何を調べるかという分析手順の段取りや分析法の選択が行えより高度な分析評価へ進めるからである．

構造分析法は，物質の電子状態を調べる電子構造分析法と，物質中の原子の配列を調べる結晶構造分析法に大別される．本節で学ぶ構造分析法は後者を指す．結晶構造を調べる分析法としては，よく用いられる X 線回折法のほかに，中性子回折法と電子線回折法がある．

3.7.1 X 線回折法

X 線は電磁波の一種であり，波長が 100～0.1 Å (オングストローム, 1 Å は 0.1 nm) と短い．これはエネルギーに換算すると 0.1～100 keV にわたる．X 線が物質に照射されると，X 線の大部分は透過するが，一部は散乱や回折される．この回折 X 線を利用した分析法が X 線回折法である．

1) X 線の回折

X 線を結晶に照射すると，X 線は結晶の各層から散乱される．X 線は電磁波であり波の性質をもっている一方，結晶は X 線に対して回折格子の役割を果たす．結晶から散乱された X 線波は一般に任意の方向では位相が少しずつ異なるため，波が互いに打ち消し合い結晶全体からの寄与は 0 になる．しかし，ある特定の方向では各格子点からの散乱波が強め合って，強い回折 X 線波が観測さ

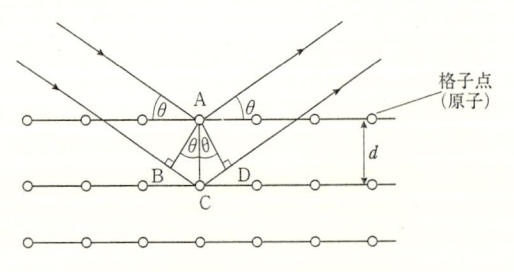

図 3.79 格子面による X 線の回折

れる．いま平行な入射 X 線が図 3.79 の A 点および C 点で散乱される場合を考えると，回折 X 線波が観測されるのは，波の位相差が $BC+CD=n\lambda$ の場合である．

$$BC+CD=2BC=2AC\sin\theta=2d\sin\theta \quad (3.44)$$

である．したがって，

$$n\lambda=2d\sin\theta \quad (3.45)$$

となる．この式をブラッグ(Bragg)の式といい，θ をブラッグ角(2θ は散乱角という)，n を反射の次数という．なお，各格子面間の間隔である面間隔 d の n 次の反射は，面間隔 d/n の 1 次の反射と同じブラッグ角で起こる．この式から d の値が求められる．1 つの結晶の中にも，d 値の異なる多数の格子面がある．これらの d 値はその結晶に特有であり，d を求めれば結晶の種類，すなわち物質の種類や構造が分かる．

結晶は原子やイオン，または分子がそれぞれ一定した法則に従って 3 次元的に規則正しく配列したもので，この配列の繰り返しの最小単位を単位格子という．また単位格子の 3 方向の稜の長さ (a, b, c) および稜のなす角度 (α, β, γ) を合わせて格子定数という．結晶は表 3.13 に示す 7 つの結晶系に分類できる．1 つの格子面群の中で原点を通る格子面に最も近い面が，3 軸とそれぞれ a/h, b/k, c/l 位置で切るとき，この格子面をミラー(Miller)

表 3.13 結晶系と格子定数および面間隔などの関係

結晶系	結晶軸	特徴を表す図形	面間隔と格子定数の関係
立方(等軸)晶系 (cubic)	$a=b=c$ $\alpha=\beta=\gamma=90°$		$\dfrac{1}{d^2}=\dfrac{h^2+k^2+l^2}{a^2}$
正方晶系 (tetragonal)	$a=b\neq c$ $\alpha=\beta=\gamma=90°$		$\dfrac{1}{d^2}=\dfrac{h^2+k^2}{a^2}+\dfrac{l^2}{c^2}$
斜方晶系 (orthorhombic)	$a\neq b\neq c$ $\alpha=\beta=\gamma=90°$		$\dfrac{1}{d^2}=\dfrac{h^2}{a^2}+\dfrac{k^2}{b^2}+\dfrac{l^2}{c^2}$
りょう面(三方)晶系 (rhombohedral or trigonal)	$a=b=c$ $\alpha=\beta=\gamma\neq 90°$		$\dfrac{1}{d^2}=\dfrac{1}{a^2}\left[\dfrac{(h^2+k^2+l^2)\sin^2\alpha+2(hk+hl+kl)(\cos^2\alpha-\cos\alpha)}{1+2\cos^3\alpha-3\cos^2\alpha}\right]$
六方晶系 (hexagonal)	$a=b\neq c$ $\alpha=\beta=90°$ $\gamma=120°$		$\dfrac{1}{d^2}=\dfrac{4}{3a^2}(h^2+k^2+hk)+\dfrac{l^2}{c^2}$
単斜晶系 (monoclinic)	$a\neq b\neq c$ $\alpha=\gamma=90°\neq\beta$		$\dfrac{1}{d^2}=\dfrac{h^2}{a^2\sin^2\beta}+\dfrac{k^2}{b^2}+\dfrac{l^2}{c^2\sin^2\beta}-\dfrac{2hl\cos\beta}{ca\sin^2\beta}$
三斜晶系 (triclinic)	$a\neq b\neq c$ $\alpha\neq\beta\neq\gamma\neq 90°$		$\dfrac{1}{d^2}=\left[\dfrac{k}{a}\begin{vmatrix}h/a & \cos\gamma & \cos\beta\\k/b & 1 & \cos\alpha\\l/c & \cos\alpha & 1\end{vmatrix}+\dfrac{k}{b}\begin{vmatrix}1 & h/a & \cos\beta\\\cos\gamma & k/b & \cos\alpha\\\cos\beta & l/c & 1\end{vmatrix}+\dfrac{l}{c}\begin{vmatrix}1 & \cos\gamma & h/a\\\cos\gamma & 1 & k/b\\\cos\beta & \cos\alpha & l/c\end{vmatrix}\right]^2 \Big/ \begin{vmatrix}1 & \cos\gamma & \cos\beta\\\cos\gamma & 1 & \cos\alpha\\\cos\beta & \cos\alpha & 1\end{vmatrix}$

(庄野利之，脇田久伸(編著)：入門機器分析化学，三共出版，1988 より)

指数 (hkl) で表す（図 3.80 参照）．結晶に X 線を照射すると，上に述べたように X 線は格子面から散乱され，ブラッグの式を満足する場合のみ強い散乱 X 線波（回折 X 線波）が観測される．

試料が単結晶の場合は班点状の回折パターンが得られるが試料が粉末結晶の場合，これらの結晶は入射 X 線の方向に対してあらゆる角度に並んでいるので，単結晶試料に見られた班点のかわりに，リング状の回折パターン（デバイ–シェラー（Debye-Scherrer）・リング）が得られる．実際に用いられる装置は単結晶の場合は図 3.81(a) の単結晶 4 軸 X 線回折装置が，粉末試料の場合は図 3.81(b) の粉末 X 線回折装置（原理図）がある．

2）単結晶構造解析

試料が単結晶ならば図 3.81(a) の装置を用いて単結晶構造解析を行う．本来，単結晶構造解析はかなり複雑な手順を経て行っていたが最近の装置には測定のみならず構造解析の自動化も可能とするプログラムが組み込まれていて，単結晶 X 線回折測定と測定データによる構造解析がかなり容易に行うことができるようになっている．しかし本法についての解説は専門書に譲る．

3）粉末 X 線分析

一般に測定試料の単結晶を得ることは困難な場合が多いので，粉末 X 線分析が試料の同定や構造解析に重要な役割を果たしている．

a．粉末 X 線回折装置　通常，実験室で使用されている粉末 X 線回折装置の原理図を図 3.81(b) に示す．X 線管球から発生した X 線はフィルターあるいはモノクロメータで単色化され（図 3.81(b) では，試料からの散乱 X 線をモノクロメータで分光している），試料に照射される．試料からの散乱 X 線は検出器で計測・記録される．

b．試料の調製　粉末試料からの X 線強度は試料の粒子サイズや配向に大きく依存する．したがって，定量分析を行う場合はこ

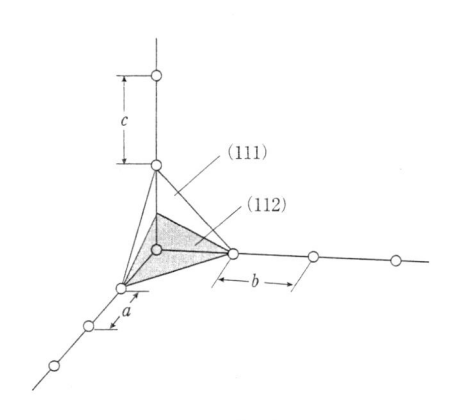

図 3.80　ミラー指数と結晶面

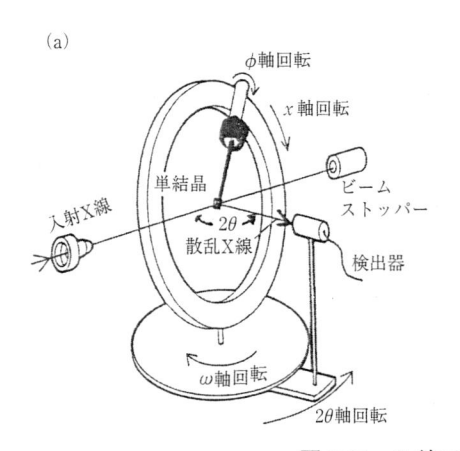

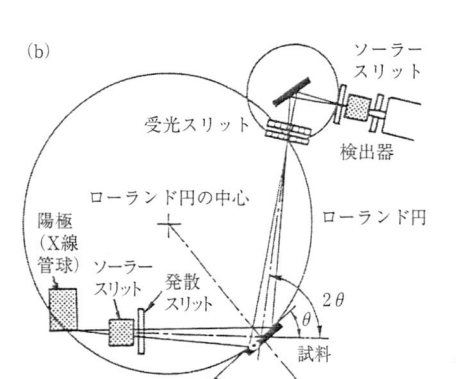

図 3.81　X 線回折装置の原理図
(a) 単結晶四軸 X 線回折装置．図中の $2\theta, \phi, x, \omega$ を回転させて回折斑点を測定する．
(b) 粉末 X 線回折装置の原理図．

れらの点について試料調製時に十分注意しなければならない．

c. 定性分析(試料同定・検索)　測定した未知試料の回折パターンを，構造が既知である物質の回折パターンと対応させることでその試料を同定することができる．

既知物質の粉末X線回折データファイル　既知物質についてはアメリカの粉末回折標準委員会(Joint Committee of Powder Diffraction Standard; JCPDS)から粉末データファイル(Powder Diffraction File; PDF)が刊行されている．データファイルの一例を図3.82に示す．

結晶の同定法——逐次比較法　測定試料に含まれている可能性がある結晶相が推定できる場合には，それらの結晶相の回折パターンをデータファイル(たとえばJCPDS-ICDD(International Center for Diffraction Data: 国際回折データセンター)から発行されているSearch ManualのAlphabetical Index Inorganic Phasesなど)から探し出して測定試料のパターンと比較する．

試料の回折図に現れる各ピークの位置から2θを求め，ブラッグの式から$n=1$としてdを求めるか，あるいは$2\theta-d$表からdを求める．次に回折線の強度として高さを測定し，最も強度が大きいピークの高さI_1を100として，各回折線の高さIの相対強度I/I_1を算出する．未知試料について得られたdとI/I_1を既知物質のそれらと相応させることにより

ア
21-1272

	1a	1b	1c	1d	
d	3.52	1.89	2.38	3.52	(TiO_2)12U　イ ★
	2a	2b	2c	2d	ウ　エ
I/I_1	100	35	20	100	Titanium Oxide　(Anatase)

Rad. $CuK\alpha_1$　λ 1.54056　Filter Mono.　Dia.
Cut off　I/I_1 Diffractometer　$I/I_{cor.}$ =4.3
Ref. National Bureau of Standards, Mono. 25, Sec. 7, 82 (1969)

Sys. Tetragonal　S.G. $I4_1$/amd (141)
a_0 3.7852　b_0　c_0 9.5139　A　C 2.5134
α　β　γ　Z 4　Dx 3.893
Ref. Ibid.

オ
εα　nωβ　εγ　Sign
2V　D　mp　Color Colorless
Ref. Ibid.

カ
Pattern at 25°C. Internal standard: W.
Sample obtained from National Lead Co., South Amboy, New Jersey, USA.
Anatase and another polymorph brookite (orthorhombic) are converted to rutile (tetragonal) by heating above 700°C.
Merck Index, 8th Ed., p. 1054.

d A	I/I_1	hkl	d A	I/I_1	hkl
3.52	100	101	1.0436	4	321
2.431	10	103	1.0182	2	109
2.378	20	004	1.0070	2	208
2.332	10	112	0.9967	2	323
1.892	35	200	.9555	4	316
1.6999	20	105	.9464	4	400
1.6665	20	211	.9246	<2	307
1.4930	4	213	.9192	2	325
1.4808	14	204	.9138	2	411
1.3641	6	116	.8966	4	219,1110
1.3378	6	220	.8890	2	228
1.2795	<2	107	.8819	<2	413
1.2649	10	215	.8793	2	404
1.2509	4	301	.8464	2	420
1.1894	<2	008	.8308	<2	327
1.1725	2	303	.8268	4	415
1.1664	6	224	.8102	2	309
1.1608	4	312	.7974	4	424
1.0600	2	217	.7928	2	0012
1.0517	4	305			

図3.81　ASTMカードの例

ア：PDFファイル番号，イ：指数づけや相対強度などの信頼度の印(★)，ウ：化学式(構造式)と試料名，エ：鉱物が存在する場合は鉱物名あるいは俗称，1a，1b，1c：回折強度順に3つの回折線の格子面間隔，d，1d：観測される最大の格子面間隔d_{max}，2a，2b，2c，2d：最大強度を100としたときの1a，1b，1c，1dの回折線の相対強度，Rad：X線源の種類，λ：X線の波長，Filter：使用したβ線をカットするフィルター；Mono：結晶モノクロメータを使用したということ，Dia：デバイ－シェラー・カメラの半径，Cut off：測定開始角度，I/I_1ディフラクトメータ：相対強度測定に使用した回折計，カメラの種類，Ref：データの原著論文，参照文献，Sys：結晶系，S.G.：空間群，a_0，b_0，c_0，α，β，γ：格子定数(軸長，軸角)，z：単位格子中に含まれる分子の数，Dx：結晶パラメータから計算される比重，オ：光学的特性(屈折率，$2V$：光軸角など)，カ：備考欄(試料作成方法，測定条件など)，d：格子面間隔，I/I_1：相対強度，hkl：ミラー指数．

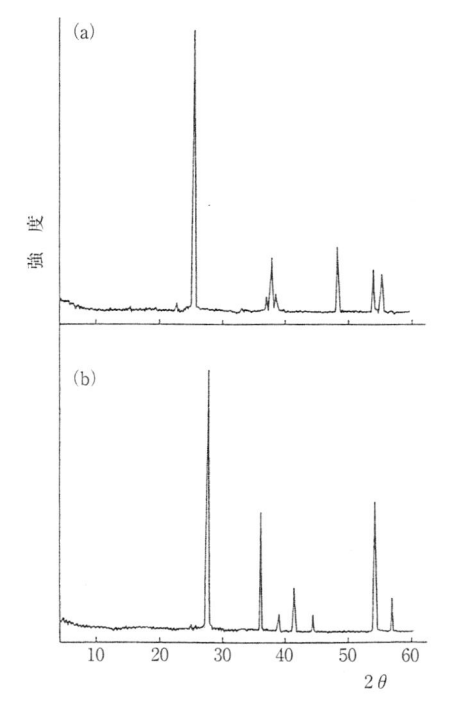

図 3.83 TiO₂ 粉末の X 線回折パターン
(a)アナターゼ型，(b)ルチル型．

試料を同定する．組成は同じであるが，構造が異なる例として光触媒作用を示すことでよく知られている TiO₂ 粉末の X 線回折パターン（Cu$K\alpha$ 線を使用）を図 3.83 に示す．図 3.82 の ASTM カードからパターン(a)はアナターゼ型であることが分かる．(b)はルチル型のものである．

混合物試料に未知試料が含まれている場合は，逐次比較法による同定がかなり難しい．この場合は，ハナワルト(Hanawalt)法あるいはフィンク(Fink)法などハンドサーチ法を用いて検索することができる．

d. 定量分析 粉末 X 線回折法を結晶相の定量分析に応用する試みは比較的早くから行われてきた．その結果，分析成分の回折 X 線強度 I_1 と質量吸収係数 $\mu^*_1 - \mu^*_M$ との関係は次の簡単な定量式（吸収補正式）で表せることが分かっている．

$$I_1 = \frac{K_1 X_1}{\rho_1 [X_1(\mu^*_1 - \mu^*_M) + \mu^*_M]} \quad (3.46)$$

ここで，K_1 は分析成分と装置によって定まる定数，X_1，ρ_1，μ^*_1 はそれぞれ分析成分 1 の濃度，密度，質量吸収係数，μ^*_M はマトリックスの質量吸収係数を示す．

この式を用いて定量分析する場合には内標準法によらないと吸収補正ができない．このため内標準に適した回折線がいくつか選ばれている．しかし，結晶相の選択配向などが原因で内標準法を用いた粉末回折定量分析の正確度はあまり高くない．そのため標準と試料の回折パターンが一致した程度から濃度を計算する方法（パターンフィッティング法）が用いられることがある．この定量法は，試料と検量用標準物質の回折パターンから分析成分の全回折 X 線強度を求め，試料中の分析成分の各ピークと標準物質の各ピークの積分強度 2 乗ノルムが最小になるときを収束点とし，そのときの強度の補正係数を濃度とする方法である．

すべての含有成分の結晶構造が明らかになっている場合，以下に述べるリートベルト(Rietvelt)法を応用して定量分析することもできる．

e. 構造解析（リートベルト法） 粉末回折図形から構造を決定できるのは，構造が既知の同形物質などによってその物質の構造モデルが構築できる場合に限られ，未知の構造を決定することは困難である．その理由の 1 つは粉末回折データでは 3 次元の回折線が 1 次元に投影されるために回折線の重なりが大きいことが挙げられる．このために回折線の解析法としてプロファイルフィッティング法，ポーリー(Pawley)法，リートベルト法などが提案されている．いずれの方法も回折ピークのプロファイルから求めた計算図形と測定図形とを最小 2 乗法によりフィッティングさせ，各回折線の位置，面積，および形に関する物理量を求める．各手法ではプログラムに入力する構造パラメータが異なる．

プロファイルフィッティング法は各回折線についてピーク分離を行う．限定された 2θ 領域についてフィッティングを行うために，各 hkl 間の相関性がない．

ポーリー法では，すべての回折線を同時にフィッティングを行うため，上述の欠点はないが，各回折ピークに何本の回折線が含まれるかをあらかじめモデル化する必要がある．この方法はプロファイルフィッティング法と次のリートベルト法を折衷した方法である．

リートベルト法では個々の回折線の積分強度を分離測定せず，回折図全体を構造モデルとプロファイルフィッティングする．この方法では精密化する構造パラメータの数が多く，しかもそれぞれが互いに相関が強いためできるだけ正確な初期値を入力することが大切である．計算強度は次の式による．測定した強度と計算強度の差が最小になるように計算を繰り返す．

$$y_i(c) = \Sigma_k s_k |F_k|^2 m_k P_k L(\theta_k) G(\Delta\theta_{ik}) + y_{ib}(c) \quad (3.47)$$

ここで，$y_i(c)$ は計算強度，i はステップ番号，k は回折ピーク番号，s_k は k ピークの尺度因子，F_k は k 反射をもたらす構造因子，m_k は多重度，P_k は選択配向係数，$L(\theta_k)$ はローレンツ因子，$G(\Delta\theta_{ik})$ はプロファイル関数，$\Delta\theta_{ik} = \theta_i - \theta_k$，$y_{ib}(c)$ はバックグラウンド関数．

リートベルト法の計算を行うプログラムはいくつか公表されていて，国内のプログラムでは泉による RIETAN がある．

4) X線回折法のその他の応用

近年，種々の材料に表面処理を施し，材料特性を向上させる素材開発が行われている．また，最近では，基盤に異種物質を物理的あるいは化学的に被膜形成させて，表面改質を図る新素材の開発も盛んである．対象となる被膜が数 10 nm 以下では基板からの散乱が大きいので通常の粉末回折法による測定は不可能である．このため薄膜のX線回折測定では平行なX線束を低角で入射させる光学系を使用する．

一方，微小領域のX線回折分析も格子欠陥や粒界の同定法として用いられている．近年，光学顕微鏡で観察できる程度（直径数十 μm）の領域までX線回折の適用範囲が広がった．

3.7.2 中性子回折法

中性子は電荷をもたない質量 $m = 1.0087$ 原子質量単位で，スピン量子数 1/2，磁気モーメント $\mu_n = -1.9132$ 核磁子単位を有する粒子である．

試料に入射した中性子は，試料を構成する原子の原子核と相互作用して散乱する．この散乱の程度を中性子散乱長といい，原子核の核種に固有な量である．これはX線の場合の原子形状因子に相当する．中性子散乱長とX線の原子形状因子との違いを表 3.14 に示す．

この表から分かるように中性子回折はX

表3.14 中性子散乱長とX線の原子形状因子との違い

中性子散乱長	X線原子形状因子
原子番号に対する規則性なし	原子番号と比例
符号に負のものがある	符号はすべて正
散乱角に依存しない	散乱角の増大に従い減衰
イオン状態によらない	イオン状態によって異なる
同位元素によって異なる	同位元素による差はない

（日本化学会（編）：第4版 実験化学講座10，丸善(1992)より）

線回折法に比べ次の点で優位である．

① 水素原子の決定．

② 重い原子とN，O，Cなど軽原子を含む化合物中の軽原子位置の決定．

③ 原子番号の近接した2種類以上の原子を含む化合物内で原子を識別可能．

以上の利点を有するが基本的には中性子回折法による構造解析はX線回折法に準ずる．

3.7.3 電子線回折法

電子は電荷 -4.8023×10^{-10} (esu) $= 1.602 \times 10^{-19}$ (クーロン)，静止質量 9.107×10^{-28} (g)，スピン量子数1/2を有する粒子である．

試料に入射した電子は試料を構成する原子の電子雲によって相互作用を受けるが粒子線であるため原子核との相互作用も無視できない．電子の散乱の特徴は次の点である．

① 電子線の原子散乱因子は $2\sin\theta/\lambda$ (θ は散乱角，λ は入射電子線の波長)に対して単調に減少する．

② 電子線の原子散乱因子は原子番号に依存し，原子ごとにほぼ同じ関数に従っている．

③ 軽元素に高感度である．

④ 電子線の原子散乱因子はX線散乱因子に比べてきわめて大きい．

これらの特徴から電子線回折法は表面・界面や微粒子の構造解析で有力である一方，粉末試料の電子線回折には向かないことが分かる．

参考文献

1) 庄野利之，脇田久伸(編著)：入門機器分析化学，三共出版(1988)．
2) 泉 美治，小川 雅，加藤 俊，塩川 朗，芝 哲夫(監修)：機器分析のてびき，化学同人(1986)．
3) 山中高光：粉末X線回折による材料分析，講談社サイエンティフィク(1993)．
4) 太田俊明(編)：X線吸収分光法——XAFSとその応用，アイピーシー(2002)．
5) 宇田川康雄(編)：X線吸収微細構造，学会出版センター(1993)．
6) 合志陽一(監修)，佐藤公隆(編集)：X線分析最前線，アグネ技術センター(1998)．
7) 日本化学会(編)：第4版 実験化学講座10，丸善(1992)．

演習問題

[18] ある未知の白い粉末物質の粉末X線回折パターンを測定した．実験はX線源として CuK_α 線($\lambda = 1.5406$ Å)を用いて行ったところ，$d = 3.25, 1.69, 2.49$ に強いピークを得た．このピークの相対強度 I/I_1 は $100:60:50$ であった．この試料は何か．ASTMカードを引いて求めてみよ．

4. 生物学的分析法

　分析化学の実際における重要なポイントは，さまざまな物質が混在する試料の中から分析対象とする物質のみを識別することである．このような分子の識別を最も高度に行っているのが生体システムである．生物学的分析法は，酵素の基質特異性や抗体の抗原特異性などを利用することにより，通常の化学分析では不可能な，きわめて高い感度と特異性を達成している．

　生物学的分析法が特に威力を発揮するのは，多くの夾雑物質が存在する生体試料の分析においてである．そのため食品検査や臨床での生化学的検査などでは，さまざまな生物学的分析法が日常的に用いられている．近年のタンパク質工学，遺伝子工学，モノクローナル抗体技術などの著しい進歩により，検査目的に用いる「試薬」として多くの生体成分が比較的安価に提供されるようになった．このことも，生物学的分析法の発展に大きく寄与している．

4.1　バイオアッセイ

4.1.1　バイオアッセイとは

　「生物(bio)を用いた化学物質の評価(assay)」がバイオアッセイ(生物学的試験)の意味である．すなわち，ある物質を生体や生物試料に投与することによって引き起こされる生物学的応答から，その物質の性質，効力を評価する手法である．

　従来バイオアッセイは，ビタミンやホルモンの検定，薬物の効果の確認などに用いられてきた．これらの生理活性物質は，きわめて微量でも生物の成長や機能に影響を及ぼすため，物理化学的に定量するよりもバイオアッセイを用いる方が有効である場合が多い．現在は環境分析分野において，さまざまな化学物質の生物に対する影響を評価する方法としても広く用いられている．

4.1.2　バイオアッセイで用いられる指標

　ある化学物質の急性毒性を示す指標として，LD_{50}(50%致死量：50% lethal dose)がしばしば用いられる．これは，投与した動物の半数(50%)が死亡すると推定される投与量のことである．

　一般にLD_{50}は，動物の体重kg当たりのmg用量(mg/kg)で表される．LD_{50}の値が小さいほど毒性が高いことを意味する．また動物種や投与方法により値が大きく左右されるので，LD_{50}には必ずこれらが付記されている．

　LD_{50}は動物の生死を判断の目安とした毒性の指標であるが，ある化学物質の薬理作用や生物活性の強さを表す指標として，ED_{50}(50%有効量：50% effective dose)が用いられる．ED_{50}の値が小さい物質ほど，活性が強いということができる．

4.1.3　エームス試験

　発がん物質は生物のDNAに作用し，何らかの変異を引き起こすことにより，細胞を悪性化させる．エームス試験は，化学物質の発がん性を短時間で評価する方法として，1970

年代にエームス(Ames)によって開発された試験法である．

アミノ酸の一種であるヒスチジンをつくる遺伝子が変異しているサルモネラ菌変異株に対して，発がん物質(変異原性物質)を作用させると，復帰突然変異(変異株がさらに突然変異を起こすことによりもとの野生株に戻ること)が起こり，ヒスチジンを自分でつくることができるようになる．この現象をプレート上で効率よく簡便に検出する方法がエームス試験である．この方法は，発がん性が疑われる化学物質のスクリーニングの第1段階目の手法として，広く世界中で用いられている．

4.1.4 内分泌かく乱物質のバイオアッセイ

内分泌かく乱物質は，生体内のホルモンによる調節機構(内分泌系)をかく乱し，生殖機能阻害を含む各種毒性を引き起こす外因性化学物質である．

内分泌かく乱作用を評価するバイオアッセイとしては，マウスや魚類などの個体を使った繁殖毒性試験(生殖試験)がある．また，試験管内で行うレセプター(受容体)結合アッセイもある．内分泌かく乱物質の多くは，エストロゲン(女性ホルモン)やアンドロゲン(男性ホルモン)のレセプターに結合することにより，内分泌系をかく乱することが知られている．したがって，これらのレセプターと結合する化合物は内分泌かく乱作用をもっている可能性があるといえる．

4.2 酵素学的分析法

4.2.1 酵素反応の特長

酵素学的分析法は，酵素反応を用いて物質を定量する分析法として，広く普及している．酵素は生体内での化学反応を触媒するタンパク質である．酵素が触媒する反応は，緩和な条件(中性pH，常温，常圧)で進行する上に，標的物質(基質)に高い特異性をもつなどの特長を有している．

4.2.2 酵素反応の速度論

酵素反応は酵素(E)と基質(S)が反応し，中間体である酵素基質複合体(ES)を経由して，生成物(P)を生じる反応である．

$$\mathrm{E+S} \underset{k_{-1}}{\overset{k_1}{\rightleftarrows}} \mathrm{ES} \overset{k_2}{\longrightarrow} \mathrm{E+P}$$

k_1, k_{-1}, k_2を各過程の反応速度定数とすると，それぞれの反応速度は，$k_1[\mathrm{E}][\mathrm{S}]$，$k_{-1}[\mathrm{ES}]$，$k_2[\mathrm{ES}]$となる．基質濃度[S]が酵素濃度[E]に比べて充分に高い場合は，中間体の濃度[ES]は一定に保たれる(定常状態)．このとき，ESができる速さ$k_1[\mathrm{E}][\mathrm{S}]$と，ESが壊れる速さ$k_{-1}[\mathrm{ES}]+k_2[\mathrm{ES}]$は等しくなっている．

$$k_1[\mathrm{E}][\mathrm{S}]=k_{-1}[\mathrm{ES}]+k_2[\mathrm{ES}]=(k_{-1}+k_2)[\mathrm{ES}]$$

生成物ができる速度vは，
$$v=k_2[\mathrm{ES}]$$

また，酵素の全濃度をE_0とすると，
$$E_0=[\mathrm{E}]+[\mathrm{ES}]$$

これらの式より，
$$v=\frac{k_2 E_0 [\mathrm{S}]}{\frac{k_{-1}+k_2}{k_1}+[\mathrm{S}]}=\frac{V_{\max}[\mathrm{S}]}{K_\mathrm{m}+[\mathrm{S}]}$$

この式はミハエリス-メンテン(Michaelis-Menten)式と呼ばれる($V_{\max}$は最大反応速度，K_mはMichaelis定数)．

$[\mathrm{S}] \ll K_\mathrm{m}$のとき，ミハエリス-メンテン式は，

$$v = \frac{V_{\max}}{K_{\mathrm{m}}}[\mathrm{S}] = k_{\mathrm{app}}[\mathrm{S}]$$

となり，反応速度 v は基質濃度[S]に比例する（k_{app} は見かけの 1 次反応速度定数）．

また，[S]≫K_{m} のときは，$v = V_{\max}$ となり，反応速度は一定となる．

したがって，酵素活性（反応速度）の測定により基質（分析したい物質）の濃度を求める場合には，[S]≪K_{m} の条件で実験を行う必要がある．

酵素濃度を一定とし，基質濃度を種々に変えて反応を行うとき，その反応速度 v と基質濃度[S]との関係は図 4.1 のようになる．

4.2.3 酵素を用いる分析法

酵素を用いてある物質を選択的に定量するためには，その物質に対して特異的に作用する酵素が存在することが必要である．また，基質の減少量，生成物の増加量などが測定できなければならない．

酵素を利用した分析は，酵素量が充分な条件で反応をほぼ 100%完了させた後，生成物などの変化量を測定する方法が一般的である．酵素の最大の特長として基質特異性があることはすでに述べたが，これはたとえば血清のように非常に多くの成分を含む試料であっても，特定成分を分離することなく，そのまま測定できることを意味する．したがって，臨床分析の場ではさまざまな成分に対して，酵素学的分析法が多用されている．

例として，酵素を用いたグルコースの定量法として 2 種類の方法を紹介する．

1 つは，ヘキソキナーゼ(HK)とグルコース-6-リン酸デヒドロゲナーゼ(G6PDH)を組み合わせる方法である．

グルコース＋ATP
$\xrightarrow{\mathrm{HK}}$ グルコース-6-リン酸＋ADP

グルコース-6-リン酸＋NADP$^+$
$\xrightarrow{\mathrm{G6PDH}}$ 6-ホスホグルコン酸＋NADPH

補酵素 NADP$^+$ は 340 nm に吸収をもたないが，NADPH は 340 nm に吸収をもつ．グルコース 1 分子から NADPH 1 分子が生成するので，340 nm の吸光度の増加から NADPH の生成量，すなわちグルコースの存在量が分かる．

もう 1 つはグルコースオキシダーゼ(GOD)を用いる方法である．

グルコース＋H_2O＋O_2
$\xrightarrow{\mathrm{GOD}}$ グルコン酸＋H_2O_2

この反応で生成する過酸化水素を，次のようなペルオキシダーゼ(POD)による酸化反応に用いる．

H_2O_2＋還元型色素 $\xrightarrow{\mathrm{POD}}$ H_2O＋酸化型色素
　　　　（無色）　　　　　　　　　（有色）

この反応による発色を吸光光度法により定量することによって，間接的にグルコース量を求めることができる．過酸化水素を発生する酵素は生体内に数多く存在するため，このようにペルオキシダーゼと組み合わせる方法は汎用性が高い．

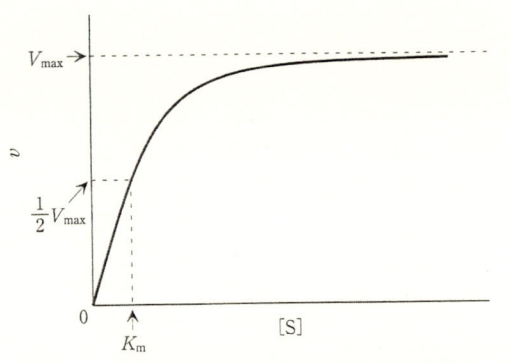

図 4.1 酵素濃度一定のときの基質濃度[S]と反応速度 v の関係

4.3 イムノアッセイ

4.3.1 抗体

高等動物を免疫原(抗原)で刺激すると，免疫応答が起こり，抗原と特異的に結合するタンパク質(抗体)が産生される．このとき，抗原に対して特異性，親和性が少しずつ異なる多種類の抗体が同時に産生される．これら抗体の混合物をポリクローナル抗体と呼ぶ．

一方，細胞融合技術の進歩により，抗体産生細胞が培養できるようになり，純粋で単一種の抗体を恒久的に供給することが可能となった．このような抗体はモノクローナル抗体と呼ばれ，イムノアッセイ(immuno：免疫の)の発達に大きく貢献した．

抗体の特長は，その抗原に対する高い特異性と強い結合力である．これらの性質を利用して，各種の化学物質，生理活性物質，タンパク質についてのイムノアッセイ法が工夫されている．多くの場合，測定用キットが市販され，環境分析，農薬分析，臨床分析など多方面で使用されている．

4.3.2 ラジオイムノアッセイ

放射性同位体により標識した抗原を一定量添加し，抗原抗体反応を定量的に追跡することにより，試料中の抗原の量を知る方法がラジオイムノアッセイ(radio：放射)である．これは1959年にバーソン(Berson)とヤーロウ(Yalow)によって開発された手法で，これにより血中ホルモンなどの微量生理活性物質が測定できるようになり，基礎医学，臨床診断技術の進歩に多大な影響を与えた．

図4.2にラジオイムノアッセイでよく用いられる競合的結合測定法の原理を示す．測定したい抗原を含む試料に一定量の標識抗原を加え，一定量の抗体と競合的に結合させる．試料中の抗原と後から加えた標識抗原は，化学的性質は全く同じと考えてよいので，標識抗原の結合型と遊離型の比は，試料中の抗原の結合型と遊離型の比と一致する．また抗体に結合した標識抗原と試料中の抗原の割合は，その濃度比を反映する．したがって，抗体と結合した，あるいは結合しなかった標識抗原の量を放射活性により求めれば，試料中の抗原の量を知ることができる．

4.3.3 エンザイムイムノアッセイ

ラジオイムノアッセイは感度，特異性に優れた画期的な手法であったが，放射能の人体への影響，放射性廃棄物などが問題となる．これを解消する目的でエンザイムイムノアッセイ(enzyme：酵素)などの非放射性イムノアッセイが開発された．これは，酵素により標識された抗原または抗体の量を酵素活性に

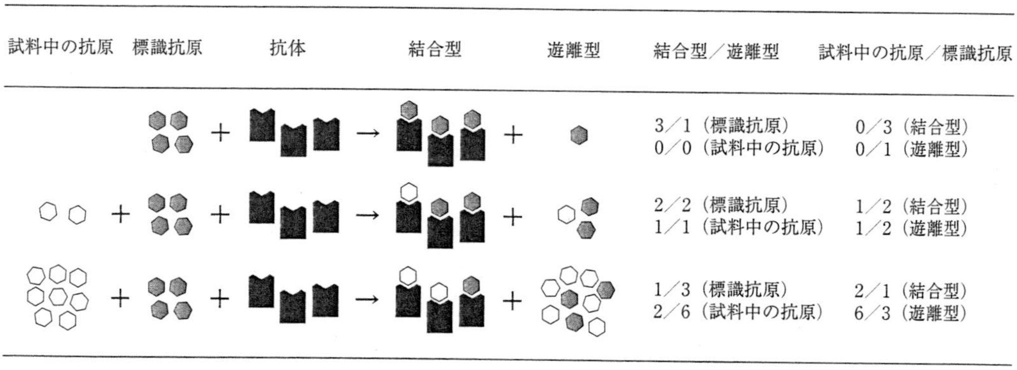

試料中の抗原	標識抗原	抗体	結合型	遊離型	結合型／遊離型	試料中の抗原／標識抗原
	⬢⬢⬢	+ ▮▮	→ ⬢▮⬢▮	+ ⬢	3／1 (標識抗原) 0／0 (試料中の抗原)	0／3 (結合型) 0／1 (遊離型)
○○	+ ⬢⬢⬢	+ ▮▮	→ ⬢▮○▮	+ ⬢○⬢	2／2 (標識抗原) 1／1 (試料中の抗原)	1／2 (結合型) 1／2 (遊離型)
○○○○○	+ ⬢⬢⬢	+ ▮▮	→ ○▮○▮	+ ⬢○⬢○○⬢○	1／3 (標識抗原) 2／6 (試料中の抗原)	2／1 (結合型) 6／3 (遊離型)

図4.2 ラジオイムノアッセイにおける競合的結合測定法の原理

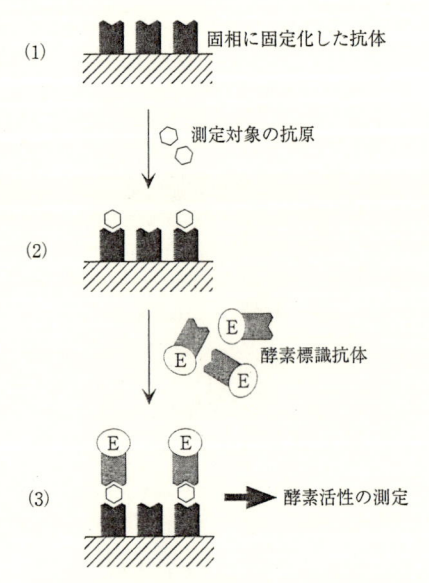

図4.3 酵素免疫吸着測定法の概念図

より求める方法である．酵素はたとえ微量であっても繰り返し反応を触媒するので，生成物の量は著しく増幅され，高感度な測定が達成される．

エンザイムイムノアッセイでは非競合的結合測定法がしばしば使われる．酵素免疫吸着測定（enzyme-linked immunosorbent assay；ELISA）と呼ばれる手法はその代表例であり，ダイオキシンの定量や，狂牛病の原因となる異常プリオンの検出などにも用いられている．ELISAの原理を図4.3に示す．まず，抗体を固相，たとえば試験管壁などに固定する(1)．次に，測定対象の抗原と固相上の抗体を反応させた後，結合した抗原以外の物質を洗浄により取り除く(2)．酵素標識した別の種類の抗体を，固相上の抗体に捕まっている抗原と反応させる(3)．再び固相を洗浄した後，固相上の酵素活性を測定することにより，結合した抗原の量が求められる．この方法は，抗原が2種類の抗体に挟まれるので，サンドイッチ法とも呼ばれる．

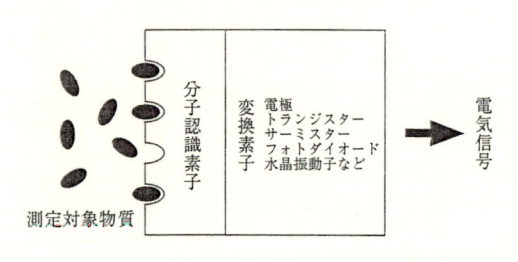

4.4 バイオセンサー

4.4.1 バイオセンサーとは

バイオセンサーは酵素や抗体など生物由来物質のもつ高い特異性，親和性を利用したセンサーである．特に酵素，抗体などと測定対象物質との結合や化学変化を電気信号に変換するものを指すことが多い．前節までに述べてきた酵素学的分析法やイムノアッセイと比較してバイオセンサーの利点は，特に複雑な操作を必要とせず，測定溶液にセンサーを浸せばただちに対象物質濃度が数値化されるという簡便性にある．

一般的なバイオセンサーの基本構成を図4.4に示す．バイオセンサーは，特定の分子を認識するための酵素，抗体さらには細胞，微生物などを固定化した認識素子と，分子認識に伴う化学的な情報を電気信号に変える変換素子（トランスデューサー）からなっている．以下の項では，すでに実用化されているバイオセンサーを中心に述べる．

4.4.2 酵素センサー

バイオセンサーの中でも酵素センサーは最も開発が進んでおり，グルコース，コレステロール，アルコール，尿素などのセンサーは臨床分析や食品分析の分野で広く用いられている．

グルコースセンサーは酵素センサーの中でも最初に実用化されたものであり，たとえば

図4.4 バイオセンサーの基本構成

糖尿病患者の血糖値の測定に使われている．まずグルコースオキシダーゼを固定化した膜を白金電極上に密着させる．グルコースオキシダーゼは酵素学的分析法の項で述べたように，グルコースを酸化して過酸化水素を発生する．白金電極に＋600 mV (vs. SCE)の電位をかけてやると，酵素膜中で生じた過酸化水素は次のように酸化される．

$$H_2O_2 \longrightarrow O_2 + 2H^+ + 2e^-$$

このとき流れる電流を検出することにより，グルコース量を定量することができる．

4.4.3 微生物センサー

酵素センサーに比べると実用化されているものは少ないが，微生物を固定化した膜を素子とした微生物センサーも開発されている．生物化学的酸素要求量(biochemical oxygen demand；BOD)は，河川水などに含まれる有機物を微生物が分解するために必要な酸素量であり，その値が大きいほど水が汚染されていることを示す．BODは水質汚濁の国際的な指標となっており，環境分析の重要な項目の1つである．

酵母を固定化した高分子膜を生物素子とし，膜内に拡散してくる有機物を酵母によって分解する．この際に消費される酸素の量を，膜に密着させた酸素電極によりモニターすることによりBODが測定される．

参考文献

1) 山田 澄，中条延行(編)：生物学的試験法，廣川書店(1977).
2) 清水祥一，小林 猛，奥田 潤，杉本悦郎：酵素分析法，講談社(1977).
3) 村地 孝(編)：生体成分の酵素的分析法，講談社(1985).
4) T. Chard(北川常廣，藤原邦雄，谷森英明(訳))：ラジオイムノアッセイ，東京化学同人(1990).
5) P. Tijssen(石川栄治(監訳))：エンザイムイムノアッセイ，東京化学同人(1989).
6) 石川榮治，河合 忠，宮井 潔(編)：酵素免疫測定法，医学書院 (1987).
7) 鈴木周一(編)：バイオセンサー，講談社 (1984).
8) 軽部征夫：バイオセンサー，共立出版(1986).
9) 軽部征夫，民谷栄一(編著)：バイオエレクトロニクス，朝倉書店(1994).

演習問題

[1] 空腹時の血糖値(グルコース濃度)が126 mg/dL以上の場合，糖尿病と診断される．Aさんの血清0.02 mLを緩衝液2.76 mLに加え，さらにNADP$^+$水溶液0.1 mLおよびATP水溶液0.1 mLを加えた．この溶液に，ヘキソキナーゼおよびグルコース-6-リン酸デヒドロゲナーゼを含む酵素液0.02 mLを加えることにより，酵素反応を開始した．340 nmにおける吸光度が一定となったとき，吸光度は反応開始時に比べ，0.209増加していた(光路長1 cmのセルを使用)．Aさんが糖尿病であるかどうかを診断せよ．

なお，グルコースの分子量は180.16，NADPHの340 nmにおける分子吸光係数は6220/Mcmである．

[2] 本文中のELISA法の概念図(図4.3)では，固相上に抗体を固定化し，抗原の量を測定している．一方，ある種の抗体の量を測定したい場合には，抗原を固定化して用いることがある．HIVに感染しているかどうか(すなわち血液中に抗HIV抗体が存在するかどうか)を調べるためには，どのような方法を用いればよいだろうか．概念図を示し，以下の言葉を用いて説明せよ．

固定化，酵素標識，HIV抗原，抗HIV抗体，抗抗体(抗HIV抗体に対する抗体)

5. 分析化学の将来展望

5.1 分析化学の限界に挑む

　分析化学の研究は優れた分析法の開発を目指して行われている．優れた分析法とは一般に，微量試料量で，高感度に，迅速に，精度よく分析できる方法である．そのためには，目的成分のみを特異的に検出できる選択性の高い方法が好都合である．一方，場合によっては非常に多数成分を一度に分析できる方法が必要な場合もある．ここでは，現在の分析化学が目指している目標と，その実現のために行われている努力の現状を述べる．

5.1.1 高感度分析

　高感度分析が必要な場合として，絶対量が少ない場合と濃度が低い場合とがある．前者は1細胞中に含まれている成分の分析が例として挙げられる．後者には環境試料中の微量汚染成分の分析が挙げられる．絶対量が少ない場合には微量分析と同じ意味になるので後に述べ，ここでは，濃度が低い場合について考えてみよう．目的成分が単独で存在することはまれで，マトリックス中に存在することが普通である．目的成分とマトリックスとの化学的性質が大きく異なる場合には高感度分析に都合がよい．目的成分が真空中や気相に存在する場合には，理想的な場合には1分子ですら検出可能である．しかし，分析の目的は一般に定量分析にあるので，対象としている分子の数が少なくなると，測定範囲に存在する分子の数が確率に依存することになり，多数回の測定を行わないと分析精度が悪くなる．

　例として，水道水中にダイオキシンが 1 fg/L ($\fallingdotseq 10^{-18}=1$ ppq(parts per quadrillion)) 含まれていると仮定してみる．この場合の濃度は $1\times 10^{-15}/322=3.1\times 10^{-18}$ M$=3.1$ aM(ここで，ダイオキシンの分子量を 322 とする)となる．この水道水 1 mL 中に含まれているダイオキシン分子は $3.1\times 10^{-18}\times 6.0\times 10^{23}\fallingdotseq$ 1900 個となり，非常に少ない分子数であることが分かる．高感度な検出法の代表であるレーザー励起蛍光法(LIF)を用いて検出できると仮定すると，その場合の測定対象体積は小さく 1 μL 程度である．その中に含まれるダイオキシンは平均して約2分子となる．分子はブラウン運動を行っているので，測定している 1 μL の中につねに2分子が入っているとは限らない．しかし，1 mL 全体を測定しているのであれば，観測にかかる分子数は約 2000 となり，ばらつきは少なくなる．

　この例では試料を直接分析できると仮定したが，実際には低濃度の試料を分析するためには，前処理が必要である．水道水のように比較的きれいなマトリックスの場合には，試料前処理は試料濃縮のために行われる．固相抽出法を用いると，3～4けたの濃縮は可能であるので，上の例では 1 μL を用いた分析でももとの試料体積は 1～10 mL となり，その中に含まれる分子数は多くなり，より精度の高い値が得られる．高感度な分析法を用いても，実用的な検出限界濃度は pM 程度である．このような高感度分析では，試料の汚

染が深刻な問題となるので,試料の取り扱いには細心の注意が必要である.

別の例として,固体試料中の微量成分分析について考えてみよう.たとえば,考古学試料の場合,金属製品であればその中に含まれている微量成分を詳しく分析すると,その金属の産地を推定することができる場合がある.考古学試料は貴重であり,できるだけ試料を損傷せずに分析することが望ましい.また,できるだけ多数成分を分析できれば,その歴史を知るのに有用である.そのような目的にX線を用いる分析法が各種開発されている.一般に感度はX線の強度に比例するので,強力なX線光源として放射光が利用できるようになり,従来の光源では分析不可能であった極微量分析や,高感度分析が可能となった.放射光からのX線の特長は輝度が高いのみでなく,波長が自由に選択でき,また微細なビームの利用が可能なことである.放射光はまだ自由に利用できる段階にはないが,優れた光源として分析化学分野でも普及していくと期待される.

5.1.2 微量分析

試料量が限られている場合には微量試料で分析できることが望ましい.そのような例は生物試料の場合に多い.極限として1細胞を試料とする分析について考えてみよう.細胞の大きさは範囲が広いが,直径が1〜5 μmの球と仮定すれば,その体積は5×10^{-19}〜$6.5\times10^{-17} m^3=0.5$〜65 fLとなる.内径が1 μmの毛細管内に0.1 mm満たした液量が80 fLとなるので,ほぼ細胞の体積に相当する.これは肉眼でみるのは困難な量であるが,光学顕微鏡下では容易にみることができる量である.さて,この細胞の中に含まれている特定成分を検出・定量する場合を考えると,細胞を壊さずにそのまま分析するには,焦点を絞ったレーザー光を照射して行うLIFを用い

るか,細胞内に電極を挿入し電気化学的に検出することが考えられる.どちらの方法も選択性の高い方法なので,目的成分が発蛍光性であるか電気化学的に活性な化合物の場合には,最新の技術を用いると困難ではあるが1細胞分析は不可能ではない.細胞中には少なくとも数千種の化合物が含まれており,特定成分のみが選択的に分析できるのはきわめて幸運な場合に限られる.複数成分を同時に分析する場合には分離操作が必要となる.可能な方法として,ごく細いガラス毛細管を利用するキャピラリー電気泳動(capillary electrophoresis; CE)が考えられる.先端を細くしたガラス毛細管を細胞に挿入し細胞液を直接キャピラリー内に導入し,電気泳動により分離し,高感度検出を行う試みが報告されている.1細胞をキャピラリー内に直接導入し,キャピラリー内で細胞を破壊し内部の成分を分離検出する試みもある.

ここで,1細胞内に含まれている物質(化合物)の量を考えてみると,細胞内での濃度が1 mMであると仮定し,細胞の体積を50 fLとすると,その絶対量は50 amol(分子数にすると$6.0\times10^{23}\times1\times10^{-18}=6.0\times10^5$)または60万分子となる.これくらいの値が現在の高感度分析の限界に近い値である.

さて,ここで1細胞分析の意義を考えてみよう.現実には1細胞のみで分析することが必要な場合は少ないであろう.しかし,生物を構成している細胞は多種多様であり,その中の成分は細胞の年齢によっても変化するであろう.バクテリアなどは1細胞からなっているものがほとんどであり,1細胞分析は細胞の個性を調べるのには有用であろう.1細胞でなくても,少ない数の細胞を用いて分析できれば,生物学の発展に寄与できると期待できる.ほとんどの分析法の開発は必要に迫られて行われている場合が多いが,分析化学者としては他分野の研究の進展に有用な手段

を前もって用意しておくことができると，他分野との協力関係が一層有効になるであろう．

5.1.3 高速分析

　分析時間を短くすることは，寿命の短い試料(不安定化学種)の分析を可能にする目的および多数の試料を分析する目的に有用である．寿命が秒以下の安定性の低い化学種の分析はどちらかといえば物理化学分野で多く利用されている．分析化学ではハイスループット(high throughput)分析が重要である．例としてヒトゲノム計画で行われたDNA塩基配列決定(シークエンシング)について簡単に紹介する．ヒトゲノムは30億個の塩基(3000 Mb＝3 Gb)からなるといわれている．ヒトゲノム計画ではこの配列全部を明らかにすることが大きな目標であり，分析法の急速な進展により当初の予想より大幅に短縮されて2001年に目的はほぼ達成された．ゲノム計画の生物学的な意義や，実際の分析法についての詳細は省くが，DNAの構成要素である4種の塩基，アデニン，シトシン，グアニン，チミンの配列を効率よく高速に決定するために開発されたシークエンサーについて述べる．シークエンサーにはマルチキャピラリー電気泳動装置が用いられており，この開発によりヒトゲノム計画が急速に進展したことは広く認められている．

　1本の染色体(50～300 Mb，Mbは百万塩基)から塩基配列決定に用いる材料となる，約20万塩基の長さをもつ断片(クローン)を作成し，その配列を決めておく．各クローンの塩基配列を決定するのがシークエンスといわれるステップである．各クローンをさらに1000塩基程度の長さに切断しシークエンスの試料とする．その各断片にサンガー(Sanger)法と呼ばれるシークエンス反応を施し，生成したDNA断片をシークエンサーにより1塩基ずつの長さの違いを分ける．シークエンス反応において生成するDNA末端の塩基(4種)の違いによりラベルする発蛍光剤の発光スペクトル(色)が異なるものを用いる．シークエンサーにより分離される断片を4波長で同時に検出することにより各DNA断片の3′末端が4種の塩基のうちのどれであるか同時に決めることができ，塩基配列が決定できる．

　DNA塩基配列決定のキーテクノロジーとなったマルチキャピラリー電気泳動装置について簡単に紹介する．DNA塩基配列決定において従来利用されていた電気泳動では25 cm×40 cmのガラス板にゲルを塗布して行うスラブゲル電気泳動が利用されていた．この方法では1枚のガラス板を用いて96個の試料が同時に分析できるが，ほとんどの操作が手操作で，また1回の分析に約10時間を必要とした．1個の試料で決定できる塩基の数は約500である．したがって，1枚のガラス板を用いて配列を決定できる塩基の数は5000以下である．この分析速度では1日に1人が10枚のガラス板を処理できるとしても，1年250日として年12.5 Mbの塩基配列決定しかできない．50 Mbの染色体の全配列を決定するためには，断片のDNA配列は10倍以上必要とされるので，500 Mbの配列データを求める必要がある．単純な計算では10人が1年かかって，1番小さな染色体の配列決定に必要なデータを得るのがやっとである．

　ゲルを充填したキャピラリーを用いて，DNAの分離を行うと，1.5時間で500塩基の配列が決定できる．キャピラリー電気泳動は自動化されているので，1日24時間稼働させることができるが，それでも1本のキャピラリーを用いていたのでは1台の装置で得られるデータは1枚のスラブで得られるのと変わりない．そこで，同時に96本または

384本のキャピラリーを用いて分析を行うことのできるシークエンサーが開発され，従来のスラブゲル電気泳動と比べて100倍程度に処理能力が向上した．このようなシークエンサーを多数並列に稼働させることにより，膨大な数の塩基配列データが求められた．このようなシークエンサーの短時間での開発には多数の分析化学者の貢献があった．図5.1にキャピラリー電気泳動によるDNA分離の最近の成果を示す．

この例のように，ハイスループット分析は1回の分析を短時間に行うことと，同時に多数試料を分析することの両方により可能となる．ゲノム計画は塩基配列が決定されれば終わりではなく，むしろ個人のゲノムを調べるために，より高速で経済的な配列決定法に対する要求が高くなっている．DNAのみでなく，遺伝子よりもさらに数の多い全タンパク質(プロテオーム)の網羅的解析(プロテオミクス)を目的とした大プロジェクトが進行している．このような膨大な数の試料を高速に処理するためには新しい分析技術の出現が強く望まれている．プロテオーム解析に続いて，生体内の代謝物の網羅的分析(メタボロミクス)の計画も始まっている．この分野での新しい分析技術の必要性は高く，分析化学者の活躍の場は広い．もちろんこの分野での研究には生物化学者との共同研究が必須である．

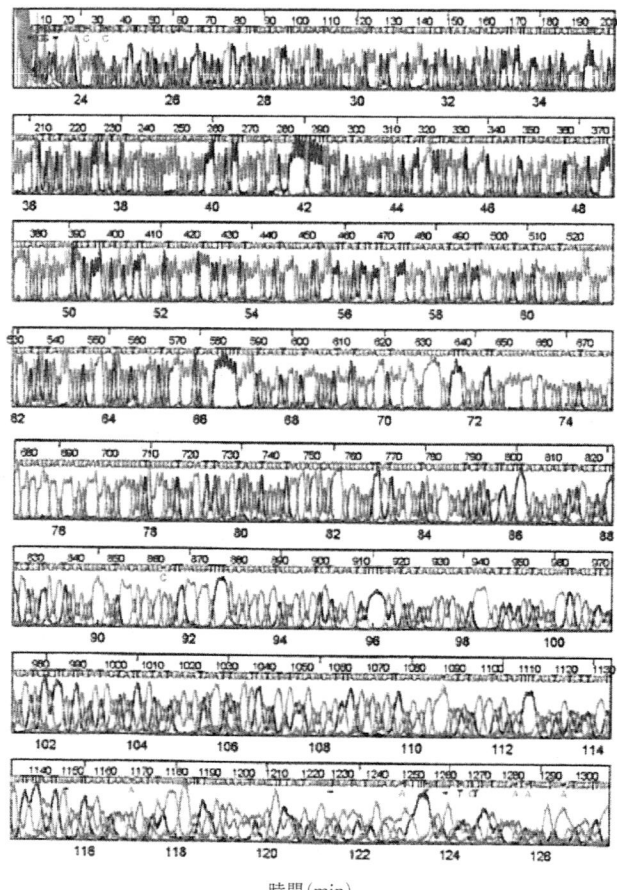

図5.1 キャピラリー電気泳動によるDNA塩基配列決定のための1300塩基までのオリゴヌクレオチドの分離例(H. Zhou, A. W. Miller, Z. Sosic, B. Buchholz, A. E. Barron, L. Kotler, B. L. Karger: *Anal. Chem.*, **73**, 1045(2000))
横軸は時間を表し，上段の図から下段の図へとつながる．図の上部に記載の数字は塩基数を示す．4種の色は末端が異なるヌクレオチドを示す．すなわち，どの色の信号が強いかでヌクレオチド末端の塩基が決定できる．

5.2 新しい分析法の展開

5.2.1 μ-TAS

一般に，化学分析は各種操作の組み合わせからなる．たとえば，水中の環境汚染物質を分析する場合には，まず，試料水から目的成分を抽出し，濃縮してから，直接ガスクロマトグラフィー分析にかけるか，または検出感度および選択性を向上させる目的で，目的成分に誘導体化反応を行わせてから，高速液体クロマトグラフィー（HPLC）分析を行う．このような操作は時間も手間もかかるし，かなりの試料量が必要となる．一連の分析操作を，自動的に行う目的で，全分析システム（total analysis system；TAS）の概念が提案され，種々のシステムが開発された．最近のミクロ技術の発展に伴い，TAS をミクロ化した μ-TAS が実用化されつつある．その概念を図 5.2 に示す．1辺が数 cm 角のガラス板またはプラスチック板に幅 50 μm，深さ 20 μm 程度の溝（チャネル）を刻み，それに別のガラスまたはプラスチック板で蓋をして，細い流路を作製し，その流路内で反応，分離，検出等を行う．全体のガラスまたはプラスチックデバイスをマイクロチップと呼ぶ．図では薬品 A と薬品 B を混ぜ，それに別の薬品を反応させ，生成した化合物を分離して，検出することが模式的に示されている．$50 \mu m \times 20 \mu m \times 1 cm = 1 \mu L$ であるから，μ-TAS では全液量が数 μL で分析を行うことになる．このようなシステムでは微量試料を用いて分析を行うので，検出法が重要である．一般にはレーザー光を用いた高感度検出法が利用されている．一方，ミクロチャネル内で反応させるのは，ビーカーやフラスコ内で反応させるのとは異なり，反応液を混合することは難しいが，分子の熱拡散により薬品が混合し反応が起こる．反応液量が少ないので，温度制御は容易である．このようなチャネル内で液を輸送するためには電気浸透流が広く利用されているが，マイクロポンプの利用や圧力による輸送も利用されている．マイクロチップ自体は小さく手の平にのる大きさであるが，検出や送液システム全体を含めると，まだ比較的大きな装置となる．将来は簡単に持ち運びのできる装置となり，必要な場所でいつでも利用できるようになると期待できる．このよ

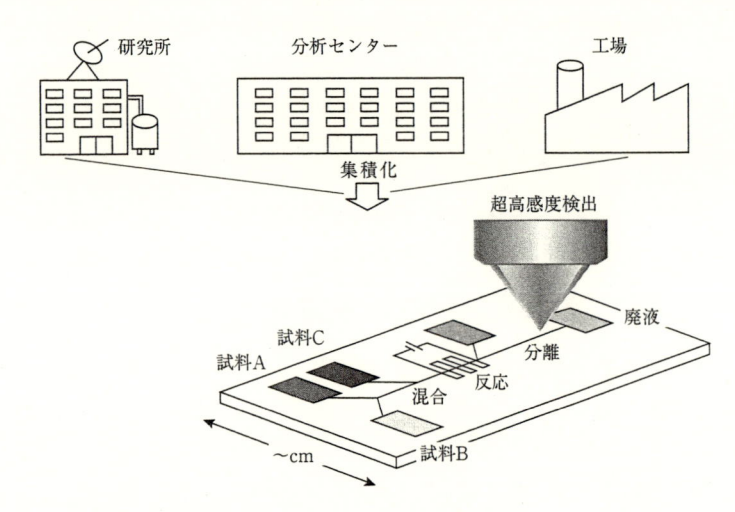

図 5.2 集積化化学システムの概念図（神奈川科学アカデミー北森「インテグレーテッド・ケミストリー」プロジェクト ホームページより）
チャネル幅は 1～100 μm.

うな μ-TAS は，はじめは電気泳動を行うために利用法が開発され，マイクロチップ電気泳動はすでに DNA の分析などに実用化されている．分析化学に限定すれば，分析試料量を少なくできることは試料の節約になるし，同時に分析に使用する薬品，エネルギー，さらには廃棄物の量も少なくすることができ，クリーンな分析法となる．化学におけるマクロデバイスの利用は比較的新しい考えであり，現在活発な研究・開発が行われている．μ-TAS の概念は単に分析のみならず，狭い空間を利用した化学合成にまで発展させることも可能であり，将来は化学合成の手法を変えることになるかもしれない．

5.2.2 界面の化学

界面はバルク(相内部)とは異なることはよく知られている．固体表面については触媒，半導体などに使われる材料物質の特性と密接に関連しており，その分析法も多く開発されている．一方，液液界面の分子レベルでの構造はまだ不明の部分が多い．溶媒抽出で一方の液相から他の液相に目的成分が移動する場合，どのようなメカニズムが働いているか，水と油のように混じらない液体の一方にのみ溶解している溶質が界面でどのような状態で存在するか等研究課題は多い．界面における分子の挙動を研究するための界面の新しい分析法の開発，界面を利用した分析法の開発，高収率の反応を起こすための条件などが活発に研究されており，分析化学にとって重要な分野になると予想される．

5.2.3 超分子化学

超分子とは分子間の弱い相互作用により生成する分子集合体のことである．分析化学で利用されている例としては，シクロデキストリンによるホスト-ゲスト錯体，クラウンエーテルと金属との錯体のように，直接分子間に強い結合が形成されるのではなく，非共有結合で結びついて生成する分子のことを言う．多数の同種または異種の分子が，特定の構造，機能をもつ分子集合体を形成し超分子となる場合があると予想される．このような超分子が分析化学におけるセンサーまたは分子認識に利用できるようになるのではと期待され，活発な研究が展開されている．生体は抗原抗体反応のように非常に選択性の高い(特異性の高い)分子認識システムをもっている．このような特異性の高いシステムを超分子を用いて実現するのは現段階では困難であるが，超分子が新しい機能物質の開発に重要な役割を果たすことが広く期待されている．

5.2.4 分析化学の社会への貢献

最近では化学物質というと，一般に悪いイメージで捉えられることが多い．分析化学はそのような化学物質の分析データを出す仕事のように理解されている場合が多い．分析化学自体は分析データを算出する方法を研究する学問であるが，同時に，現在世間一般が化学に対してもっている悪いイメージを修正する努力をする必要がある．分析化学の発展により，化学物質に対する，正しく，精確で信頼できる情報が容易に得られることが化学に対する誤解を解くのに役立つであろう．たとえば環境分析では，以前には分析不可能であった化合物の分析が可能となり，検出されることが即危険であるような印象をもたれる場合が多い．しかし，分析結果はつねに科学的根拠に基づいて評価されるべきことを一般社会に知ってもらうように努力するのも分析化学者の努めであろう．分析化学は地味ではあるが，広い分野で人類の健康の維持に大変役立っていることや，社会環境の維持・改善にも有用であることを啓蒙するのも大事なことである．

演習問題解答

1 章

[1] サンプリング誤差が 0.5% 以下であるから，真の値と平均測定値の差が $E=0.005$ となる．15 回の測定から t 分布表の t 値は $t=1.761$ であり，$\sigma=0.012$ である．これらの値を式(1.3)に代入して計算すると，$n=4.23$ となる．よって，必要なインクリメントの数は 5 と求まる．

[2] 加法は，まず空容器の質量 w_1 をはかり，次に空容器に試料を加えた質量 w_2 をはかり，両者の差 w_1-w_2 を試料のはかり取り質量とする．減法は，空容器に試料を入れて質量 w_3 をはかった後，試料の一部または全部を他の容器に移し，残った試料と容器の質量 w_4 をはかり，両者の差 w_3-w_4 を試料のはかり取り質量とする方法である．

微粉末試料の場合，減法では試料の移し替え中にこぼしたり，薬さじに付着してロスする危険が大きく，正確な質量は測定できない．加法では秤量容器中にはかり取った試料は正確に測定でき，その後で試料を塩酸に溶解できるため，加法が適当である．

[3] 平均値 10.020 mg/g，実験標準偏差 0.028 mg/g，平均値に対する標準偏差 0.009 mg/g．t 分布表の $\alpha=0.05$，自由度 9 から $t_{\alpha/2}=2.262$ で，$10.020 \pm 2.262 \cdot 0.028/\sqrt{10}$ から，平均値の信頼率 95% の信頼区間は 10.020 ± 0.020 (mg/g) である．

[4] ① $u_c^2(Y)=(\partial Y/\partial A)^2 u^2(A)$
$+(\partial Y/\partial B)^2 u^2(B)+(\partial Y/\partial C)^2 u^2(C)$ から
② $u_c^2(Y)=(\partial Y/\partial A)^2 u^2(A)$
$+(\partial Y/\partial B)^2 u^2(B)+(\partial Y/\partial C)^2 u^2(C)$
$=(\alpha a A^{a-1}B^b/C^c)^2 u^2(A)$
$+(\alpha b A^a B^{b-1}/C^c)^2 u^2(B)$
$+(\alpha c A^a B^b/C^{c+1})^2 u^2(C)$ から

[5] ① 硫酸バリウムの式量は，$M(\mathrm{BaSO_4})=M(\mathrm{Ba})+M(\mathrm{S})+4M(\mathrm{O})$ で，合成標準不確かさ $u_c(M(\mathrm{BaSO_4}))$ は，不確かさの伝播の公式を使い，$[u_c(M(\mathrm{BaSO_4}))]^2 = [u(M(\mathrm{Ba}))]^2+[u(M(\mathrm{S}))]^2+[4u(M(\mathrm{O}))]^2=0.005^2$ から 0.005 と計算される．

② $r=q_m \cdot M(\mathrm{Ba})/M(\mathrm{BaSO_4})=q_m \cdot M(\mathrm{Ba})/[(M(\mathrm{Ba})+M(\mathrm{S})+4M(\mathrm{O})]$ であり，分子，分母に $M(\mathrm{Ba})$ が共通なので，不確かさの伝播の公式に戻って，

$$u_c^2(r)=\frac{q_m^2 \cdot [(M(\mathrm{S})+4M(\mathrm{O})]^2}{[M(\mathrm{BaSO_4})]^4}[u(M(\mathrm{Ba}))]^2$$
$$+\frac{q_m^2 \cdot [M(\mathrm{Ba})]^2}{[M(\mathrm{BaSO_4})]^4}[u(M(\mathrm{S}))]^2$$
$$+\frac{16 q_m^2 \cdot [M(\mathrm{Ba})]^2}{[M(\mathrm{BaSO_4})]^4}[u(M(\mathrm{O}))]^2$$
$$+\frac{[M(\mathrm{Ba})]^2}{[M(\mathrm{BaSO_4})]^2}[u(q_m)]^2$$

となる．数値を代入し，$r=0.5943\,\mathrm{g}$，$u_c(r)=0.00029\,\mathrm{g}$ と計算される．

2 章

[1] ①で調製した混合溶液中では，$\mathrm{CH_3COONa}$ と $\mathrm{CH_3COOH}$ の濃度はどちらも 2 倍に希釈され 0.1 M となる．これは，40 mL の 0.3M $\mathrm{CH_3COOH}$ を 0.3M NaOH で滴定してちょうど滴定率 50% になったとき (20 mL の 0.3M NaOH を滴下) の溶液と同一である．また，0.3M NaOH をさらに 5 mL 加えたときは滴定率 62.5% と考えればよい．5 mL の 0.3M HCl を加えたときは NaOH が 5 mL 分少なく加えられたと解釈できるから，滴定率 37.5% のときの pH を求めればよい．これらの滴定率の領域では式(2.32)が成り立っているので簡単に計算できる．よって，① 4.77, ② 4.99, ③ 4.55.

[2] 当量点では，$\mathrm{NH_3}$ の共役酸 $\mathrm{NH_4^+}$ の酸解離によって pH が決まる．$\mathrm{NH_4^+}$ の酸解離定数は式(2.15)より，5.6×10^{-10} である．式(2.27)において，$(C_{A0}-x) \fallingdotseq C_A=0.05$ M とすればよい．① 5.28, ②表 2.1 よりメチルレッド．

[3] セリウム(IV)を 25 mL 加えたとき，添加されたセリウム(IV)は鉄(II)によってす

べてセリウム(III)に還元されるので，鉄(III)および鉄(II)の濃度はそれぞれ次のようになる．

$$[Fe(II)] = \frac{0.05 \times 100 - 0.1 \times 25}{100 + 25} \text{ (M)}$$

$$[Fe(III)] = \frac{0.1 \times 25}{100 + 25} \text{ (M)}$$

これらの値を式(2.48)に代入すると，酸化還元電極の電極電位は次のようになる．

$$E = 0.68 + 0.059 \log \frac{2.5/125}{2.5/125}$$

$$= 0.68 \text{ (V)}$$

[4] それぞれの酸還元対に対する電極電位は，ネルンスト式より式(1)，(2)で与えられる．

$$E = E_1^\circ - \frac{0.059}{m} \log \frac{[Red_1]}{[Ox_1]} \quad (1)$$

$$E = E_2^\circ - \frac{0.059}{n} \log \frac{[Red_2]}{[Ox_2]} \quad (2)$$

(1)×m と(2)×n を両辺を足すと，

$$(m+n)E = mE_1^\circ + nE_2^\circ - 0.059 \log \frac{[Red_1][Red_2]}{[Ox_1][Ox_2]}$$

当量点では $m[Ox_1] = n[Red_2]$，$m[Red_1] = n[Ox_2]$，したがって

$$(m+n)E = mE_1^\circ + nE_2^\circ$$

$$E = \frac{mE_1^\circ + nE_2^\circ}{m+n}$$

[5] (a) 亜鉛電極および銅電極における半反応を還元反応で表すと，それぞれ次のように書ける．

$$Cu^{2+} + 2e^- \rightleftarrows Cu \quad E_R^\circ = +0.34 \text{ V} \quad (1)$$
$$Zn^{2+} + 2e^- \rightleftarrows Zn \quad E_L^\circ = -0.76 \text{ V} \quad (2)$$

したがって，電池反応は式(1)から式(2)を引いて，次のように表される．

$$Cu^{2+} + Zn \rightleftarrows Cu + Zn^{2+}$$

(b) 銅電極の電位は，ネルンスト式より次式で与えられる．

$$E_R = E_R^\circ + \frac{0.059}{2} \log [Cu^{2+}]$$

$$= +0.34 + \frac{0.059}{2} \log(1 \times 10^{-2})$$

$$= 0.281$$

亜鉛電極の電位は，ネルンスト式より次式で与えられる．

$$E_L = E_L^\circ + \frac{0.059}{2} \log [Zn^{2+}]$$

$$= -0.76 + \frac{0.059}{2} \log(1 \times 10^{-1})$$

$$= -0.790$$

起電力は左側電極に対する右側電極の電位として表されるので，次のようになる．

$$EMF = E_R - E_L = 0.281 - (-0.790)$$

$$= 1.07 \text{ V}$$

[6] ① 生成する $FeSCN^{2+}$ の濃度を xM とする．

$$Fe^{3+} + SCN^- \rightleftarrows FeSCN^{2+}$$

反応前　　10^{-3}M　　10^{-1}M

反応後 $(10^{-3}-x)$M　$(10^{-1}-x)$M　　xM

$$K_{Fe, SCN}^{FeSCN} = \frac{[FeSCN^{2+}]}{[Fe^{3+}][SCN^-]}$$

$$= \frac{x}{(10^{-3}-x)(10^{-1}-x)}$$

$$= 10^{2.0}$$

$$x = 9.08 \times 10^{-4} \text{ (M)}$$

したがって，
$[Fe^{3+}] = 9.2 \times 10^{-5}$ (M)，$[SCN^-] = 9.91 \times 10^{-2}$ (M)，$[FeSCN^{2+}] = 9.08 \times 10^{-4}$ (M)

② 10倍に希釈した場合には，$[FeSCN^{2+}] = y$ とすると，

$$K_{Fe, SCN}^{FeSCN} = \frac{y}{(10^{-4}-y)(10^{-2}-y)} = 10^{2.0}$$

$$y = [FeSCN^{2+}] = 4.99 \times 10^{-5} \text{ (M)}$$

反応率 P は，

$$P = \frac{4.99 \times 10^{-5}}{5.01 \times 10^{-5}} = 0.98 \ll 10^3$$

となり，定量的反応(99.9%)にはほど遠い．

[7] 反応は次のように表される．

$$Cu^{2+} + HY^{3-} \rightleftarrows CuY^{2-} + H^+$$

この反応が定量的に右へ進行すると考えると，Cu^{2+} と HY^{3-} が反応して，$2 \times 10^{-3} \times (10/20) = 1 \times 10^{-3}$M の H^+ が生じる．ゆえに，反応後の溶液は pH = 3 となる．pH = 3 では $\alpha_{Cu} = 1$，$\alpha_{CuY} = 1$ としてよい．また pH = 3 における $\alpha_{Y(H)}$ は次式のように計算できる．

$$\alpha_{Y(H)} = 1 + [H^+] \times 10^{10.34} + [H^+]^2 \times 10^{16.58} + [H^+]^3$$

$$\times 10^{19.33} + [H^+]^4 \times 10^{21.40}$$
$$= 1 + 10^{1.34} + 10^{10.58} + 10^{10.33} + 10^{9.40}$$
$$\approx 6.19 \times 10^{10} = 10^{10.79}$$

したがって，条件生成定数は次式のように求められる．

$$K' = \frac{10^{18.8} \cdot \alpha_{CuY}}{\alpha_{Cu} \cdot \alpha_Y} = 1.02 \times 10^8 \quad (1)$$

(1)式より，未反応の$[Cu^{2+}]$，$[Y']$を次式のように求めることができる．

$$\frac{[CuY]}{[Cu^{2+}][Y']} \approx \frac{10^{-3}}{[Cu^{2+}]^2} = 1.02 \times 10^8$$

$$[Cu^{2+}] = [Y'] = 3.2 \times 10^{-6}$$

以上の結果から99.7％反応しており，ほぼ定量的に反応するとした仮定は正しいことがわかる．これらの結果から，

$$pCu = -\log 3.2 \times 10^{-6} = 5.5$$

$$[Y^{4-}] = \frac{3.2 \times 10^{-6}}{6.2 \times 10^{10}} = 5.2 \times 10^{-17} \text{ (M)}$$

となる．

[8] ①水分を蒸発させる．②水分を蒸留する．③茶葉から成分を抽出し，茶葉を溶液からろ過により分離する．

[9] ①試料に酸化マグネシウムを加えて弱塩基性にして蒸留し，留出したアンモニアを硫酸(25 mM)に吸収捕集する．②試料のpHを5.0に調節し，恒温水槽で40℃に保ちながら通気して，発生するシアン化水素を水酸化ナトリウム溶液に捕集する．③試料のpHを3.5〜4に調節し，カドミウムをピロリジン-N-ジチオカルバミド酸アンモニウム(APDC)錯体として，4-メチル-2-ペンタノンに抽出する．

[10] Hqの分配比は次のように表される．

$$D = \frac{[Hq]_{org}}{[H_2q^+]+[Hq]+[q^-]}$$

$$= \frac{K_{D, Hq}}{K_{H_2q}^{-1}[H^+] + 1 + K_{Hq}[H^+]^{-1}}$$

$[H^+]$の範囲によって分母を近似する．

[11] まず$[Hq]_{org}$を求め，式(2.112)を用いて$\log D$を計算する．さらに，式(2.98)より ％E = 11 が得られる．

[12] ①陽イオン交換型の吸着剤でそのまま捕捉する．②錯形成剤によって陰イオンの錯体に変換後，陰イオン交換型の吸着剤で捕捉する．③錯形成剤によって無電荷の疎水性の錯体に変換後，疎水性の吸着剤で捕捉する．④③と同様に陰イオン錯体に変換の後，疎水性の陽イオンを添加して，イオン対として，疎水性の吸着剤やメンブランフィルターで捕捉する．

[13] ①水素結合や極性相互作用の機能をもつ吸着剤でそのまま捕捉する．②酸を加え，$R-NH_3^+$に変換して，陽イオン交換型の吸着剤で捕捉する．

③酸性にして，$R-NH_3^+$に変換して，さらに疎水性の陰イオンを加え，イオン対として，疎水性の吸着剤やメンブランフィルターで捕捉する．

[14] 用いたBr^-形陰イオン交換樹脂は12.00％の水分を含んでいたので，乾燥質量は

$$1.135 \text{ (g)} \times 0.8800 = 0.9988 \text{ (g)}$$

振り混ぜ後の溶液の体積は

$$10.00 \text{ (mL)} + 0.12 \text{ (mL)} = 10.12 \text{ (mL)}$$

サリチル酸は一塩基酸なので，陰イオン交換樹脂に吸着したサリチル酸イオンの量(mol)は，陰イオン交換樹脂からイオン交換によって溶液中に遊離されたBr^-イオンの量(mol)に等しい．よって，陰イオン交換樹脂に吸着したサリチル酸イオンの量(mol)は，

$$9.141 \times 10^{-4} \text{ (mol/L)} \times (10.12/1000) \text{ (L)}$$
$$= 9.251 \times 10^{-6} \text{ (mol)}$$

溶液中に残ったサリチル酸イオンの量(mol)は，

$$1.000 \times 10^{-3} \text{ (mol/L)} \times (10.00/1000) \text{ (L)}$$
$$- 9.251 \times 10^{-6} \text{ (mol)} = 0.749 \times 10^{-6} \text{ (mol)}$$

よって，サリチル酸イオンの分配係数K_dは

$$K_d = \frac{(9.251 \times 10^{-6}/0.9988)}{(0.749 \times 10^{-6}/10.12)} = 125$$

[15] 海水10.00 mLを十分な量のH^+形陽イオン交換樹脂カラムに通したとき，カラムから流出したH^+の量(meq)はカラムに捕捉された海水中の全陽イオンの量(meq)に等しい．また，H^+は一価イオンのため1 mol = 1 eq である．したがって，カラムから流出した H^+ を 0.1000 mol/L で滴定したとき 62.25 mL を要したので，カラムに捕捉された海水中の全陽イオン量(meq)は

$$0.1000 (\text{mol/L}) \times (62.25/1000) (\text{L})$$
$$= 6.225 \times 10^{-3} (\text{eq}) = 6.225 (\text{meq})$$

したがって，1 L の海水では，

$$6.225 (\text{meq}) \times (1000/10.00) = 622.5 (\text{meq})$$

[16] α，k_{av} および N を大きくすることによって分離度 R_s を大きくすることができる．移動相および固定相の組み合わせによって，α および k_{av} を大きくすることができる．また，長いカラムあるいは粒子径の小さな充塡カラムを用いることによって N を大きくすることができる．

[17]

成分	保持係数	理論段数	分離係数	分離度
A	4.97	6535	1.65	8.61
B	8.19	6536		

[18] マイクロチップ電気泳動

ゲル電気泳動，キャピラリー電気泳動，マイクロチップ電気泳動では，最も微量なサンプルを扱うことが可能なのは，マイクロチップ電気泳動である．

[19] 動電クロマトグラフィー

河川中の環境物質としては，イオン性物質以外に中性物質も共存しているので，それらをすべて解析できる動電クロマトグラフィーが最適である．

3 章

[1] ① ICP：10000 K にも達する高温プラズマであり，中心にドーナツ状の穴があいているため試料が効率よく導入される．プラズマ中で試料は原子化され，それらの多くはさらにイオン化される．感度・精度が優れ，共存元素の影響が少なく，ダイナミックレンジが広いことから，多元素同時定量に広く使われている．

② 化学フレーム：化学燃焼により生ずるフレームで，アセチレン-空気のほか，水素-酸素，アセチレン-一酸化二窒素などのフレームも用いられる．温度は 2200～3400 K で発光スペクトルが簡単なため，小型の分光器で十分な場合が多い．

③ スパーク放電：充電したコンデンサーを，電極間隙を通して放電させ得られるパルス状放電である．温度は 7000～12000 K に及ぶため，イオン線が強く発光する．高電圧と低電圧のスパークがあり，後者は分析目的に応じて元素の励起条件を変化させることができる．

[2] 溶液試料の導入は，ネブライザーとスプレーチェンバーを組み合わせた噴霧法が一般的であるが，安定な信号が得られる反面，試料が少量の場合には不向きである．微少量試料は，黒鉛炉や高融点金属炉に載せ，電熱加熱により気化して導入する．固体試料の場合は，試料表面にレーザー光を照射し，表面の一部を剝離・気化させるレーザーアブレーションが有用である．

[3] 役割は，大気圧下で生成される ICP と真空下で操作される質量分析計とを円滑に連結させることであり，差動排気によって真空度を段階的に上げている．インターフェース部はサンプリングコーン，スキマーコーンならびに真空ポンプで構成され，コーンは熱伝導性の良好な金属(たとえば銅)でつくられている．

[4]（解答例）
① ^{51}V に対して $^{35}Cl^{16}O$ が重なる．
② ^{52}Cr に対して $^{35}Cl^{16}OH$ が重なる．
③ ^{53}Cr に対して $^{37}Cl^{16}O$ が重なる．
④ ^{75}As に対して $^{40}Ar^{35}Cl$ が重なる．

[5] マトリックス効果の影響は共存元素の原子量が大きくなるほど，また同じ共存元素下では微量元素の質量が小さくなるほど大きい．

[6] 式(3.5)を比例係数を用いて微分方程式として表せば，

$$\frac{dI}{dx} = -kcI$$

ここで，x と I は，それぞれ，セルの厚さお

よび x における透過光強度を表す変数である．この微分方程式を x について $x=0$ から l まで積分すると

$$\ln \frac{I}{I_0} = -kcl$$

が得られる．ここで，$I=I(x=l)$，$I_0=I(x=0)$ を表す．この式を常用対数に変換すると式(3.4)が得られる．なお，上記の式中の比例定数 k とモル吸光係数 ε の関係は $k=2.303\varepsilon$ である．

式(3.4)にそれぞれ数値を代入し，c の最小値を計算すると

$$c = \frac{A}{\varepsilon l} = \frac{10^{-4}}{10^5 \times 1} = 10^{-9} \ (\text{mol/dm}^3)$$

となる．

[7] 蛍光分析では，吸光波長に加えて蛍光波長の情報も加わること，また一般的に蛍光を発する物質が少ないことから吸光法に比べて選択性が高い．また，式(3.9)から分かるように，蛍光強度は励起光強度に比例するため，レーザーなどの高輝度の光源を用いることにより高感度化が達成できる．一方，分光光度法では，式(3.4)から吸光度(入射光と透過光の比の対数)と濃度が比例し，入射光の強度を高めても感度は上昇しないので蛍光分析のような高感度は望めない．

[8] 分子の回転エネルギー遷移もある程度測定できる．たとえば，水蒸気の回転スペクトルは赤外スペクトルに顕著に現れる．電子遷移や音響モードは現れにくい．

[9] 倍音・結合音を専門に測る近赤外(NIR)分光法，光電子分光の代表格である電子エネルギー損失分光(EELS)，トンネル電流を使った非弾性電子トンネル分光(IETS)などが知られている．

[10] 容器定数 $\theta = \kappa(\text{KCl})R$
$$= 0.0129 \times 353 = 4.55/\text{cm}$$

① 電気伝導率 $\kappa = \dfrac{\theta}{R} = \dfrac{4.55}{135}$
$$= 0.0337 \ (\text{S/cm})$$

② モル導電率 $\Lambda = \dfrac{1000\kappa}{C}$
$$= 1000 \times \frac{0.0337}{0.1}$$
$$= 337 \ (\text{S cm}^2/\text{mol})$$

[11] $Q = nFw/M$
$$= 2 \times 96500 \left\{ \left(0.211 \times \frac{0.615}{63.5}\right) \right.$$
$$\left. + \left(0.211 \times \frac{0.385}{65.4}\right) \right\} = 633 \ (\text{C})$$

[12] 被滴定物質と滴定液のいずれが活性であるか，また活性ならば被酸化性であるか被還元性であるかによって8種類の基本的な滴定曲線に分類される．

[13] 融解，ガラス転移，熱容量の変化，一部の重合反応など

[14] 第1段階　$CaC_2O_4 \cdot H_2O$
　　　　　　　　　$\longrightarrow CaC_2O_4 + H_2O$
　　第2段階　$CaC_2O_4 \longrightarrow CaCO_3 + CO$
　　第3段階　$CaCO_3 \longrightarrow CaO + CO_2$

[15] 式(3.40)より，屈折率 n の大きな媒質を用いることで d を小さくすることができるため．

[16] 電子の平均自由行程は短く，空気分子による散乱も無視できないため．

[17] 式(3.43)より $1253.6 - 285.0 - 1.0 = 967.6$ eV．

[18] ルチル形の TiO_2

4 章

[1] 反応終了後の NADPH 濃度は，$0.209/6220 = 3.36 \times 10^{-5}$(M) であり，これはグルコース濃度と同じである．測定溶液の全量は3 mL であるので，グルコース量は，$3.36 \times 10^{-5} \times 0.003 \times 180.16 = 1.82 \times 10^{-5}$(g) となる．したがって，血中のグルコース濃度は，$1.82 \times 10^{-5}/0.02 = 9.1 \times 10^{-4}$(g/mL) = 91(mg/mL)

となり，A さんは糖尿病ではないと診断される．

[2] まず試験管壁などに HIV 抗原を固定化したものを用意する．血液試料と固相上の HIV 抗原を反応させた後，HIV 抗原に結合しなかった物質を洗浄により除去する．次に，酵素標識した抗抗体を加え，固相上に捕まっ

た抗HIV抗体と結合させる．再び洗浄した後，固相上の酵素活性を測定することにより，試料中に存在する抗HIV抗体の量を求める．

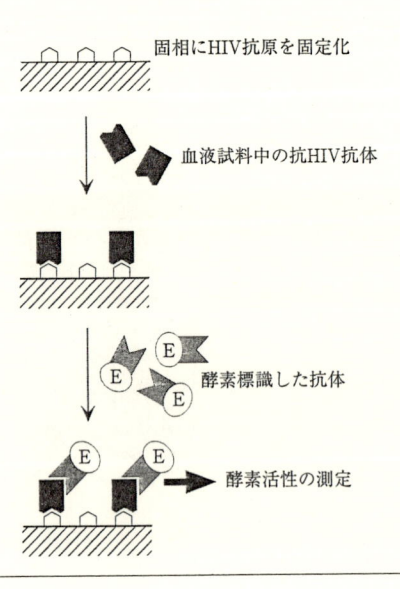

付　　表

表1　解　離　定　数

a. 弱酸の pK_a

化合物	温度 (℃)	イオン濃度 (M)	pK_{a1}	pK_{a2}	pK_{a3}	化合物	温度 (℃)	イオン濃度 (M)	pK_{a1}	pK_{a2}	pK_{a3}
HIO_3	25	→0	0.77			酢酸	25	0.1	4.53		
HF	25	→0	3.17			トリクロロ酢酸			0.70		
HNO_2	25	0.09	2.95			ジクロロ酢酸	25		1.30		
$HClO$	25	0_{corr}	7.54			モノクロロ酢酸	25		2.86		
HCN	25	→0	9.22			トリフルオロ酢酸	25		0.3		
HIO	25	0_{corr}	10.64			チオグリコール酸	25	〜0.1(KCl)	3.42	10.20	
H_3BO_3	25	0.1($NaClO_4$)	8.95			マロン酸	25	0.1(KNO_3)	2.61	5.27	
H_3AsO_3	25	0.1(KCl)	9.13			プロピオン酸	20	0.1($NaClO_4$)	4.66		
$H_2S_2O_3$	25	→0	0.60	1.72		乳酸	25	0.1(KCl)	3.81		
H_2CrO_4	25	0.16(KCl)	0.74			フマル酸	25	0.1	2.85	4.10	
H_2SO_4	25	0.1($NaClO_4$)		1.59		マレイン酸	25	0.1($NaClO_4$)	1.92	5.79	
H_2SO_3	25	→0	1.76	7.20		コハク酸	25	0.1	4.00	5.21	
	20	0.1(KNO_3)		6.79		(±)-酒石酸	25	0.1	2.82	3.95	
$H_5IO_6(HIO_4)$	25	→0	1.61	8.25		酪酸	25	0.1	4.63		
	25	0.13($NaClO_4$)	3.00			フェノール	25	0.1($NaClO_4$)	9.78		
H_2SeO_3	25	0_{corr}	2.62	8.32		クエン酸	25	0.1(KNO_3)	2.79	4.30	5.65
H_2TeO_4	25	dil	6.17	10.39		ピクリン酸	18〜25	0.2〜0.6 (少量のC_2H_5OH)	2.3		
H_2CO_3	25	→0	6.34	10.25							
H_2S	25	0_{corr}	7.07	12.20		ピコリン酸	25	0.1(KNO_3)	5.20		
H_3PO_4	25	→0	2.15	7.20	12.35	安息香酸	25	0.1($NaClO_4$)	3.99		
H_3AsO_4	25	0_{corr}	2.19	6.94	11.5	サリチル酸	25	0.1($NaClO_4$)	2.82		
ギ酸	25	→0	3.75			フタル酸	25	0.1(KNO_3)	2.76	4.92	
シュウ酸	25	0.1($NaClO_4$)	1.37	3.81							

b. 弱塩基の pK_b

化合物	温度 (℃)	イオン濃度 (M)	pK_b*
アンモニア	25	0.1(KCl)	4.71
ヒドラジン	25	→0	6.03
ヒドロキシルアミン	25	0.1(KCl)	8.30
エチルアミン	25	→0	3.33
ジメチルアミン	23	0.2	3.14
ジエチルアミン	25	→0	3.02
トリエタノールアミン	25	〜0.1	5.92
アニリン	25	0.05	9.38
ヘキサミン	20	〜0.01	8.87
ピリジン	25	0.1($NaClO_4$)	8.67

(日本分析化学会(編): 改訂4版 分析化学データブック, p.8, 丸善(1994))

表2 金属塩の溶解度積 (18〜25 ℃)

化合物	pK_{sp}	K_{sp}	化合物	pK_{sp}	K_{sp}	化合物	pK_{sp}	K_{sp}
Ag^+			**Cu^{2+}**			$Ni_2[Fe(CN)_6]$	14.89	1.3×10^{-15}
AgN_3	8.58	2.6×10^{-9}	$Cu_3(AsO_4)_2$	35.12	7.6×10^{-36}	$Ni(IO_3)_2$	5.06	8.7×10^{-6}
$AgBrO_3$	4.27	5.3×10^{-5}	$Cu(N_3)_2$	9.2	6.3×10^{-10}	NiC_2O_4	9.4	4.0×10^{-10}
$AgBr$	12.30	5.0×10^{-13}	$CuCO_3$	9.86	1.4×10^{-10}	$Ni_3(PO_4)_2$	30.3	5.0×10^{-31}
Ag_2CO_3	11.09	8.1×10^{-12}	$CuCrO_4$	5.44	3.6×10^{-6}	$Ni_2P_2O_7$	12.77	1.7×10^{-13}
Ag_2CrO_4	11.89	1.3×10^{-12}	$Cu_2[Fe(CN)_6]$	15.89	1.3×10^{-16}	NiS	20.7	2.0×10^{-21}
$AgCN$	16.08	8.3×10^{-17}	$Cu(IO_3)_2$	7.13	7.4×10^{-8}	**Pb^{2+}**		
$Ag_4[Fe(CN)_6]$	40.81	1.6×10^{-41}	$Cu_3(PO_4)_2$	36.9	1.3×10^{-37}	$Pb_3(AsO_4)_2$	35.39	4.0×10^{-36}
$AgIO_3$	7.52	3.0×10^{-8}	$Cu_2P_2O_7$	15.08	8.3×10^{-16}	$Pb(N_3)_2$	8.59	2.5×10^{-9}
AgI	16.08	8.3×10^{-17}	CuS	35.2	6.3×10^{-36}	$PbBr_2$	4.56	4.0×10^{-5}
$AgNO_2$	3.22	6.0×10^{-4}	**Dy^{3+}**			$Pb(BrO_3)_2$	5.10	2.8×10^{-6}
Ag_3PO_4	15.84	1.4×10^{-16}	$Dy(IO_3)_3$	10.92	1.2×10^{-11}	$PbCO_3$	13.24	7.9×10^{-14}
Ag_2SO_4	4.84	1.4×10^{-5}	**Fe^{2+}**			$PbCl_2$	4.79	5.8×10^{-5}
Ag_2SO_3	13.86	1.5×10^{-14}	$FeCO_3$	10.50	3.2×10^{-11}	$PbCrO_4$	12.55	2.8×10^{-13}
Ag_2S	49.2	6.3×10^{-50}	$Fe_3(PO_4)_2$	36.0	1.0×10^{-36}	$Pb_2[Fe(CN)_6]$	14.46	3.5×10^{-15}
$AgSCN$	12.00	1.0×10^{-12}	FeS	17.3	5.0×10^{-18}	PbF_2	7.57	2.7×10^{-8}
Al^{3+}			**Fe^{3+}**			PbI_2	8.15	7.1×10^{-9}
$AlPO_4$	10.41	3.9×10^{-11}	$FeAsO_4$	20.24	5.7×10^{-21}	$PbMO_4$	12.80	1.6×10^{-13}
Bi^{3+}			$Fe_4[Fe(CN)_6]_3$	40.52	3.3×10^{-41}	$Pb_3(PO_4)_2$	42.10	8.0×10^{-43}
$BiAsO_4$	9.36	4.4×10^{-10}	$FePO_4$	21.89	1.3×10^{-22}	$PbSO_4$	7.82	1.5×10^{-8}
$BiPO_4$	22.89	1.3×10^{-23}	**Ga^{3+}**			PbS	27.15	7.1×10^{-28}
Cd^{2+}			$Ga_4[Fe(CN)_6]_3$	33.82	1.5×10^{-34}	$Pb(SCN)_2$	4.70	2.0×10^{-5}
$Cd_3(AsO_4)_2$	32.66	2.2×10^{-33}	**Hg^{2+}**			PbS_2O_3	6.40	4.0×10^{-7}
$CdCO_3$	12.00	1.0×10^{-12}	HgS ブラック	51.52	3.0×10^{-52}	$PbWO_4$	16.07	8.5×10^{-17}
$Cd_2[Fe(CN)_6]$	16.49	3.2×10^{-17}	**In^{3+}**			**Sn^{2+}**		
CdC_2O_4	6.47	3.4×10^{-7}	$In_4[Fe(CN)_6]_3$	43.72	1.9×10^{-44}	SnS	26.94	1.1×10^{-27}
CdS	27.8	1.6×10^{-28}	In_2S_3	73.24	5.7×10^{-74}	**Th^{4+}**		
Ce^{3+}			**La^{3+}**			$Th(C_2O_4)_2$	21.38	4.2×10^{-22}
CeF_3	15.1	8×10^{-16}	LaF_3	15.3	5.0×10^{-17}	$Th(IO_3)_4$	14.6	2.5×10^{-15}
$Ce(IO_3)_3$	9.50	3.2×10^{-10}	$La(IO_3)_3$	10.92	1.2×10^{-12}	**UO_2^{2+}**		
$Ce_2(C_2O_4)_3$	25.5	3.2×10^{-26}	$La_2(MoO_4)_3$	20.66	2.2×10^{-21}	UO_2HAsO_4	10.50	3.2×10^{-11}
$CePO_4$	18.53	3.0×10^{-23}	$LaPO_4$	22.43	3.7×10^{-23}	UO_2CO_3	11.73	1.8×10^{-12}
Ce_2S_3	10.22	6.0×10^{-11}	La_2S_3	12.70	2.0×10^{-13}	$(UO_2)_2[Fe(CN)_6]$	13.15	7.1×10^{-14}
Co^{2+}			**Mg^{2+}**			$UO_2C_2O_4$	8.66	2.2×10^{-9}
$Co_3(AsO_4)_2$	28.12	7.6×10^{-29}	$MgCO_3$	7.46	3.5×10^{-8}	$(UO_2)_3(PO_4)_2$	46.7	2.0×10^{-47}
$CoCO_3$	9.98	1.0×10^{-13}	MgF_2	8.19	6.5×10^{-9}	**Zn^{2+}**		
$Co_2[Fe(CN)_6]$	14.74	1.8×10^{-15}	$Mg_3(PO_4)_2$	23.77	1.7×10^{-24}	$Zn(AsO_4)_2$	27.89	1.3×10^{-28}
$Co(IO_3)_2$	5.64	2.3×10^{-6}	**Mn^{2+}**			$ZnCO_3$	10.00	1.0×10^{-11}
CoS	22.10	7.9×10^{-23}	$Mn_3(AsO_4)_2$	28.72	1.9×10^{-29}	$Zn_2[Fe(CN)_6]$	15.39	4.0×10^{-16}
$CoHPO_4$	6.7	2×10^{-7}	$MnCO_3$	10.74	1.8×10^{-11}	$Zn(IO_3)_2$	5.41	3.8×10^{-6}
$Co_3(PO_4)_2$	34.7	2×10^{-35}	$Mn_2[Fe(CN)_6]$	12.10	8.0×10^{-13}	$Zn_3(PO_4)_2$	35.29	5.1×10^{-36}
Cr^{3+}			MnS	12.64	2.3×10^{-13}	ZnS	21.4	4.0×10^{-22}
$CrAsO_4$	20.11	7.7×10^{-21}	**Ni^{2+}**					
$CrPO_4$ グリーン	22.62	2.4×10^{-23}	$Ni_3(AsO_4)_2$	25.51	3.1×10^{-26}			
$CrPO_4$ バイオレット	17.00	1.0×10^{-17}	$NiCO_3$	6.87	1.3×10^{-7}			

表3 標準酸化還元電位(水溶液)*

電極反応	$E°$ [V対NHE]	$E°$ [V対SCE]	電極反応	$E°$ [V対NHE]	$E°$ [V対SCE]
$Li^+ + e = Li$	-3.045	-3.29	$Cu^{2+} + 2e = Cu$	0.337	0.09
$K^+ + e = K$	-2.925	-3.17	$Fe(CN)_6^{3-} + e = Fe(CN)_6^{4-}$	0.36	0.12
$Ba^{2+} + 2e = Ba$	-2.906	-3.15	$O_2 + 2H_2O + 4e = 4OH^-$	0.401	0.16
$Sr^{2+} + 2e = Sr$	-2.888	-3.13	$4H_2SO_3 + 4H^+ + 6e = S_4O_6^{2-} + 6H_2O$	0.51	0.27
$Ca^{2+} + 2e = Ca$	-2.84	-3.09			
$Na^+ + e = Na$	-2.714	-2.96	$Cu^+ + e = Cu$	0.521	0.28
$Mg^{2+} + 2e = Mg$	-2.363	-2.61	$I_2 + 2e = 2I^-$	0.5355	0.29
$Al^{3+} + 3e = Al$	-1.662	-1.90	$MnO_4^- + e = MnO_4^{2-}$	0.564	0.32
$Mn^{2+} + 2e = Mn$	-1.180	-1.42	$BrO_3^- + 3H_2O + 6e = Br^- + 6OH^-$	0.61	0.37
$Zn^{2+} + 2e = Zn$	-0.7628	-1.01	$Q + 2H^+ + 2e = H_2Q$ (Q:キノン)	0.69976	0.46
$Cr^{3+} + 3e = Cr$	-0.744	-0.99	$PtCl_4^{2-} + 2e = Pt + 4Cl^-$	0.73	0.49
$O_2 + e = O_2^-$	-0.563	-0.81	$Fe^{3+} + e = Fe^{2+}$	0.771	0.53
$Ga^{3+} + 3e = Ga$	-0.53	-0.78	$Hg_2^{2+} + 2e = 2Hg$	0.788	0.54
$2CO_2(g) + 2H^+ + 2e = H_2C_2O_4(aq)$	-0.49	-0.73	$Ag^+ + e = Ag$	0.799	0.55
			$2Hg^{2+} + 2e = Hg_2^{2+}$	0.920	0.68
$S + 2e = S^{2-}$	-0.447	-0.69	$NO_3^- + 4H^+ + 3e = NO + 2H_2O$	0.96	0.72
$Fe^{2+} + 2e = Fe$	-0.4402	-0.68	$Br_2(l) + 2e = 2Br^-$	1.0652	0.82
$Cr^{3+} + e = Cr^{2+}$	-0.408	-0.65	$IO_3^- + 6H^+ + 5e = 1/2\ I_2 + 3H_2O$	1.195	0.95
$Cd^{2+} + 2e = Cd$	-0.4029	-0.65	$O_2 + 4H^+ + 4e = 2H_2O(l)$	1.229	0.98
$Hg(CN)_4^{2-} + 2e = Hg + 4CN^-$	-0.37	-0.61	$Cr_2O_7^{2-} + 14H^+ + 6e = 2Cr^{3+} + 7H_2O$	1.33	1.09
$In^{3+} + 3e = In$	-0.338	-0.58			
$Co^{2+} + 2e = Co$	-0.277	-0.52	$Cl_2 + 2e = 2Cl^-$	1.3595	1.12
$V^{3+} + e = V^{2+}$	-0.256	-0.50	$MnO_4^- + 8H^+ + 5e = Mn^{2+} + 4H_2O$	1.51	1.27
$Ni^{2+} + 2e = Ni$	-0.250	-0.49			
$Sn^{2+} + 2e = Sn$	-0.136	-0.38	$BrO_3^- + 6H^+ + 5e = 1/2\ Br_2(l) + 3H_2O$	1.52	1.28
$Pb^{2+} + 2e = Pb$	-0.126	-0.37			
$HgI_4^{2-} + 2e = Hg + 4I^-$	-0.038	-0.28	$Bi_2O_4 + 4H^+ + 2e = 2BiO^+ + 2H_2O$	1.593	1.35
$2H^+ + 2e = H_2$	0.0000	-0.24	$Ce^{4+} + e = Ce^{3+}$	1.61	1.37
$UO_2^{2+} + e = UO_2^+$	0.05	-0.19	$HClO + H^+ + e = 1/2\ Cl_2 + H_2O$	1.63	1.39
$AgBr + e = Ag + Br^-$	0.0713	-0.17			
$HgO(赤) + H_2O + 2e = Hg + 2OH^-$	0.098	-0.15	$PbO_2 + SO_4^{2-} + 4H^+ + 2e = PbSO_4 + 2H_2O$	1.682	1.44
$S + 2H^+ + 2e = H_2S(aq)$	0.142	-0.10	$MnO_4^- + 4H^+ + 3e = MnO_2 + 2H_2O$	1.695	1.45
$Sn^{4+} + 2e = Sn^{2+}$	0.15	-0.09			
$Cu^{2+} + e = Cu^+$	0.153	-0.09	$H_2O_2 + 2H^+ + 2e = 2H_2O$	1.776	1.53
$Sn^{4+} + 2e = Sn^{2+}$	0.154	-0.09	$Co^{3+} + e = Co^{2+}$	1.808	1.56
$AgCl + e = Ag + Cl^-$	0.2222	-0.02	$S_2O_8^{2-} + 2e = 2SO_4^{2-}$	2.01	1.77
$IO_3^- + 3H_2O + 6e = I^- + 6OH^-$	0.26	$+0.01$	$O(g) + 2H^+ + 2e = H_2O$	2.42	2.18
$Hg_2Cl_2 + 2e = 2Hg + 2Cl^-$	0.2676	0.02	$F_2(g) + 2e = 2F^-$	2.87	2.63

(日本分析化学会(編):改訂4版 分析化学データブック, p.100, 丸善(1994))

* 電極反応 $O + ne \rightleftarrows R$ の平衡電位 $E_e = E° + 0.0592 \log[a_O/a_R]$ で与えられる.ここで a は活量. $a_O = a_R = 1$ のときの E_e は $E°$ に等しく,これを標準酸化還元電位という. $a_O > a_R$ のとき $E_e > E°$, $a_O < a_R$ のとき $E_e < E°$ であることに注意せよ.NHE は標準水素電極,SCE は飽和カロメル電極.

また,(g)は気体,(l)は液体,(aq)は水溶液を示す.

表4 金属-コンプレクサン類の安定度定数

イオン強度 $\mu=0.1$, 20～25 ℃における $\log K_{MA}^A$ の値を示す. $K_{MA}^A=[MA]/[M][A]$.

金属イオン	EDTA	NTA[a]	CyDTA[b]	DTPA[c]	TTHA[d]	GEDTA[e]
H^+ (pK_{a1})	1.99	1.89	2.43	2.08	2.42	2.00
(pK_{a2})	2.67	2.49	3.52	2.41	2.95	2.68
(pK_{a3})	6.16	9.37	6.12	4.26	4.16	8.85
(pK_{a4})	10.26		11.70	8.60	6.12	9.46
(pK_{a5})				10.55	9.40	
(pK_{a6})					10.19	
Ag^+	7.32	5.4				6.88
Al^{3+}	16.13	>10	17.63	18.4	19.7	
Ba^{2+}	7.76	4.82	8.64	8.63	8.22	8.41
Bi^{3+}	27.94		24.5			
Ca^{2+}	10.59	6.41	12.50	10.74	10.06	11.00
Cd^{2+}	16.46	9.83	19.23	18.9	18.65	16.70
Ce^{3+}	15.98	10.83	16.76	20.50	19.20	15.70
Co^{2+}	16.31	10.38	18.92	18.4	17.1	12.3
Cr^{3+}	23	>10				
Cu^{2+}	18.80	12.96	21.30	21.53	19.2	17.8
Fe^{2+}	14.33	8.84		16.55		11.93
Fe^{3+}	25.1		27.48	28.6	26.8	
Hg^{2+}	21.80		24.30	27.0	26.8	23.12
La^{3+}	15.50	10.36	16.35	19.48	22.22	15.55
Mg^{2+}	8.69	7.0	10.32		8.1	5.21
Mn^{2+}	14.04	7.44	16.78	15.60	14.65	12.3
Ni^{2+}	18.62	11.54	19.4	20.32	23.40	13.6
Pb^{2+}	18.04	11.39	19.68	18.6	17.1	14.6
Sr^{2+}	8.63	4.98	10.54	9.68	9.26	8.50
Th^{4+}	23.2	12.4	23.20	>27	31.9	
Tl^+	5.8	3.44	5.84			
VO^{2+}	18.77		19.40			
Y^{3+}	18.09	11.48	19.41	22.05		16.82
Zn^{2+}	16.50	10.66	18.67	18.75	16.65	14.5
Zr^{4+}	29.9	20.8				

(日本分析化学会(編)：改訂4版 分析化学データブック, p.91, 丸善(1994))

(a) ニトリロ三酢酸
(b) トランス-1,2-シクロヘキサンジアミン四酢酸
(c) ジエチレントリアミン-N,N,N',N'',N''-五酢酸
(d) トリエチレンテトラミン-N,N,N',N'',N''',N'''-六酢酸
(e) エチレングリコールビス(β-アミノエチルエーテル)-N,N,N',N'-四酢酸

索　引

ア行

アクア錯体　40
アーク放電　107
アフィニティークロマトグラフィー　78
アルカリ誤差　156
アンペロメトリー　162, 164

イオン会合錯体　56
イオン会合試薬　54
イオン感応性効果電界トランジスター　167
イオン（交換）クロマトグラフィー　78
イオン交換　59, 63
イオン交換樹脂　63
イオン交換選択性　64
イオン交換体　62, 163
イオン線　107
イオン選択性電極　155
イオントラップ型質量分析計　151
1細胞分析　191
一次標準物質　37
一重項　130
移動度　93
イムノアッセイ　187
イルコビッチ式　160
陰イオン性サイト　163
インクリメント　7

ウレアーゼ　166

液液界面　195
液液分配　51
液体クロマトグラフィー　74
液膜電極　163
液絡　155
エチレンジアミン四酢酸　40
エネルギー分散分光器　121
エームス試験　184
エレクトロスプレーイオン化法　150
塩基解離定数　26
炎光光度検出器　90
エンザイムイムノアッセイ　187
炎色反応　107
エントロピー効果　40
円偏光　131
円偏光二色性　131

オクタデシル基導入型シリカゲル　60
オスミウム錯体　166
温浸　71

カ行

回折X線波　177
回折格子分光器　108
回折パターン　179
解離定数　26
化学イオン化　148
化学シフト　142
化学センサー　163
化学における基礎概念　100
化学発光　130
化学発光法　135
架橋度　64
核オーバーハウザー効果　145
拡散電流　160
核スピン　140
拡張不確かさ　17
過酸化水素　186
ガスクロマトグラフ　84
ガスクロマトグラフィー　84
ガスクロマトグラム　86
ガス透過膜　165
偏り　15
活量　25
過電圧　157

加法　11
過飽和度　70
過マンガン酸カリウム　37
ガラス電極　155
ガラスビード法　123
カラム　84
　　――長さと用途　81
　　サイズによる――の分類　80
カラムクロマトグラフィー　65
カラム充填剤　82
カラム法　58
カール・フィッシャー滴定　38
間隙液量　66
還元気化法　113, 117
乾式灰化　12
干渉　117
干渉イオン　127
緩衝液　29
環電流効果　143
感度　1
緩和時間　143

機械的捕捉　71
機器分析　101
機器分析装置　103
貴金属電極　155
基準振動　137
基準水素電極　154
基準電極　154
基準ピーク　151
基準分析法　14, 159
基底状態　130
起電力　33
8-キノリノール　55
逆相　59
逆抽出　52
逆滴定　48
キャピラリーカラム　85
キャピラリーゲル電気泳動　97
キャピラリーゾーン電気泳動　95

索引

キャピラリー電気泳動　95, 191
キャリヤーガス　84, 109
吸光光度法　132
吸収スペクトル　132
吸収補正式　181
吸蔵　71
吸着剤　85, 86
共沈　111
共通イオン効果　67
協同効果　56
共鳴線　106
共鳴ラマン　139
共役塩基　27
共役酸　27
局所分析　102, 172
極大波　161
許容遷移　130
キレート　40, 54
キレート環　40
キレート形成　59
キレート効果　40
キレート試薬　40
キレート滴定　39
均一沈殿法　71
銀－塩化銀電極　154
禁制遷移　130
近接プローブ法　102
金属錯体　39
金属指示薬　44
銀滴定　46

空間分解能　172
空試験　13
偶然誤差　16
矩形波ポーラログラフィー　161
クラウンエーテル　56
グラジエント溶離　79
グラファイト炉　115
グラン・プロット　156
繰り返し性　16
グルコース　186
グルコースオキシダーゼ　166
グロー放電質量分析　124
クロマトグラフィー　74, 102
　　――の分類　76
　　――の歴史　75
クーロメトリー　158

蛍光　130
蛍光X線　120
蛍光X線スペクトル　120
蛍光X線分析装置　122
蛍光X線分析法　119
蛍光検出器　83
蛍光スペクトル　134
蛍光分析法　133
系統誤差　15
系統サンプリング　8
計量法校正事業者認定制度　19
結合エネルギー　120, 175
結晶性沈殿　70
ケミカルシフト　176
ゲル電気泳動　93
限界電流　160
原子化　113
原子吸光(分析)法　106, 113
検出器　82, 84
検出限界　127
検出限界濃度　190
元素普存の法則　1
顕微分析　172
減法　11
検量線　119
検量線法　123

項間交差　130
高感度分析　190
交換容量　64
光源(励起源)技術　103
格子定数　178
格子点からの散乱　177
合成標準不確かさ　17
酵素　185
構造分析法　177
酵素学的分析法　185
高速原子衝撃によるイオン化　148
酵素センサー　188
酵素電極　165
酵素反応　185
酵素免疫吸着測定　→ ELISA
抗体　187
光電子増倍管　110
合目的性　104
交流ポーラログラフィー　161
恒量　11
国際単位系　→ SI

誤差　15
固相抽出　58, 81, 190
　　――における捕捉機構　59
　　――の基本操作　58
固相抽出抽出器　58
固体膜電極　163
固定相　85
コールラウシュ・ブリッジ　152
コロイド粒子　70
混晶　71
コンダクトメトリー　152

サ 行

再現性　16
サイズ排除クロマトグラフィー　77
錯　→キレート
サーモスプレーイオン化　149
作用電極　157
酸塩基指示薬　30
酸塩基滴定　26
酸解離定数　26, 53
酸化還元指示薬　36
酸化還元滴定　32
酸化還元電位　33, 155
酸化還元電極　34
酸化還元反応　32
酸化物イオンの生成比　126
酸誤差　156
三重項　130
参照電極　35, 154
酸性キレート試薬　54
酸素電極　164
サンプリング　7
　　――の誤差　9
サンプリングコーン　112
残余電流　157

ジエチルジチオカルバミン酸　55
紫外－可視吸光法　132
式量電位　35
シークエンサー　192
自己解離反応　27
示差走査熱量測定法　169, 170
　　熱流束――　170
示差熱分析　167, 169
　　入力補償――　170
指示電極　35, 154
指示薬　43

索引　209

指示薬法　43
四重極型質量分析計　150
下地電極　165
湿式灰化　12
質量吸収係数　181
質量差別効果　127
質量電荷比　147
社会的責任(分析技術者の)　21
遮蔽　142
重水素ランプ法　117
充填カラム　85
充填剤　85
自由誘導減衰　141
重量分析　70
順相　59
昇圧法　92
昇温法　92
条件生成定数　41, 42
条件濃度　42
助色団　133
試料
　──採取　→サンプリング
　──数の決定　8
　──導入　80
　──のはかり取り　11
　──の前処理　11
　気体──　10
　固体──　9
　植物──　10
　生体──　10
　測定用──　11
　水──　10
真空技術　103
信号検出技術　103
深色効果　133
真度　15
信頼区間　17
信頼係数　17

水銀　117
水素炎イオン化検出器　89
水素化物　113
水平化効果　26
水冷トーチ　109
スキマーコーン　112
ストリッピングボルタンメトリー　161
スネルの法則　173

スパークイオン源質量分析法　124
スパーク放電　107
スピン-スピン相互作用　143
スプリット法　85
スプリットレス法　85
スプレーチェンバー　109
スミス-フィフィエ法　117

正確さ　3
生成定数　57
精度　3, 14, 15
生物学的分析法　184
生物発光　135
絶対濃縮法　12
ゼーマン分裂　140
ゼーマン効果法　117
セリメトリー　38
セル定数　154
遷移双極子モーメント　137
旋光分散　131
浅色効果　133
全生成定数　41
選択係数　64, 164
選択性　2
選択的濃縮法　12
選択配向係数　182
選択律　137
全反射　173
全分析　14
全分析システム　194

走査型電子顕微鏡　174
走査プローブ顕微鏡　176
相対感度係数　124
相対標準誤差　16
相対濃縮法　12
相対モル感度　90
外側ガス　109
ソフトウェア技術　103

タ　行

対イオン　63
大気圧化学イオン法　150
ダイノード　110
多座配位子　40
単位格子　178
段階溶離　66
単結晶構造解析　179

単結晶4軸X線回折装置　179
淡色効果　133
炭素数の推定　88
タンデムマススペクトロメトリー　151
短絡電流滴定　162
タンパク質　95

逐次生成定数　41
逐次比較法　180
中間ガス　109
中空陰極ランプ　114
抽出定数　56
抽出平衡　56
抽出率　52
中性子　182
中性子回折法　182
中性子散乱長　182
中性電子線　107
中性配位子　54
超電導磁石　141
超分子　195
超臨界流体　→ SF
超臨界流体抽出　61
直接電位差法　156
直線偏光　131
直流ポーラログラフィー　159
沈殿滴定　45
沈殿溶離　67

ツェルニ-ターナー型(モノクロメーター)　110

ディスク成型法　123
定電圧分極電流滴定　163
定電位クーロメトリー　158
定電位電流滴定　162
定電流クーロメトリー　158
滴下水銀電極　159
滴定曲線　28, 46
　リン酸の──　32
デッドストップ法　163
2-テノイルトリフルオロアセトン　55
デバイ-シェラー・リング　179
デマスキング　44
電位差滴定　156
電位飛躍　156

210　　　　　　　　　　　索　　引

電解重量分析　157
電界脱離イオン化　148
電荷中性キャリア　163
電気泳動　92
電気化学的検出法　43
電気化学分析　152
電気浸透流　96
電気的検出　84
電気伝導度滴定　154
電気伝導率　152
電子　183
電子衝撃イオン化　148
電子線回折法　183
電子線プローブマイクロアナライザー　174
電磁波との相互作用　101
電子捕獲検出器　90
電流効率　157
電流滴定　162
電量滴定　158

同位体ピーク　151
動電クロマトグラフィー　96
特性X線　121
ドーナツ構造　125
トランスデューサー　163
トレーサビリティ　19

ナ行

内部エネルギー　129
内部転換　130

二価イオンの生成比　126
二クロム酸カリウム滴定　38
ニコルスキー-アイゼンマン式　164
二次イオン質量分析　149
二重収束質量分析計　150
日本機械学会倫理綱領　23
日本技術者教育認定機構　21
日本分析化学研究所原潜放射能測定
　　捏造事件　23
認証標準物質　19

熱イオン化検出器　90
熱重量曲線　168
熱重量分析　167, 168
熱伝導度検出器　88
熱天秤　168

熱分析法　167
熱力学的平衡定数　26
ネブライザー　109
ネルンスト式　34, 155

濃縮　12, 52
　　相転換による――　12
濃色効果　133
ノダック　1
ノーベル賞　2
　　分析化学と――　100

ハ行

配位子　39
配位数　39
バイオアッセイ　184
バイオセンサー　188
ハイスループット　192
波高　160
パージアンドトラップ法　50
はずれ値　17
パターンフィッティング法　181
波長分散分光器　121
バックグラウンド関数　182
バックグラウンド補正法　117
発光分光分析　106
パッシェン-ルンゲ型（ポリクロメーター）　110
発色試薬　132
発色団　133
発色反応　132
バッチ法　58, 65
バーナー　114
　　全消費型――　115
　　予混合――　107, 114
ハナワルト法　181
バームセレクティビティー　163
バリデーション　105
ハロゲン化物イオン　45
反射の次数　178
半導体検出器　122
ハンドサーチ法　181
半波電位　160

光散乱　129
光の吸収と放出　129
非現場主義　23
飛行時間型質量分析計　151

微生物センサー　189
ヒトゲノム計画　192
非沸騰蒸留　118
微分熱重量測定法　168
微分パルスポーラログラフィー　161
標準水素電極　33, 154
標準電位　155
標準添加法　119
標準電極電位　34
標準不確かさ　17
標準物質　19, 104
(実験)標準偏差　16
　　単一測定に対する――　16
　　平均値の――　16
表面吸着　71
表面電離型質量分析　124
表面分析　102, 172
微量成分分析　191

ファヤンス法　48
ファラデーの法則　158
ファンダメンタルパラメーター法　123
ファン・デームター式　77
フィンク法　181
1, 10-フェナントロリン　132
フェロセン　166
フォルハルト法　48
付加錯体　55
複合熱分析　167
副反応係数　41, 42
不確かさ　17
　　――の伝播の公式　17, 18
物質波　173
沸点の推定　88
フラウンホーファー線　113
フラグメントイオン　148
ブラッグ角　178
ブラッグの式　178
フランク-コンドン原理　134
フーリエ変換型赤外分光器　138
プリズム分光器　108
フルオレセイン　48
フレーム　114
　　アセチレン-空気――　115
　　アセチレン-二酸化二窒素――　115

索　引

水素-空気── 115
フレーム分光分析 107
プロテオーム解析 194
プロファイル関数 182
プロファイルフィッティング法　181
分極率テンソル 139
分光結晶 121
分光光度法 132
分散型赤外分光器 138
分子イオンピーク 148, 151
分子軌道 133
分子認識 195
分析成分の検出 13
分析操作の流れ 7
分析値の信頼性 104
分析法の規格 104
分析法の質 13
分析法の選択 14
分配定(係)数 53, 65, 57
分配比 52
分別蒸発 107
分別沈殿 46
粉末X線分析 179
粉末データファイル　→PDF
分離カラム 80
分離係数 53, 57
分離度 76

平面偏光 131
ペルオキシダーゼ 186
偏光 130
変色電位 37

包含係数 17
飽和カロメル電極 154
保持係数 76, 87
保持時間 86
保持指標 88
保持体積 67
保持値の推定 88
保持比 86
保持容量 86
ポテンシオメトリー 154
ポーラスポリマー 86
ポーラログラフィー 159
ポリアクリルアミドゲル 94
ポリ塩化ビニル 163
ポリクロメーター 110
ポリテトラフルオロエチレン 60
ポーリー法 181
ボルタンメトリー 159
ボルン式 57
ポンプ 79

マ　行

マイクロチップ 194
マイクロチップ電気泳動 98, 195
前処理法 118
前濃縮 12
膜法 58
マクレイノルズ定数 86
マスキング 44
マトリックス効果 127
マトリックス支援レーザー脱離イオン化 149
マルチキャピラリー電気泳動装置　192

ミクロチャネル 194
水のイオン積 27
ミセル動電クロマトグラフィー 97
ミハエリス-メンテン式 185
ミラー指数 178

無電荷無機錯体 54
無放射遷移 130

メディエーター 166
面間隔 178
メンブランフィルター 58

毛管定数 161
モノクロメーター 110
モル吸光係数 131
モール法 47

ヤ　行

有機質量分析法 147
誘導結合プラズマ　→ICP
誘導コイル 109
誘導体化法 135

溶解度 67
溶解度積 45
容器定数 154
溶出液 66
ヨウ素滴定 38
溶存酸素 165
溶媒抽出 51
溶離液 65
容量分析 25

ラ　行

ラジオイムノアッセイ 187
ラボアジエ 1
ラマン散乱 129
──断面積 139
ラミナーフレーム 114
ランダムサンプリング 7
ランベルト-ベールの法則 131

リートベルト法 181
硫化物沈殿 69
粒子線 102
理論段数 77
臨界圧力 61
臨界温度 61
臨界点 61
りん光 130
臨床分析 98
倫理(職業人としての) 23
倫理(分析技術者の) 21

ルイス塩基 55
ルシフェリン 136
ルチル型(粉末X線回折パターン) 181
ルミノール 136

励起状態 130
励起スペクトル 134
レイリー散乱 129
レーザーアブレーション 110
レーザー励起蛍光法 190

ローランド円 110
ローレンツ因子 182

欧　文

μ-TAS 194

APCI　→大気圧化学イオン法

索引

¹³C-NMR　145
CE　→キャピラリー電気泳動

d 値　178
DNA　94
DNA 鑑定　98
DNA 配列決定　192
DSC　→示差走査熱量測定法
DTA　→示差熱分析法

ECD　→電子捕獲検出器
EDS　→エネルギー分散分光器
EDTA　→エチレンジアミン四酢酸
EI　→電子衝撃イオン化
ELISA　188
EPMA　→電子線プローブマイクロアナライザー
ESI　→エレクトロスプレーイオン化法

FAB　→高速原子衝撃によるイオン化
FD　→電界脱離イオン化
Fe^{2+} イオンの定量法　132
FID　→水素炎イオン化検出器
FID　→自由誘導減衰
FPD　→炎光光度検出器

GC　84
GDMS　→グロー放電質量分析

ICP　106

ICP トーチ　109
ICP-発光分光分析　106
ICP-MS　106, 125
ISFET　→イオン感応性効果電界トランジスター

JABEE　→日本技術者教育認定機構
JCSS　→計量法校正事業者認定制度

LaF_3 単結晶　163
LC　→液体クロマトグラフィー
LC/MS　78, 84
LIF　→レーザー励起蛍光法

MALDI　→マトリックス支援レーザー脱離イオン化
MS/MS　→タンデムマススペクトロメトリー

NHE　→基準水素電極
NMR
　固体の——　147
NOE　→核オーバーハウザー効果

ODS　→オクタデシル基導入型シリカゲル

³¹P-NMR　145
PDF　180
PTFE　→ポリテトラフルオロエチレン

QMS　→四重極型質量分析計

RIETAN　182
RSF　→相対感度係数

SCE　→飽和カロメル電極
SEC　77
SEM　→走査型電子顕微鏡
SF　61
SHE　→標準水素電極
SI　19
SIMS　→二次イオン質量分析
SPE　→固相抽出
SSMS　→スパークイオン源質量分析法

t 分布　9, 17
TAS　→全分析システム
TCD　→熱伝導度検出器
TID　→熱イオン化検出器
TIMS　→表面電離型質量分析
TOFMS　→飛行時間型質量分析計
TS(P)I　→サーモスプレーイオン化

WDS　→波長分散分光器

X 線　119
　——の原子形状因子　182
X 線回折法　100, 177
X 線電子分光　175

	基本分析化学	定価はカバーに表示

2004年 9 月25日　初版第 1 刷
2012年 1 月25日　　　第 6 刷

編　者　社団法人　日本分析化学会
発行者　朝　倉　邦　造
発行所　株式会社　朝　倉　書　店
　　　　東京都新宿区新小川町6-29
　　　　郵便番号 162-8707
　　　　電話　03（3260）0141
　　　　FAX　03（3260）0180
　　　　http://www.asakura.co.jp

〈検印省略〉

© 2004〈無断複写・転載を禁ず〉　　東京書籍印刷・渡辺製本

ISBN 978-4-254-14066-8　C 3043　　Printed in Japan

JCOPY ＜(社)出版者著作権管理機構 委託出版物＞

本書の無断複写は著作権法上での例外を除き禁じられています．複写される場合は，そのつど事前に，（社）出版者著作権管理機構（電話 03-3513-6969, FAX 03-3513-6979, e-mail: info@jcopy.or.jp）の許諾を得てください．

好評の事典・辞典・ハンドブック

物理データ事典 日本物理学会 編 B5判 600頁

現代物理学ハンドブック 鈴木増雄ほか 訳 A5判 448頁

物理学大事典 鈴木増雄ほか 編 B5判 896頁

統計物理学ハンドブック 鈴木増雄ほか 訳 A5判 608頁

素粒子物理学ハンドブック 山田作衛ほか 編 A5判 688頁

超伝導ハンドブック 福山秀敏ほか 編 A5判 328頁

化学測定の事典 梅澤喜夫 編 A5判 352頁

炭素の事典 伊与田正彦ほか 編 A5判 660頁

元素大百科事典 渡辺 正 監訳 B5判 712頁

ガラスの百科事典 作花済夫ほか 編 A5判 696頁

セラミックスの事典 山村 博ほか 監修 A5判 496頁

高分子分析ハンドブック 高分子分析研究懇談会 編 B5判 1268頁

エネルギーの事典 日本エネルギー学会 編 B5判 768頁

モータの事典 曽根 悟ほか 編 B5判 520頁

電子物性・材料の事典 森泉豊栄ほか 編 A5判 696頁

電子材料ハンドブック 木村忠正ほか 編 B5判 1012頁

計算力学ハンドブック 矢川元基ほか 編 B5判 680頁

コンクリート工学ハンドブック 小柳 洽ほか 編 B5判 1536頁

測量工学ハンドブック 村井俊治 編 B5判 544頁

建築設備ハンドブック 紀谷文樹ほか 編 B5判 948頁

建築大百科事典 長澤 泰ほか 編 B5判 720頁

価格・概要等は小社ホームページをご覧ください．